职业技能鉴定国家题库石化分库试题选编

汽(煤、柴)油加氢装置操作工

中国石油化工集团公司职业技能鉴定指导中心　编

中国石化出版社

内 容 提 要

《汽(煤、柴)油加氢装置操作工》为《职业技能鉴定国家题库石化分库试题选编》丛书之一,由中国石油化工集团公司职业技能鉴定指导中心按照《国家职业标准》及《职业技能鉴定国家题库开发技术规程》组织编写。内容包括:汽(煤、柴)油加氢装置操作工初级工、中级工、高级工、技师及高级技师的国家职业标准、鉴定要素细目表、理论知识试题和技能操作试题,是汽(煤、柴)油加氢装置操作工进行职业技能鉴定的必备学习资料。

图书在版编目(CIP)数据

汽(煤、柴)油加氢装置操作工/中国石油化工集团公司职业技能鉴定指导中心编.
—北京:中国石化出版社,2006(2023.3 重印)
(职业技能鉴定国家题库石化分库试题选编)
ISBN 978-7-80229-126-3

Ⅰ.汽… Ⅱ.中… Ⅲ.①汽油-加氢-化工设备-操作-职业技能鉴定-习题 ②煤油-加氢-化工设备-操作-职业技能鉴定-习题 ③柴油-加氢-化工设备-操作-职业技能鉴定-习题 Ⅳ.TE624.4-44

中国版本图书馆 CIP 数据核字(2006)第 093036 号

中国石化出版社出版发行

地址:北京市东城区安定门外大街 58 号
邮编:100011 电话:(010)57512500
发行部电话:(010)57512575
http://www.sinopec-press.com
E-mail:press@ sinopec.com.cn
北京艾普海德印刷有限公司印刷
全国各地新华书店经销

*

787×1092 毫米 16 开本 25.75 印张 629 千字
2023 年 3 月第 1 版第 2 次印刷
定价:65.00 元

职业技能鉴定国家题库
石化分库开发领导小组

组　长：刘根元

副组长：傅兴顺　高　滨　孙祖岭　孙金瑜

顾　问：袁　芳　李钰年

成　员（以姓氏笔画为序）：

丁新兴　王凤维　王运才　王虎刚　王瑞萍　石惟理
刘子才　刘文玉　刘忠华　向守源　朱长根　朱正建
朱立群　江毅平　汤　豪　许立明　许　坚　曲子洲
吴　云　何　波　邱　颖　张云燕　张月娥　张全胜
张佐军　张树忠　陈建国　陈若平　周志明　郑洵美
钟文标　徐洪源　贾铁成　郭为民　顾甬明　崔　昶
曹宗祥　黄　进　彭连军　温振丽　童子飞　谢学民
韩　伟　雷建忠　靳良成　潘　慧　穆晓秋　魏洪大
魏根兴

特邀专家（以姓氏笔画为序）：

尤宝英　王　权　丛新泽　刘　欧　刘孝祖
李荣兴　沈洪源　陆　勇　巫建忠　徐　燕
黄世文　黄劲松

编辑出版负责人：

王子康　王力健　邓敦夏

前　　言

受劳动和社会保障部职业技能鉴定中心委托，按照中国石油天然气集团公司、中国石油化工集团公司职业技能鉴定工作协议，中国石油化工集团公司职业技能鉴定指导中心组织有关专家，依据《职业技能鉴定国家题库开发技术规程》和《国家职业标准》，开发了32个职业95个工种的职业技能鉴定国家题库石化分库，并于2006年5月正式启用。

为满足员工学习专业知识、提高操作技能的需要，我们选编了石化分库的部分试题，按职业（工种）出版《职业技能鉴定国家题库石化分库试题选编》套书。该套书内容包括国家职业标准、鉴定要素细目表、理论知识试题和技能操作试题等，其中，理论知识试题约占分库中该职业（工种）试题的50%，技能操作试题约占70%。

《汽（煤、柴）油加氢装置操作工》分册由镇海炼化主编，茂名石化、齐鲁石化、金陵石化、抚顺石化、锦州石化、独山子石化等单位参编。主要执笔人：史开洪、黄叔儒、王淑贵、梁宪伟、鹿志勇、汪东红。参审人员：巫建忠、邓泽其、孙国明、徐光明、鲍兴秋、王玉国、靳豫东、倪晓亮、叶华盛、蒋文钧、潘茂华、徐海华、王晓峰等。

由于水平有限，书中难免有遗漏或欠妥之处，敬请谅解并提出宝贵意见。

职业技能鉴定国家题库

石化分库开发领导小组办公室

目录

第一部分　初级工

第二部分　中级工

第三部分　高级工

第四部分 技师/高级技师

第一部分

初 级 工

一、国家职业标准(初级工工作要求)

职业功能	工作内容	技能要求	相关知识
工艺操作	(一)开车准备	1. 能根据指令改通简单开车流程 2. 能使用开车所需工器具 3. 能使用蒸汽、氮气、水和风等介质 4. 能完成排污、脱水等操作,能配合油品采样 5. 能协助完成装置气密、吹扫、加热炉点火等操作 6. 能投用蒸汽伴热线 7. 能增、减火嘴数量,调节炉温、炉膛负压、烟气氧含量	1. 装置流程 2. 原料、产品及公用工程介质的物理、化学性质 3. 岗位操作法 4. 装置开车吹扫、气密方案 5. 油品及烟气采样注意事项 6. 加热炉火嘴的类型和结构
	(二)开车操作	1. 能完成装置一般化学药剂的加入操作 2. 能配合完成催化剂的稀相装填操作 3. 能完成脱硫溶液的配制操作	1. 装置一般化学药剂的名称和作用 2. 催化剂装填方案
	(三)正常操作	1. 能完成日常的巡回检查 2. 能规范填写相关记录 3. 能改动常用工艺流程 4. 能发现异常工况并汇报处理 5. 能检查核对现场压力、温度、液(界)位、阀位等 6. 能改控制阀副线 7. 能投用炉管除灰系统设施	1. 巡检内容及制度 2. 工艺指标 3. 加热炉除灰系统操作步骤
	(四)停车操作	1. 能按指令吹扫简单的工艺系统 2. 能停运简单动、静设备 3. 能灭加热炉火嘴 4. 能使用装置配备的各类安全防护器材	1. 安全、环保、消防器材使用知识 2. 吹扫方案 3.“三废”排放标准
设备使用与维护	(一)使用设备	1. 能根据工艺要求调节阀门开度 2. 能开、停离心泵等简单动设备 3. 能操作空冷器等冷换设备 4. 能投用液位计、安全阀、压力表等 5. 能看懂设备铭牌 6. 能使用硫化氢、可燃气体报警仪 7. 能投用疏水器 8. 能合理调节加热炉油门、气门、风门和烟道挡板 9. 能切换低压、冷油系统的普通离心泵 10. 能完成原料过滤器清洗操作 11. 能拆洗加热炉火嘴 12. 能操作鼓风机、引风机 13. 能操作往复式压缩机的油系统	1. 不同型号阀门结构、性能、特点 2. 泵的类型结构、原理、性能 3. 液位计、安全阀、压力表等的使用知识 4. 硫化氢、可燃气体报警仪操作说明 5. 原料过滤器工作原理
	(二)维护设备	1. 能完成机、泵的盘车操作 2. 能添加和更换机、泵的润滑油、润滑脂 3. 能完成设备、管线日常检修的监护工作 4. 能做好机泵、管线的防冻防凝工作 5. 能更换阀门盘根 6. 能确认机泵检修的隔离和动火条件 7. 能更换压力表、温度计和液位计等	1. 设备常用润滑油(脂)的规格、品种和使用规定 2. 机泵的润滑知识 3. 机泵盘车规定 4. 防冻防凝方案

续表

职业功能	工作内容	技能要求	相关知识
事故判断与处理	（一）判断事故	1. 能判断现场机泵、管线、法兰泄漏等一般事故 2. 能发现主要运行设备超温、超压、超电流等异常现象	1. 设备运行参数 2. 装置生产特点及危害性
	（二）处理事故	1. 能使用消防器材扑灭初起火灾 2. 能使用气防器材进行急救和自救 3. 能处理简单跑、冒、滴、漏事故 4. 能报火警，打急救电话 5. 能协助处理装置停原料、水、蒸汽、电、风、燃料等各类突发事故 6. 能处理普通离心泵的抽空、泄漏事故 7. 能处理界位、液位等仪表指示失灵事故 8. 能协助处理瓦斯带液事故	1. 跑、冒、滴、漏事故处理方法 2. 消防、气防知识 3. 消防、气防报警程序 4. 现场急救知识 5. 机泵密封知识 6. 液位计、界位计测量原理 7. 瓦斯脱液规定
绘图与计算	（一）绘图	1. 能绘制本岗位工艺流程图和装置原则流程图 2. 能识读设备简图	绘图方法
	（二）计算	1. 能完成常用单位的换算 2. 能计算化工助剂的加入量	常用单位换算知识

二、理论知识鉴定要素细目表

行业通用理论知识鉴定要素细目表

鉴定范围						鉴定点		
一级		二级		三级		代码	名称	重要程度
代码	名称	代码	名称	代码	名称			
A	基本要求	B	基础知识	A	记录填写基础知识	001	运行记录的种类	X
						002	运行记录的填写要求	X
				B	识图基础知识	001	工艺流程图管线的表示方法	X
						002	工艺流程图管件的表示方法	X
						003	工艺流程图阀门的表示方法	X
						004	工艺流程图仪表电气控制点的表示方法	X
				C	安全环保基础知识	001	石化行业生产的不安全因素	X
						002	国家安全生产的方针	X
						003	三级安全教育的内涵	X
						004	头部的防护	X
						005	眼睛和面部的防护	X
						006	脚部的防护	X
						007	手部的防护	X
						008	耳部的防护	X

续表

鉴定范围						鉴定点		
一级		二级		三级		代码	名　称	重要程度
代码	名　称	代码	名　称	代码	名　称			
						009	口鼻的防护	X
						010	皮肤的防护	X
						011	机械设备对人体伤害的防护	X
						012	厂内交通安全知识	X
						013	石化行业防火防爆十大禁令的内容	X
						014	尘毒物质的分类	X
						015	职业中毒的种类	X
						016	急性中毒的现场抢救	X
						017	高处作业的防护措施	X
						018	石化行业污染的来源	X
						019	石化行业污染的途径	X
						020	石化行业污染的特点	X
						021	清洁生产的定义	X
						022	清洁生产的内容	X
						023	燃烧的三要素	X
						024	干粉灭火器的适用范围	X
						025	泡沫灭火器的适用范围	X
						026	1211 灭火器的适用范围	X
						027	ISO 14000 系列标准的含义	X
						028	HSE 管理体系的概念	X
						029	建立 HSE 管理体系的意义	X
						030	石化行业事故处理的原则	X
				D	质量基础知识	001	标准化的概念	X
						002	标准等级划分的类别	X
						003	标准的使用范围	X
						004	ISO 9000 族标准的特点	X
				E	计算机基础知识	001	计算机硬件的组成	X
						002	计算机的安全防护	X
						003	Word 文档的录入与排版	X
						004	计算机浏览器的使用	X
						005	电子邮件的收发	X

续表

鉴定范围						鉴定点		
一级		二级		三级		代码	名称	重要程度
代码	名称	代码	名称	代码	名称			
B	相关知识	F	培训与指导	F	法律常识	001	《劳动法》关于劳动者权益的规定	X
						002	劳动合同包含的条款	X
						003	劳动争议解决的途径	X
						004	《劳动法》关于劳动者工作时间的规定	X
						005	《劳动法》关于劳动安全卫生的规定	X
						006	《产品质量法》关于生产者的产品质量责任	X
						007	《产品质量法》关于生产者的产品质量义务	X
						008	《安全生产法》对从业人员的规定	X
						009	《消防法》关于对公民责任的规定	X
				B	鉴定与考评	001	职业技能鉴定的定义	X
						002	职业技能鉴定的目的	X
						003	职业资格等级的划分	X
						004	职业资格证书的用途	X
						005	职业、岗位与工种的关系	X

职业通用理论知识鉴定要素细目表(《燃料油生产工》)

鉴定范围						鉴定点		
一级		二级		三级		代码	名称	重要程度
代码	名称	代码	名称	代码	名称			
A	基本要求	B	基础知识	G	化学基础知识	001	元素化合价的概念	X
						002	溶解的概念	X
						003	结晶的概念	Z
						004	饱和蒸气压的概念	X
						005	饱和溶液的概念	Y
						006	溶解度的概念	X
						007	氧化反应的概念	Y
						008	还原反应的概念	X
						009	卤素的种类	X
						010	卤素的性质	X
						011	氢氧化钠的性质	Y
						012	硫化氢的性质	X
						013	二氧化硫的性质	X
						014	烷烃的分子通式	X

续表

鉴定范围						鉴定点		
一级		二级		三级		代码	名称	重要程度
代码	名称	代码	名称	代码	名称			
						015	烯烃的分子通式	X
						016	二烯烃的分子通式	X
						017	烷烃的物化性质	X
						018	烯烃的物化性质	X
						019	炔烃的分子通式	X
						020	化学平衡的基本概念	Y
						021	理想气体的基本概念	X
						022	氧气的性质	X
						023	氢气的性质	Y
						024	氮气的性质	Y
						025	过热蒸汽的概念	X
						026	氧化还原反应方程式的配平	X
				H	石油及油品基础知识	001	石油的一般性质	X
						002	石油烃类组成的表示方法	X
						003	石油中硫的分布	Y
						004	油品的蒸汽压	X
						005	油品的沸程	X
						006	油品的平均沸点	X
						007	油品的密度	X
						008	油品的平均相对分子质量	X
						009	油品的黏度单位	X
						010	油品黏度与温度的关系	X
						011	油品的闪点	X
						012	油品的燃点	X
						013	油品的自燃点	X
						014	油品的凝固点	X
				I	化工基础	001	流体的定义	X
						002	流体密度的概念	X
						003	流体黏度的概念	X
						004	流体流量的概念	X
						005	流体压强的概念	X
						006	流体流动类型的分类	X
						007	流体阻力的特性	Z
						008	传热的基本概念	X

续表

鉴定范围						鉴定点		
一级		二级		三级		代码	名称	重要程度
代码	名称	代码	名称	代码	名称			
						009	传热的基本方式	X
						010	泡点的概念	X
						011	露点的概念	X
						012	沸点的概念	X
						013	传质过程的分类	X
						014	精馏段的概念	X
						015	提馏段的概念	X
						016	蒸馏的概念	X
						017	回流比的概念	X
				J	计量基础知识	001	计量工作的作用	X
						002	计量的特点	X
						003	法定计量单位的概念	Y
						004	国家法定计量单位组成	Y
						005	国际单位制基本单位	Y
						006	计量表精度等级划分的依据	X
						007	计量检测设备概念	X
						008	计量检测设备的分级	X
				K	炼油机械与设备	001	常见泵的种类	X
						002	常见泵型号含义	X
						003	离心泵的工作原理	X
						004	离心泵的主要性能参数	Y
						005	常见压缩机的种类	X
						006	换热器的种类	X
						007	加热炉的种类	Y
						008	塔设备的分类	Y
						009	安全附件的种类	X
						010	常用安全附件的作用	X
						011	常用管道组成件的种类	X
						012	常用阀门的种类	X
						013	常用阀门型号含义	Y
						014	常用法兰的类型	Y
						015	垫片的种类	X
						016	螺栓的种类	X
						017	常见管路连接方法	X
						018	密封的概念	Y
						019	润滑的概念	Y
						020	常用润滑剂的种类	X
						021	静设备常见失效形式	Y
						022	常见金属材料的种类	Z

续表

鉴定范围						鉴定点		
一级		二级		三级		代码	名称	重要程度
代码	名称	代码	名称	代码	名称			
				L	电工基础知识	001	常用照明的常识	Y
						002	电流的常识	X
						003	直流电的概念	Z
						004	交流电的概念	X
						005	电阻的概念	Y
						006	电压的基本常识	X
						007	串联电路的概念	X
						008	并联电路的概念	Z
						009	防触电常识	X
						010	人工呼吸常识	X
						011	装置电器设备灭火常识	X
				M	仪表基础知识	001	常规控制的概念	X
						002	仪表误差的概念	Y
						003	简单调节系统的组成	X
						004	控制室常规仪表的种类	X
						005	常用控制阀的分类	X
						006	压力测量仪表的分类	X
						007	流量测量仪表的分类	X
						008	常用液位计的读取方式	X
						009	温度测量仪表的分类	X
						010	控制阀的风开风关原则	X
						011	DCS 系统的基本概念	X
						012	DCS 操作系统的组成	X

工种理论知识鉴定要素细目表

鉴定范围						鉴定点		
一级		二级		三级		代码	名称	重要程度
代码	名称	代码	名称	代码	名称			
B	相关知识	A	工艺操作	A	开车准备	001	加氢精制的原理	X
						002	装置水联运的注意事项	X
						003	装置水联运的目的	X
						004	装置贯通试压的目的	Y
						005	开车前工艺流程的检查要点	X
						006	开工前抽真空实验的目的	Y

续表

鉴定范围						鉴定点		
一级		二级		三级		代码	名称	重要程度
代码	名称	代码	名称	代码	名称			
						007	反应系统的原则流程	X
						008	分馏系统的原则流程	X
						009	管线爆破吹扫的常用介质	X
						010	氮气置换的目的	X
						011	柴油的安定性	Z
						012	汽油辛烷值的概念	Z
						013	装置气密的目的	X
						014	装置气密试验时的注意事项	X
						015	高压瓦斯采样的注意事项	X
						016	燃料气引入的要点	X
						017	加热炉点炉注意事项	X
						018	开工前塔的检查要点	X
						019	开工蒸汽引入的注意事项	X
						020	开工循环水引入的注意事项	X
						021	装置开车前应具备的条件	Y
						022	投用伴热蒸汽的要点	X
						023	注除盐水的目的	X
						024	注缓蚀剂的目的	X
						025	烘炉的目的	X
						026	催化剂干燥的目的	X
						027	加氢原料油的分析项目	Y
				B	开车操作	001	缓蚀剂的作用	X
						002	开车前加热炉的检查要点	Y
						003	加热炉火嘴的分布要求	X
						004	预硫化时引油的注意事项	X
						005	分馏系统热油运的注意事项	X
						006	控制升降温速度的目的	X
						007	分馏系统热油运的目的	X
						008	催化剂的作用	X
						009	换热器的投用原则	X
						010	加热炉长明灯点火的注意事项	X
						011	临氢系统氢气置换的注意事项	X
						012	离心泵启动时的注意事项	X
						013	原料油过滤器的作用	X

续表

鉴定范围						鉴定点		
一级		二级		三级		代码	名称	重要程度
代码	名称	代码	名称	代码	名称			
						014	加热炉设置防爆门的目的	Y
						015	烟囱产生抽力的原理	X
						016	装置设备热紧的目的	X
						017	换热器的投用方法	X
						018	空速的概念	X
						019	氢油比的概念	X
						020	精制柴油的采样方法	Y
						021	分馏系统恒温脱水的要点	X
						022	氢分压的概念	X
						023	含硫富气采样方法	Y
						024	原料油缓冲罐的作用	X
						025	离心泵的开泵步骤	X
				C	正常操作	001	原料油性质变化产生的影响	Y
						002	塔顶冷回流的目的	X
						003	离心泵的巡检内容	Y
						004	运行加热炉的巡检内容	Y
						005	塔底温度对分馏塔操作的影响	X
						006	硫化氢的性质	X
						007	压力表读取压力时的注意事项	Y
						008	酸性气采样的注意事项	X
						009	调节炉膛负压时的注意事项	X
						010	过滤器在正常使用时的注意事项	X
						011	往复式氢气压缩机盘车目的	X
						012	催化剂暂时中毒的概念	Y
						013	催化剂永久中毒的概念	X
						014	燃料气罐脱液时的注意事项	Y
						015	分馏塔塔底泵切换时的注意事项	X
						016	离心泵盘车注意事项	Y
						017	加热炉除灰的目的	Z
						018	动火监护作业人员职责	Y
						019	塔顶温度对分馏塔操作的影响	X
						020	回流量对分馏塔操作的影响	X
						021	加氢精制循环氢的作用	X
						022	热高分液位波动的原因	X

续表

鉴定范围						鉴定点		
一级		二级		三级		代码	名称	重要程度
代码	名称	代码	名称	代码	名称			
						023	蒸汽管线水击的防范措施	Y
						024	高压分离器液位控制的重要性	X
						025	航煤的性质	Y
						026	控制柴油闪点的方法	X
						027	控制催化剂床层温度的方法	X
						028	加氢原料油脱水的原因	Y
						029	床层压力降产生的原因	X
						030	循环氢纯度的调节方法	X
						031	过剩空气系数的概念	Y
						032	进油时各塔液面的操作要点	X
						033	工艺防腐的内容	Y
						034	加热炉回火的现象	X
						035	铵盐结晶的危害	X
						036	闪点不合格的原因	X
						037	床层温升增大的原因	X
						038	反应温度波动的原因	X
						039	汽提蒸汽温度变化的原因	X
						040	进料温度对分馏塔操作的影响	X
				D	停工操作	001	装置“三废”的处理原则	Z
						002	干粉灭火器的使用方法	Z
						003	正压空气呼吸器的使用方法	Y
						004	停工环境保护的注意事项	Y
						005	临氢系统泄压的注意事项	X
						006	加热炉燃烧器熄灭时的注意事项	X
						007	安全监护的注意事项	Y
						008	临氢系统设备降温的注意事项	X
						009	离心泵停车时的注意事项	X
						010	塔顶水冷器投用前检查要点	X
						011	加热炉熄炉的操作步骤	X
						012	停工蒸汽吹扫的注意事项	X
						013	临氢系统氮气置换的要求	X
						014	火灾报警的注意事项	X

续表

鉴定范围						鉴定点		
一级		二级		三级		代码	名称	重要程度
代码	名称	代码	名称	代码	名称			
		B	设备使用与维护	A	使用设备	001	加热炉的工作原理	Y
						002	加热炉操作的原则	X
						003	加热炉“三门一板”的概念	X
						004	空气预热器的作用	X
						005	吹灰器的作用	Y
						006	控制过剩空气系数的注意事项	X
						007	正常停炉的步骤	X
						008	烟囱的作用	X
						009	加热炉火嘴的类型	X
						010	加热炉火嘴的结构	Z
						011	阻火器的概念	X
						012	换热器的分类	Y
						013	浮头式换热器的组成	Y
						014	换热器折流板的作用	X
						015	换热器投用的注意事项	X
						016	空冷的结构	X
						017	水压试验的要求	Y
						018	腐蚀的分类	X
						019	截止阀的用途	X
						020	控制阀的基本结构	X
						021	升降式止回阀的结构	Y
						022	常用流量仪表种类	Y
						023	气动阀的工作原理	Z
						024	疏水器的特点	Y
						025	汽轮机的分类	X
						026	压力容器的分类	X
						027	高压容器的概念	X
						028	液位计的分类	X
						029	硫化氢报警仪的常识	Y
						030	弹簧式压力表的工作原理	Y
						031	反应器的分类	X
						032	离心泵轴承的分类	Y
						033	活塞环的密封作用	X
						034	离心式压缩机的优缺点	Y

续表

鉴定范围						鉴定点		
一级		二级		三级		代码	名称	重要程度
代码	名称	代码	名称	代码	名称			
						035	离心泵电机的主要性能指标	Y
						036	汽轮机中“级”的概念	Y
						037	加热炉“三门一板”的作用	X
						038	换热器的传热方式	X
						039	加热炉“三门一板”的操作要点	X
						040	疏水器的工作原理	Y
				B	维护设备	001	设备管理“四懂三会”的内容	X
						002	防冻防凝的要求	Y
						003	加热炉火焰的调节要求	X
						004	加热炉烧气时的注意事项	X
						005	引风机启动时的注意事项	X
						006	空冷器的日常维护注意事项	X
						007	更换压力表时的注意事项	Y
						008	更换温度表时的注意事项	X
						009	离心泵清理卫生的注意事项	X
						010	润滑油三级过滤的基本概念	Y
						011	备用泵定期盘车的原因	X
						012	备用热油泵预热的注意事项	X
						013	热油泵停运后注意事项	X
						014	抽空对泵的影响	X
						015	润滑油(脂)的作用	X
						016	润滑油“五定”的概念	X
						017	设备维修时进行监护的注意事项	X
						018	离心泵添加润滑油时的注意事项	Y
						019	离心泵更换润滑油时的注意事项	X
						020	离心泵反转的原因	X
						021	离心泵开车前的注意事项	X
						022	离心泵密封泄漏的标准	X
						023	离心泵盘车盘不动的原因	X
						024	判断润滑油变质的方法	X
						025	电机正常运转时的检查要点	X
						026	往复泵启动前的注意事项	X
						027	压缩机检修前氮气置换的原因	X
						028	机械密封冲洗的注意事项	X
						029	平衡块的概念	X
						030	十字头的作用	Y

续表

鉴定范围						鉴定点		
一级		二级		三级		代码	名称	重要程度
代码	名称	代码	名称	代码	名称			
		C	事故判断与处理	A	判断事故	001	安全阀启跳的现象	X
						002	加热炉风机突停的现象	X
						003	离心泵抽空的现象	X
						004	循环水中断的现象	X
						005	一般阀门易发生泄漏的部位	Y
						006	少量氢气泄漏着火的现象	X
						007	空冷风机突停的现象	X
						008	瓦斯带液的现象	X
						009	分馏塔回流带水的现象	X
						010	加热炉形成正压的现象	X
						011	加热炉火嘴堵塞的现象	X
						012	离心泵抱轴的事故现象	X
						013	空气预热器腐蚀的原因	Y
						014	离心泵轴承温度高的原因	X
						015	蒸汽管线内的蒸汽水击的现象	X
						016	加热炉火焰燃烧不好的现象	X
						017	循环机喘振的现象	X
						018	硫化氢中毒的现象	X
						019	加热炉炉管表面超温的现象	X
						020	加热炉回火的现象	X
						021	加热炉燃烧不好的原因	X
				B	处理事故	001	硫化氢中毒的处理方法	X
						002	安全阀启跳的处理方法	X
						003	离心泵抽空的处理方法	X
						004	离心泵机械密封泄漏的处理方法	X
						005	报火警的步骤	X
						006	人工呼吸的方法	Y
						007	气防报警程序	X
						008	防止静电的安全措施	X
						009	扑灭初期火灾的方法	X
						010	控制阀失灵的处理方法	Y
						011	管线冻凝的处理方法	Y
						012	瓦斯带液的处理方法	X
						013	蒸汽管线水击的处理方法	X

续表

鉴定范围						鉴定点		
一级		二级		三级		代码	名称	重要程度
代码	名称	代码	名称	代码	名称			
						014	原料油带水的处理方法	X
						015	漏油着火事故处理要点	Y
						016	加热炉回火的处理方法	X
						017	离心泵振动大的处理方法	X
						018	玻璃板液面计破裂的处理要点	X
						019	分馏塔回流带水的处理方法	X
						020	事故处理的"四不放过"原则	Y
		D	绘图与计算	B	计算	001	管线流速、流量的换算	X
						002	氢油比的计算	X
						003	泵效率的计算	X
						004	容器体积计算	Y
						005	回流比计算	X
						006	装置收率计算	X

三、理论知识试题

行业通用理论知识试题

判断题

1. 岗位交接班记录不属于运行记录。 (√)

2. 填写记录要求及时、准确、客观真实、内容完整、字迹清晰。 (√)

3. 工艺流程图中，主要物料(介质)的流程线用细实线表示。 (×)

正确答案：工艺流程图中，主要物料(介质)的流程线用粗实线表示。

4. 在工艺流程图中，表示法兰堵盖的符号是。 (√)

5. 在工艺流程图中，符号表示的是减压阀。 (×)

正确答案：在工艺流程图中，符号表示的是减压阀。

6. 带控制点的工艺流程图中，表示压力调节阀的符号是。 (×)

正确答案：带控制点的工艺流程图中，表示压力调节阀的符号是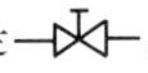。

7. 石化生产中存在诸多不安全因素。事故多，损失大。 (√)

8. 防护罩、安全阀等不属于安全防护装置。 (×)

正确答案：防护罩、安全阀等均属于安全防护装置。

9. 安全检查的任务是发现和查明各种危险和隐患，督促整改；监督各项安全管理规章制度的实施；制止违章指挥、违章作业。 (√)

10. 女工在从事转动设备作业时必须将长发或发辫盘卷在工作帽内。 (√)

11. 从事化工作业人员必须佩戴防护镜或防护面罩。 (×)

正确答案：从事对眼睛及面部有伤害危险作业时必须佩戴有关的防护镜或面罩。

12. 穿用防护鞋时应将裤脚插入鞋筒内。 (×)

正确答案：穿用防护鞋的职工禁止将裤脚插入鞋筒内。

13. 对于从事在生产过程中接触能通过皮肤侵入人体的有害尘毒作业人员，只需发放防护服。 (×)

正确答案：对于从事在生产过程中接触能通过皮肤侵入人体的有害尘毒作业人员，需发放防护服，并需有工业护肤用品，涂在手臂、脸部，以保护职工健康。

14. 在超过噪声标准的岗位工作的职工，要注意保护自己的听力，可戴上企业发给的各种耳塞、耳罩等。 (×)

正确答案：在超过噪声标准的岗位工作的职工，要注意保护自己的听力，一定要戴上企业发给的各种耳塞、耳罩等。

15. 口鼻的防护即口腔和鼻腔的防护。 (×)

正确答案：口鼻的防护即呼吸系统的防护。

16. 人体皮肤是化工生产中有毒有害物质侵入人体的主要途径。 (√)

17. 一般情况下，应将转动、传动部位用防护罩保护起来。 (√)

18. 在设备一侧的转动、传动部位要做好外侧及内侧的防护。 (×)

正确答案：在设备一侧的转动、传动部位要做好外侧及周边的防护。

19. 各种皮带运输机、链条机的转动部位，除装防护罩外，还应有安全防护绳。 (√)

20. 在传动设备的检修工作中，只需在电气开关上挂有“有人作业，禁止合闸”的安全警告牌。 (×)

正确答案：在传动设备的检修工作中，电气开关上应挂有“有人作业，禁止合闸”的安全警告牌，并设专人监护。

21. 限于厂内行驶的机动车不得用于载人。 (√)

22. 严禁在生产装置罐区及易燃易爆装置区内用有色金属工具进行敲打撞击作业。 (×)

正确答案：严禁在生产装置罐区及易燃易爆装置区内用黑色金属工具进行敲打撞击作业。

23. 烟、雾、粉尘等物质是气体，易进入呼吸系统，危害人体健康。 (×)

正确答案：烟、雾、粉尘等物质是气溶胶，易进入呼吸系统，危害人体健康。

24. 烟尘的颗粒直径在 0.1μm 以下。 (√)

25. 职业中毒是指在生产过程中使用的有毒物质或有毒产品，以及生产中产生的有毒废气、废液、废渣引起的中毒。 (√)

26. 毒物进入人体就叫中毒。 (×)

正确答案：毒物对有机体的毒害作用叫中毒。

27. 低毒物质进入人体所引发的病变称慢性中毒。 (×)

正确答案：低浓度的毒物长期作用于人体所引发的病变称慢性中毒。

28. 急性中毒患者呼吸困难时应立即吸氧。停止呼吸时，立即做人工呼吸，气管内插管给氧，维持呼吸通畅并使用兴奋剂药物。 (√)

29. 急性中毒患者心跳骤停应立即做胸外挤压术，每分钟 30~40 次。 (×)

正确答案：急性中毒患者心跳骤停应立即做胸外挤压术，每分钟 60~70 次。

30. 休克病人应平卧位，头部稍高。昏迷病人应保持呼吸道畅通，防止咽下呕吐物。 (×)

正确答案：休克病人应平卧位，头部稍低。昏迷病人应保持呼吸道畅通，防止咽下呕吐物。

31. 高处作业人员应系用与作业内容相适应的安全带，安全带应系挂在施工作业处上方的牢固挂件上，不得系挂在有尖锐的棱角部位。 (√)

32. 高处作业可以上下投掷工具和材料，所用材料应堆放平稳，必要时应设安全警戒区，并设专人监护。 (×)

正确答案：高处作业严禁上下投掷工具和材料，所用材料应堆放平稳，必要时应设安全警戒区，并设专人监护。

33. 高处作业人员不得站在不牢固的结构物上进行作业，可以在高处休息。 (×)

正确答案：高处作业人员不得站在不牢固的结构物上进行作业，不得在高处休息。

34. 燃烧产生的废气是石化行业污染的主要来源之一。 (√)

35. 工艺过程排放是造成石化行业污染的主要途径。 (√)

36. 成品或副产品不会造成石化行业的污染。 (×)

正确答案：成品或副产品的夹带也会造成石化行业的污染。

37. 石化行业污染的特点之一是污染物种类多、危害大。 (√)

38. 清洁生产通过末端治理污染来实现。 (×)

正确答案：清洁生产通过应用专门技术，改进工艺、设备和改变管理态度来实现。

39. 清洁的服务不属于清洁生产的内容。 (×)

正确答案：清洁的服务属于清洁生产的内容之一。

40. 引起闪燃的最高温度称为闪点。 (×)

正确答案：引起闪燃的最低温度称为闪点。

41. 燃点是指可燃物质在空气充足条件下，达到某一温度时与火源接触即行着火，并在移去火源后继续燃烧的最低温度。 (√)

42. 自燃点是指可燃物在没有火焰、电火花等火源直接作用下，在空气或氧气中被加热而引起燃烧的最高温度。 (×)

正确答案：自燃点是指可燃物在没有火焰、电火花等火源直接作用下，在空气或氧气中被加热而引起燃烧的最低温度。

43. 干粉灭火器能迅速扑灭液体火焰，同时泡沫能起到及时冷却作用。 (√)

44. 抗溶性泡沫灭火剂可以扑灭一般烃类液体火焰，但不能扑救水溶性有机溶剂的火灾。 (×)

正确答案：抗溶性泡沫灭火剂可以扑灭一般烃类液体火焰，同时能扑救水溶性有机溶剂的火灾。

45. 1211 灭火器仅适用于扑灭易燃、可燃气体或液体，不适用于扑灭一般易燃固体物质的火灾。 (×)

正确答案：1211 灭火器不仅适用于扑灭易燃、可燃气体或液体，也适用于扑灭一般易燃固体物质的火灾。

46. ISO 14000 系列环境管理标准是国际标准化组织(ISO)第 207 技术委员会(ISO/

TC207)组织制定的环境管理体系标准，其标准号从14001到14100，共100个标准号，统称为ISO 14000系列标准。 (√)

47. HSE管理体系是指实施安全、环境与健康管理的组织机构、职责、做法、程序、过程和资源等而构成的整体。 (√)

48. HSE中的S(安全)是指在劳动生产过程中，努力改善劳动条件、克服安全因素，使劳动生产在保证劳动者健康、企业财产不受损失、人民生命安全的前提下顺利进行。 (×)

正确答案： HSE中的S(安全)是指在劳动生产过程中，努力改善劳动条件、克服不安全因素，使劳动生产在保证劳动者健康、企业财产不受损失、人民生命安全的前提下顺利进行。

49. 建立HSE管理体系可改善企业形象、取得经济效益和社会效益。 (√)

50. 建立HSE管理体系不能控制HSE风险和环境影响。 (×)

正确答案： 建立HSE管理体系可有效控制HSE风险和环境影响。

51. 对工作不负责任，不严格执行各项规章制度，违反劳动纪律造成事故的主要责任者应严肃处理。 (√)

52. 标准化是指在经济、技术、科学及管理等社会实践中，对事物和概念通过制订、发布和实施标准达到统一，以获最佳秩序和社会效益。 (×)

正确答案： 标准化是指在经济、技术、科学及管理等社会实践中，对重复性事物和概念通过制订、发布和实施标准达到统一，以获最佳秩序和社会效益。

53. 任何标准，都是在一定条件下的“统一规定"，标准化的统一是相对的。 (√)

54. 对已有国家标准、行业标准或地方标准的，鼓励企业制订低于国家标准、行业标准或地方标准要求的企业标准。 (×)

正确答案： 对已有国家标准、行业标准或地方标准的，鼓励企业制订高于国家标准、行业标准或地方标准要求的企业标准。

55. 按约束力分，国家标准、行业标准可分为强制性标准、推荐性标准和指导性技术文件。 (√)

56. 只要企业活动和要素具有“重复性"，都可以进行标准化。 (√)

57. 2000版ISO 9000族标准可适用于所有产品类型、不同规模和各种类型的组织，并可根据实际需要增加某些质量管理要求。 (×)

正确答案： 2000版ISO 9000族标准可适用于所有产品类型、不同规模和各种类型的组织，并可根据实际需要减少某些质量管理要求。

58. ISO 9000族标准是质量保证模式标准之一，用于合同环境下的外部质量保证。可作为供方质量保证工作的依据，也是评价供方质量体系的依据。 (√)

59. 计算机内存是可以由CPU直接存取数据的地方。 (√)

60. 杀毒软件对于病毒来说永远是落后的，也就是说，只有当一种病毒出现后，才能产生针对这种病毒的消除办法。 (√)

61. 在计算机应用软件Word中输入文字，当打满一行时，必须按一下Enter键换到下一行继续输入。 (×)

正确答案： 在Word中输入文字，当打满一行时，不需按一下Enter键，系统可自动换到下一行继续输入。

62. 中国大陆地区的顶级域名是“cn”。（√）

63. 使用应用程序 Outlook Express 可以同时向多个地址发送电子邮件，也可以把收到的邮件转发给第三者。（√）

64.《劳动法》规定，对劳动者基本利益的保护是最基本的保护，不应由于用人单位所有制的不同或组织形式不同而有所差异。（√）

65. 依据《劳动法》的规定，劳动争议当事人对仲裁裁决不服的，可以自收到仲裁裁决书之日起三十日内向人民法院提起诉讼。一方当事人在法定期限内不起诉又不履行仲裁裁决的，另一方当事人可申请人民法院强制执行。（√）

66. 劳动安全卫生工作“三同时”是指：新建工程的劳动安全卫生设施必须与主体工程同时设计、同时施工、同时投入生产和使用。（×）

正确答案：劳动安全卫生工作“三同时”是指：新建、改建或扩建工程的劳动安全卫生设施必须与主体工程同时设计、同时施工、同时投入生产和使用。

67.《产品质量法》规定，生产者不得生产国家明令淘汰的产品；不得伪造或者冒用认证标志等质量标志。（√）

68. 产品质量义务分为积极义务和消极义务，“生产者不得伪造产地，不得伪造或者冒用他人的厂名、厂址”属于产品生产者的积极义务。（×）

正确答案：产品质量义务分为积极义务和消极义务，“生产者不得伪造产地，不得伪造或者冒用他人的厂名、厂址”属于产品生产者的消极义务。

69. 从业人员在发现直接危及人身安全的紧急情况时，有权停止作业或者在采取可能的应急措施后撤离作业场所。（√）

70.《消防法》第四十八条规定：埋压、圈占消火栓或者占用防火间距、堵塞消防通道的，或者损坏和擅自挪用、拆除、停用消防设施、器材的，处警告、罚款或者十日以下拘留。（×）

正确答案：《消防法》第四十八条规定：埋压、圈占消火栓或者占用防火间距、堵塞消防通道的，或者损坏和擅自挪用、拆除、停用消防设施、器材的，处警告或者罚款。

71. 职业技能鉴定是按照国家规定的职业标准，通过政府授权的考核鉴定机构对劳动者的专业知识和技能水平进行客观、公正、科学规范地评价与认证的活动。（√）

72. 职业技能鉴定是为劳动者颁发职业资格证书。（×）

正确答案：职业技能鉴定是为劳动者持证上岗和用人单位就业准入提供资格认证的活动。

73. 职业技能鉴定考试是以社会劳动者的职业技能为对象，以规定的职业标准为参照系统，通过相关知识和实际操作的考核作为综合手段，为劳动者持证上岗和用人单位就业准入提供资格认证的活动。（√）

74. 职业资格证书分一级、二级、三级、四级、五级五个级别。（√）

75. 职业资格证书是劳动者的专业知识和职业技能水平的证明。（√）

76. 职业资格证书是劳动者持证上岗和用人单位录用员工的资格认证。（√）

77. 职业是指从业人员为获取主要生活来源所从事的社会工作类别。（√）

78. 一个职业可以包括一个或几个工种，一个工种又可以包括一个或几个岗位，它们是一种包含与被包含的关系。（√）

单选题

1. 运行记录填写错误需要更正时，必须采用(C)。

A. 撕页重写　　B. 用刀片刮去重写　　C. 划改　　D. 涂改

2. 化工管路图中，表示蒸汽伴热管道的规定线型是(C)。

A. 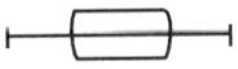　　B. 　　C. 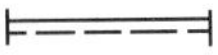　　D. 

3. 化工管路图中，表示热保温管道的规定线型是(A)。

A. 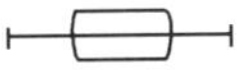　　B. 　　C. 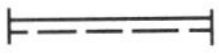　　D. 

4. 在工艺流程图中，下列符号表示活接头的是(C)。

A. 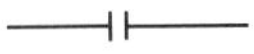　　B. 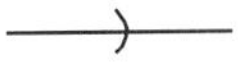　　C. 　　D. 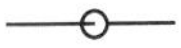

5. 在工艺流程图中，表示法兰连接的符号是(D)。

A. 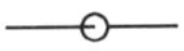　　B. 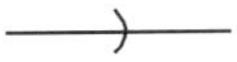　　C. 　　D. 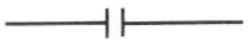

6. 在工艺流程图中，表示闸阀的符号是(B)。

A. 　　B. 　　C. 　　D. 

7. 在工艺流程图中，表示球阀的符号是(D)。

A. 　　B. 　　C. 

D. 

8. 在工艺流程图中，表示截止阀的符号是(A)。

A. 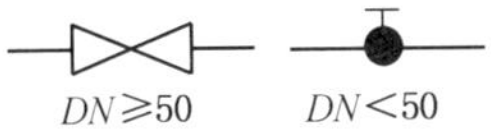

B. 

C. 
D. 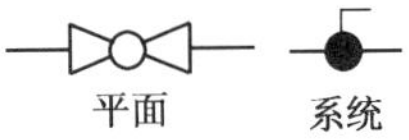

9. 带控制点的工艺流程图中，仪表控制点以(A)在相应的管路上用代号、符号画出。

A. 细实线　　B. 粗实线　　C. 虚线　　D. 点划线

10. 带控制点的工艺流程图中，表示指示的功能代号是(C)。

A. T　　B. J　　C. Z　　D. X

11. 带控制点的工艺流程图中，表示电磁流量计的符号是(B)。

A. 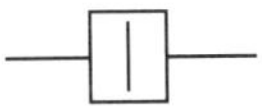　　B. 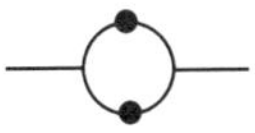

C. 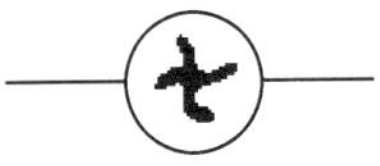　　D. 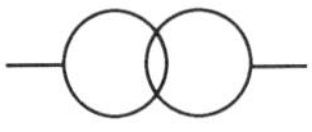

12. 石化生产存在许多不安全因素，其中易燃、易爆、有毒、有(A)的物质较多是主要的不安全因素之一。

A. 腐蚀性　　B. 异味　　C. 挥发性　　D. 放射性

13. 石化生产的显著特点是工艺复杂、(C)要求严格。

A. 产品　　B. 原料　　C. 操作　　D. 温度

14. 我国安全生产的方针是“(C)第一，预防为主”。

A. 管理　　B. 效益　　C. 安全　　D. 质量

15. “防消结合，以(D)为主”。

A. 管　B. 消　C. 人　D. 防

16.“三级安全教育”即厂级教育、车间级教育、(A)级教育。

A. 班组　B. 分厂　C. 处　D. 工段

17. 工人的日常安全教育应以“周安全活动”为主要阵地进行，并对其进行(B)的安全教育考核。

A. 每季一次　B. 每月一次　C. 每半年一次　D. 一年一次

18. 为保护头部不因重物坠落或其他物件碰撞而伤害头部的防护用品是(A)。

A. 安全帽　B. 防护网　C. 安全带　D. 防护罩

19. 从事(B)作业时，作业人员必须穿好专用的工作服。

A. 电焊　B. 酸碱　C. 高空　D. 气焊

20. 从事计算机、焊接及切割作业、光或其他各种射线作业时，需佩戴专用(C)。

A. 防护罩　B. 防护网　C. 防护镜　D. 防护服

21. 从事有(B)、热水、热地作业时应穿相应胶鞋。

A. 硬地　B. 腐蚀性　C. 检修作业　D. 机床作业

22. 从事(A)作业时应穿耐油胶鞋。

A. 各种油类　B. 酸碱类　C. 机加工　D. 检查维护

23. 从事酸碱作业时，作业人员需戴(C)手套。

A. 布　B. 皮

C. 耐酸碱各种橡胶　D. 塑料

24. 线手套或(B)手套只可作为一般的劳动防护用品。

A. 皮　B. 布　C. 橡胶　D. 塑料

25. 耳的防护即(A)的保护。

A. 听力　B. 耳廓　C. 头部　D. 面部

26. 工作地点有有毒的气体、粉尘、雾滴时，为保护呼吸系统，作业人员应按规定携带戴好(A)。

A. 过滤式防毒面具　B. 防护服

C. 口罩　D. 防护面罩

27. 从事易燃、易爆岗位的作业人员应穿(B)工作服。

A. 腈纶　B. 防静电　C. 涤纶　D. 防渗透

28. 从事苯、石油液化气等易燃液体作业人员应穿(D)工作服。

A. 耐腐蚀　B. 阻燃　C. 隔热　D. 防静电

29. 各种皮带运输机、链条机的转动部位，除安装防护罩外，还应有(A)。

A. 安全防护绳　B. 防护线　C. 防护人　D. 防护网

30. 厂内行人要注意风向及风力，以防在突发事故中被有毒气体侵害。遇到情况时要绕行、停行、(C)。

A. 顺风而行　B. 穿行　C. 逆风而行　D. 快行

31. 不能用于擦洗设备的是(D)。

A. 肥皂　B. 洗衣粉　C. 洗洁精　D. 汽油

32. 不属于有毒气体的是(C)。

A. 氯气　　B. 硫化氢　　C. 二氧化碳　　D. 一氧化碳

33. 属于气体物质的是(A)。

A. 氯气　　B. 烟气　　C. 盐酸雾滴　　D. 粉尘

34. 引起慢性中毒的毒物绝大部分具有(A)。

A. 蓄积作用　　B. 强毒性　　C. 弱毒性　　D. 中强毒性

35. 急性中毒现场抢救的第一步是(C)。

A. 迅速报警　　B. 迅速拨打 120 急救

C. 迅速将患者转移到空气新鲜处　　D. 迅速做人工呼吸

36. 酸烧伤时，应用(B)溶液冲洗。

A. 5%碳酸钠　　B. 5%碳酸氢钠　　C. 清水　　D. 5%硼酸

37. 高处作业是指在坠落高度基准面(含)(A)m 以上，有坠落可能的位置进行的作业。

A. 2　　B. 2.5　　C. 3　　D. 5

38. 一般不会造成环境污染的是(B)。

A. 化学反应不完全　　B. 化学反应完全

C. 装置的泄漏　　D. 化学反应中的副反应

39. 不属于石化行业污染主要途径的是(C)。

A. 工艺过程的排放　　B. 设备和管线的滴漏

C. 成品运输　　D. 催化剂、助剂等的弃用

40. 不属于石化行业污染特点的是(B)。

A. 毒性大　　B. 毒性小　　C. 有刺激性　　D. 有腐蚀性

41. 清洁生产是指在生产过程、产品寿命和(A)领域持续地应用整体预防的环境保护战略，增加生态效率，减少对人类和环境的危害。

A. 服务　　B. 能源　　C. 资源　　D. 管理

42. 清洁生产的内容包括清洁的能源、(D)、清洁的产品、清洁的服务。

A. 清洁的原材料　　B. 清洁的资源

C. 清洁的工艺　　D. 清洁的生产过程

43. 不属于燃烧三要素的是(C)。

A. 点火源　　B. 可燃性物质　　C. 阻燃性物质　　D. 助燃性物质

44. 气体测爆仪测定的是可燃气体的(D)。

A. 爆炸下限　　B. 爆炸上限　　C. 爆炸极限范围　　D. 浓度

45. MF4 型手提式干粉灭火器的灭火参考面积是(B)m^2。

A. 1.5　　B. 1.8　　C. 2.0　　D. 2.5

46. MF8 型手提式干粉灭火器的喷射距离大于等于(B)m。

A. 3　　B. 5　　C. 6　　D. 7

47. MFT70 型推车式干粉灭火器的灭火射程在(D)m。

A. 8~10　　B. 17~20　　C. 30~35　　D. 10~13

48. MPT100 型推车式干粉灭火器的灭火射程在(A)m。

A. 16~18　　B. 14~16　　C. 12~14　　D. 18~20

49. MY2 型手提式 1211 灭火器的灭火射程是(C)m。

A. 1　　B. 2　　C. 3　　D. 4

50. MY0.5 型手提式 1211 灭火器的灭火射程在(D)m。

A. 3　　B. 4.5　　C. 2.5　　D. 2

51. ISO 14000 系列标准的核心是(B)标准。

A. ISO 14000　　B. ISO 14001　　C. ISO 14010　　D. ISO 14100

52. HSE 管理体系是指实施安全、环境与(C)管理的组织机构、职责、做法、程序、过程和资源等而构成的整体。

A. 生命　　B. 过程　　C. 健康　　D. 资源

53. 建立 HSE 管理体系可提高企业安全、环境和健康(A)。

A. 管理水平　　B. 操作水平　　C. 使用水平　　D. 能源水平

54. 事故处理要坚持(C)不放过的原则。

A. 二　　B. 三　　C. 四　　D. 五

55. 违章作业、违反纪律等造成的一般事故，对责任者应给予(D)。

A. 警告处分　　B. 记过处分　　C. 行政处分　　D. 处罚

56. 标准化包括(C)的过程。

A. 研究、制定及颁布标准　　B. 制定、修改及使用标准

C. 制定、发布及实施标准　　D. 研究、公认及发布标准

57. 根据《中华人民共和国标准化法》的规定，我国的标准分为(B)四级。

A. 国际标准、国家标准、地方标准和企业标准

B. 国家标准、行业标准、地方标准和企业标准

C. 国家标准、地方标准、行业标准和企业标准

D. 国际标准、国家标准、行业标准和地方标准

58. 我国在国家标准管理办法中规定国家标准的有效期一般为(C)年。

A. 3　　B. 4　　C. 5　　D. 7

59. 2000 版 ISO 9000 族标准适用的范围是(D)。

A. 小企业　　B. 大中型企业

C. 制造业　　D. 所有行业和各种规模的组织

60. 在电脑的存储设备中，数据存取速度从快到慢的顺序是(B)。

A. 软盘、硬盘、光盘、内存　　B. 内存、硬盘、光盘、软盘

C. 软盘、硬盘、内存、光盘　　D. 光盘、软盘、内存、硬盘

61. 计算机硬件系统最核心的部件是(C)。

A. 内存储器　　B. 主机　　C. CPU　　D. 主板

62. 键盘是计算机的一种(D)设备。

A. 控制　　B. 存储　　C. 输出　　D. 输入

63. 计算机病毒会给计算机造成的损坏是(B)。

A. 只损坏软件　　B. 损坏硬件、软件或数据

C. 只损坏硬件　　D. 只损坏数据

64. 一张加了写保护的软磁盘(C)。

A. 不会向外传染病毒，但是会感染病毒

B. 不会向外传染病毒，也不会感染病毒

C. 不会再感染病毒，但是会向外传染病毒

D. 既向外传染病毒，又会感染病毒

65. 计算机防病毒软件可(B)。

A. 永远免除计算机病毒对计算机的侵害

B. 具有查病毒、杀病毒、防病毒的功能

C. 消除全部已发现的计算机病毒

D. 对已知病毒产生免疫力

66. 在计算机应用软件 Word 编辑中，以下键盘命令中执行复制操作的命令是(B)。

A. Ctrl+A　　B. Ctrl+C　　C. Ctrl+X　　D. Ctrl+V

67. 在计算机应用软件 Word 中常用工具栏中的“格式刷”用于复制文本和段落的格式，若要将选中的文本或段落格式重复用多次，应进行(A)操作。

A. 双击格式刷　　B. 拖动格式刷

C. 右击格式刷　　D. 单击格式刷

68. 使用 IE 浏览某网站时，出现的第一个页面称为网站的(C)。

A. WEB 页　　B. 网址　　C. 主页　　D. 网页

69. 在浏览 WEB 网页的过程中，如果你发现自己喜欢的网页并希望以后多次访问，应当使用的方法是(A)。

A. 放到收藏夹中　　B. 建立浏览　　C. 建立地址簿　　D. 用笔抄写到笔记本上

70. 发送电子邮件时，不可作为附件内容的是(B)。

A. 可执行文件　　B. 文件夹　　C. 压缩文件　　D. 图像文件

71. 某电子邮件地址为 new@ public. bta. net. cn，其中 new 代表(A)。

A. 用户名　　B. 主机名　　C. 本机域名　　D. 密码

72.《劳动法》规定，所有劳动者的合法权益一律平等地受我国劳动法的保护，不应有任何歧视或差异。这体现了对劳动者权益(B)的保护。

A. 最基本　　B. 平等　　C. 侧重　　D. 全面

73.《劳动法》规定，(A)的保护是对劳动者的最低限度保护，是对劳动者基本利益的保护，对劳动者的意义最重要。

A. 最基本　　B. 全面　　C. 侧重　　D. 平等

74. 依据《劳动法》规定，劳动合同可以约定试用期。试用期最长不超过(C)个月。

A. 12　　B. 10　　C. 6　　D. 3

75. 能够认定劳动合同无效的机构是(B)。

A. 各级人民政府　　B. 劳动争议仲裁委员会

C. 各级劳动行政部门　　D. 工商行政管理部门

76. 我国劳动法律规定，集体协商职工一方代表在劳动合同期内，自担任代表之日起(A)以内，除个人严重过失外，用人单位不得与其解除劳动合同。

A. 5 年　　B. 4 年　　C. 3 年　　D. 2 年

77. 依据《劳动法》的规定，发生劳动争议时，提出仲裁要求的一方应当自劳动争议发生之日起(D)日内向劳动争议仲裁委员会提出书面申请。

A. 三十　　B. 四十　　C. 五十　　D. 六十

78. 依据《劳动法》的规定，用人单位与劳动者发生劳动争议，当事人可以依法(B)，也可以协商解决。

A. 提起诉讼　　B. 申请调解、仲裁、提起诉讼

C. 申请仲裁　　D. 申请调解

79. 我国《劳动法》规定，安排劳动者延长劳动时间的，用人单位应支付不低于劳动者正常工作时间工资的(B)的工资报酬。

A. 100%　　B. 150%　　C. 200%　　D. 300%

80. 我国劳动法律规定的最低就业年龄是(C)周岁。

A. 18　　B. 17　　C. 16　　D. 15

81. 依据《劳动法》的规定，用人单位必须为劳动者提供符合国家规定的劳动安全卫生条件和必要的劳动防护用品，对从事有(B)危害作业的劳动者应当定期进行健康检查。

A. 身体　　B. 职业　　C. 潜在　　D. 健康

82.《产品质量法》规定，因产品存在缺陷造成人身、缺陷产品以外的其他财产损害的，应当由(D)承担赔偿责任。

A. 生产者和销售者共同　　B. 销售者

C. 消费者　　D. 生产者

83. 产品质量义务中的行为人必须为一定质量行为或不为一定质量行为的(C)性，是义务区别于权利的质的差异和主要特征。

A. 必然　　B. 重要　　C. 必要　　D. 强制

84.《安全生产法》规定，从业人员有获得符合(A)的劳动防护用品的权利。

A. 国家标准、行业标准　　B. 行业标准、企业标准

C. 国家标准、地方标准　　D. 企业标准、地方标准

85. 不属于《安全生产法》规定的从业人员安全生产保障知情权的一项是(D)。

A. 有权了解其作业场所和工作岗位存在的危险因素

B. 有权了解防范措施

C. 有权了解事故应急措施

D. 有权了解事故后赔偿情况

86. 下列说法不正确的是(C)。

A. 任何单位和个人不得损坏或者擅自挪用、拆除、停用消防设备、器材

B. 任何单位和个人不得占有防火间距、不得堵塞消防通道

C. 营业性场所不能保障疏散通道、安全出口畅通的，责令限期改正；逾期不改正的，对其直接负责的主管人员和其他直接责任人员依法给予行政处分或者处警告

D. 阻拦报火警或者谎报火警的，处警告、罚款或者十日以下拘留

87. 以机动车驾驶技能为例，个人日常生活中驾驶是属于(B)。

A. 职业技能　　B. 生活技能　　C. 操作技能　　D. 肢体技能

88. 职业技能鉴定考试的主要目的是(A)。

A. 为劳动者持证上岗和用人单位就业准入资格提供依据

B. 为劳动者提供就业证书

C. 检验劳动者的技能水平

D. 测量劳动者职业技能的等级

89. 职业技能鉴定考试属于(D)。

A. 常模参照考试 B. 上岗考试

C. 取证考试 D. 标准参照考试

90. 职业资格证书初级、中级、高级、技师、高级技师对应的级别分别是(A)。

A. 五 、四、三、二、一 B. 一、二、三、四、五

C. 二、三、四、五、六 D. 六、五、四、三、二

91. 职业资格证书是由(B)机构印制。

A. 各级教育部门 B. 劳动保障部门

C. 劳动者所在的劳资部门 D. 职业技能鉴定部门

92. 可以作为劳动者就业上岗和用人单位准入就业的主要依据是(C)。

A. 毕业证书 B. 介绍信

C. 职业资格证书 D. 成绩单

93. 职业具有社会性、稳定性、规范性、群体性和(A)等特点。

A. 目的性 B. 开放性 C. 先进性 D. 实用性

职业通用理论知识试题(《燃料油生产工》)

判断题

1. 元素化合价与其价电子构型有关，价电子构型的周期性变化决定了元素化合价的周期性变化。 (√)

2. 溶质和溶剂是相对而言的。 (√)

3. 氯化钙固体放置在空气中表面变湿的现象，称之为结晶。 (×)

正确答案：氯化钙固体放置在空气中表面变湿的现象，称之为潮解。

4. 饱和蒸汽压越高，就说明液体越容易气化。 (√)

5. 把任何物质的饱和溶液，升高温度即成不饱和溶液了。 (×)

正确答案：不一定，如石灰水升高温度其溶解度变小，所以依然是饱和溶液。

6. 20℃时，把 36g 食盐溶解在 100g 水里且正好达到饱和状态，所以 20℃时食盐在水中的溶解度是 36g。 (√)

7. 氧化-还原反应的实质是反应物的被氧化元素和被还原元素之间发生了电子转移。 (√)

8. 将氯气通入溴化钠溶液，溴被置换是还原。 (×)

正确答案：将氯气通入溴化钠溶液，溴被置换是氧化。

9. 除氢氟酸外，其他氢卤酸都是弱酸。 (×)

正确答案：除氢氟酸外，其他氢卤酸都是强酸。

10. 氢氧化钠浓溶液对纸张等没有腐蚀作用。 (×)

正确答案：氢氧化钠浓溶液对纸张等有强烈的腐蚀作用。

11. 硫化氢溶于水后所形成的氢硫酸是强酸。 (×)

正确答案：硫化氢溶于水后所形成的氢硫酸是弱酸。

12. 二氧化硫排入空气会造成污染，是形成酸雨的重要因素。 (√)

13. 分子式相同的烷烃是同一种物质。 (×)

正确答案：分子式相同的烷烃不一定是同一种物质，可能为同分异构体。

14. C ═C 双键是烯烃的官能团。 (√)

15. 分子中含有两个碳碳双键的开链不饱和烃叫做二烯烃。 (√)

16. 烷烃不是易燃易爆物质。 (×)

正确答案：烷烃是易燃易爆物质。

17. 烯烃的化学性质比相同碳原子数的烷烃活泼。 (√)

18. 炔烃是分子中含有碳碳叁键的开链不饱和烃。 (√)

19. 如果改变影响化学平衡的条件，平衡就向能够使这种改变减弱的方向移动。 (√)

20. 理想气体的体积只与气体的种类有关，与气体的量无关。 (×)

正确答案：理想气体的体积与气体的种类无关，只与气体的量有关。

21. 氧气是化学性质活泼的气体，能和绝大多数金属及非金属化合，形成各种氧化物。 (√)

22. 一切生物的细胞组织成分里都含有氢。 (√)

23. 大气中氮气的含量比氧气少。 (×)

正确答案：大气中氮气的含量比氧气多。

24. 过热蒸汽的温度低于饱和蒸汽的温度。 (×)

正确答案：过热蒸汽的温度高于饱和蒸汽的温度。

25. 对于甲烷燃烧的化学方程式 $CH_4+O_2=CO_2\uparrow+H_2O$ 配平系数是正确的。 (×)

正确答案：正确的配平系数是：$CH_4+2O_2=CO_2\uparrow+2H_2O$。

26. 氯酸钾和浓盐酸反应的化学方程式 $6HCl+KClO_3=KCl+3H_2O+3Cl_2$ 配平系数是正确的。 (√)

27. 石油(或称原油)通常是黑色、褐色或黄色的流动或半流动的黏稠液体。 (√)

28. 按照结构族组成概念，烃类化合物分子中的总环数、芳香环数和环烷环数分别用 R_N、R_A 和 R_T 来表示。 (×)

正确答案：按照结构族组成概念，烃类化合物分子中的总环数、芳香环数和环烷环数分别用 R_T、R_A 和 R_N 来表示。

29. 在实际应用中不需要或不可能进行单体化合物分析时，常采用族组成表示。 (√)

30. 对于减压渣油，目前一般还是用溶剂处理及液相色谱法将其分成饱和烃、芳香烃、胶质和沥青质四个组分。 (√)

31. 石油馏分的沸程越高，硫所占的比例越大。 (√)

32. 原油一般很少含有硫化氢，石油馏分中的硫化氢大多是在加工过程中产生的。(√)

33. 对于同一族烃类，在同一温度下，相对分子质量较大的烃类的蒸气压较大。 (×)

正确答案：对于同一族烃类，在同一温度下，相对分子质量较大的烃类的蒸气压较小。

34. 在石油加工生产和设备计算中，常常是以沸点来简便地表征石油馏分的蒸发及气化性能。 (×)

正确答案：在石油加工生产和设备计算中，常常是以馏程来简便地表征石油馏分的蒸发及气化性能。

35. 石油馏分的其他几种平均沸点可借助立方平均沸点与蒸馏曲线斜率由图查得。 (×)

正确答案：石油馏分的其他几种平均沸点可借助体积平均沸点与蒸馏曲线斜率由图查得。

36. 当属性相近的两种或多种油品混合时，其混合物的密度不能按可加性计算。（×）

正确答案：当属性相近的两种或多种油品混合时，其混合物的密度可近似地按可加性计算。

37. 当油品分子平均沸点相等时，其平均相对分子质量是一样的。（×）

正确答案：当油品分子平均沸点相等时，由于 K 值不同其平均相对分子质量也不一样。

38. 油品动力黏度的单位是 Pa · s，要将其换算成单位是 mPa · s，乘上 1000 就可以了。（√）

39. 当温度升高时，所有油品的黏度都升高，而温度降低时则黏度降低。（×）

正确答案：当温度升高时，所有油品的黏度都降低，而温度降低时则黏度升高。

40. 原油的闪点很高，因此，没有必要将它和低沸点油品一起列入易燃物品之列。（×）

正确答案：原油的闪点很低，它和低沸点油品一起被列入易燃物品之列。

41. 油品的沸点低，则其燃点高。（×）

正确答案：油品的沸点低，则其燃点低。

42. 油品的沸点愈低，则愈易自燃。（×）

正确答案：油品的沸点愈低，则愈不易自燃。

43. 油品含蜡也是造成其在低温时失去流动性的原因之一。（√）

44. 流体的抗剪和抗张能力大。（×）

正确答案：流体的抗剪和抗张能力小。

45. 一般来说在讨论气体的密度时必须标明其状态。（√）

46. 黏度的物理意义是促使流体流动产生单位速度梯度的内摩擦应力。（√）

47. 单位时间内流过管道任一截面的流体量，称为流量。（√）

48. 单位面积上所受的压力，称为流体的压强。（√）

49. 直管阻力是流体流经一定管径的直管时，由于流体与直管的摩擦而产生的阻力。（×）

正确答案：直管阻力是流体流经一定管径的直管时，由于流体的内摩擦而产生的阻力。

50. 热传递的基本方式有热传导、对流和热辐射。（√）

51. 将混合气体在一定压力下降低温度，使其冷凝，当其混合液体中出现第一个液滴，这时的温度叫泡点。（×）

正确答案：将混合液体在一定压力下升高温度，使其气化，当其混合液体中出现第一个气泡，且气相和液相保持在平衡的状况下开始沸腾，这时的温度叫泡点。

52. 混合液体在一定压力下升高温度，使其气化，然后再降低温度，当其混合液体刚刚全部气化并保持在平衡状况下饱和气相冷凝时出现第一滴液体，这时的温度叫露点。（×）

正确答案：将混合液体在一定压力下升高温度，使其全部气化，然后再降低温度当饱合气相出现第一滴液体，这时的温度叫露点。

53. 液体开始沸腾的温度为该压力下的泡点。（×）

正确答案：液体开始沸腾的温度为该压力下的沸点。

54. 传质分离过程可分为平衡分离和速率分离两大类。（√）

55. 精馏塔进料口以下至塔底部分称为精馏段。(×)

正确答案：精馏塔进料口以上至塔顶部分称为精馏段。

56. 气相回流是提馏段操作的必要条件。(√)

57. 对于组分挥发度相差较大、分离要求不高的场合，可采用平衡蒸馏或简单蒸馏。(√)

58. 精馏操作过程中回流比越小，分离效果越好。(×)

正确答案：精馏操作过程中回流比越大，分离效果越好。

59. 计量工作的任务是保证计量单位的正确使用。(×)

正确答案：计量工作的任务是保证量值的一致、准确和测量器具的正确使用。

60. 法定计量单位是由企业规定的计量单位。(×)

正确答案：法定计量单位是由国家以法令形式规定允许使用的计量单位。

61. 按国际上的规定，国际单位制的基本单位、辅助单位、具有专门名称的导出单位以及直接由以上单位构成的组合形式的单位(系数为1)都称之为SI单位。(√)

62. 计量检测设备不包括标准物质。(×)

正确答案：计量检测设备包括标准物质。

63. 螺杆泵是依靠螺杆旋转产生的离心力而输送液体的泵，故属叶片式泵。(×)

正确答案：螺杆泵是依靠螺杆旋转将封闭容积内液体进行挤压而提高压力的泵，故属容积式泵。

64. 往复泵是依靠泵内工作容积周期性变化来提高液体压力的泵。(√)

65. IS50-32-200B型离心油泵为单级单吸清水离心泵，泵入口直径50mm，泵出口直径32mm，叶轮名义直径200mm，叶轮外径经第一次切割。(×)

正确答案：IS50-32-200B型离心油泵为单级单吸清水离心泵，泵入口直径50mm，泵出口直径32mm，叶轮名义直径200mm，叶轮外径经第二次切割。

66. 液体在离心泵的工作流程是先经过叶轮，再经过压液室，最后经过扩压管(泵体)而排出泵外。(×)

正确答案：离心泵的工作流程是先经过叶轮，再经过扩压管(泵体)，最后经过压液室而排出泵外。

67. 降低离心泵转速，其理论扬程减小。(√)

68. 往复压缩机是依靠汽缸内工作容积周期性变化来提高气体压力的。(√)

69. 炼油装置常见往复式压缩机的种类有对称平衡型卧式压缩机、L形往复压缩机 、膜片式往复压缩机、V形往复压缩机。(×)

正确答案：炼油装置常见往复式压缩机的种类有对称平衡型卧式压缩机、L形往复压缩机 、V形往复压缩机。

70. 按照换热方式的特点，换热器可分为三类：间壁式换热器、蓄热式换热器和混合式换热器。(√)

71. 管式炉的最大特点是炉内设有一定数量的管子，被加热的流体如原油等可连续通过，靠着炉管壁吸收燃料在炉内燃烧所产生的热量，以加热到规定的温度。(√)

72. 圆筒炉的辐射室为圆筒形，辐射管沿辐射室的圆周水平排成一圈。(×)

正确答案：圆筒炉的辐射室为圆筒形，辐射管沿辐射室的圆周垂直排成一圈。

73. 塔设备按塔的内件结构分为板式塔和填料塔两大类。(√)

74. 压力容器常用安全泄压装置包括安全阀、爆破片、紧急放空阀、单向阀等。（×）

正确答案：压力容器常用安全泄压装置包括安全阀、爆破片、紧急放空阀等。

75. 安全阀可分为全封闭式和敞开式两种。（×）

正确答案：安全阀可分为全封闭式、半封闭式和敞开式三种。

76. 安全阀是炼油厂中使用的惟一一种安全泄压装置。（×）

正确答案：炼油厂中的安全泄压装置有安全阀、爆破片和放空管等。

77. 螺纹连接用的管件有外接头、内接头和活接头。（√）

78. 常用的管件主要有外接头、内接头、活接头、法兰、弯头、三通、四通、异径管、管塞和管帽等。（√）

79. 动力驱动阀只有电动阀、气动阀。（×）

正确答案：动力驱动阀包括电动阀、气动阀、液动阀等。

80. 按用途和作用分类，阀门可分为：截断阀、止回阀、分配阀、调节阀、安全阀。（√）

81. 平焊钢法兰可用于高温、高压管道的连接。（×）

正确答案：平焊钢法兰不能用于高温、高压管道的连接。

82. 垫片可分为软质垫片、硬质垫片、液体密封垫片和填料四大类。（×）

正确答案：垫片可分为软质垫片、硬质垫片、液体密封垫片三大类。

83. 在炼油装置中用得最多的螺栓是六角头螺栓。（√）

84. 在炼油装置中用得最多的螺栓是方头螺栓。（×）

正确答案：在炼油装置中用得最多的螺栓是六角头螺栓。

85. 螺纹连接又叫丝扣连接，常用来连接天然气、炼厂气、低压蒸汽、水和压缩空气的大直径管路。（×）

正确答案：螺纹连接只能用于小直径管路的连接。

86. 在各种压力管道中，由于生产工艺的要求，或考虑制造、运输、安装、检修的方便，常采用可拆的结构。常见的可拆结构有法兰连接、螺纹连接和插套连接。（√）

87. 流体弹性压力润滑的润滑膜较薄，能形成流体动压力使接触表面产生弹性变形，其变形值远远大于润滑膜最小厚度，弹性变形能增大支承负荷的能力。（√）

88. 电机和泵的滚珠轴承常用润滑脂是2#和3#极压复合锂基润滑脂。（√）

89. 容器爆破后，断口呈暗灰色纤维状，这种破坏形式为脆性破坏。（×）

正确答案：容器爆破后，断口呈暗灰色纤维状，这种破坏形式为韧性破坏。

90. 容器爆破后，破坏时器壁平均压力远低于材料的抗拉强度、甚至屈服强度，这种破坏形式为脆性破坏。（√）

91. 钢按化学成分可分为碳素钢和合金钢。（√）

92. 18-8 钢是铁素体不锈钢。（×）

正确答案：18-8 钢是奥氏体不锈钢。

93. 光能量是指光源发出的光线(条数)，其单位用流明(lm)表示。（√）

94. 通常规定正电荷的运动方向为电流方向。（√）

95. 通常所说的直流电是指恒定电流。（√）

96. 如果交流电的频率是50Hz，则该电流的方向每秒改变100次。（√）

97. 一般来讲，温度升高，导体的电阻会减小。（×）

正确答案：一般来讲，温度升高，导体的电阻会增加。

98. 电压越低，移动单位电荷做功越多。 (×)

正确答案：电压越低，移动单位电荷做功越少。

99. 在串联电路中，总电压等于各串联导体分电阻的端电压，即 $U=U_1=U_2$。 (×)

正确答案：在串联电路中，总电压等于各串联导体分电阻的端电压之和。

100. 通常照明电路都是接成并联电路而不是接成串联电路。 (√)

101. 交流电流为 100mA 以上时，称为致命电流。 (×)

正确答案：交流电流为 50mA 以上时，称为致命电流。

102. 做人工呼吸时首先要使被抢救者的呼吸道畅通。 (√)

103. 电动机容易起火的部位是大盖和小盖。 (×)

正确答案：电动机容易起火的部位是定子绕组和转子绕组。

104. 当用仪表对被测参数进行测量时，仪表指示值总要经过一段时间才能显示出来，这段时间称为仪表的反应时间。 (√)

105. 如果仪表不能及时反映被测参数，便要造成误差，这种误差称为静态误差。 (×)

正确答案：如果仪表不能及时反映被测参数，便要造成误差，这种误差称为反应误差。

106. 简单控制系统由被控对象、测量变送单元和调节器组成。 (×)

正确答案：简单控制系统由被控对象、测量变送单元、调节器和执行器组成。

107. 智能记录仪的记录纸速度连续可调。 (√)

108. 偏心阀特别适用于低压差、大口径、大流量的气体和浆状液体。 (×)

正确答案：偏心阀特别适用于高黏度，高压差，流通能力大，以及调节系统要求密封，可调范围宽(100∶1)的场合。

109. 在使用弹性式压力计测量压力的过程中弹性元件可以无限制的变形。 (×)

正确答案：在使用弹性式压力计测量压力的过程中弹性元件不可以无限制地变形。

110. 超声波流量计对上游侧的直管要求不严。 (×)

正确答案：超声波流量计对上游侧的直管要求严格。

111. 测量液位用的差压计，其差压量程由介质密度和封液高度决定。 (×)

正确答案：测量液位用的差压计，其差压量程由介质密度和取压点垂直高度决定，和封液高度无关。

112. 压力式温度计中的毛细管越长，则仪表的反应时间越快。 (×)

正确答案：压力式温度计中的毛细管越长，则仪表的反应时间越慢。

113. 储罐液位调节系统，当调节阀装在出口管线上时，应选风关式调节阀。 (×)

正确答案：储罐液位调节系统，当调节阀装在出口管线上时，应选风开式调节阀。

114. DCS 系统是(Distributed Control System)集散控制系统的简称。 (√)

115. DCS 操作站中过程报警和系统报警的意义是一样的，都是由于工艺参数超过设定的报警值而产生。 (×)

正确答案：DCS 操作站中过程报警和系统报警的意义是不一样的，过程报警是由于工艺参数超过设定的报警值而产生，系统报警是由于系统本身报警而产生的。

单选题

1. 二氧化硫中的硫的化合价为(B)。

A. +6　B. +4　C. +2　D. +1

2. 把少量的 (A) 放入水里振荡后能形成溶液。

A. 食盐　B. 面粉　C. 汽油　D. 沥青

3. 当 8g 食盐完全溶解于 92g 水中时，该溶液的质量百分比浓度是(A)。

A. 8%　B. 87%　C. 92%　D. 84%

4. 结晶水合物是(A)。

A. 具有一定组成的化合物　B. 具有一定的浓度的溶液

C. 悬浊液　D. 乳浊液

5. 从硝酸钾和氯化钠的混合溶液中分离出硝酸钾的方法是(D)。

A. 过滤　B. 蒸馏　C. 加热蒸干结晶　D. 加热浓缩后再冷却结晶

6. 在常压下，假设 50℃的水饱和蒸汽压为 A，80℃的水饱和蒸汽压为 B，那 A 和 B 的数值关系为(C)。

A. $A=B$　B. $A>B$　C. $A<B$　D. $A\geqslant B$

7. 在同一温度下，假设甲烷的蒸气压为 A，乙烷的蒸气压为 B，丙烷的蒸气压为 C，丁烷的蒸气压为 D，那 A、B、C、D 间的数值关系为(B)。

A. $A<B<C<D$　B. $A>B>C>D$　C. $A<B<D<C$　D. $A>B>D>C$

8. 下面关于饱和溶液的说法中正确的是(D)。

A. 在饱和溶液里，溶解和结晶的过程就停止

B. 饱和溶液一定是浓溶液

C. 同一溶质的饱和溶液的浓度一定大于不饱和溶液的浓度

D. 饱和溶液就是该温度下达到溶解平衡状态的溶液

9. 将高温饱和硝酸钠溶液降温，析出晶体后，经过滤所得滤液是(B)。

A. 水　B. 饱和溶液　C. 不饱和溶液　D. 硝酸钠晶体

10. 某温度时，把 Bg 饱和氯化钾溶液蒸干，得氯化钾晶体 Ag，则氯化钾的溶解度为(D)g。

A. A　B. $\frac{100\times A}{B}$　C. $\frac{A}{B-A}$　D. $\frac{100\times A}{B-A}$

11. 下列叙述中，正确的是(C)。

A. 分解反应都是氧化-还原反应　B. 化合反应都是氧化-还原反应

C. 置换反应一定是氧化-还原反应

D. 复分解反应中，有一部分属于氧化-还原反应

12. 下列选项中，只具有氧化性的物质是(B)。

A. 氯酸钾　B. 氢离子　C. 氯气　D. 浓硝酸

13. 在高温时，下列物质发生分解反应，但不属于氧化-还原反应的是(B)。

A. 碘化氢　B. 碳酸钙　C. 氯酸钾　D. 高锰酸钾

14. 下列微粒中还原性最强的是(A)。

A. 碘离子　B. 氟离子　C. 氯原子　D. 碘原子

15. 下列物质中非卤族元素的是(C)。

A. 氟　　B. 氯　　C. 氩　　D. 碘

16. 下面关于卤素单质的说法错误的是随着相对分子质量的增加(D)。

A. 颜色依次变深　　B. 毒性依次减弱

C. 氧化性依次减弱　　D. 卤离子的还原性依次减弱

17. 下列物质中有毒的是(A)。

A. 氟化氢　　B. 二氧化碳　　C. 氯化氢　　D. 氮气

18. 下面关于氢氧化钠的俗称不正确的是(B)。

A. 苛性钠　　B. 纯碱　　C. 烧碱　　D. 火碱

19. 硫化氢中的硫的化合价为(C)。

A. −3　　B. −1　　C. −2　　D. +2

20. 以下(D)溶液不与硫化氢发生反应。

A. 氢氧化钠　　B. 稀硫酸　　C. 氨水　　D. 氯化钠

21. 二氧化硫溶于水后形成的酸是(A)。

A. 亚硫酸　　B. 硫酸　　C. 硝酸　　D. 亚硝酸

22. 烯烃的分子通式是(B)。

A. C_nH_{2n+2}　　B. C_nH_{2n}　　C. C_nH_{2n-2}　　D. C_nH_n

23. 丙烯的分子式是(B)。

A. C_3H_8　　B. C_3H_6　　C. C_3H_5　　D. C_3H_4

24. 丙二烯的分子式是(B)。

A. C_3H_6　　B. C_3H_4　　C. C_3H_5　　D. C_3H_8

25. 二烯烃的分子通式是(C)。

A. C_nH_{2n+2}　　B. C_nH_{2n}　　C. C_nH_{2n-2}　　D. C_nH_n

26. 不能使溴水褪色的物质是(D)。

A. 乙烯　　B. 乙炔　　C. 硫化氢　　D. 丁烷

27. 常温常压下，呈非气体状态的烯烃是(D)。

A. 乙烯　　B. 丙烯　　C. 丁烯　　D. 1-戊烯

28. 在一定条件下能和水反应的是(A)。

A. 乙烯　　B. 乙烷　　C. 苯　　D. 丙烷

29. 下列分子式，不是炔烃的是(D)。

A. C_2H_2　　B. C_3H_4　　C. C_4H_6　　D. C_4H_{10}

30. 对于平衡体系：xA(气)+yB(固)$\rightleftharpoons$$m$C(气)+$n$D(气)，增大压强(其他条件不变)，C 的含量减少，则(B)。

A. $x+y<m+n$　　B. $m+n>x$　　C. $x+y>m+n$　　D. $m+n<x$

31. 下面关于化学平衡的说法不正确的是(C)。

A. 化学平衡主要研究可逆反应的规律

B. 化学平衡是动态平衡

C. 化学平衡是静态平衡

D. 化学平衡是相对的暂时的，只有在一定条件下才能保持

32. 关于理想气体的说法不正确的是 (D)。

A. 理想气体的体积会随着温度的升高而增大且成正比
B. 理想气体的体积会随着压强的升高而减小且成反比
C. 只有在压力趋于零时，各种气体才具有理想气体的性质
D. 一定是纯物质
33. 关于理想气体状态方程式的说法错误的是（ C ）。
A. 该方程是一个包括气体体积、压力与温度关系的方程式
B. 它是一个近似经验定律
C. 该方程可应用于任何温度与压力下的气体
D. 该方程只适用于理想气体，对于真实气体，需修正后才能应用
34. CO_2 和 $5SO_2$ 所含的(C)一样多。
A. 氧分子 B. 氧元素 C. 氧原子 D. 氧元素所占的质量分数
35. 氧原子的相对原子质量是(B)。
A. 16g B. 16
C. 2.657×10^{-26}kg D. 32
36. 下面关于氢气的物理性质的叙述，不正确的是(D)。
A. 在通常状况下，氢气是无色、无味的气体
B. 氢气是最轻的气体
C. 在某些条件下，氢气可以变成固体
D. 氢气易溶于水
37. 下列物质中，有游离态氮元素存在的是(C)。
A. 氨水 B. 液氨
C. 空气 D. 硝酸铜受热分解的生成物中
38. 下列不是过热蒸汽的是(B)。
A. 0.4MPa、300℃蒸汽 B. 0.1MPa、100℃蒸汽
C. 0.4MPa、350℃蒸汽 D. 0.4MPa、450℃蒸汽
39. 石油的相对密度一般介于(C)之间。
A. 0.45~0.65 B. 0.6~0.88
C. 0.80~0.98 D. 0.90~1.10
40. 结构族组成的表示方法一般在阐述(D)的组成时采用。
A. 石油气 B. 石蜡 C. 低沸点馏分 D. 高沸点馏分
41. 通常将含硫量(质量百分比)高于(A)的石油称为高硫石油。
A. 2.0% B. 1.5% C. 1.0% D. 0.5%
42. 蒸气压表示该液体在一定温度下的(C)能力。
A. 液化 B. 固化 C. 气化 D. 转化
43. 在某一温度下一种物质的液相与某上方的气相呈平衡状态时的压力，称为(B)。
A. 临界压力 B. 饱和蒸气压 C. 大气压 D. 气化压力
44. 石油馏分一般常用(A)来表征其蒸发及气化性能。
A. 沸程 B. 沸点 C. 临界温度 D. 气化潜热
45. 对于某一液态物质，其饱和蒸气压等于外压时的温度，称为该液体在该压力下

的(B)。

A. 沸程　B. 沸点　C. 临界温度　D. 泡点

46. 石油馏分的实分子平均沸点可借助(B)与蒸馏曲线斜率由图查得。

A. 质量平均沸点　B. 体积平均沸点　C. 立方平均沸点　D. 中平均沸点

47. 油品的相对密度通常以(D)℃的水为基准。

A. 50　B. 20　C. 16.5　D. 4

48. 气体的相对密度是该气体的密度与空气在（ C)下的密度之比。

A. 20℃，0.1013MPa　B. 20℃

C. 0℃，0.1013MPa　D. 0.1013MPa

49. 油品是复杂的混合物，所含化合物的相对分子质量是各不相同的，其范围往往又很宽，所以对它们只能用(C)来加以表征。

A. 相对密度　B. 特性因数

C. 平均相对分子质量　D. 相对分子质量

50. 在现用的 SI 制中，运动黏度单位是(C)。

A. Pa·s　B. P　C. mm^2/s　D. cSt

51. 油品黏度随温度变化的这种性质通常称为(D)。

A. 黏度比　B. 黏度指数　C. 混合黏度　D. 黏温性质

52. 在测定柴油的闪点时，常测出的是(B)。

A. 闪点的上限　B. 闪点的下限　C. 自燃点　D. 燃点

53. 当到达某一油温时，油品引火后所生成的火焰可以保持 5 秒钟，发生这种现象的最低油温称为(D)。

A. 闪点　B. 闪火点　C. 自燃点　D. 燃点

54. 在同族烃类中(A)的则其自燃点高。

A. 相对分子质量小　B. 相对分子质量大

C. 闪点高　D. 燃点高

55. 油品在试验条件下，因为开始出现烃类的微晶粒或冰晶体而使油品呈现浑浊时的最高温度是(C)。

A. 冰点　B. 凝点　C. 浊点　D. 倾点

56. 一定的试验条件下，当油品冷却到某一温度，并且将贮油的试管倾斜 45°，而且经过 1 分钟后，肉眼看不出管内液面位置有所移动，产生这种现象的最高温度就称该油品的(B)。

A. 冰点　B. 凝点　C. 浊点　D. 倾点

57. 下列关于流体的表述，错误的是(B)。

A. 在外力作用下其内部发生相对运动　B. 流体是不可压缩的

C. 在运动状态下，流体具有黏性　D. 无固定形状，随容器的形状而变化

58. 理想气体的密度与温度的关系是(B)。

A. 正比　B. 反比　C. 无关　D. 温度的平方成正比

59. 气体的黏度随温度升高而(C)。

A. 不变　B. 减小　C. 增大　D. 急剧减少

60. 液体的质量流量(ω_s)与流速(u)、管截面积(A)及密度(ρ)的关系是(A)。

A. $\omega_s=uA\rho$　　B. $\omega_s=\rho A/u$　　C. $\omega_s=uA/\rho$　　D. $\omega_s=u\rho/A$

61. 下列压强的单位换算中错误的是(C)。

A. $1atm=1.0133\times10^5Pa$　　B. $1kgf/cm^2=735.6mmHg$

C. $1kgf/cm^2=1.0133\times10^5Pa$　　D. $1atm=760mmHg$

62. 流体的流动类型的分类是用(D)来判断。

A. 流速　　B. 黏度　　C. 密度　　D. 雷诺数

63. 流动阻力的大小与流体本身的物理性质、(B)及壁面的形状等因素有关。

A. 流速　　B. 流动状况　　C. 流量　　D. 运动黏度

64. 关于流动阻力描述，下列说法正确的是(B)。

A. 流动阻力的大小与管的形状无关　　B. 流动阻力分为直管阻力和局部阻力

C. 管路的变径对流动阻力没有影响　　D. 管路中弯头越多，流动阻力越小

65. 传热是指由于(D)引起的能量转移，又称热传递。

A. 质量差　　B. 压力差　　C. 体积差　　D. 温度差

66. 流体各部分之间发生相对位移所引起的热传递过程是(C)。

A. 热辐射　　B. 热传导　　C. 热对流　　D. 散热

67. 将混合液体在一定压力下升高温度，使其全部气化，然后再降低温度当饱合气相出现第一滴液体，这时的温度叫(B)。

A. 泡点　　B. 露点　　C. 沸点　　D. 干点

68. 下列不属于平衡分离传质过程的是(D)。

A. 吸收　　B. 干燥　　C. 萃取　　D. 电泳

69. 下列不属于速率分离传质过程的是(A)。

A. 吸收　　B. 渗析　　C. 超滤　　D. 电泳

70. 精馏段是指(B)。

A. 精馏塔进料口以下至塔底部分　　B. 精馏塔进料口以上至塔顶部分

C. 循环回流以上至塔顶部分　　D. 循环回流以下至塔底部分

71. 提馏段是指(A)。

A. 精馏塔进料口以下至塔底部分　　B. 精馏塔进料口以上至塔顶部分

C. 循环回流以上至塔顶部分　　D. 循环回流以下至塔底部分

72. 关于提馏段的表述，错误的是(B)。

A. 提馏段中液相重组分被提浓　　B. 液相回流是提馏段操作的必要条件

C. 液相中轻组分被提出　　D. 提馏段中发生传质传热过程

73. 蒸馏过程的热力学基础是(B)。

A. 溶解平衡　　B. 气液平衡

C. 吸附平衡　　D. 离子交换平衡

74. 回流比是(A)。

A. 塔顶回流量与塔顶产品之比　　B. 塔顶回流量与进料之比

C. 塔顶回流量与塔底产品之比　　D. 塔顶产品与塔底产品之比

75. 保证(A)的一致、准确是计量工作的任务之一。

A. 量值　B. 数字　C. 计量单位　D. 计量方法

76. 计量的基本特点是(A)，它表征的是计量结果与被测量的真值的接近程度。

A. 准确性　B. 数字　C. 计量单位　D. 计量方法

77. 法定计量单位(简称法定单位)是以(A)为基础，同时选用一些非国际单位制的单位构成的。

A. 国际单位制单位　B. 基本单位　C. 导出单位　D. 辅助单位

78. 国际单位制包括 SI 单位、(A)和 SI 单位的十进倍数与分数单位三部分。

A. SI 词头　B. 基本单位　C. 辅助单位　D. 数字

79. 比热容单位的符号是 J/(kg·K)，其单位名称是(A)。

A. 焦耳每千克开尔文　B. 每千克开尔文焦耳

C. 焦耳每千克每开尔文　D. 焦耳每千克点开尔文

80. 质量的基本单位为(A)。

A. kg　B. g　C. m　D. t

81. 计量表精度等级划分是依据计量表的(A)来划分计量表的精度级别的。

A. 最大引用误差　B. 相对误差　C. 绝对误差　D. 测量值

82. 计量检测设备是指所有的测量器具、测量标准、标准物质和辅助设备以及(A)。

A. 进行测量所必需的资料　B. 工具

C. 附件　D. 说明书

83. 企业依实际情况，对计量器具(含标准器)划分为(A)实施管理。

A. A、B、C 三级　B. A、B、C、D 四级

C. A、B 二级　D. A、B、C、D、E 五级

84. 属于叶片式泵的是(B)。

A. 齿轮泵和螺杆泵　B. 轴流泵和离心泵

C. 往复泵和混流泵　D. 柱塞泵和旋涡泵

85. 关于 ZJ_1-3.2/1.6-Ⅱ型柱塞泵各符号表示正确的是(B)。

A. Z 表示计量泵　B. 3.2/1.6 表示额定流量/排出压力

C. Ⅱ表示用于二类防爆区　D. J 表示柱塞泵

86. 离心泵主要依靠叶轮的高速旋转产生(A)使液体提高压力而径向流出叶轮。

A. 离心力　B. 离心力和轴向力　C. 轴向力　D. 切向力

87. 液体黏度越小，需要离心泵的轴功率(B)，而与叶轮摩擦产生温度越低。

A. 越大　B. 越小　C. 不变　D. 不能确定

88. 按结构形式分，属于速度式压缩机的是(A)。

A. 离心式压缩机　B. 螺杆压缩机　C. 罗茨压缩机　D. 液环压缩机

89. 下列换热器中不是通过管壁传热的换热器是(D)。

A. 浮头式　B. 固定管板式　C. U 形管式　D. 板式

90. 一般使用于高温高压下的换热器是(C)。

A. 浮头式　B. 固定管板式　C. U 形管式　D. 板式

91. 常压炉和减压炉均为(A)。

A. 纯加热炉　B. 加热-反应炉　C. 反应炉　D. 复合炉

92. 原油初馏装置的常压塔，气液负荷变化大，各产品馏分质量要求较高，一般应选用(A)。

A. 浮阀塔盘　B. 泡帽塔盘　C. 筛板塔盘　D. 喷射式

93. 泡帽塔、筛板塔及浮阀塔属于(A)。

A. 板式塔　B. 填料塔　C. 湍球塔　D. 乳化塔

94. 在石化生产装置中广泛使用的安全阀是(B)。

A. 杠杆式　B. 弹簧式　C. 脉冲式　D. 重锤式

95. 对于工作介质为有毒、易燃气体的容器，应选用(A)。

A. 全封闭式安全阀　B. 半封闭式安全阀

C. 敞开式安全阀　D. 杠杆式安全阀

96. 一次性使用的泄放装置是(B)。

A. 安全阀　B. 爆破片　C. 单向阀　D. 自动阀

97. 具有密封性能较好，泄压反应较快，气体内所含的污物对其影响较小等特点的安全泄放装置是(B)。

A. 安全阀　B. 爆破片　C. 单向阀　D. 自动阀

98. 不属于常用管道组成件的是(D)。

A. 三通　B. 弯头　C. 异径管　D. 回弯头

99. 不常用的钢制异径管有(D)。

A. 无缝异径管　B. 高低压异径管　C. 焊制异径管　D. 铸造异径管

100. 低压阀是公称压力(A)的阀门。

A. $PN \leqslant 1.6$MPa　B. 2.5MPa $\leqslant PN \leqslant 6.4$MPa

C. 10.0MPa $\leqslant PN \leqslant 80.0$MPa　D. $PN \geqslant 100$MPa

101. 不是阀门型号通常应表示出的要素是(D)。

A. 阀门类型、驱动方式　B. 连接形式、结构特点

C. 密封面材料、阀体材料和公称压力　D. 垫片材料

102. 不是炼油厂常用的法兰有(D)。

A. 平焊法兰　B. 对焊法兰　C. 螺纹法兰　D. 活套法兰

103. 多用于铜、铝等有色金属及不锈耐酸钢容器和管线连接上的是(D)。

A. 平焊法兰　B. 对焊法兰　C. 螺纹法兰　D. 活套法兰

104. 非金属垫片包括硬纸板、橡胶类、石棉类、石墨类等，属于(A)。

A. 软质垫片　B. 硬质垫片　C. 液体密封垫片　D. 填料

105. 具有密封性好，密封面结构简单、耐腐蚀，成本低，适用面广等优点的是(C)。

A. 软质垫片　B. 硬质垫片　C. 液体密封垫片　D. 填料

106. 紧固法兰常用的螺栓件包括(B)。

A. 单头螺栓及双头螺栓　B. 单头螺栓(六角头螺栓)及双头螺栓

C. 螺栓及螺母　D. 螺栓及螺钉

107. 适用于铸铁管陶瓷管和水泥管等埋在地下的管路的是(C)。

A. 螺纹连接　B. 法兰连接　C. 插套连接　D. 焊接连接

108. 接触式密封是(A)。

A. 填料密封和普通机械密封　　B. 迷宫密封和垫片密封
C. 浮环密封和机械密封　　D. 浮环密封和干气密封

109. 非接触式密封是(D)。
A. 填料密封和普通机械密封　　B. 干气密封和"O"形圈密封
C. 浮环密封和泵耐磨环密封　　D. 浮环密封和迷宫密封

110. 滑动轴承的润滑主要属于(A)。
A. 流体润滑　　B. 边界润滑　　C. 间隙润滑　　D. 混合润滑

111. 透平压缩机组常用的润滑油牌号是(B)。
A. N46 和 N32 液压油　　B. N46 和 N32 透平油
C. 90#和 150#重负荷齿轮油　　D. 4413 高速齿轮油

112. 离心泵的常用润滑油是(D)。
A. N46 和 N68 冷冻机油　　B. WA150 和 WA220 蜗轮蜗杆油
C. 90#和 150#重负荷齿轮油　　D. N46 和 N68 液压油、透平油

113. 金属材料在断裂前产生了明显塑性变形的破坏形式叫做(A)。
A. 韧性破坏　　B. 脆性破坏　　C. 腐蚀破坏　　D. 疲劳破坏

114. 在断裂前无明显塑性变形的破坏形式叫做(B)。
A. 韧性破坏　　B. 脆性破坏　　C. 腐蚀破坏　　D. 疲劳破坏

115. 在压力容器器壁出现鼓包而造成的破坏是(C)。
A. 韧性破坏　　B. 脆性破坏　　C. 腐蚀破坏　　D. 蠕变破坏

116. 目前在石化设备中应用最广泛的材料是(A)。
A. 低合金高强度钢　　B. 不锈耐酸钢
C. 耐热钢　　D. 优质碳素结构钢

117. 含碳量≤0.25%的钢是(A)。
A. 低碳钢　　B. 中碳钢　　C. 高碳钢　　D. 合金钢

118. 高压水银灯泡主要由(A)组成。
A. 发光管、外玻壳、辅助电极　　B. 灯管、灯丝、镇流器、启辉器
C. 外玻壳、灯丝　　D. 外玻壳、灯丝、碘

119. 下述各种类型照明灯，效率是最高的是(D)。
A. 白炽灯　　B. 荧光灯　　C. 高压汞灯　　D. 钠灯

120. 关于电流的概念，下列叙述中正确的是(D)。
A. 导体中电荷的运动就形成电流
B. 电流是矢量，其方向就是负电荷定向运动的方向
C. 在国际单位制中，电流是一个基本物理量，其单位毫安是基本单位
D. 对于导体，只要其两端电势差为零，电流必为零

121. 关于直流电的概念，下面叙述中正确的是(D)。
A. 方向和强弱随时间而改变的电流　　B. 方向随时间改变的电流
C. 强弱随时间改变的电流　　D. 方向和强弱都不随时间改变的电流

122. 关于交流电的概念，以下说法中正确的是(D)。
A. 方向不随时间而改变的电流　　B. 方向随时间作非周期性改变的电流

C. 强度和方向不随时间改变的电流　　D. 强度和方向随时间作周期性改变的电流

123. 交流电的有效值是根据(D)来规定的。

A. 电流的数值大小　　B. 电压的数值大小

C. 电阻的数值大小　　D. 电流的热效应

124. 电阻的定义式为(C)。

A. $R=IU$　　B. $R=\frac{P}{I}$　　C. $R=\frac{U}{I}$　　D. $R=\frac{P}{U}$

125. 下列关于电压的说法错误的是(B)。

A. 电路中两点间的电势差，叫做电压

B. 电流是产生电压的条件

C. 电压可视为描述电场力做功大小的物理量

D. 电压越高，移动单位电荷做功越多

126. 在国际单位制中，电压的单位是(C)。

A. 安培(A)　　B. 欧姆(Ω)　　C. 伏特(V)　　D. 瓦特(W)

127. 对于串联电路，下列论述错误的是(C)。

A. 在串联电路中，流过各串联导体的电流是相同的

B. 串联电路的总电压等于各串联导体电压之和

C. 在串联电路中，各串联导体的电压也是相同的

D. 在串联电路中，串联导体的电阻越大，该串联导体分电压越高

128. 将 R_1 和 R_2 电阻接成串联电路，其电路参数公式正确的是(C)。

A. $I=I_1+I_2$　　B. $U=U_1=U_2$　　C. $R=R_1+R_2$　　D. $I=\frac{U_1}{R_2}$

129. 下图中正确的并联电路图是(C)。

A. 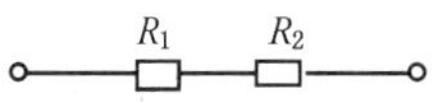

B. 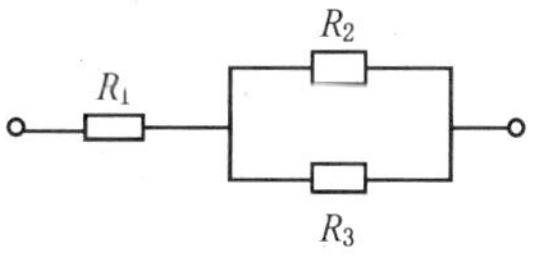

C. 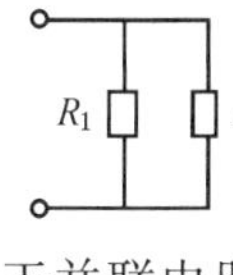

D. 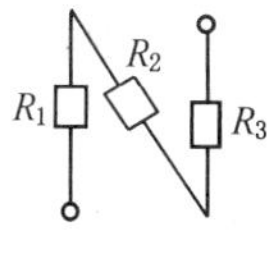

130. 对于并联电路，下列论述正确的是(D)。

A. 在并联电路中，流过各并联电阻的电流是相同的

B. 并联电路的总电阻等于各并联分电阻之和

C. 并联电路的总电压等于各并联分电阻的端电压之和

D. 并联电路的总电流等于并联电路分电阻流过的电流之和

131. 国际规定，电压在(C)V 以下不必考虑防止直接电击的危险。

A. 36　　B. 65　　C. 25　　D. 110

132. 发生触电事故的危险电压一般是从(C)V 开始。

A. 24　　B. 36　　C. 65　　D. 110

133. 不属于人工呼吸的急救方法是(C)。
A. 仰卧伸臂法　B. 俯卧压背法
C. 胸外心脏挤压法　D. 口对口(鼻)吹气法

134. 电器着火时不能使用(C) 灭火。
A. 四氯化碳　B. 沙土　C. 水　D. 干粉

135. 下列不适于扑灭电气火灾的是(C)。
A. 1211 灭火器　B. 二氧化碳灭火器
C. 泡沫灭火器　D. 干粉灭火器

136. 构成一个自动调节对象应具备的条件之一是调节对象中的被调参数是(A)。
A. 连续可测量　B. 不断变化　C. 不可测量　D. 可以估算

137. 调节器“正”作用的定义是(B)。
A. 调节器的输出值随着测量值的增加而增加
B. 调节器的输出值随着正偏差值的增加而增加
C. 调节器的输出值随着测量值的减少而增加
D. 调节器的输出值随着正偏差值的减少而增加

138. 仪表的零点准确但终点不准确的误差称为(A)。
A. 量程误差　B. 基本误差　C. 允许误差　D. 零点误差

139. 按误差出现的规律，误差可分为(D)。
A. 定值误差、累计误差　B. 绝对误差、相对误差、引用误差
C. 基本误差、附加误差　D. 系统误差、随机误差、疏忽误差

140. 下列控制系统中，属于开环控制的是(C)。
A. 定值控制　B. 随动控制　C. 前馈控制　D. 程序控制

141. 可以用于改变输出值的仪表类型是(B)。
A. 记录仪　B. 调节器　C. 报警器　D. 切换开关

142. 不属于智能显示仪表的显示记录方式的是(D)。
A. 荧光管显示　B. 曲线记录　C. 数字打印　D. 屏幕拷贝

143. 调节阀前后压差较小，要求泄漏量小，一般可选用(A)阀。
A. 单座　B. 隔膜　C. 偏心旋转　D. 蝶

144. 调节强腐蚀性流体，可选用(B)阀。
A. 单座　B. 隔膜　C. 偏心旋转　D. 蝶

145. 液柱式压力计是基于(A)原理工作的。
A. 液体静力学　B. 流体动力学　C. 霍尔效应　D. 动力平衡

146. 椭圆流量计是一种(D)流量计。
A. 速度式　B. 质量　C. 差压式　D. 容积式

147. 涡轮流量计是一种(A)流量计。
A. 速度式　B. 质量　C. 差压式　D. 容积式

148. 用差压法测量容器液位时，液位的高低取决于(C)。
A. 容器上、下两点的压力差和容器截面
B. 压力差、容器截面和介质密度

C. 压力差、介质密度和取压位置

D. 容器高度和介质密度

149. 用压力法测量开口容器液位时，液位的高低取决于(B)。

A. 取压点位置和容器的横截面　　B. 取压点位置和介质密度

C. 介质密度和横截面　　D. 容器高度和介质密度

150. 下列关于热电阻温度计的叙述中，不正确的是(D)。

A. 电阻温度计的工作原理，是利用金属线的电阻随温度作几乎线性的变化

B. 电阻温度计在温度检测时，有时间延迟的缺点

C. 与电阻温度计相比，热电偶温度计能测更高的温度

D. 因为电阻体的电阻丝是用较粗的线做成的，所以有较强的耐振性能

151. 关于双金属温度计说法不正确的是(D)。

A. 由两片膨胀系数不同的金属牢固地粘在一起

B. 可将温度变化直接转换成机械量变化

C. 是一种固体膨胀式温度计

D. 长期使用后其精度更高

152. 下列应选用风关阀的是(D)。

A. 油水分离器的排水线　　B. 容器的压力的进料调节

C. 蒸馏塔的流出线　　D. 蒸馏塔的回流线

153. 关于控制阀风开风关选定原则说法正确的是（ A ）。

A. 工艺生产的安全要求　　B. 控制闭环的要求

C. 现场安装的要求　　D. 操作的方便性

154. DCS 系统的控制面板中，“AUTO”的含义是(C)。

A. 回路出错　　B. 回路在手动控制

C. 回路在自动控制　　D. 回路在串级控制

155. 关于 DCS 系统的硬件组成，下面说法正确是(B)。

A. 显示器、鼠标、键盘等

B. 操作站、工程师站、控制站、通讯单元等

C. 流程图画面、报警画面、报表画面、控制组画面等

D. 调节单元、显示单元、运算单元、报警单元等

156. 在 DCS 系统中进入(C)可查看工艺参数的历史数据。

A. 流程图画面　　B. 报警画面　　C. 趋势画面　　D. 控制组

工种理论知识试题

判断题

1. 加氢精制是指在一定的温度、压力和有氢气存在的条件下，原料油通过反应器内催化剂床层，使其中所含的硫、氮、氧等非烃类化合物转化成易于除去的硫化氢、氨和水的过程。(√)

2. 装置水联运是加氢装置开工的必经阶段。(×)

正确答案：新装置开工前必须经过水联运阶段，老装置在有条件及时间的情况下，可以开展水联运操作。

3. 装置试压时试压介质为氮气和1.0MPa蒸汽，其中反应系统用蒸汽试压，分馏系统用氮气试压。 (×)

正确答案： 装置试压时试压介质为氮气和1.0MPa蒸汽，其中反应系统用氮气试压，分馏系统用蒸汽试压。

4. 开车前工艺流程检查的主要目的是确定装置是否具备开始全面吹扫、冲洗等操作的条件。 (√)

5. 装置开车前进行全面大检查过程中，应着重进行工艺管线、仪表控制系统和静态工艺设备大检查。 (√)

6. 为了减少氢气置换用量，同时加快反应系统内氧含量的下降速度，在设有抽真空系统的装置中，可以采取抽真空的方法对装置进行预处理。 (×)

正确答案： 为了减少氮气置换用量，同时加快系统内氧气含量的下降速度，在设有抽真空系统的装置中，可以采取抽真空的方法对装置进行预处理。

7. 在柴油加氢工艺中，采用热高压分离器工艺流程一般要比冷高压分离器工艺流程能耗高。 (×)

正确答案： 在柴油加氢工艺中，采用热高压分离器工艺流程一般要比冷高压分离器工艺流程节约能耗。

8. 在加氢精制工艺中，反应部分热量过剩较多，汽提塔进料可以用与反应生成物换热的方式取得汽提所需的足够高的温度，不需设汽提加热炉，用过热蒸汽汽提即可。 (√)

9. 在管线爆破吹扫过程中，爆破介质压力越高越好，这样爆破的效果更理想。 (×)

正确答案： 在管线爆破吹扫过程中，爆破介质压力不能过高，一般控制在0.3~0.5MPa左右。

10. 在装置开工过程中，整个系统都在逐步升温升压，尤其是高温高压设备热胀冷缩现象严重，必须在各个压力考察阶段进行气密试验。 (√)

11. 加氢装置反应系统气密时，应将所有不同压力的系统，一同参加气密。 (×)

正确答案： 加氢装置反应系统气密时，应将所有不同压力的系统，按压力等级进行隔离。

12. 对燃料气采样时不必考虑对 H_2S 的防护措施。 (×)

正确答案： 由于燃料气中一般含有较高浓度的 H_2S，因此采样时必须采取对 H_2S 的防护措施。

13. 在引燃料气进装置时，燃料气系统的安全附件必须处于完好备用状态。 (√)

14. 加热炉点火时要用点火棒逐个点燃各火嘴，也可用邻近燃烧的火嘴直接引燃待点的火嘴。 (×)

正确答案： 加热炉点火时要用点火棒逐个点燃各火嘴，严禁利用邻近燃烧的火嘴直接引燃待点的火嘴。

15. 加热炉第一次点火未点燃，应立即关闭燃料气，马上进行第二次点火。 (×)

正确答案： 加热炉第一次点火未点燃应立即关闭燃料气，取出点火棒，用蒸汽吹扫炉膛后方可第二次点火。

16. 装置开工前要检查塔保温是否完整可靠，油漆是否符合要求。 (√)

17. 装置开工前要检查平台、梯子的安装是否符合要求，有无妨碍操作和检修的

地方。（√）

18. 装置开工引蒸汽前，不必进行排气、排凝，只需直接引汽即可。（×）

正确答案：装置开工引蒸汽前，要注意进行脱水，防止蒸汽管线发生水击。

19. 加氢装置开车前应编制好开车方案，只需经过生产、安全部门批准即可。（×）

正确答案：加氢装置开车前应编制好开车方案，并经过有关部门批准后才可实施。

20. 管线投用伴热蒸汽时，要注意检查伴热蒸汽流程，确认流程畅通，疏水设备完好。（√）

21. 烘炉结束后应对加热炉进行检查，并对脱落部位及有可能脱落的部位进行修补。（√）

22. 金属表面吸附的缓蚀剂也会解析，在缓蚀剂量足够时，吸附和解析处于动态平衡之中。（√）

23. 缓蚀剂加入量越大越好，可以更有效地起到预防腐蚀的作用。（×）

正确答案：缓蚀剂加入量也不能太大，因为缓蚀剂是表面活性物质，加入量过大容易产生油水乳化。

24. 加热炉开车前必须保证所有设备完好并已做好开车准备。（√）

25. 为了保证炉管受热均匀，应该选择数量多，单个发热量小，最好是扁平火焰的燃烧器。（√）

26. 加热炉中燃烧器的布置沿炉管长度方向上要均匀分布。（√）

27. 催化剂预硫化过程中，升温和增大硫化剂的注入量可同时进行。（×）

正确答案：催化剂预硫化过程中，在增大硫化剂的注入量时，应暂停升温，升温时应保证硫化剂注入量不变，不能同时升温和增大的注入量。

28. 分馏系统热油运时，当热油经过冷换设备一程，而另一程在没有介质的情况下，放空阀应关闭。（×）

正确答案：分馏系统热油运时，当热油经过冷换设备一程，而另一程在没有介质的情况下，应打开放空或给上冷却水，以免单程受热。

29. 在分馏系统热油运过程中，要注意各塔、容器等设备的压力，防止设备憋压。（√）

30. 分馏系统热油运过程中，应按工艺要求控制升温速度在30~40℃/h。（×）

正确答案：分馏系统热油运过程中，应按工艺要求控制升温速度≤30℃/h。

31. 分馏系统油运是用油冲洗水联运时未涉及的管线及设备内残留的杂物，使管线、设备保持干净。（√）

32. 通过热油运，分馏系统建立稳定的油循环，在反应系统达到开工条件时分馏系统能迅速退油置换，缩短开工时间。（√）

33. 催化反应能改变反应速度，同时也改变热力学平衡。（×）

正确答案：催化反应只能改变反应速度，不改变热力学平衡。

34. 加热炉长明灯点火，第一次未点燃时，应立即进行第二次点火。（×）

正确答案：加热炉长明灯点火，第一次未点燃时，应关闭瓦斯阀门，对炉膛进行蒸汽吹扫后，再进行第二次点火。

35. 反应系统氢气置换要在催化剂干燥之前完成。（×）

正确答案：反应系统氢气置换要在催化剂干燥之后完成。

36. 在离心泵启动前，应先对管线、阀门、法兰等部件进行检查，确认完好、无

泄漏。(√)

37. 离心泵启动前，要开好冷却水和封油，使其畅通循环，调节好冷却水量和封油压力。(√)

38. 热油泵启动前不用预热可直接进行启动。(×)

正确答案：热油泵启动前除做好常规检查外，还要进行预热才能启动。

39. 烟囱抽力的产生是由于烟囱内烟气温度高，重度大，而烟囱外空气温度低，重度小，从而使得冷空气与热烟气之间形成压力差。(×)

正确答案：烟囱抽力的产生是由于烟囱内烟气温度高，重度小，而烟囱外空气温度低，重度大，从而使得冷空气与热烟气之间形成压力差。

40. 当烟囱高度一定时，烟囱抽力不因大气温度和季节的不同而产生变化。(×)

正确答案：当烟囱高度一定时，烟囱抽力会因大气温度和季节的不同有较大的变化。

41. 冷换设备本体和附件通过法兰螺栓连接，垫片密封，由于它们的材质不同，在升温过程中各部分膨胀不均匀，将造成法兰松弛，密封面压比下降。(√)

42. 精制柴油采样时，采样瓶不用置换可直接采样操作。(×)

正确答案：采样瓶必须置换 2~3 次，将采样瓶置换干净才能采样。

43. 在分馏系统恒温脱水过程中，当达到 300℃左右时要对系统冷换设备进行热紧。(×)

正确答案：在分馏系统恒温脱水过程中，当达到 250℃左右时要对系统冷换设备、法兰螺栓进行热紧。

44. 氢分压提高对加氢反应有好处，可以抑制结焦反应，降低催化剂失活速率。(√)

45. 提高加氢反应系统的压力是提高氢分压的惟一方法。(×)

正确答案：提高加氢反应系统的压力是提高氢分压的一种方法。

46. 含硫富气采样时应佩戴相应的防毒面具，人应站在上风向，可以一个人完成采样作业过程。(×)

正确答案：含硫富气采样时，人应站在上风向，要在监护下进行采样操作。

47. 含硫富气采样时，可直接开大阀门采样。(×)

正确答案：含硫富气采样过程中，应慢慢打开手阀，手阀不要开得太大，以免含硫富气喷出。

48. 当外部进料中断的时候，原料油缓冲罐的油可以为事故处理措施保证一定的时间。(√)

49. 泵的基本功能是将液体从一个容器输送到另一个容器。(√)

50. 原料油的性质是决定氢油比和反应温度的主要依据。(√)

51. 塔顶冷回流的目的：提供液相，供塔板上传质、传热及维持塔的热平衡。(√)

52. 检查轴承温度高低是离心泵巡检时需检查的一项重要内容。(√)

53. 加热炉正常操作时，要注意检查炉子火嘴燃烧情况以及火焰、炉膛是否正常，炉管状况不在检查范围之内。(×)

正确答案：加热炉正常操作时，要注意检查炉子火嘴燃烧情况以及火焰、炉膛、炉管颜色是否正常。

54. 分馏塔塔底温度高，则蒸发量大，但温度过高会造成携带现象，使侧线产品干点高，颜色变深。(√)

55. 手动切换的原料油过滤器具有结构简单，但过滤效果一般，过滤元件清洗困难的特点。 (√)

56. 压缩机盘车前注油是为了在摩擦时建立油膜，避免机件在盘车时的相对运动中产生摩擦损坏。 (√)

57. 压缩机盘车作业要点有机体压力必须完全泄尽，严禁带压盘车，否则会损坏设备。 (√)

58. 催化剂活性越高，选择性越好。 (×)

正确答案：催化剂活性与选择性非正比例关系。

59. 燃料气脱液时，操作人员可以在脱液过程中做其他一些力所能及的工作，待脱液结束后，再回来关闭阀门。 (×)

正确答案：燃料气脱液时，脱液过程中人不能离开现场，以防止燃料气大量外逸。

60. 分馏塔底泵切换前，要做好备用泵启动前的各项准备工作，按正常启动程序启动。 (√)

61. 备用泵启动正常后，应在逐渐开大备用泵出口阀的同时逐渐关小原运行泵出口阀。直至新运行泵出口阀接近全开，原运行泵接近全关为止，并确认备用泵运行正常后，才能停原运行泵。 (√)

62. 分馏塔底热油泵停运后，如不需检修，需停用冷却水，打开泵预热线阀门，使之处于热备用状态。 (×)

正确答案：分馏塔底热油泵停运后，如不需检修，可适当调小冷却水而不应停止冷却，打开泵预热线阀门，使之处于热备用状态。

63. 离心泵经常盘车，可以检查运动部件的松紧配合程度，避免运动部件长期静止而锈死，使泵能随时处于备用状态。 (√)

64. 分馏塔塔顶温度通过进料温度来控制。 (×)

正确答案：分馏塔塔顶温度通过回流量来控制。

65. 分馏塔塔顶温度高，则产品偏轻，塔顶温度低，则产品偏重。 (×)

正确答案：分馏塔塔顶温度高，则产品偏重，塔顶温度低，则产品偏轻。

66. 分馏塔塔顶回流量是调节塔顶产品质量的一种有效方法。 (√)

67. 分馏塔塔顶回流量是提高分馏精确度和切割产品的主要手段。 (√)

68. 加氢原料带水严重时，将造成反应器床层温度的大幅波动，对产品质量产生较大的影响。 (√)

69. 催化剂超温结焦是造成反应器床层压降增大的原因之一。 (√)

70. 炉管结焦后，焦质被带入反应器，积存在反应器床层上部，可能造成反应器床层压降上升。 (√)

71. 过剩空气系数越大，则加热炉的热效率越高。 (×)

正确答案：过剩空气系数大，说明入炉实际空气量多，可使燃料燃烧完全，但过大的话，会使烟气带走的热量增多，降低加热炉的热效率。

72. 实际空气量与理论空气量的比值称为过剩空气系数。 (√)

73. 过剩空气系数过小，燃料燃烧的供氧不足，将导致燃烧不完全，引起燃料耗量增加，热效率提高。 (×)

正确答案： 过剩空气系数过小，燃料燃烧的供氧不足，将导致燃烧不完全，引起燃料耗量增加，热效率下降。

74. 防止 H_2S 腐蚀是工艺防腐的内容之一。(√)

75. 烟道挡板开度过小或关死，烟气排不出去，是加热炉回火的原因之一。(√)

76. 蒸汽量过小、雾化不良是造成燃料油燃烧不完全、火焰发飘、软而无力、火焰根部深黑色甚至冒黑烟的主要原因。(√)

77. 铵盐结晶将造成空冷器管子堵塞，物料在管子内偏流，使系统压降增大。(√)

78. 反应器内催化剂局部结焦，有可能造成反应器床层温升增加。(√)

79. 加氢原料烯烃含量增加是造成反应器床层温升降低的原因之一。(×)

正确答案： 加氢原料烯烃含量增加是造成反应器床层温升增加的原因之一。

80. 注入冷氢的目的是调节催化剂床层温度，使其分布更为合理、更有效地利用催化剂，实现长周期运行。(√)

81. 系统蒸汽管网波动可能导致汽提蒸汽温度发生波动。(√)

82. 分馏塔进料温度太低，轻烃和硫化氢的汽提效果不好，将影响产品的质量。(√)

83. 各类工业企业生产过程中所排放的一切液态废弃物的总称称为工业废水。(√)

84. 干粉灭火器在灭火的时候人要站在下风向，一手拉环，一手握喷筒对准火源。(×)

正确答案： 干粉灭火器在灭火的时候人要站在上风向，一手拉环，一手握喷筒对准火源。

85. 在使用空气呼吸器的过程中，如感觉不适可摘下面罩，检查后再戴上继续使用。(×)

正确答案： 在使用空气呼吸器过程中，如感觉不适，应立即撤离作业现场。

86. 空气呼吸器报警信号发出声响时，使用人员可以继续使用，直至气瓶压力至2MPa。(×)

正确答案： 空气呼吸器报警信号发出声响时，使用人员必须立即撤离。

87. 装置停工后，严格按停工方案和工艺要求切断进、出装置的物料，各物料按规定排出装置，不得就地排放。(√)

88. 加热炉燃烧器在点火过程中熄灭时，应立即点火。(×)

正确答案： 加热炉燃烧器在点火过程中熄灭时，应用蒸汽吹扫炉膛后，再继续点火。

89. 发现燃烧器熄灭，应检查瓦斯是否带液，如带液则先脱液后点火。(√)

90. 使用长管式防毒面具可以不需要监护人。(×)

正确答案： 使用长管式防毒面具必须有监护人。

91. 装置吹扫完毕后，对有油气的下水井、下水道要冲洗干净，并封死井盖，严防着火。(√)

92. 在高浓度有害气体存在和缺氧情况下进行作业和事故抢救时，应使用过滤式防毒面具。(×)

正确答案： 在高浓度有害气体存在和缺氧情况下进行作业和事故抢救时，应使用隔离式防毒面具。

93. 热油泵停运后，可适当调小冷却水而不应停止冷却，同时应打开泵预热线阀门(无专用预热线则稍开出口阀)，使泵处于热备用状态。(√)

94. 塔顶水冷却器应在塔进油前进行投用前的检查。(√)

95. 加热炉熄炉前，须按工艺要求降低加热炉出口温度至规定值，然后再熄炉。（√）

96. 加热炉熄炉时，应先按要求熄灭长明灯，再逐个熄灭主火嘴。（×）

正确答案：加热炉熄炉时，应先逐个熄灭主火嘴，然后按要求熄灭长明灯。

97. 在火灾报警时要沉着，以免拨错电话号码影响时间，要讲清着火单位、部位和着火物质，最后报告自己的姓名，以便消防人员准确到达火场。（√）

98. 加热炉炉管通过传导和对流形式把热量传递给管内物料。（√）

99. 加热炉燃烧采用多火嘴、短火焰、齐火苗的方法，同时控制火焰不扑炉管，严防局部过热。（√）

100. 炉管局部过热，火焰直扑炉管，易造成炉管结焦和结焦处被烧穿。（√）

101. 加热炉烟道挡板和风门开度大小会影响炉膛内烟气的流量，影响烟囱抽力。（√）

102. 空气预热器采用强制供风，整个燃烧器封闭在风壳之内，因而可以降低噪音。（√）

103. 装置正常停工时，要根据装置降温降量的要求，逐渐关闭燃烧器火嘴，直至关闭所有火嘴。（√）

104. 烟囱抽力是使空气进入炉内并使烟气排出的推动力。（√）

105. 冬天气温低，烟囱抽力小，夏天气温高，烟囱抽力大。（×）

正确答案：冬天气温低，烟囱抽力大，夏天气温高，烟囱抽力小。

106. 调风器也称火道，主要是引入并调节燃烧所需的空气、使空气与燃料迅速并良好地混合。（×）

正确答案：调风器也称风门，主要是引入并调节燃烧所需的空气、使空气与燃料迅速并良好地混合。

107. 阻火器中的阻火层用耐酸不锈钢带制成，具有结构简单、阻火性能可靠、使用寿命长的特点。（√）

108. U 形管式换热器适用于冷热液体温差较小，管内走清洁不易结垢的高压、高温、腐蚀性较大的液体的场合。（×）

正确答案：U 形管式换热器适用于冷热液体温差较大，管内走清洁不易结垢的高压、高温、腐蚀性较大的液体的场合。

109. 换热器内安装折流板可迫使壳程流体按规定的路径尽量减少横向穿过管束的次数。（×）

正确答案：换热器内安装折流板可迫使壳程流体按规定的路径尽量多次横向穿过管束。

110. 换热器在开工时要先通热流后通冷流，在停工时要先停冷流后停热流，以防止不均匀的热胀冷缩引起泄漏或损坏。（×）

正确答案：换热器在开工时要先通冷流后通热流，在停工时要先停热流后停冷流。

111. 换热器中如果为碳氢化合物介质，在引入碳氢化合物之前应用惰性气体驱除换热器中的空气，以免发生爆炸的可能性。（√）

112. 空气冷却器具有传热效率高，建造及操作费用低，能节约工业用水等特点。（√）

113. 水压试验过程中升压速度要快，升到试验规定压力后，保持 5min 然后降至操作压力，检查焊口、人孔、法兰、热电偶等有无泄漏、变形、裂缝等。（×）

正确答案：水压试验过程中升压速度要缓慢，绝不能骤升骤降，升到试验规定压力后，保持5min然后降至操作压力，检查焊口、人孔、法兰，热电偶等有无泄漏、变形、裂缝等。

114. 水压试压时，有安全阀的地方安全阀要投用，试压用的压力表应正确使用。 (×)

正确答案：水压试压时，有安全阀的地方要堵盲板，以防安全阀顶开，试压用的压力表应正确使用。

115. 对于气开式调节阀，当输入气压增大时，阀门是关小的。 (×)

正确答案：对于气开式调节阀，当输入气压增大时，阀门是开大的。

116. 背压式汽轮机排出的蒸汽压力远高于大气压，可供装置使用，背压式汽轮机的经济性差，但无需凝汽设备。 (√)

117. 压力容器按设计压力可分为低压容器、中压容器、高压容器、超高压容器。 (√)

118. 硫化氢报警仪可以在现场检修作业时，作为现场检测监护使用。 (√)

119. 弹簧式压力表主要由一端面敞开并弯成圆弧形的扁圆空心管子和一组传动放大机构及指示机构组成。 (×)

正确答案：弹簧式压力表主要由一端面封闭并弯成圆弧形的扁圆空心管子和一组传动放大机构及指示机构组成。

120. 加氢反应器按反应器内介质流向可分为径向和轴向反应器。 (√)

121. 加氢反应器按反应器内催化剂床层的状态可以分为固定床、流动床和流化床反应器。 (√)

122. 离心泵轴封装置有填料密封和干气密封两种类型。 (×)

正确答案：离心泵轴封装置有填料密封和机械密封两种类型。

123. 活塞环损坏，将影响压缩机的密封。 (√)

124. 活塞环具有自紧密封的特点。 (√)

125. 离心式压缩机具有结构紧凑、尺寸小，机组占地面积及重量都比同一气量的活塞式压缩机小得多的优点。 (√)

126. 离心式压缩机具有运转平稳，操作可靠，备件需用量小，运转率高，维护费用及人员少的特点。 (√)

127. 离心式压缩机是作回转运动的机器，它的转速较高，适宜用工业汽轮机或燃气轮机直接拖动。 (√)

128. 离心式压缩机适用于气量小及压比过高的场合。 (×)

正确答案：离心式压缩机目前还不适用于气量太小及压比过高的场合。

129. 汽轮机中所谓的级是指由喷嘴和与其相对应的动叶片构成的汽轮机的作功单元。 (√)

130. 把由喷嘴和动叶片组成的级串联在同一根轴上，将蒸汽的能量分别加以利用，在第一列喷嘴进口处的蒸汽压力低，以后增高，其中的每个级都叫压力级。 (×)

正确答案：把由喷嘴和动叶片组成的级串联在同一根轴上，将蒸汽的能量分别加以利用，在第一列喷嘴进口处的蒸汽压力最高，以后降低，其中的每个级都叫压力级。

131. 烟道挡板开度太小，将造成燃料燃烧不完全，炉膛内会出现烟雾，甚至会造成正压回火。 (√)

132. 若两种液体在换热设备中按逆流方式流动，其平均温差小于顺流时的平均温差，有利于热量的传递。 (×)

正确答案：若两种液体在换热设备中按逆流方式流动，其平均温差大于顺流时的平均温差，有利于热量的传递。

133. 炉膛内颜色过暗，并且烟很多，说明烟囱抽力太小、炉内空气量大，此时应适当关小风门或开大烟道挡板。 (×)

正确答案：炉膛内颜色过暗，并且烟很多，说明烟囱抽力太小、炉内空气量小，此时应适当开大风门或开大烟道挡板。

134. 设备管理“四懂三会”内容包括：懂原理、懂结构、懂性能、懂用途，会操作、会检修、会排除故障。 (×)

正确答案：设备管理“四懂三会”内容包括：懂原理、懂结构、懂性能、懂用途，会操作使用、维护保养、排除故障。

135. 进入冬季，要做好消防蒸汽、瓦斯线的防冻防凝工作，要打开消防节蒸汽线和伴热线低点排凝阀，保证微冒汽。 (√)

136. 加热炉操作正常时，严禁火焰调节过长，直扑炉膛或炉墙。 (√)

137. 用燃料气的加热炉，燃烧正常时，炉膛明亮，火焰呈鲜红色，清晰明亮，不歪不散为最佳。 (×)

正确答案：用燃料气的加热炉，燃烧正常时，炉膛明亮，火焰呈淡蓝色，清晰明亮，不歪不散为最佳。

138. 加热炉烧瓦斯时，要注意检查火嘴的燃烧情况，保证火焰燃烧正常。 (√)

139. 空冷器有介质通过后，应检查空冷器的管箱、管束、进出口法兰有无泄漏等情况。 (√)

140. 检查风机皮带是否牢固，是空冷器日常维护检查的项目之一。 (√)

141. 为了较准确地反映被测设备的压力，压力表的刻度范围应以最大操作压力的1.0~1.25倍为好。 (×)

正确答案：为了较准确地反映被测设备的压力，压力表的刻度范围应以最大操作压力的1.5~3倍为好。

142. 离心泵在清理卫生时，可以接胶皮管用水对机泵泵体及电机直接进行清洗。 (×)

正确答案：离心泵在清理卫生时，不能用水清洗泵体及电机。

143. 在清理运行离心泵卫生时，擦洗泵体时必须戴好劳保手套作业。 (×)

正确答案：在清理运行离心泵卫生时，擦洗泵体时不能戴手套作业。

144. 润滑油在使用前必须经过油桶、油壶和过滤器三级过滤。 (×)

正确答案：润滑油在使用前必须经过大油桶到小油桶、小油桶到油壶和油壶到设备上的加油点三级过滤。

145. 泵轴上装有叶轮等配件，在重力的长期作用下会使轴变弯。经常盘车，不断改变轴的弯曲方向，可以使轴的弯曲变形为最小。 (×)

正确答案：泵轴上装有叶轮等配件，在重力的长期作用下会使轴变弯。经常盘车，不断改变轴的受力方向，可以使轴的弯曲变形为最小。

146. 离心泵定期盘车可以把润滑油带到轴承各部，防止轴承生锈，而且由于轴承得到初步润滑，紧急状态能马上启动。 (√)

147. 备用泵预热时轴承箱、泵座、端面密封的冷却水要全部打开，以保护轴和轴承。 (√)

148. 备用泵预热时流程要正确。一般是泵入口管线通过横跨出入口的预热跨线到预热阀到泵体最后到泵出口，不要将预热阀开得过大，以防止泵倒转。(×)

正确答案：备用泵预热时流程要正确。一般是泵出口管线通过横跨出入口的预热跨线到预热阀到泵体最后到泵入口，不要将预热阀开得过大，以防止泵倒转。

149. 热油泵停运后，需要降温时，冷却水可以马上停下来，以加速降温。(×)

正确答案：热油泵停运后，需要降温时，各部冷却水不能马上停，要待各部温度下降至正常温度方可停水。

150. 热油泵停运后需要降温时要关闭关严入口阀、预热阀。(√)

151. 一般来讲，离心泵抽空时泵出口压力为零，流体打不出去，将直接打乱装置平稳操作。(√)

152. 润滑油具有润滑作用，润滑油能在摩擦面间形成油膜，消除或减少干摩擦，改善润滑状况。(√)

153. 润滑油具有冷却作用，润滑油可以将机泵运转过程中因摩擦转化的热量带走，起到对摩擦部位的冷却作用。(√)

154. 润滑油具有减振作用，润滑油或润滑脂在摩擦面上形成油膜，对设备的振动起到一定的密封作用。(×)

正确答案：润滑油具有减振作用，润滑油或润滑脂在摩擦面上形成油膜，对设备的振动起到一定的缓冲作用。

155. 润滑油“五定”中的定点是指按照规定的时间给设备加油，是保证设备及时得到良好润滑的有效手段。(×)

正确答案：润滑油“五定”中的定点是指在机器上规定的润滑部位加油，不得在其他部位加油。

156. 润滑油“五定”中的定质是指每台设备应该明确其耗油定额，避免耗油量过多或过少。(×)

正确答案：润滑油“五定”中的定质是指要保持油品质量合格和清洁无杂质，禁止乱用油或用变质油、不干净的油。

157. 机泵检维修作业前只需关闭电源开关即可。(×)

正确答案：机泵检维修作业前首先要填写停电单要求电气部门停止检维修设备的供电。

158. 离心泵添加润滑油时，润滑油必须经过“五定”方可加入至油箱中。(×)

正确答案：离心泵添加润滑油时，润滑油必须经过三级过滤方可加入至油箱中。

159. 离心泵更换润滑油时，润滑油必须进行三级过滤。(√)

160. 离心泵添加润滑油时，必须执行设备润滑管理制度的“五定”要求。(√)

161. 离心泵反转或空转，会造成机械部件不必要的损坏，使泵的固定螺丝松动，脱落，造成事故的发生。(√)

162. 离心泵空转或反转会造成出口流量、压力小，泵内无液体空转，会造成摩擦，使其零件损坏。(√)

163. 对新安装或检修后的泵，应启动一下检查机泵旋转方向是否正常，若正转，应立即停泵联系电工处理。(×)

正确答案：对新安装或检修后的泵，应启动一下检查机泵旋转方向是否正常，若反转，应立即停泵联系电工处理。

164. 离心泵启动前必须盘车检查转子是否灵活、轻松，泵体内是否有不正常声音和金属撞击声，检查电机旋转方向是否与泵旋转方向一致，并上好对轮护罩。（√）

165. 盘车盘不动可能是由于泵的叶轮被卡住造成的。（√）

166. 压缩机介质为氢气，检修前用氮气置换以彻底驱走残留在汽缸和管线内的氢气，防止拆装时由于零部件与工具之间的碰撞产生火花而发生着火、爆炸事故。（√）

167. 机械密封也叫端面密封，它的作用是防止泵内的液体漏出，防止泵外气体漏入。（√）

168. 十字头是离心式压缩机中连接活塞杆和连杆的部件。（×）

正确答案：十字头是活塞式压缩机中连接活塞杆和连杆的部件。

169. 仅从离心泵出口压力表指示为零可以判断离心泵抽空。（×）

正确答案：离心泵是否抽空，要根据多种现象判断，仅从出口压力表指示为零不能作为判断的惟一标准。

170. 泵在正常运行中，如突然发出噪音，产生振动，并伴随出口压力、流量和效率降低就说明泵已抽空。（√）

171. 循环水中断将导致各冷却器冷后温度下降。（×）

正确答案：循环水中断将导致各冷却器冷后温度上升。

172. 阀门的填料、大盖、法兰、丝口等连接和密封部位是比较容易泄漏的部位。（√）

173. 少量氢气泄漏着火在白天可以清楚地看到。（×）

正确答案：白天不容易看到少量氢气泄漏着火的现象。

174. 瓦斯带液是加热炉火嘴点不着的原因之一。（√）

175. 瓦斯带油直接影响到炉膛和出口温度，严重时炉子大量冒黑烟，炉子产生正压回火，炉底漏油着火。（√）

176. 由于排烟温度过低，低于烟气的泡点温度，使烟气中的硫酸蒸汽和水蒸气凝结在受热面上而产生的腐蚀，叫低温露点腐蚀。（×）

正确答案：由于排烟温度过低，低于烟气的露点温度，使烟气中的硫酸蒸汽和水蒸气凝结在受热面上而产生的腐蚀，叫低温露点腐蚀。

177. 当发现泵轴承温度略高于控制指标时，如高出不多，泵可继续运行。（×）

正确答案：当发现轴承温度超过了控制指标时，应立即停泵，请钳工检查。

178. 轴承跑套是造成离心泵轴承温度高的原因之一。（√）

179. 轴承盖和轴承相互摩擦是造成离心泵轴承温度高的原因之一。（√）

180. 轴承缺油或轴承油太多是造成离心泵轴承温度高的原因之一。（√）

181. 蒸汽管线内发生水击时，管线发生剧烈的振动，同时伴有咣咣声。（√）

182. 空气量过小，将造成火焰发白、硬、跳动。（×）

正确答案：空气量过大，将造成火焰发白、硬、跳动。

183. 空气量过大，将造成火焰四散乱飘软而无力。（×）

正确答案：空气量过小，将造成火焰四散乱飘软而无力。

184. 循环机喘振有强烈的周期性气流噪音，并出现气流吼叫声。（√）

185. 当硫化氢在空气中的浓度小于 $10mg/m^3$ 时，其臭味的增强与浓度的升高成反比，

但当浓度超过 10kg/m³ 之后，浓度继续升高其臭味反而减弱。 (×)

正确答案：当硫化氢在空气中的浓度小于 10mg/m³ 时，臭味的增强与浓度的升高成正比，但当浓度超过 10kg/m³ 之后，浓度继续升高其臭味反而减弱。

186. 加热炉回火将导致火焰从看火孔或从点火孔中喷出。 (√)

187. 加热炉在烧油时，若出现冒黑烟、火焰无力，应适当关小雾化蒸汽，若火焰忽大忽小，可开大油阀，或开大雾化蒸汽。 (×)

正确答案：加热炉在烧油时，若出现冒黑烟、火焰无力，应适当开大雾化蒸汽，若火焰忽大忽小，可开大油阀，或减少雾化蒸汽。

188. 火焰燃烧不完全、火焰四散乱飘软而无力，颜色为黑色或冒烟，是由于蒸汽、空气量过大所致。 (×)

正确答案：火焰燃烧不完全、火焰四散乱飘软而无力，颜色为黑色或冒烟，是由于蒸汽、空气量过小所致。

189. 对硫化氢中毒病人，应迅速转移到空气新鲜的地方，有窒息症状时应进行人工呼吸，如病人没有反应，可等待医务人员来处理。 (×)

正确答案：对硫化氢中毒病人，应迅速转移到空气新鲜的地方，有窒息症状时应进行人工呼吸，在病人没有好转之前，人工呼吸不可轻易放弃。

190. 在抢救硫化氢中毒病人时，如医务人员赶到，应协助医务人员进一步抢救中毒人员。 (√)

191. 当油品带水、温度高时，会因为汽化而造成泵抽空，此时应降低油品温度，关小出口阀，进行排水处理。 (√)

192. 当入口阀开得过大或出口阀开得过小，可能会造成泵抽空，此时应开大出口阀，关小入口阀。 (×)

正确答案：当入口阀开得过小或出口阀开得过大，可能会造成泵抽空，此时应开大入口阀，关小出口阀。

193. 机械密封是一种滑动机械的轴封装置。 (×)

正确答案：机械密封是一种旋转机械的轴封装置。

194. 报火警时，火警电话拨通后要沉着冷静，说清楚着火的详细地点、燃烧介质和火势大小及初期扑救情况。 (√)

195. 在进行人工呼吸时，病人要侧卧，面部敷以两层纱布或一层手帕，双手托起病人下颌，使头后仰，口张开，救者深吸一口气，紧贴病人口部用力吹入。 (×)

正确答案：在进行人工呼吸时，病人要仰卧，面部敷以两层纱布或一层手帕，双手托起病人下颌，使头后仰，口张开，另一手捏病人鼻孔，以防止气体由鼻孔溢出，救者深吸一口气，紧贴病人口部用力吹入。

196. 硫化氢中毒者从毒区抢救出来后，立即将中毒者抬至新鲜空气处，并注意保暖，不使受寒，注意安静。 (√)

197. 带电物料的静置时间与其带电量成正比。 (×)

正确答案：带电物料的静置时间与其带电量成反比。

198. 带有压力的设备泄漏着火后，物料不断喷出。除应立即切断进料外，还应立即打开泄压阀门，进行紧急放空。 (√)

199. 在操作过程中，一旦控制阀调节失灵，可以切手动进行操作。（×）

正确答案：在操作过程中，一旦控制阀调节失灵，应切副线进行操作。

200. 控制阀出现故障需要修理时，应先关闭其上下游截止阀，然后打开副线阀。（×）

正确答案：控制阀出现故障需要修理时，应先打开副线阀，然后关闭其上下游截止阀。

201. 为了防止管线冻凝，对暂时不用的水管线和易冰冻的管线，应保持管线内的介质流动。（×）

正确答案：为了防止管线冻凝，对暂时不用的水管线和易冰冻的管线，应将管线内的介质放净。

202. 发现瓦斯带液，要立即加强装置内瓦斯罐脱油；如系统瓦斯管网带油，在加强脱液同时应联系调度尽快处理。（√）

203. 发现瓦斯带油，如所用瓦斯为自产瓦斯，应立即检查各回流罐液面和冷后温度有无变化，保证各回流罐无油窜至瓦斯系统。（√）

204. 发现加氢原料带水时，要加强原料罐的脱水工作，避免原料带水对反应系统造成大的冲击。（√）

205. 加热炉开工前炉膛要吹汽 10～15min，风门不要开得太小以及烟道挡板开度不能太大。（×）

正确答案：加热炉开工前炉膛要吹汽 10～15min，风门不要开得太大以及烟道挡板开度不能太小。

206. 加热炉点第一只火嘴时，如遇火嘴熄灭，需马上重新点火，以防回火。（×）

正确答案：加热炉点第一只火嘴时，如遇火嘴熄灭，要向炉膛再吹汽 5min，方可重新点火。

207. 发现玻璃板液面计破裂时应立即停工进行处理。（×）

正确答案：发现玻璃板液面计破裂时应根据实际情况进行处理，玻璃板液面计能切出的进行切除更换，不能切除且具有较大危险性的事故要安排局部停工处理。

208. 事故责任者及职工没有受教育不放过是事故处理的“四不放过”原则之一。（√）

209. 没有防范措施不放过是事故处理的“四不放过”原则之一。（√）

210. 加氢精制过程中氢油比越大越好。（×）

正确答案：加氢精制过程中氢油比并不是越大越好。

单选题

1. 提高加氢精制的反应温度，反应速度将(B)。

A. 不变　　B. 加快　　C. 减慢　　D. 无法确定

2. 加氢精制脱硫反应是属于(B)。

A. 吸热反应　　B. 放热反应

C. 既不吸热也不放热　　D. 先放热后吸热

3. 装置水联运前，管线及设备内要进行(B)，除去其中的污垢、焊渣，为水联运创造条件。

A. 吹扫　　B. 水冲洗　　C. 氮气置换　　D. 试压

4. 下列选项中，不参加水联运水冲洗操作的设备是(D)。

A. 分馏塔　　B. 汽提塔　　C. 分馏塔底再沸炉　　D. 冷高压分离器

5. 下列选项中，关于联合水联运的目的下列描述不正确的是(D)。

A. 水代油进行实践演习　　B. 熟悉操作流程
C. 检查各容器仪表的可用性　　D. 确定工艺方案

6. 下列选项中，关于装置贯通试压的目的描述不正确的是(D)。
A. 检查并确认静设备及所有工艺管线的密封性能是否符合规范要求
B. 发现工程质量大检查中焊接质量、安装质量及使用材质等方面的漏项
C. 进一步了解、熟悉并掌握各岗位主要管道的试压等级、试压标准、试压方法、试压要求、试压流程
D. 检查所有的动设备是否运转正常

7. 下列选项中，关于装置检修后开车检查的内容说法不正确的是(B)。
A. 高温管道、设备附近不能有油污及破布、木头等易燃物
B. 转动设备要装好安全罩
C. 中央控制室内清洁卫生
D. 梯子、平台、栏杆等安全防护设施齐全完好

8. 在抽真空试验时，一般在新氢机及循环氢压缩机的出入口引入氮气，通过机体上的放空线排空的方法进行机体内的置换工作，当机体内的氧含量浓度小于(C)时，并入反应系统。
A. 0.05%　　B. 0.2%　　C. 0.5%　　D. 1.0%

9. 下列选项中，不属于加氢装置反应系统典型设备的是(D)。
A. 反应进料加热炉　　B. 反应器
C. 高压分离器　　D. 脱硫化氢汽提塔

10. 在加氢精制装置中，反应器一般设有急冷氢设施，急冷氢设施一般在(A)。
A. 正常情况下不使用，在事故状态下使用　　B. 正常生产情况下使用
C. 事故状态下不使用　　D. 无法确定

11. 在加氢装置中，是否设立循环氢脱硫设施，是参考原料中(D)的高低来决定的。
A. 烯烃含量　　B. 氧含量　　C. 氮含量　　D. 硫含量

12. 在加氢精制装置中，分馏系统一般包括(C)等主要设备。
A. 脱硫化氢汽提塔、分馏塔、反应炉
B. 分馏塔、脱硫化氢汽提塔、原料缓冲罐
C. 重沸炉、分馏塔、脱硫化氢汽提塔
D. 原料过滤器、分馏塔、脱硫化氢汽提塔

13. 管线爆破吹扫常用的介质是(C)。
A. 压缩风和蒸汽　　B. 蒸汽和氮气　　C. 氮气和压缩风　　D. 仪表风

14. 开车前必须进行氮气置换，以除去系统中的(D)。
A. 烃类　　B. H_2S　　C. 水　　D. 空气

15. 柴油的安定性是指柴油的(C)。
A. 机械稳定性　　B. 热稳定性　　C. 化学稳定性　　D. 抗中毒能力

16. 胶质是一种(C)，其颜色为黄色至暗褐色。
A. 很稀的液体　　B. 颗粒物
C. 很黏稠的液体或半固体状的胶状物　　D. 固体胶状物

17. 柴油的抗爆性能与其组成有关，其理想组分为(A)。
A. 烷烃　B. 环烷烃　C. 芳香烃　D. 烯烃

18. 下列选项中，关于汽油辛烷值的描述正确的是(A)。
A. 汽油辛烷值越大，则其抗爆性能越好
B. 汽油辛烷值越小，则其抗爆性能越好
C. 汽油抗爆性能与辛烷值无关
D. 汽油辛烷值越大，则其抗爆性能越差

19. 汽油的理想组分是(B)。
A. 正构烷烃　B. 异构烷烃和芳香烃
C. 环烷烃　D. 烯烃

20. 辛烷值在数值上等于规定条件下与试样抗爆性相同的标准燃料中所含异辛烷的(A)。
A. 体积百分数　B. 重量百分数　C. 浓度　D. 比值

21. 装置气密前应做好反应系统与低压系统的(B)工作。
A. 置换　B. 隔离　C. 试压　D. 泄压

22. 装置建成或检修后，施工部门为检查设备管线法兰连接处有无泄漏，须进行检验的环节是(A)。
A. 试压　B. 气密　C. 吹扫　D. 抽真空

23. 加氢装置反应系统气密时，要防止高压窜低压事故的发生，与高压系统相连，但无法用盲板隔离的设备和管线应(C)。
A. 取消试压　B. 避免试压本体　C. 将放空阀打开　D. 无法确定

24. 燃料气在向地漏排液时，应严格遵守(B)的相关规定，防止事故的发生。
A. 防火　B. 防止硫化氢中毒
C. 安全阀使用　D. 瓦斯投用

25. 装置开工前要注意检查压力表、液面计、安全阀、放空阀等安装是否齐全、好用，(A)铅封是否完整。
A. 安全阀　B. 闸阀　C. 截止阀　D. 单向阀

26. 引蒸汽吹扫泵出入口管线时，机泵出入口要(A)。
A. 拆开法兰　B. 打开阀门　C. 阀门关闭　D. 无法确定

27. 使用蒸汽前必须坚持(B)，引汽要缓慢，先汽小后汽大原则，严防水击。
A. 先引汽后排凝　B. 先排凝后引汽　C. 吹扫　D. 氮气置换

28. 循环水进界区的压力一般为（ B ）。
A. <0.2MPa　B. >0.35MPa　C. >0.60MPa　D. 无法确定

29. 循环水出装置的温度规定，下列选项中正确的是(A)℃。
A. <50　B. >50　C. >55　D. <65

30. 加氢装置反应系统开车时必须(A)。
A. 先氮气置换，后气密　B. 先蒸汽吹扫，后氮气置换
C. 先空气气密，后氢气置换　D. 先气密，后氮气置换

31. 管线投用伴热蒸汽时，要注意将蒸汽管线脱水，防止(A)。
A. 水击　B. 爆管　C. 烫伤　D. 泄漏

32. 投用蒸汽伴热应(B)。

A. 先开进口阀再开出口阀 B. 先开出口阀再开进口阀

C. 哪个先开无所谓 D. 进口阀开得小一些，不开出口阀也可以

33. 注入(A)的主要目的是降低反应系统压降和防止设备管道堵塞。

A. 除盐水 B. 新鲜水 C. 循环水 D. 含油污水

34. 注除盐水主要是防止生成的(D)低温结晶，堵塞换热器和管道，造成反应系统差压增大。

A. 氮化物 B. 胶状物 C. 钠盐 D. 铵盐

35. 某剂是一种有机化合物，它的结构特点是较长链的烃基，其一端有极性基因，因此设备里注入该剂后，该剂的分子吸附在金属表面上，形成一层保护膜，则该剂是(B)。

A. 活化剂 B. 缓蚀剂 C. 除臭剂 D. 阻燃剂

36. 缓蚀剂是表面活性物质，缓蚀剂加入量过大，容易产生(B)的现象。

A. 腐蚀加剧 B. 油水乳化

C. 不完整的保护膜 D. 降低腐蚀

37. 烘炉要在一定的升温速度的条件下，并通过一定的恒温阶段，(C)地对炉墙衬里进行加热干燥。

A. 快速 B. 迅速 C. 缓慢 D. 短促

38. 加热炉烘炉的主要目的是(D)。

①脱除炉内耐火材料的水分；②保证炉子耐火保温材料充分烧结；③提高炉墙的强度；④检查加热炉进料泵运行是否正常

A. ①、④ B. ①、②、④ C. ①、③、④ D. ①、②、③

39. 催化剂在干燥过程中应该采用(B)作为干燥介质。

A. 氢气 B. 氮气 C. 蒸汽 D. 工业风

40. 加氢催化剂使用前不进行干燥将导致(C)增加。

A. 催化剂活性 B. 催化剂寿命

C. 反应系统压力降 D. 装置开工时间

41. 一般情况下，原料油(D)越高，杂质含量越高，加氢脱硫、加氢脱氮反应越难。

A. 闪点 B. 硫醇含量 C. 溴价 D. 馏程

42. 原料中硫化物最容易脱除的是(A)。

A. 硫醇 B. 二硫化物 C. 硫醚 D. 噻吩

43. 加氢原料油中的(B)易发生聚合反应，其聚合物易导致床层上部催化剂表面结焦，造成反应器催化剂床层压降迅速增加，缩短装置的运转周期。

A. 硫醇 B. 烯烃 C. 硫醚 D. 噻吩

44. 加热炉点火前必须(D)。

A. 关闭烟道挡板 B. 打开点火气阀门

C. 打开主火嘴气阀门 D. 向炉膛吹入蒸汽，赶走残留可燃气体

45. 为了保证炉管不在火焰附近局部过热，下列选项中正确的是(C)。

A. 烟囱要保证一定的高度 B. 火焰要有足够的高度

C. 炉管外表面至火焰之间应有足够的距离 D. 燃烧器要有足够的数量

46. 催化剂预硫化过程中，硫化氢未穿透整个催化剂床层前，床层最高温度不能高于(C)℃。

A. 280　　B. 250　　C. 230　　D. 200

47. 催化剂预硫化油中如果含有大量的(B)，则硫化时在催化剂上可能发生聚合结焦，影响催化剂的活性。

A. 硫化物　　B. 烯烃　　C. 烷烃　　D. 芳香烃

48. 从工艺角度考虑，温度升得快，不仅对催化剂活性有影响，而且容易引起催化剂床层(C)，对催化剂不利。

A. 破碎　　B. 压降降低　　C. 超温　　D. 沉降

49. 控制反应系统升、降温速度，通过缓慢升温和降温可使(A)有充足的时间从金属内扩散出来，同时也可避免热胀冷缩引起的设备法兰面的泄漏。

A. 氢气　　B. 轻烃　　C. 甲烷　　D. 氮气

50. 下列选项中，关于分馏系统热油运的目的描述不正确的是(A)。

A. 热油运可以代替其他介质对分馏系统设备管线的试压

B. 热油运可以考察温度、液位等控制仪表的运转情况

C. 热油运可以考察机泵、设备等在进油时的变化情况

D. 热油运可以完成分馏系统设备热紧、脱水的过程

51. 加氢催化剂(D)。

A. 能够改变化学平衡　　B. 不能改变反应的活化能

C. 不能改变反应历程　　D. 能够改变反应速率

52. 加氢催化剂一般由(A)组成。

A. 加氢组分、载体、助剂　　B. 加氢组分、双金属、载体

C. 加氢组分、双金属、助剂　　D. 双金属、分子筛、载体

53. 加氢催化剂助剂的功能是(D)。

A. 提供催化剂碱性　　B. 提高催化剂比表面积

C. 提供催化剂酸性和稳定性　　D. 减缓催化剂结焦，延长催化剂寿命

54. 换热器一侧通蒸汽试压时，必须把另一侧的(B)打开，以免憋压损坏。

A. 调节阀　　B. 放空阀　　C. 物料　　D. 温度表

55. 正常情况下长明灯火嘴点不着火的原因主要是(C)。

A. 瓦斯压力太高　　B. 烟道挡板开度太小

C. 炉膛抽力太大　　D. 瓦斯带水

56. 反应系统引氢置换时，反应器床层最高温度小于(C)℃。

A. 250　　B. 230　　C. 150　　D. 100

57. 反应系统引连续重整氢置换时，置换用氢气纯度一般应大于(D)。

A. 70%　　B. 80%　　C. 88%　　D. 92%

58. 原料过滤器是用于防止(C)进入反应器。

A. 碱性氮　　B. 稠环芳烃　　C. 机械杂质　　D. 溶解铁

59. 下列选项中，造成加氢原料油过滤器压差增大的原因是(B)。

A. 流量波动过大　　B. 机械杂质堵塞滤网

C. 原料中氮含量过高　　D. 稠环芳烃堵塞滤网

60. 防爆门位于加热炉的(A)。

A. 辐射室　　B. 对流室

C. 烟道　　D. 对流室和辐射室的连接处

61. 冷换设备本体和附件连接部位在升温过程中由于膨胀不均匀，所以在一定的温度阶段需进行(A)。

A. 热紧　　B. 试压　　C. 气密　　D. 置换

62. 设备热紧的目的在于(B)法兰的松弛，使密封面有足够的压比以保证静密封效果。

A. 增加　　B. 消除　　C. 改变　　D. 保证

63. 换热器投用前必须进行(C)，合格后才能使用。

A. 吹扫　　B. 热紧　　C. 试压　　D. 冲洗

64. 空速的控制是通过(A)来实现的。

A. 进料量　　B. 氢气量　　C. 系统压力　　D. 反应温度

65. 下列选项中，关于降低空速描述正确的是(A)。

A. 增加了反应物在催化剂中的停留时间

B. 减少了反应物在催化剂中的停留时间

C. 反应物在催化剂中的停留时间不变

D. 无法确定

66. 下列选项中，关于氢油比的说法不准确的是(C)。

A. 氢油比加大，反应器内氢分压上升，有利于提高反应深度

B. 氢油比增加，有助于抑制结焦前驱物的脱氢缩合反应，使催化剂表面积炭量下降

C. 氢油比增大，将增加反应物在催化剂床层里的停留时间

D. 氢油比提高，可改善氢气对原料油的雾化效果，提高原料油汽化率

67. 氢油比是指(D)。

A. 单位时间进入反应器的气体流量与原料油量体积的比值

B. 单位时间进入反应器的冷氢流量与原料油量体积的比值

C. 单位时间进入反应器的补充氢流量与原料油量体积的比值

D. 单位时间进入反应器的纯氢流量与原料油量体积的比值

68. 在进料量及氢纯度不变的情况下，循环氢流量上升，氢油比将(A)。

A. 上升　　B. 下降　　C. 不变　　D. 无法确定

69. 下列各项中，关于氢油比对加氢反应过程影响的描述不正确的是(D)。

A. 当氢油比较低时，会导致反应器出口的氢分压与入口相比有相当大的降低

B. 氢油比的增加实质上是增加了加氢反应过程的氢分压

C. 加氢需要较高的氢油比的原因之一是有利于床层取热

D. 氢油比的大小不影响反应过程氢分压的变化，氢分压的变化仅与氢耗有关

70. 原料油缓冲罐液面快速降低时，其顶部压力将(A)。

A. 降低　　B. 升高　　C. 不变　　D. 先降低后升高

71. 原料油缓冲罐的作用主要是起到(C)的作用，减少外部因素对反应进料泵的影响，起到平稳进料的作用。

A. 脱水　　B. 沉降　　C. 缓冲　　D. 过滤

72. 离心泵投用过程中不正确的操作是(D)。

A. 检查循环冷却水是否正常　　B. 检查润滑油油杯是否有油

C. 打开进口阀，开泵后打开出口阀　　D. 打开出口阀，开泵后打开进口阀

73. 开泵过程中不上量的可能原因是(B)。

A. 润滑油过少　　B. 产生气蚀　　C. 压力表未投用　　D. 物料温度降低

74. 原料油的性质决定加氢精制的反应方向和(D)的大小。

A. 回流比　　B. 反应时间　　C. 吸收热量　　D. 放出热量

75. 原料油中(B)含量和干点上升，会加速催化剂的结焦。

A. 烷烃　　B. 烯烃　　C. 环烷烃　　D. 芳香烃

76. 对于精馏塔来说，回流比是由精馏塔的(A)来决定的。

A. 热平衡　　B. 分离精度　　C. 能耗　　D. 无法确定

77. 分馏塔的顶回流量增加，顶温降低，内回流则(A)。

A. 相应增加　　B. 不变化　　C. 相应减少　　D. 不能确定

78. 离心泵巡检时应检查的内容包括：(D)。

①压力、流量、油温、电机电流是否在规定指标；②检查润滑油油质是否合格，油位是否合乎要求；③检查冷却水情况；④仪表风压

A. ①、②　　B. ②、③、④　　C. ①、③、④　　D. ①、②、③

79. 加热炉正常操作时，要注意检查炉子及各部件，配件是否完好，(D)是否关严。

A. 烟道挡板　　B. 过热蒸汽　　C. 风门　　D. 看火窗

80. 在正常生产时，应该保证炉膛负压在(C)Pa 左右。

A. $-10\sim0$　　B. $-20\sim0$　　C. $-60\sim-20$　　D. $-80\sim-70$

81. 塔底(A)是衡量物料在该塔内蒸发量大小的主要依据。

A. 温度　　B. 液位　　C. 压力　　D. 无法确定

82. 硫化氢在空气中的爆炸极限为(B)。

A. 3.0%~40.0%　　B. 4.0%~46.0%

C. 7.0%~46.0%　　D. 30.0%~40.0%

83. 硫化氢对健康的主要危害是(B)。

A. 强烈的神经毒物，对黏膜有强烈刺激

B. 低浓度对呼吸中枢呈兴奋作用，高浓度产生抑制甚至麻痹作用

C. 对眼和上呼吸道有刺激作用，高浓度对中枢神经系统有麻痹作用

D. 对眼和呼吸道黏膜有刺激作用

84. 某容器的正常操作压力为 1.0MPa，工作压力很稳定，为了测量它，最佳应选用量程为(B)MPa 的压力表。

A. 1　　B. 1.6　　C. 2.5　　D. 4

85. 装在压力容器上的压力表，其表盘刻度极限值应为容器最高工作压力的 1.5~3 倍，最好的为(C)倍。

A. 1　　B. 1.5　　C. 2　　D. 3

86. 酸性气的主要成分为(B)。

A. H_2S、H_2O　B. H_2S、CH_4　C. CH_4、C_4H_{10}　D. CH_4、H_2O

87. 加热炉风机流量低时将出现加热炉烟气温度(B)的现象。

A. 降低　B. 升高　C. 不变　D. 无法确定

88. 炉膛负压过大是由于(C)开度太大，使炉膛负压增加。

A. 快开门　B. 风机　C. 烟道挡板　D. 风门

89. 炉膛负压过大，将造成加热炉(A)低，又易使炉管氧化剥皮，从而减少炉管寿命。

A. 热效率　B. 负荷　C. 出口温度　D. 进料量

90. 过滤器在正常使用时，主要控制过滤器的(C)在控制指标范围内。

A. 温度　B. 压力　C. 压差　D. 流量

91. 下列选项中，哪一项是往复式氢气压缩机盘车的目的：(D)。

A. 调直转子　B. 使轴瓦过油

C. 冲动转子减小慢性力

D. 检查各转动部位是否紧固、转动是否灵活

92. 催化剂是一种能够改变(C)，而其本身的物理化学性质在化学反应前后都没有改变的物质。

A. 化学反应方向　B. 化学反应浓度

C. 化学反应速度　D. 化学平衡

93. 催化剂在使用过程中，由于某些物质牢固地吸附在活性表面上而使其活性和(C)大大下降的现象，称催化剂中毒。

A. 热稳定性　B. 强度　C. 选择性　D. 反应器压降

94. 催化剂应具备(B)、热稳定性、机械稳定性和对于毒物有足够的抵抗力四种稳定性。

A. 选择性　B. 化学稳定性　C. 强度　D. 水溶性

95. 催化剂中毒分为暂时中毒和(B)两种情况。

A. 暂时失效　B. 永久中毒　C. 失活　D. 活性下降

96. 燃料气脱液时，操作人员应使用防毒面具，要有专人监护，并站在(B)。

A. 下风向　B. 上风向

C. 方便采样的地方　D. 站在哪里没有关系

97. 离心泵要坚持备用泵的定时盘车保养制度，离心泵启运前一定要经过(D)，检查转子是否灵活，泵体内是否有不正常声音和金属撞击声。

A. 预热　B. 校正　C. 检修　D. 盘车

98. 离心泵经常盘车，可以不断改变(A)的受力方向，使其弯曲变形为最小。

A. 轴　B. 轴承　C. 连轴器　D. 叶轮

99. 由于加热炉对流室长期不清灰，易造成积灰结垢严重，也可能使炉膛出现(B)。

A. 负压上升　B. 正压　C. 闪爆　D. 熄火

100. 下列选项中，关于用火监护人的职责叙述正确的是(B)。

A. 任一操作人员都可做用火监护人

B. 用火监护人应持有效的看火证

C. 用火过程中发现异常情况应立即报告领导听候处理

D. 对用火人的违章行为只有劝阻的权力

101. 下列选项中，关于用火监护人的描述正确的是(A)。

A. 用火监护人应参加安全监督部门组织的培训，并考核合格方可上岗

B. 相关部门的员工都可做用火监护人

C. 用火监护人只负责动火时监护工作

D. 用火过程中监护人离岗不能超过 5min

102. 循环氢作为热传递载体，可(A)催化剂床层的温升。

A. 限制　　B. 提高　　C. 大幅降低　　D. 无法确定

103. 循环氢使反应系统保持高的(B)。由于大部分的补充氢被化学反应所消耗，如果没有循环氢则其很低。

A. 压力　　B. 氢分压　　C. 空速　　D. 反应活性

104. 高分液面下降的主要原因是(B)。

A. 循环氢量增加　　B. 循环氢量减小

C. 氢压机自动停机后开机　　D. 进料量增加

105. 蒸汽管线发生水击主要是由于(C)造成的。

A. 蒸汽压力高　　B. 蒸汽温度高

C. 管线低点有凝水　　D. 蒸汽压力波动

106. 下列选项中，关于蒸汽引进的注意事项说法不正确的是(C)。

A. 必须对管线进行预热

B. 打开低点的导淋，排尽管线中沉积的凝水

C. 可以将蒸汽直接排放至大气中，来进一步预热管线

D. 开蒸汽阀门时要控制蒸汽量，从小到大，缓慢开启

107. 高压分离器液位过高将危及(D)的运转。

A. 加氢反应器　　B. 加氢反应炉　　C. 新氢压缩机　　D. 循环氢压缩机

108. 航煤作为一种喷气燃料，为了保证其良好的燃烧和燃烧清洁性，(C)含量应受到限制。

A. 环烷烃和芳烃　　B. 异构烷烃　　C. 烯烃和芳烃　　D. 正构烷烃

109. 塔底温度是控制柴油(B)指标的一个重要参数。

A. 冰点　　B. 闪点　　C. 烟点　　D. 凝固点

110. 下列选项中，不是柴油闪点偏低的原因是(D)。

A. 塔顶温度过低　　B. 塔进料温度过低

C. 塔顶回流带水　　D. 塔底吹汽量过大

111. 反应温升主要是通过调节加热炉出口温度和催化剂床层间的(B)来进行控制。

A. 进料量　　B. 冷氢量　　C. 原料组成　　D. 回流量

112. 反应器床层过高的反应温度将导致的主要后果是(C)。

A. 聚合反应减少　　B. 氧化反应增加

C. 裂解反应增加　　D. 还原反应增加

113. 下列选项中，对于加氢装置催化剂床层温度过高的后果描述不准确的是(D)。

A. 催化剂床层温度过高，可能导致温度超过催化剂允许的最高使用温度，损坏催化剂

B. 催化剂床层温度过高，可能导致装置被迫停工

C. 催化剂床层温度提高到某一数值后，会导致平衡转化率下降，产品质量下降

D. 催化剂床层温度过高，则可以提高加氢脱氮的平衡转化率

114. 原料带水严重时，反应压力将突然(A)，加热炉负荷增大。

A. 上升　B. 下降　C. 不变　D. 无法确定

115. 反应器压差增大原因可能包括：(D)。

①催化剂结焦；②催化剂破碎；③催化剂装填质量不好；④反应温度低

A. ①、②、④　B. ②、③　C. ①、③、④　D. ①、②、③

116. 提高循环氢纯度可以通过(B)来实现。

A. 降低循环氢排放量　B. 增加高分气排放量

C. 降低新氢补入量　D. 提高循环机负荷

117. 加氢循环氢的作用包括(D)。

①提高反应器内氢分压；②促使原料油雾化；③改善反应温度分布

A. 只有①　B. 只有②、③　C. 只有③　D. ①、②、③

118. 分馏系统进油前应检查的项目(D)。

①各塔玻璃板液位计是否投用；②各塔沉筒液位计是否投用；③塔底排污是否关闭；④原料加热炉是否点火

A. ①、④　B. ②、③、④　C. ①、③　D. ①、②、③

119. 分馏系统各塔进油建立液位前，要做好氮气置换工作，设备内的(B)应小于0.5%。

A. 烃氢含量　B. 氧含量　C. 一氧化碳　D. 硫化氢

120. 防止奥氏体不锈钢设备在停工期间产生(A)开裂是工艺防腐的内容之一。

A. 连多硫酸应力腐蚀　B. 氢腐蚀

C. 硫化氢腐蚀　D. 高温氢腐蚀

121. 高温氢腐蚀的腐蚀形式包括：(D)。

①表面脱碳；②内部脱碳；③氢脆

A. ②　B. ①、③　C. ①、②、③　D. ①、②

122. 加热炉点火时回火，主要原因是(C)。

A. 瓦斯阀门内漏　B. 炉子超负荷　C. 烟道挡板开度小　D. 风门开度过小

123. 在一定条件下，将油品加热蒸发，使之与空气形成油气混合气体，遇火即闪火时的最低温度称为(D)。

A. 干点　B. 凝固点　C. 初馏点　D. 闪点

124. 下列选项中，可能导致柴油闪点偏低的原因是(D)。

①分馏塔进料带水；②塔顶温度低；③回流带水或回流量过大；④塔顶温度高

A. ①、③、④　B. ②、③　C. ①、②、④　D. ①、②、③

125. 在运转过程中，催化剂活性下降，可通过(A)来弥补。

A. 提高反应温度　B. 降低反应温度

C. 提高反应压力　D. 降低反应压力

126. 在加氢精制装置中，汽提蒸汽一般采用(A)MPa蒸汽作为汽提蒸汽。

A. 1.0　B. 3.0　C. 3.5　D. 0.3

127. 下列选项中，不是装置“三废”的是(C)。

A. 废水　　B. 废气　　C. 废液　　D. 废渣

128. 水体污染中，危害最重的是(B)，量大面广的污染物是有机物。

A. 油污染　　B. 重金属　　C. 生活污水　　D. 工业污水

129. 干粉灭火器对于电气设备适用于(B)以下的设备。

A. 10kV　　B. 35kV　　C. 600V　　D. 100kV

130. 干粉灭火器不适用于(C)。

A. 可燃气体　　B. 轻质油品

C. 100kV 以上的电气　　D. 化学物品

131. 空气呼吸器的空气压力不低于额定压力的(A)。

A. 80%　　B. 70%　　C. 90%　　D. 60%

132. 停车过程中，下列选项表述正确的是(C)。

A. 含油污水不经净化处理　　B. 含油污水和假定净水都不经净化处理

C. 假定净水不经净化处理　　D. 含油污水和假定净水都经过净化处理

133. 加氢装置在生产中产生的环境污染物主要包括：(D)。

①二氧化硫；②含油污水；③含烃气体

A. ①、③　　B. ①　　C. ②、③　　D. ①、②、③

134. 在环境生态学中，生化需氧量用(B)代表。

A. COD　　B. BOD　　C. AOD　　D. SOD

135. 装置停工时，通过(C)可以逐渐改变系统的热平衡状态。

A. 降压　　B. 置换　　C. 降量　　D. 洗涤床层

136. 装置进行紧急放空时，由于反应器床层进出口压差过大，容易造成催化剂(A)。

A. 破碎　　B. 失活　　C. 孔容下降　　D. 比表面积下降

137. 装置停工后，在一定温度下维持一定的氢气循环时间的目的是(A)。

A. 带净催化剂上的烃类残留物　　B. 降低反应温度

C. 保证装置管道、容器内的干净　　D. 可以不用氮气置换

138. 加氢反应操作提降温度、进料量的原则是(A)。

A. 先提量后升温、先降温后降量　　B. 先提量后升温、先降量后降温

C. 先升温后提量、先降温后提量　　D. 先升温后提量、先降量后降温

139. 在降量过程中，加热炉应(D)，以保持炉出口温度不变。

①调节燃料量；②调整火嘴数量；③调节供风量；④炉膛通蒸汽

A. ②、③、④　　B. ②　　C. ①、③、④　　D. ①、②、③

140. 离心泵停运时，应先(B)泵出口阀门，后按停机电钮停机。

A. 打开　　B. 关闭

C. 关闭打开没有关系　　D. 无法确定

141. 加热炉正常停炉步骤顺序是(D)。

①根据工艺规定速度降温，逐渐减少燃料气量及燃烧火嘴，直至全部灭掉；②关闭长明灯；③开大烟道挡板、风门，让加热炉自然降温

A. ②、③、①　　B. ①、③、②　　C. ③、①、②　　D. ①、②、③

142. 装置停工吹扫时，严禁使用(C)吹扫带有油气的管线设备，预防引发着火爆炸。

A. 氮气　B. 蒸汽　C. 压缩风　D. 水

143. 输送油品的管线推荐使用(A)吹扫。

A. 蒸汽　B. 压缩空气　C. 水　D. 氮气

144. 氮气置换合格的标准是各系统的采样口及低点分析 O_2 含量(C)时为合格。

A. <1%　B. <0.8%　C. <0.5%　D. <0.3%

145. 开车前必须进行氮气置换，以去除系统中的(D)。

A. 烃类　B. 硫化氢　C. 水　D. 空气

146. 报火警内容，以下不必说明的是(C)。

A. 着火设备位号　B. 引起火灾的介质

C. 火灾面积　D. 着火地点

147. 加热炉内瓦斯或燃料油燃烧放出的热量通过(D)形式将热量传递给炉管内的物料。①辐射；②传导；③对流

A. ①、②　B. 只有③　C. 只有②　D. ①、②、③

148. 在正常生产时，应该保证炉膛负压在(A)左右。

A. -0.02kPa　B. -0.05kPa　C. -0.02MPa　D. -0.05MPa

149. 加热炉的“三门一板”是指：(B)。

A. 油门、快开门、风门和烟道挡板　B. 油门、汽门、风门和烟道挡板

C. 快开门、汽门、风门和烟道挡板　D. 油门、汽门、快开门和烟道挡板

150. 空气预热器的主要作用包括：(D)。

①回收利用烟气余热；②减少排烟带出的热损失；③减少加热炉燃料消耗；④降低入炉空气温度

A. ③、④　B. ①、②、④　C. ①　D. ①、②、③

151. 燃料油中含有金属元素及碳元素，当燃烧不完全时，加热炉中会产生(A)。

A. 灰垢　B. 热损失　C. 大量的浓烟　D. 炉膛负压降低

152. 加热炉吹灰器的主要作用是(B)。

A. 吹除辐射室的积灰　B. 吹除对流室的积灰

C. 吹除炉管上的积灰　D. 吹除烟囱上的积灰

153. 下列选项中，关于过剩空气系数的描述正确的是(B)。

A. 该系数=理论空气量/实际空气量

B. 该系数若等于1.35，则过剩空气量为35%

C. 该系数大，则降低烟道气的露点温度

D. 该系数越小越好

154. 在加热炉的操作中，燃料燃烧时，燃料与空气要保持一定的比例，一般燃烧所需的空气量要比理论空气量(B)。

A. 低　B. 高　C. 相同　D. 无法确定

155. 加热炉过剩空气系数过大，不但会加剧炉管的氧化腐蚀，并且还会(B)。

A. 降低烟气的露点温度　B. 提高烟气的露点温度

C. 导致燃烧不完全　D. 燃料气用量减少

156. 当加热炉使用油-气联合燃烧器时，停炉过程中应先停(B)，并对管线进行蒸汽

吹扫处理，然后再停(B)。

A. 燃料气，燃料油　　B. 燃料油，燃料气
C. 燃料油，蒸汽　　D. 燃料气，蒸汽

157. 烟囱越高，自然拔风能力(B)。

A. 越小　　B. 越大　　C. 不变　　D. 无法确定

158. 气体燃烧器按燃料与空气混合的情况，可分为预混式、半混式和(C)三种类型。

A. 里混式　　B. 前混式　　C. 外混式　　D. 上混式

159. 根据所用燃烧种类的不同，燃烧器可分为气体燃烧器、(C)和油气联合燃烧器。

A. Ⅳ型燃烧器　　B. LB 型燃烧器
C. 液体燃烧器　　D. SOD 型燃烧器

160. 油气联合燃烧器由一次风门和(D)组成。

A. 火道、气嘴、油嘴　　B. 火道、气嘴、二次风门
C. 火道、油嘴、二次风门　　D. 火道、气嘴、油嘴、二次风门

161. 一个完整的燃烧器应包括燃料喷枪、调风器和(A)三部分。

A. 火道　　B. 风门　　C. 油门　　D. 喷嘴

162. 在燃料气管网上设置(C)，就可以阻止火焰蔓延，防止不幸事故的发生。

A. 分液罐　　B. 长明灯　　C. 阻火器　　D. 盲板

163. 换热器按用途可分为：(A)。

A. 加热器、冷却器、冷凝器和重沸器　　B. 冷却器、冷凝器和重沸器
C. 加热器、冷凝器和重沸器　　D. 加热器、冷却器、重沸器

164. 换热器按换热方式可分为：(A)。

A. 间壁式换热器、蓄热式换热设备、混合式换热器
B. 间壁式换热器、蓄热式换热设备、浮头式换热器
C. 间壁式换热器、蓄热式换热设备、U 形管式换热器
D. 间壁式换热器、蓄热式换热设备、板片式换热器

165. 浮头式换热器主要由(A)组成。

A. 管束、管程和浮头、壳体和头盖　　B. 管束、浮头、壳体和头盖
C. 管束、管程和浮头、壳体和堰板　　D. 管束、管程和浮头、头盖

166. 浮头式换热器的(B)连接，其作用是把管程和壳程的流体隔开，同时也起着分程的作用。浮头端可以在壳体内自由伸缩。

A. 管箱与浮头　　B. 管箱与固定管板
C. 管箱与堰板　　D. 管箱与翅片

167. 换热器折流板是设置在壳体内与(C)垂直的弓形或圆盘-圈环形平板。

A. 浮头　　B. 堰板　　C. 管束　　D. 翅片

168. 换热器在启动过程中，排气阀应保持(B)状态，启动结束后应关闭。

A. 关闭　　B. 打开
C. 原始　　D. 排气阀状态没有关系

169. 空冷器管束采作翅片管的目的是增加管子外壁的(A)，以提高传热效率。

A. 传热面积　　B. 温度　　C. 排热　　D. 厚度

170. 换热器、加热炉试压一般用水做介质，试验压力是操作压力的(B)倍。

A. 1.0~1.2　B. 1.5~2.0　C. 2.0~2.5　D. 2.5~3.0

171. 腐蚀按机理可分为：(A)。

A. 化学腐蚀、电化学腐蚀　B. 化学腐蚀、硫化氢腐蚀

C. 硫化氢腐蚀、高温氢腐蚀　D. 电化学腐蚀、高温氢腐蚀

172. 加氢装置中设备和管材遇到的主要腐蚀形式有(D)。

①高温氢腐蚀；②氢脆；③硫化氢腐蚀

A. ①、②　B. ①、③　C. ③　D. ①、②、③

173. 截止阀由(A)、阀盘、阀杆、阀盖、手轮、填料及压盖等组成。

A. 阀座　B. 阀体　C. 背帽　D. 阀门

174. 截止阀是利用装在阀杆下面的阀盘与(C)的突缘部分相配合来控制阀的启闭过程。

A. 阀座　B. 阀芯　C. 阀体　D. 填料

175. 截止阀按液体流向有直通式、直流式和(A)。

A. 直角式　B. 四角式　C. 平行四边形式　D. 对角式

176. 气动控制阀由(A)两部分组成。

A. 气动执行机构、调节机构　B. 定位器、调节机构

C. 控制器、气动执行机构　D. 传感器、变送器

177. 控制阀通过接受(C)来的信号改变阀的开度，达到控制流量的目的。

A. 变送器　B. 定位器　C. 控制器　D. 传感器

178. 气开式气动控制阀随着输入气压的增高开度(B)。

A. 减小　B. 增加　C. 不变　D. 先增加后减小

179. 止回阀是依靠液体的压力和阀盘的(A)达到自动开闭通道，并能阻止液体倒流的一种阀门。

A. 自重　B. 方向性　C. 扭力　D. 自压

180. 止回阀由阀体、阀座、(A)、阀盘、密封圈等组成。

A. 阀盖　B. 填料　C. 阀杆　D. 旋塞

181. 升降式止回阀密封性比旋启式止回阀好，但液体阻力(B)，适于安装在水平管道上。

A. 较小　B. 较大　C. 中等　D. 为零

182. 常用流量仪表有以下几种(A)。

A. 涡轮流量计、转子流量计、差压式流量计、靶式流量计

B. 涡轮流量计、转子流量计、差压式流量计、压力表式流量计

C. 涡轮流量计、膨胀式流量计、差压式流量计、靶式流量计

D. 涡轮流量计、转子流量计、差压式流量计、辐射式流量计

183. 差压式流量计，是基于液体流动的(C)原理，利用流体流经孔板时产生的压力差，实现流量测量。

A. 连通器　B. 转速与液体流量成正比

C. 节流　D. 转速与液体流量成反比

184. 气动薄膜调节阀的作用形式分为(A)两种形式。

A. 气开式和气关式　　B. 正作用和气开式
C. 反作用和气关式　　D. 正作用和气关式

185. 气动薄膜调节阀上部是(B)。
A. 调节机构　　B. 驱动机构　　C. 平衡弹簧　　D. 阀体

186. 疏水器的作用是自动排泄管路中或设备内的凝结水，而又阻止蒸汽泄漏，避免(B)现象的发生和蒸汽的损失。
A. 水凝结　　B. 水击　　C. 蒸汽泄漏　　D. 水汽化

187. 疏水器的种类很多，有浮球式、脉冲式、浮桶式和(D)。
A. 冷动力式　　B. 自压式　　C. 负压式　　D. 热动力式

188. 热动力式疏水器由阀体、阀座、阀片、阀盖、阀帽及(C)组成。
A. 旋塞　　B. 手轮　　C. 过滤网　　D. 阀盘

189. 加氢装置的汽轮机是用蒸汽来做功的一种旋转式热力原动机，可将蒸汽的能量转换成(A)。
A. 机械能　　B. 电能　　C. 势能　　D. 位能

190. 化工压力容器按其在生产工艺中的作用原理一般可分为：(B)。
A. 反应容器、换热容器、分离容器
B. 反应容器、换热容器、分离容器、贮运容器
C. 反应容器、分离容器、贮运容器
D. 换热容器、分离容器、贮运容器

191. 设计压力 $1.57\text{MPa} \leqslant P < 9.81\text{MPa}$ 的容器为(B)压容器。
A. 低　　B. 中　　C. 高　　D. 超高

192. 高压容器属于(C)化工压力容器。
A. Ⅰ类　　B. Ⅱ类　　C. Ⅲ类　　D. Ⅳ类

193. 根据液位计的结构及原理的不同，液位计大致可分为以下几种类型(A)。
A. 玻璃板式液位计、浮标式液位计、差压式液位计、电式液位计
B. 玻璃板式液位计、浮标式液位计、沉筒式液位计、电式液位计
C. 玻璃板式液位计、沉筒式液位计、浮球式液位计、电式液位计
D. 玻璃板式液位计、浮标式液位计、电容液位计、电阻液位计

194. 沉筒式液位计是典型的变浮力式液位计，沉筒液位计的输出信号不仅与液位高度有关，而且还与被测液位的(B)有关。
A. 馏程　　B. 重度　　C. 组成　　D. 蒸汽压

195. 差压式液位计是利用容器内的液位改变时，由液柱产生的(A)也相应变化的原理而工作的。
A. 静压　　B. 重度　　C. 高度　　D. 动压

196. 弹簧压力表的工作原理是根据压力表内的(C)变形的大小来决定的。
A. 指针　　B. 测压元件　　C. 弹簧元件　　D. 金属元件

197. 由于弹簧管压力表内自由端的位移与被测压力之间具有比例关系，所以，弹簧管压力表的刻度标尺是(A)。
A. 线性的　　B. 非线性的　　C. 离散的　　D. 非等距的

198. 离心泵轴承一般分为滚动轴承和(A)两大类。
A. 滑动轴承　B. 径向轴承　C. 止推轴承　D. 支撑轴承
199. 活塞环是靠(A)与阻塞来密封的。
A. 节流　B. 差压　C. 填料　D. 承载
200. 泵的扬程是指单位重量液体流过泵时增加的能量，泵所能提升液体的高度(B)其扬程。
A. 大于　B. 小于　C. 等于　D. 无法确定
201. 离心泵工作时如果吸入口处的气蚀余量(A)允许气蚀余量，则可以避免工作时发生气蚀。
A. 大于或等于　B. 小于或等于　C. 等于　D. 大于
202. 烟道挡板的作用是(A)。
A. 调节炉膛负压　B. 调整炉出口温度
C. 控制瓦斯消耗量　D. 无法确定
203. 热量传递的基本方式包括：(B)
①传导传热；②对流传热；③辐射传热
A. ①、②　B. ①、②、③　C. 只有③　D. ①、③
204. 烟气中氧含量过高的原因是(A)。
A. 风门、烟道挡板开度不当　B. 瓦斯组成变化
C. 炉子负荷低　D. 无法确定
205. 加热炉的过剩空气量一般保持在(B)的范围。
A. 5%~10%　B. 10%~15%　C. 15%~20%　D. 20%~25%
206. 当凝结水进入疏水阀片底部时，因(A)将阀片顶开，经环形孔流向出口，由于水的密度和黏度较大，流速较小，将使阀片保持微开。
A. 压力　B. 比重大　C. 温度低　D. 温度高
207. 当蒸汽进入疏水阀片底部时，因其密度和黏度较小，流速较大，在阀片与阀座间形成(B)区，阻止蒸汽外溢。
A. 正压区　B. 负压区　C. 真空区　D. 高温区
208. 设备使用的“四懂三会”中的四懂是(A)。
A. 懂设备结构、原理、性能、用途　B. 懂设备结构、检修、性能、用途
C. 懂设备结构、原理、操作、用途　D. 懂设备结构、原理、性能、排除故障
209. 备用泵每班(C)是防冻防凝工作的要求之一，机泵循环冷却水要保持畅通。
A. 空运　B. 点试　C. 盘车　D. 加油
210. 加热炉燃烧正常的火焰是(C)。
A. 拉长的深蓝色火焰　B. 光亮发飘的火焰
C. 跳动的明亮火焰　D. 长而飘的火焰
211. 加热炉燃烧时要注意检查炉膛燃烧情况及炉管有无氧化剥皮现象，来判断(A)是否合适。
A. 入炉空气量　B. 炉膛负压　C. 烟囱高度　D. 瓦斯是否带液
212. 风机启动前，为保证空冷平稳运行，检查内容应包括：(D)。
①电机润滑情况；②电机皮带是否牢固；③空冷器风扇保护网是否完好；④管束内有无介质

A. ①、③、④　　B. ②、③、④　　C. 只有②　　D. ①、②、③

213. 选用一般压力表时，要考虑压力表的(B)和所测介质的性质。

A. 材质　　B. 量程　　C. 等级　　D. 新旧程度

214. 温度表安装的位置应使操作人员看得清楚，刻度盘与操作人员的视线垂直或向前倾斜(B)。

A. 45°　　B. 30°　　C. 20°　　D. 15°

215. 润滑油三级过滤包括：(A)。

A. 大油桶到小油桶、小油桶到油壶、油壶到设备上的加油点

B. 大油桶到油壶、油壶到小油桶、小油桶到设备上的加油点

C. 小油桶到大油桶、大油桶到油壶、油壶到设备上的加油点

D. 无法确定

216. 离心泵抽空将造成在叶轮的(C)靠近盖板部位和叶片的入口附近出现“麻点”或蜂窝状破坏，有时后盖板处也会有这种破坏现象，严重时，甚至会穿透前后盖板。

A. 出口处　　B. 表面上　　C. 入口处　　D. 无法确定

217. 润滑油“五定”包括定时、定人、定点、定量、(D)。

A. 定查　　B. 定检　　C. 定换　　D. 定质

218. 运行离心泵的机械密封泄漏率轻油不应超过(C)滴/分。

A. 4　　B. 6　　C. 10　　D. 20

219. 下列选项中，泵盘车盘不动原因是(D)。

①轴承弯曲严重；②部件损坏或卡住；③油品凝固；④电未送

A. ①、②、④　　B. 只有③　　C. ①、③、④　　D. ①、②、③

220. 若润滑油中含有水，工作摩擦面将(A)。

A. 过热　　B. 温度下降　　C. 不受影响　　D. 减少磨损

221. 油太脏或油中含水，将造成润滑油温度(A)。

A. 升高　　B. 降低　　C. 不变　　D. 无法确定

222. 电机正常运转时要检查机身和轴承的温度是否正常，防爆式电机外壳最高温度不大于(C)℃。

A. 70　　B. 80　　C. 95　　D. 100

223. 电机正常运转时要检查机身和轴承的温度是否正常，滑动轴承最高温度不大于(A)℃。

A. 60　　B. 70　　C. 75　　D. 95

224. 往复泵是通过(D)往复运动改变缸内体积，达到输送液体的目的。

A. 轴承　　B. 瓦鲁　　C. 对轮　　D. 活塞

225. 往复泵按工作方式分为(D)。

A. 单作用泵和活塞泵　　B. 活塞泵和柱塞泵

C. 单作用泵和动力泵　　D. 单作用泵和双作用泵

226. 压缩机检修后由于汽缸及出入口管线内充满了(B)，可燃性气体同空气混合后，在开车升压时，压力、温度升高到一定程度，会发生自燃、爆炸。所以，开机前机体及管路一定要进行置换。

A. 氢气　　B. 空气　　C. 氮气　　D. 烃类气体

227. 加平衡块是在原曲轴的旋转惯性力反方向加一平衡重量，使其在旋转中产生的惯性力和曲轴的旋转中产生的惯性力大小相等，方向(C)。

A. 相同　B. 逆时针方向　C. 相反　D. 顺时针方向

228. 平衡块常制成(C)，将重心远离旋转中心，从而减轻平衡块的重量。

A. 圆形　B. 正方形　C. 扇形　D. 椭圆形

229. 十字头在中体导轨里做(B)运动，并将连杆的动力传给活塞部件。

A. 旋转　B. 往复　C. 逆时针　D. 顺时针

230. 如果安全阀泄漏，一般情况下阀温度(A)。

A. 升高　B. 不变　C. 降低　D. 无法确定

231. 在安全阀正常使用时期，安全阀与容器之间的阀门必须(A)，并加以铅封，防止有人拧动。

A. 全开　B. 2/3 开度　C. 1/2 开度　D. 1/4 开度

232. 加热炉风机突停将导致空预系统联锁动作，(B)自动打开。

A. 烟道挡板　B. 快开门　C. 瓦斯调节阀　D. 防爆门

233. 关于空冷风机停运后的描述不正确的是(D)。

A. 物料冷后温度上升　B. 回流罐压控阀开度增加

C. 塔顶压力微升　D. 塔顶温度下降

234. 因为水的汽化热比油大，水蒸气的体积比油品蒸气的体积(A)，因此，进料带水将造成塔操作波动。

A. 大　B. 小　C. 不变　D. 无法确定

235. 下列关于加热炉内负压描述不正确的是(D)。

A. 炉膛保持一定的负压能保证炉子燃烧时所需的空气能自然地吸进去

B. 炉膛内一定的负压有助于炉子内的燃料完全燃烧

C. 炉膛内一定的负压能保证炉子不冒黑烟

D. 一定的负压将导致加热炉的出口温度偏高

236. 加热炉火嘴堵塞或结焦将造成(A)。

A. 火焰不成形　B. 火焰发白　C. 火焰跳动　D. 火焰闪火

237. 离心泵抱轴是指(C)卡死在轴上的现象。

A. 填料　B. 对轮　C. 轴承　D. 连轴器

238. 离心泵抱轴事故的发生与(D)发热有着密不可分的关系。

A. 轴　B. 润滑油　C. 润滑脂　D. 轴承箱

239. 循环机(A)时，突然出现周期性的爆音，同时流量减少，并出现轰隆隆声。

A. 喘振　B. 气蚀　C. 不上量　D. 气阀故障

240. 下列关于炉管表面超温的原因描述正确的是(D)。

A. 炉管表面出现剥皮　B. 炉管表面出现白点

C. 炉管表面出现斑点　D. 炉管发生结焦

241. 如果瓦斯带油，则炉膛温度将(A)。

A. 上升　B. 不变　C. 下降　D. 无法确定

242. 炉出口温度提不上去的主要原因是(B)。

A. 处理量增大 B. 瓦斯压力低 C. 风门开度小 D. 烟道挡板开度小

243. 安全阀的开启压力不得超过容器的设计压力，一般按设备的操作压力再增加(A)来进行调整。

A. 5%~10% B. 10%~15% C. 15%~20% D. 20%

244. 安全阀起跳后，应立即将压力降至正常范围，然后(A)，联系对安全阀进行定压，定压后再重新安装上去。

A. 关闭安全阀上、下游截止阀 B. 停工处理

C. 拆除安全阀 D. 定压

245. 机械密封又叫(A)，是指由至少一对垂直于旋转轴线的端面在流体压力和补偿机构弹力(或磁力)的作用以及辅助密封的配合下保持贴合并相对滑动而构成的防止流体泄漏的装置。

A. 端面密封 B. 填料密封 C. 浮环密封 D. 迷宫密封

246. 人工呼吸按压频率一般为：(A)。

A. 50~70 次/分 B. 80~100 次/分

C. 100~120 次/分 D. 无法确定

247. 人工呼吸胸外按压与人工吹气次数比是(A)。

A. 5∶1 B. 3∶1 C. 2∶1 D. 1∶1

248. 发现硫化氢中毒者首先选择合适的(D)，并迅速穿戴好，然后进入毒区进行施救。

A. 劳保鞋 B. 服装 C. 路线 D. 防毒呼吸器

249. 防止静电危害人的基本措施有(B)。

①静电控制法；②自然泄漏法；③防静电接地

A. 只有①、③ B. ①、②、③ C. 只有①、② D. ②、③

250. 若机泵的电机着火，应用(B)扑救。

A. 蒸汽带 B. 干粉灭火器 C. 化学泡沫灭火器 D. 水

251. 当分馏塔系统的管线冻凝以后，在用蒸汽吹通过程中，存在如下的危险性，下列说法错误的是(D)。

A. 当管线吹通以后，油品从管线冻裂处大量喷出

B. 当管线吹通以后，油品从放空导淋处喷出

C. 喷出的油品与高温管线接触引起着火

D. 管线剧烈震动大幅移位

252. 蒸汽管线引汽前应先进行(D)操作。

A. 试压 B. 吹扫 C. 氮气置换 D. 低点脱水

253. 如发现加氢原料带水严重时，则应(A)，装置改闭路循环，待原料合格后，重新进料。

A. 降低反应器入口温度 B. 提高反应器入口温度

C. 提高反应压力 D. 降低反应压力

254. 按生产的火灾危害性，可燃液体可分为(A)类。

A. 甲、乙、丙三类 B. 甲、乙二类

C. 甲、乙、丙、丁四类 D. 无法确定

255. 离心泵振动的原因包括：(D)。

①转子不平衡；②泵轴和电机轴中心线不对；③气蚀和抽空引起 ④对转子检查

A. ①、③、④　　B. ①、②、④　　C. ②、③　　D. ①、②、③

256. 离心泵振动的处理方法包括：(D)。

①重新找正；②处理抽真空事故；③对转子检查调整；④气蚀和抽空引起

A. ①、②、④　　B. ②、③、④　　C. ①、③、④　　D. ①、②、③

257. 关于玻璃板液面计破裂处理描述不准确的是(D)。

A. 切除玻璃板的过程中要注意防止中毒

B. 切除玻璃板液面计的过程中要注意防止高温烫伤

C. 切除玻璃板的过程中要注意防止爆炸事故的发生

D. 切除玻璃板的过程中必须佩戴空气呼吸器作业

258. 下列选项中，关于分馏塔回流带水描述不正确的是(D)。

A. 回流带水要加强回流罐界位控制　　B. 回流带水将打乱分馏塔的操作

C. 回流带水将导致精制柴油闪点偏低　　D. 回流带水将导致塔顶汽油干点上升

259. 油品的流速与下列选项中因素无关的是(B)。

A. 黏度　　B. 密度　　C. 管道阻力　　D. 管道内径

260. 已知一管道的内截面积为 0.031m^2，油品的质量流量为 50t/h，则油品在管道中的平均流速为(D)m/s。(注：油品密度为 0.8g/cm^3)

A. 5.01　　B. 4.23　　C. 1.52　　D. 0.56

261. 有一管线内油品平均流速为 1.5m/s，流量 265m^3/h，则管内径为(C)mm。

A. 150　　B. 100　　C. 250　　D. 300

262. 下列选项中，加氢工艺中氢油比变化对以下因素没有影响的是(D)。

A. 影响氢分压

B. 影响反应过程

C. 影响催化剂结焦速度

D. 其他条件不变，增加氢油比，则从入口到出口的氢分压下降程度显著增加

263. 某加氢精制反应器进料为 90t/h，进料密度为 0.8987g/cm^3，循环氢量为 90000m^3/h，循环氢纯度为 90%，其氢油体积比等于(C)。

A. 898.74　　B. 902　　C. 808.83　　D. 780

264. 已知一台离心泵的输送流量为 80m^3/h，扬程为 50m，介质密度为 891kg/m^3，其轴功率 N 为 14.9kW，该泵的效率为(B)。

A. 68.3%　　B. 65.2%　　C. 61.8%　　D. 58.0%

265. 某泵每分钟输送相对密度为 900kg/m^3 的重油 0.35m^3，扬程是 30.8m，轴功率为 2.5kW。则该泵的效率为(C)。

A. 64.35%　　B. 65.34%　　C. 63.45%　　D. 56.34%

266. 已知某原料油罐高度为 15.6m，直径为 5m，其中可以盛装原料油为(C)t(已知原料油的密度为 0.765t/m^3)。

A. 228.2　　B. 229.1　　C. 234.2　　D. 234.5

267. 某分馏塔进料量 87.3t/h，塔顶回流量 58.2t/h，塔顶产品轻石脑油产量 10.6t/h，

该分馏塔的外回流比为(A)。

A. 5.49　　B. 6.5　　C. 0.67　　D. 0.85

268. 某装置的处理量为58t/h，酸气产量为680Nm^3/h，石脑油7.3t/h，柴油51t/h，装置柴油收率为(C)。

A. 83.28%　　B. 85.59%　　C. 87.9%　　D. 89.08%

四、技能操作鉴定要素细目表

鉴定范围						鉴定点	
一级		二级		三级		代码	名称
代码	名称	代码	名称	代码	名称		
A	技能要求	A	工艺操作	A	开车准备	001	新氢压缩机的气密操作
						002	加热炉炉膛蒸汽吹扫的操作
						003	系统氢气引入操作
						004	分馏塔气密操作
						005	汽提塔垫油流程的改通操作
						006	循环水引入的操作
				B	开车操作	001	离心泵的投用
						002	加热炉的火嘴调节
						003	空冷的投用
						004	离心泵出口控制阀的投用
						005	脱硫化氢汽提塔塔底吹汽的操作
						006	瓦斯分液罐的脱液操作
						007	调节阀阀位的确认
				C	正常操作	001	原料过滤器的手动切换操作
						002	一般离心泵的巡检
						003	离心泵入口过滤网清洗的操作
						004	分馏塔塔顶温度的调节操作
						005	低分界位的排水操作
						006	精制柴油的采样操作
						007	加热炉的巡检
						008	控制阀改副线的操作
						009	原料油缓冲罐的脱水操作
						010	伴热蒸汽的投用操作
						011	缓蚀剂的配制
				D	停车操作	001	回流罐含硫污水排放操作
						002	空冷停用操作
						003	换热器的停用操作

续表

鉴定范围						鉴定点	
一级		二级		三级		代码	名称
代码	名称	代码	名称	代码	名称		
						004	离心泵的停运操作
						005	管网来1.0MPa蒸汽的停用操作
						006	反应系统停注水的操作
		B	设备使用与维护	A	使用设备	001	加热炉的风门调节
						002	压力表的投用
						003	可燃气体报警仪的使用
						004	液面计的投用
						005	安全阀的投用
				B	维护设备	001	加热炉外壁温度的测量
						002	离心泵润滑油的添加操作
						003	离心泵润滑油的更换操作
						004	泵冻凝后的处理
		C	事故判断与处理	A	判断事故	001	系统氮气中断的判断
						002	原料油带水的判断
						003	离心泵振动偏大的判断
				B	处理事故	001	离心泵抽空的处理
						002	简单泄漏的处理
						003	停仪表风时的处理
						004	分馏塔塔底泵抽空的处理
		D	绘图与计算	A	绘图	001	脱硫化氢汽提塔的工艺流程图
						002	加氢原料罐的工艺流程图
						003	产品分馏塔底产品泵出入口的工艺流程图
						004	高压空冷注水的工艺流程图
						005	原料过滤器的工艺流程图

五、技能操作试题

试题1：新氢压缩机的气密操作(现场模拟)

(考核时间：30min)

序号	考核内容	考核要点	配分	评分标准	检测结果	扣分	得分	备注
1	准备工作	穿戴劳保用品	3	未穿戴整齐扣3分				
		工具、用具准备	2	工具选择不正确扣2分				

续表

序号	考核内容	考核要点	配分	评分标准	检测结果	扣分	得分	备注
2	操作程序	检查新氢压缩机的气密流程，并改好气密流程	20	未对机组的阀门关闭程度进行确认，每一个阀门扣5分				
				未进行氮气置换且置换不合格扣10分				
				未进行流程确认扣5分				
3		做好与内操的联系，确认气密的压力	10	没有与内操联系扣5分				
				未进行气密压力确认扣5分				
4		打开氮气阀门，达到气密压力停止充压，开始对机组进行气密操作	20	充压速度太快，影响氮气系统压力扣5分				
				未在充压时对泄漏点进行检查扣5分				
				未达到气密压力就开始气密扣10分				
5		对检修部位进行重点气密，并确保每一个点都到位	25	未关闭氮气阀，导致气密压力仍在上升扣10分				
				未将泄漏点标识出来扣5分				
				气密工作检查不到位，气密结束后仍存在泄漏扣10分				
6		确认新氢压缩机的气密工作结束	15	有气密点未检查到扣5分				
				气密结束未泄压扣10分				
7	使用工具	正确使用工具	2	工具使用不正确扣2分				
		正确维护工具	3	工具乱摆乱放扣3分				
8	安全及其他	按国家法规或企业规定		违规一次总分扣5分；严重违规停止操作			—	
		在规定时间内完成操作		每超时1min总分扣5分，超时3min停止操作			—	
合计			100					

否定项说明：若出现在充压时导致安全阀跳、气密结束开机后发现泄漏等情况，该题为零分。

试题2：加热炉炉膛蒸汽吹扫的操作（现场模拟）

（考核时间：30min）

序号	考核内容	考核要点	配分	评分标准	检测结果	扣分	得分	备注
1	准备工作	穿戴劳保用品	3	未穿戴整齐扣3分				
		工具、用具准备	2	工具选择不正确扣2分				
2	操作程序	对炉膛吹扫蒸汽进行脱水	20	未对炉膛吹扫蒸汽进行脱水扣10分				
				未将水脱尽扣10分				
3		联系内操全开烟道挡板	20	没有与内操联系扣10分				
				未保证烟道挡板全开扣10分				
4		将吹扫蒸汽缓慢改入，慢慢开大	20	吹扫蒸汽引入速度太快，扣20分				

续表

序号	考核内容	考核要点	配分	评分标准	检测结果	扣分	得分	备注
5		烟囱冒蒸汽10~15min后停蒸汽，蒸汽吹扫结束	20	烟囱冒汽时间不够扣10分				
				停蒸汽速度太快扣10分				
6		关烟道挡板至1/3，炉膛吹扫结束	10	未关烟道挡板至1/3处扣10分				
7	使用工具	正确使用工具	2	工具使用不正确扣2分				
		正确维护工具	3	工具乱摆乱放扣3分				
8	安全及其他	按国家法规或企业规定		违规一次总分扣5分；严重违规停止操作			—	
		在规定时间内完成操作		每超时1min总分扣5分，超时3min停止操作			—	
合　计			100					

否定项说明：若吹扫时发生水击或点炉时发生闪爆等情况，该题为零分。

试题3：分馏塔气密操作(现场模拟)

(考核时间：25min)

序号	考核内容	考核要点	配分	评分标准	检测结果	扣分	得分	备注
1	准备工作	穿戴劳保用品	3	未穿戴整齐扣3分				
		工具、用具准备	2	工具选择不正确扣2分				
2	操作程序	检查分馏塔的气密流程，并改好气密流程，投用安全阀	20	未对分馏塔的阀门关闭程度进行确认，每一个阀门扣5分				
				未进行氮气(或蒸汽)置换扣10分				
				未投用安全阀扣10分				
3		做好与内操的联系，确认气密的压力	10	没有与内操联系扣5分				
				未进行气密压力确认扣5分				
4		打开氮气(或蒸汽)阀门，达到气密压力停止充压，开始对分馏塔进行气密操作	20	充压速度太快，影响氮气(或蒸汽)系统压力，扣5分				
				未在充压时对泄漏点进行检查，扣5分				
				未达到气密压力就开始气密扣10分				
5		对各法兰口等部位进行重点气密，并确保每一个点都到位，并做好漏点的标识工作	15	未关闭氮气(或蒸汽)阀，导致气密压力仍在上升，扣5分				
				气密工作检查不到位，气密结束仍存在泄漏，扣5分				
				未做好漏点的标识工作扣5分				
6		与内操联系，确认气密压力的恒压情况	10	未及时联系检修单位对漏点进行处理扣5分				
				未与内操联系，确认气密压力扣5分				
7		确认分馏塔的气密工作结束	15	有气密点未检查到，扣5分				
				气密结束未泄压扣10分				

续表

序号	考核内容	考核要点	配分	评分标准	检测结果	扣分	得分	备注
8	使用工具	正确使用工具	2	工具使用不正确扣 2 分				
		正确维护工具	3	工具乱摆乱放扣 3 分				
9	安全及其他	按国家法规或企业规定		违规一次总分扣 5 分；严重违规停止操作			—	
		在规定时间内完成操作		每超时 1min 总分扣 5 分，超时 3min 停止操作			—	
		合　计	100					

否定项说明：若出现气密不彻底发生泄漏等情况，该题为零分。

试题 4：汽提塔垫油流程的改通操作(现场模拟)

（考核时间：30min）

序号	考核内容	考核要点	配分	评分标准	检测结果	扣分	得分	备注
1	准备工作	穿戴劳保用品	3	未穿戴整齐扣 3 分				
		工具、用具准备	2	工具选择不正确扣 2 分				
2	操作程序	联系调度，确认汽提塔垫油的物料、流程走向、阀门开关情况	20	未对垫油的物料进行确认，扣 5 分				
				未确认垫油流程，扣 5 分				
				未确认阀门开关情况，扣 5 分				
				未确认安全阀是否投用，扣 5 分				
3		投用汽提塔塔顶回流罐的压控	20	未确认汽提塔置换、充压情况，扣10 分				
				未与内操联系控制塔内压力，扣 10 分				
4		打开进汽提塔的截止阀，随时看现场的液面计液面上升情况，同时加强与内操的联系	30	打开阀门速度过快，扣 10 分				
				未对现场液面进行确认，扣 10 分				
				未及时与内操核对塔内液面，扣 10 分				
5		当汽提塔的液面达到60%~80%时，可停止垫油	20	未达到要求的液面，扣 10 分				
				使液面超高、满塔，扣 10 分				
6	使用工具	正确使用工具	2	工具使用不正确扣 2 分				
		正确维护工具	3	工具乱摆乱放扣 3 分				
7	安全及其他	按国家法规或企业规定		违规一次总分扣 5 分；严重违规停止操作			—	
		在规定时间内完成操作		每超时 1min 总分扣 5 分，超时 3min 停止操作			—	
		合　计	100					

否定项说明：若出现发生冒油、满塔等情况，该题为零分。

试题 5：循环水引入的操作(现场模拟)

(考核时间：25min)

序号	考核内容	考核要点	配分	评分标准	检测结果	扣分	得分	备注
1	准备工作	穿戴劳保用品	3	未穿戴整齐扣 3 分				
		工具、用具准备	2	工具选择不正确扣 2 分				
2	操作程序	确认各分支、冷却器、机泵水侧的出入口阀关闭，入口阀后、出口阀前法兰脱开	20	未对循环水流程进行确认，扣 10 分				
				未对法兰脱开情况进行确认，遗漏一个扣 10 分				
3		联系内操、生产调度，要求向装置供循环水	10	未向内操、调度联系直接引循环水，扣 10 分				
4		缓慢打开循环水各分支出入口阀，在各排放口开阀排污，干净后关闭	20	打开阀门速度过快，扣 10 分				
				未将支线冲洗干净，扣 10 分				
5		打开各冷却器及机泵冷却水出入口阀排放，干净后关闭各阀	20	未将水线冲洗干净，扣20 分				
6		联系检修单位将法兰复位	10	法兰未全部复位，遗漏一个扣 10 分				
7		打开冷却器进水阀将循环水引入冷却器，并打开回水阀	10	发生泄漏未及时停用，扣 10 分				
8	使用工具	正确使用工具	2	工具使用不正确扣 2 分				
		正确维护工具	3	工具乱摆乱放扣 3 分				
9	安全及其他	按国家法规或企业规定		违规一次总分扣 5 分；严重违规停止操作			—	
		在规定时间内完成操作		每超时 1min 总分扣 5 分，超时 3min 停止操作			—	
		合　计	100					

试题 6：离心泵的投用(现场模拟)

(考核时间：20min)

序号	考核内容	考核要点	配分	评分标准	检测结果	扣分	得分	备注
1	准备工作	穿戴劳保用品	3	未穿戴整齐扣 3 分				
		工具、用具准备	2	工具选择不正确扣 2 分				
2	操作程序	离心泵投用前的准备工作已到位(如入口阀已开，润滑油加好等)	20	离心泵投用前的检查不彻底，扣 5 分				
				未按规定加入润滑油至 1/2 ~ 2/3 处，扣 5 分				
				未做灌泵工作，扣 5 分				
				未进行盘车，扣 5 分				
3		联系内操，改好泵出口流程	10	未要求内操适当打开控制阀，扣 5 分				
				未对泵出口流程进行确认，扣 5 分				

续表

序号	考核内容	考核要点	配分	评分标准	检测结果	扣分	得分	备注
4		按启动按钮启动机泵	10	启动前未联系内操，扣5分				
				启动后有异常未及时停泵，扣5分				
5		启动正常，可缓慢均匀打开出口阀门，密切监视电流指示和泵出口压力指示的变化情况	25	启动后，未对机泵的运行情况进行检查，扣10分				
				打开出口阀速度过快，扣5分				
				未对电流、出口压力指示变化进行监视，扣10分				
6		泵上量后，逐渐开大出口阀，直至全开	10	对泵上不上量不清楚，扣10分				
7		如是热油泵，应先关闭预热阀，再启动泵	15	未停用预热线，扣15分				
8	使用工具	正确使用工具	2	工具使用不正确扣2分				
		正确维护工具	3	工具乱摆乱放扣3分				
9	安全及其他	按国家法规或企业规定		违规一次总分扣5分；严重违规停止操作			—	
		在规定时间内完成操作		每超时1min总分扣5分，超时3min停止操作			—	
合计			100					

否定项说明：若发生抽空、跳闸、烧泵等情况，该题为零分。

试题7：加热炉的火嘴调节（现场模拟）

（考核时间：20min）

序号	考核内容	考核要点	配分	评分标准	检测结果	扣分	得分	备注
1	准备工作	穿戴劳保用品	3	未穿戴整齐扣3分				
		工具、用具准备	2	工具选择不正确扣2分				
2	操作程序	检查加热炉是否是多火嘴、短火苗、齐火焰、火焰不扑炉管	15	未做到短火苗扣5分				
				未做到齐火焰扣5分				
				未做到火焰不扑炉管扣5分				
3		检查瓦斯阀后压力，根据加热炉负荷进行调整	20	未检查瓦斯阀后压力扣10分				
				未根据加热炉负荷调整阀后压力扣10分				
4		检查火嘴的燃烧情况调整火嘴	20	未做到多火嘴扣10分				
				调整中使火嘴或大或小扣10分				
5		根据火焰的情况调整配风量	20	火焰燃烧不好，炉膛发暗未调整烟道挡板及风门扣10分				
				调整中未与内操联系扣5分				
				调整时使炉出口温度波动过大扣5分				

续表

序号	考核内容	考核要点	配分	评分标准	检测结果	扣分	得分	备注
6		检查炉管的颜色调整火嘴燃烧	15	未检查炉管的颜色扣10分				
				炉管的颜色不正常而未调整火嘴扣5分				
7	使用工具	正确使用工具	2	工具使用不正确扣2分				
		正确维护工具	3	工具乱摆乱放扣3分				
8	安全及其他	按国家法规或企业规定		违规一次总分扣5分；严重违规停止操作			—	
		在规定时间内完成操作		每超时1min总分扣5分，超时3min停止操作			—	
合计			100					

否定项说明：若出现调节时引起火嘴熄灭等情况，该题为零分。

试题8：空冷的投用(现场模拟)

(考核时间：20min)

序号	考核内容	考核要点	配分	评分标准	检测结果	扣分	得分	备注
1	准备工作	穿戴劳保用品	3	未穿戴整齐扣3分				
		工具、用具准备	2	工具选择不正确扣2分				
2	操作程序	检查空冷的百叶窗	15	未检查百叶窗的开度扣10分				
				百叶窗的开度未调整至全开位置扣5分				
3		检查风机的叶片角度	20	未检查风机的叶片角度扣10分				
				必要时未对风机的叶片角度进行调整扣10分				
4		风机添加润滑油脂	20	未检查风机的润滑情况扣10分				
				未进行添加润滑油脂操作扣5分，如由维修部门加则不扣分				
				未进行风机盘车、检查皮带扣5分				
5		联系内操启动风机	10	未联系内操启动风机扣10分				
6		查看叶片的转动方向以及电机的声音	20	未查看叶片的转动方向导致叶片转动错误扣10分				
				未发现电机运行不正常扣5分				
				发现叶片转动方向出错而不纠正扣5分				
7		运转正常，如有变频需投用	5	如有变频，未联系内操投用变频扣5分(无变频不扣分)				
8	使用工具	正确使用工具	2	工具使用不正确扣2分				
		正确维护工具	3	工具乱摆乱放扣3分				

续表

序号	考核内容	考核要点	配分	评分标准	检测结果	扣分	得分	备注
9	安全及其他	按国家法规或企业规定		违规一次总分扣5分；严重违规停止操作			—	
		在规定时间内完成操作		每超时1min总分扣5分，超时3min停止操作			—	
合　计			100					

否定项说明：投用时发生风机跳闸等情况，该题为零分。

试题9：脱硫化氢汽提塔塔底吹汽的操作(现场模拟)

(考核时间：20min)

序号	考核内容	考核要点	配分	评分标准	检测结果	扣分	得分	备注
1	准备工作	穿戴劳保用品	3	未穿戴整齐扣3分				
		工具、用具准备	2	工具选择不正确扣2分				
2	操作程序	启用汽提蒸汽前，脱尽冷凝存水	20	未脱尽冷凝水扣20分				
3		确认汽提蒸汽的温度达到过热蒸汽温度	20	未确认汽提蒸汽温度扣10分				
				未达到过热蒸汽温度就引蒸汽扣10分				
4		缓慢打开蒸汽阀，先开副线阀，正常后投用控制阀	20	开蒸汽阀门速度太快扣10分				
				引汽结束未投用控制阀扣10分				
5		在引汽的同时要联系内操，询问蒸汽温度以及塔内的液面、压力、蒸汽量情况	30	引汽时未联系内操进行确认扣10分				
				未确认蒸汽温度扣5分				
				未确认塔底液面扣5分				
				未确认塔顶压力变化扣5分				
				未确认蒸汽量扣5分				
6	使用工具	正确使用工具	2	工具使用不正确扣2分				
		正确维护工具	3	工具乱摆乱放扣3分				
7	安全及其他	按国家法规或企业规定		违规一次总分扣5分；严重违规停止操作			—	
		在规定时间内完成操作		每超时1min总分扣5分，超时3min停止操作			—	
合　计			100					

否定项说明：若出现引汽过快导致安全阀跳等情况，该题为零分。

试题10：瓦斯分液罐的脱液操作(现场模拟)

(考核时间：20min)

序号	考核内容	考核要点	配分	评分标准	检测结果	扣分	得分	备注
1	准备工作	穿戴劳保用品	3	未穿戴整齐扣3分				
		工具、用具准备	2	工具选择不正确扣2分				

续表

序号	考核内容	考核要点	配分	评分标准	检测结果	扣分	得分	备注
2	操作程序	通过玻璃板液位计确认瓦斯分液罐内的液位高度，确认脱液流程	20	未对脱液流程进行确认扣10分				
				未确认瓦斯分液罐液位的高度扣10分				
3		联系内操，告知瓦斯分液罐脱液并要求注意低瓦的外排量	20	未联系内操告知脱液扣20分				
4		缓慢打开脱液阀，同时查看液位的下降速度	30	打开脱液阀速度过快扣20分				
				脱液时未查看液位扣10分				
5		待液位计的液位看不到后稍过一定时间，关脱液阀	10	关脱液阀不及时导致窜气扣10分				
6		脱液结束后告知内操	10	脱液结束未告知内操扣10分				
7	使用工具	正确使用工具	2	工具使用不正确扣2分				
		正确维护工具	3	工具乱摆乱放扣3分				
8	安全及其他	按国家法规或企业规定		违规一次总分扣5分；严重违规停止操作				—
		在规定时间内完成操作		每超时1min总分扣5分，超时3min停止操作				—
合计			100					

否定项说明：如出现直接向大气排放液体等情况，该题为零分。

试题11：原料过滤器的手动切换操作(现场模拟)

(考核时间：20min)

序号	考核内容	考核要点	配分	评分标准	检测结果	扣分	得分	备注
1	准备工作	穿戴劳保用品	3	未穿戴整齐扣3分				
		工具、用具准备	2	工具选择不正确扣2分				
2	操作程序	确认原料油过滤器的压差达到需切换的设定压力	20	未确认待投用过滤器处于备用状态扣10分				
				未确认过滤器的实际压差扣10分				
3		打开待投用过滤器的排气阀，开入口阀，对过滤器进行垫油操作	20	未进行排气操作扣10分				
				开关阀门的顺序颠倒扣10分				
4		待过滤器垫油结束，关排气阀同时开出口阀，投用原料油过滤器	30	未进行过滤器垫油操作扣20分				
				人为原因造成过滤器投用时发生泄漏扣10分				
5		关原运行的过滤器进出口阀门，打开充压阀，进行反冲操作	20	未将原运行的过滤器停运扣10				
				未进行反冲操作扣10分(无反冲洗系统则进行过滤器滤芯人工清洗或换芯)				
6	使用工具	正确使用工具	2	工具使用不正确扣2分				
		正确维护工具	3	工具乱摆乱放扣3分				

续表

序号	考核内容	考核要点	配分	评分标准	检测结果	扣分	得分	备注
7	安全及其他	按国家法规或企业规定		违规一次总分扣5分；严重违规停止操作			—	
		在规定时间内完成操作		每超时1min总分扣5分，超时3min停止操作			—	
合　计			100					

试题12：一般离心泵的巡检(现场模拟)

（考核时间：20min）

序号	考核内容	考核要点	配分	评分标准	检测结果	扣分	得分	备注
1	准备工作	穿戴劳保用品	3	未穿戴整齐扣3分				
		工具、用具准备	2	工具选择不正确扣2分				
2	操作程序	检查泵出口压力、电流值，检查泵出口阀的开度情况	15	未检查泵出口压力扣5分				
				未检查泵电流值扣5分				
				未检查泵出口阀的开度情况扣5分				
3		检查泵体和各轴承温度	10	未检查泵体温度扣5分				
				未检查轴承温度扣5分				
4		检查泵体冷却或加热、密封的冲洗情况	10	未检查泵体冷却或加热情况扣5分				
				未检查密封的冲洗情况扣5分				
5		检查泵机械密封的泄漏情况	10	未检查泵机械密封的泄漏情况扣10分				
6		检查泵的振动情况	10	未检查泵体的振动情况扣10分				
7		检查润滑油的油质和油量情况	25	未检查润滑油的油质扣10分				
				未检查润滑油的油量扣5分				
				油量不足未添加扣10分				
8		做好备用泵的备用工作，对备用泵进行定期盘车	10	未检查备用泵的备用情况扣5分				
				未对备用泵进行盘车扣5分				
9	使用工具	正确使用工具	2	工具使用不正确扣2分				
		正确维护工具	3	工具乱摆乱放扣3分				
10	安全及其他	按国家法规或企业规定		违规一次总分扣5分；严重违规停止操作			—	
		在规定时间内完成操作		每超时1min总分扣5分，超时3min停止操作			—	
合　计			100					

试题 13：离心泵入口过滤网清洗的操作(现场模拟)

(考核时间：20min)

序号	考核内容	考核要点	配分	评分标准	检测结果	扣分	得分	备注
1	准备工作	穿戴劳保用品	3	未穿戴整齐扣 3 分				
		工具、用具准备	2	工具选择不正确扣 2 分				
2	操作程序	联系内操将离心泵进行切换，并停运原离心泵	10	未联系内操进行泵的切换扣 5 分				
				未及时停运原离心泵扣 5 分				
3		开停电票将离心泵停电	10	未办理停电作业票扣 10 分				
4		关出入口阀对泵体进行泄压、排尽介质	20	未安排泵体泄压扣 10 分				
				未排尽泵体内介质扣 10 分				
5		联系检修单位拆入口过滤器	10	未配合检修单位拆入口过滤器扣 10 分				
6		对入口过滤网进行清洗	20	入口过滤网未洗干净就回装扣 10 分				
				清洗时造成入口过滤网变形扣 10 分				
7		清洗结束后配合检修单位把过滤网安装回去	10	未配合过滤网回装扣 10 分				
8		开入口阀并送电，做好泵的备用工作	10	未做好泵的备用工作扣 10 分				
9	使用工具	正确使用工具	2	工具使用不正确扣 2 分				
		正确维护工具	3	工具乱摆乱放扣 3 分				
10	安全及其他	按国家法规或企业规定		违规一次总分扣 5 分；严重违规停止操作			—	
		在规定时间内完成操作		每超时 1min 总分扣 5 分，超时 3min 停止操作			—	
合计			100					

否定项说明：若出现未停电进行过滤器拆装作业等情况，该题为零分。

试题 14：精制柴油的采样操作(现场模拟)

(考核时间：20min)

序号	考核内容	考核要点	配分	评分标准	检测结果	扣分	得分	备注
1	准备工作	穿戴劳保用品	3	未穿戴整齐扣 3 分				
		工具、用具准备	2	工具选择不正确扣 2 分				
2	操作程序	采样人员熟悉采样点，并了解采样的过程	10	不清楚采样点位置扣 10 分				
3		打开采样点针型阀，对采样管线进行置换	20	未对采样的管线进行置换扣 20 分				
4		对采样瓶进行清洗置换操作	30	未对采样瓶进行置换扣 10 分				
				在采样时发现油样有问题未及时通知内操扣 10 分				
				置换的油样未按规定倒入指定的位置扣 10 分				

续表

序号	考核内容	考核要点	配分	评分标准	检测结果	扣分	得分	备注
5		进行精制柴油采样，至规定刻度	10	油样未达到规定的刻度停止采样扣10分				
6		关针型阀，精制柴油采样瓶盖上盖子，采样结束	20	采样结束未关严针型阀扣10分				
				采样瓶未盖盖子扣10分				
7	使用工具	正确使用工具	2	工具使用不正确扣2分				
		正确维护工具	3	工具乱摆乱放扣3分				
8	安全及其他	按国家法规或企业规定		违规一次总分扣5分；严重违规停止操作			—	
		在规定时间内完成操作		每超时1min总分扣5分，超时3min停止操作			—	
合计			100					

否定项说明：若出现采错样等情况，该题为零分。

试题15：加热炉的巡检(现场模拟)

(考核时间：20min)

序号	考核内容	考核要点	配分	评分标准	检测结果	扣分	得分	备注
1	准备工作	穿戴劳保用品	3	未穿戴整齐扣3分				
		工具、用具准备	2	工具选择不正确扣2分				
2	操作程序	检查加热炉火嘴燃烧情况以及火焰、炉膛、炉管颜色是否正常	20	火嘴燃烧不齐未调节扣5分				
				未对炉管的颜色进行检查扣5分				
				未对燃烧不好的火嘴进行调节扣5分				
				未检查加热炉看火孔关闭情况扣5分				
3		检查加热炉各点温度是否平稳，现场负压表指示是否在指标内	15	未与内操联系确认加热炉管壁温度扣5分				
				未对超标的加热炉管壁温度进行调整扣5分				
				未检查现场负压扣5分				
4		检查瓦斯分液罐的脱液情况	15	未检查瓦斯分液罐液位扣5分				
				未对瓦斯分液罐进行脱液扣5分				
				脱液未密闭排放扣5分				
5		检查瓦斯分液罐压力以及炉用瓦斯控制阀后压力是否平稳	20	未与内操核对瓦斯分液罐的压力扣10分				
				未与内操核对控制阀后压力扣10分				
6		检查仪表指示是否准确，控制阀是否灵活好用	10	未与内操核对仪表指示扣5分				
				未检查控制阀的泄漏情况扣5分				
7		检查加热炉及各部件、配件是否完好	10	未对加热炉的整体进行检查扣5分				
				未检查加热炉的部件、配件完好扣5分				

续表

序号	考核内容	考核要点	配分	评分标准	检测结果	扣分	得分	备注
8	使用工具	正确使用工具	2	工具使用不正确扣2分				
		正确维护工具	3	工具乱摆乱放扣3分				
9	安全及其他	按国家法规或企业规定		违规一次总分扣5分；严重违规停止操作			—	
		在规定时间内完成操作		每超时1min总分扣5分，超时3min停止操作			—	
		合　计	100					

试题16：控制阀改副线的操作(现场模拟)

(考核时间：20min)

序号	考核内容	考核要点	配分	评分标准	检测结果	扣分	得分	备注
1	准备工作	穿戴劳保用品	3	未穿戴整齐扣3分				
		工具、用具准备	2	工具选择不正确扣2分				
2	操作程序	联系内操告知控制阀将改副线操作	20	未联系内操就进行切换扣20分				
3		缓慢关上游阀，直至流量由上游阀的开度控制	20	关上游阀速度过快，导致流量波动较大扣10分				
				未将上游阀关小扣10分				
4		缓慢打开副线阀，关上游阀，同步切换，及时联系内操了解流量的变化情况	30	打开副线阀过快扣10分				
				未做到同步切换扣10分				
				未联系内操了解流量变化情况扣10分				
5		上游阀全关，流量改由副线控制，要求内操全关控制阀，切换结束	20	上游阀未全关已联系内操关控制阀扣10分				
				控制阀未关扣10分				
6	使用工具	正确使用工具	2	工具使用不正确扣2分				
		正确维护工具	3	工具乱摆乱放扣3分				
7	安全及其他	按国家法规或企业规定		违规一次总分扣5分；严重违规停止操作			—	
		在规定时间内完成操作		每超时1min总分扣5分，超时3min停止操作			—	
		合　计	100					

否定项说明：若出现流量大幅波动等情况，该题为零分。

试题17：原料油缓冲罐的脱水操作(现场模拟)

(考核时间：20min)

序号	考核内容	考核要点	配分	评分标准	检测结果	扣分	得分	备注
1	准备工作	穿戴劳保用品	3	未穿戴整齐扣3分				
		工具、用具准备	2	工具选择不正确扣2分				

续表

序号	考核内容	考核要点	配分	评分标准	检测结果	扣分	得分	备注
2	操作程序	联系内操，校对现场玻璃板液面计界位与 DCS 指示的区别	20	未联系内操对界位进行校对扣10分				
				如差别大，未告知内操扣10分				
3		通知内操，告知对原料油缓冲罐进行脱水操作	10	未告知内操进行脱水操作扣10分				
4		打开上下游阀，要求内操慢慢开大控制阀开度(或开切水阀)	20	未要求内操打开控制阀(开切水阀)扣10分				
				未开上下游阀前联系内操开大控制阀开度扣10分				
5		当现场液位下降到低液位并且水中有较多的油时，要求内操关控制阀(或关切水阀)	30	未及时联系内操关控制阀(或未关切水阀)扣10分				
				脱水时人脱离现场扣10分				
				脱水时人未站在上风向扣10分				
6		关上下游阀(或关切水阀)，脱水结束	10	脱水结束未关上下游阀(或未关切水阀)扣10分				
7	使用工具	正确使用工具	2	工具使用不正确扣2分				
		正确维护工具	3	工具乱摆乱放扣3分				
8	安全及其他	按国家法规或企业规定		违规一次总分扣5分；严重违规停止操作			—	
		在规定时间内完成操作		每超时 1min 总分扣5分，超时 3min 停止操作			—	
	合　计		100					

否定项说明：若出现脱水时造成大量原料油跑损等情况，该题为零分。

试题 18：伴热蒸汽的投用操作(现场模拟)

(考核时间：20min)

序号	考核内容	考核要点	配分	评分标准	检测结果	扣分	得分	备注
1	准备工作	穿戴劳保用品	3	未穿戴整齐扣3分				
		工具、用具准备	2	工具选择不正确扣2分				
2	操作程序	确认投用伴热工艺管线的流程，伴热蒸汽管线进出口阀门全关	20	未对伴热蒸汽流程进行确认扣10分				
				未确认进出口阀门全关扣10分				
3		打开伴热蒸汽进凝结水管网前的导凝，对伴热蒸汽管线进行脱水	10	未对伴热蒸汽管线进行脱水扣10分				
4		待水脱净，打开伴热蒸汽的阀门，进行引汽操作	20	未脱净水就开始引汽扣10分				
				阀门打开过快扣10分				
5		待导凝处冒出蒸汽，关导凝阀，打开伴热蒸汽出口阀，凝结水并管网	20	开关阀门次序有错扣10分				
				导凝未冒蒸汽将凝结水并入管网扣10分				
6		适当调整伴热蒸汽量，确保伴热蒸汽不窜入凝结水系统	20	未调整伴热蒸汽量扣10分				
				伴热蒸汽窜入凝结水系统扣10分				

续表

序号	考核内容	考核要点	配分	评分标准	检测结果	扣分	得分	备注
7	使用工具	正确使用工具	2	工具使用不正确扣2分				
		正确维护工具	3	工具乱摆乱放扣3分				
8	安全及其他	按国家法规或企业规定		违规一次总分扣5分；严重违规停止操作			—	
		在规定时间内完成操作		每超时1min总分扣5分，超时3min停止操作			—	
合　计			100					

否定项说明：若出现在引汽时导致蒸汽法兰呲开等情况，该题为零分。

试题19：缓蚀剂的配制(现场模拟)

(考核时间：20min)

序号	考核内容	考核要点	配分	评分标准	检测结果	扣分	得分	备注
1	准备工作	穿戴劳保用品	3	未穿戴整齐扣3分				
		工具、用具准备	2	工具选择不正确扣2分				
2	操作程序	检查缓蚀剂罐内部干净无杂物，液面计液面指示准确	20	未检查缓蚀剂罐扣10分				
				未确认缓蚀剂液面计指示的准确性扣10分				
3		确认缓蚀剂为指定缓蚀剂，打开缓蚀剂瓶(桶)，往罐内倒入，空瓶(桶)放入垃圾箱内	30	未对使用的缓蚀剂进行确认扣10分				
				缓蚀剂散落到地上扣10分				
				空瓶(桶)随意乱放扣10分				
4		打开除盐水线，配制到指定刻度，关除盐水线阀门	20	未按要求加注除盐水扣10分				
				除盐水阀未关严扣10分				
5		进行适当搅拌，确认缓蚀剂已全部溶解，配剂结束	20	未进行搅拌扣10分				
				未保证缓蚀剂全部溶解扣10分				
6	使用工具	正确使用工具	2	工具使用不正确扣2分				
		正确维护工具	3	工具乱摆乱放扣3分				
7	安全及其他	按国家法规或企业规定		违规一次总分扣5分；严重违规停止操作			—	
		在规定时间内完成操作		每超时1min总分扣5分，超时3min停止操作			—	
合　计			100					

否定项说明：若出现在配剂时冒罐等情况，该题为零分。

试题20：换热器的停用操作(现场模拟)

(考核时间：20min)

序号	考核内容	考核要点	配分	评分标准	检测结果	扣分	得分	备注
1	准备工作	穿戴劳保用品	3	未穿戴整齐扣3分				
		工具、用具准备	2	工具选择不正确扣2分				

续表

序号	考核内容	考核要点	配分	评分标准	检测结果	扣分	得分	备注
2	操作程序	遵循“先停热源后停冷源”的原则，将换热器的热源切出或改旁路	30	未遵循原则扣10分				
				未将换热器的热源切出扣10分				
				停用换热器时先关出口阀扣10分				
3		将换热器的冷源切出	20	停用时先关冷源出口扣10分				
				未将冷源切出扣10分				
4		将换热器的管、壳程介质通过疏液口或导凝排尽	10	未将管程介质放空扣5分				
				未将壳程介质放空扣5分				
5		对于冷却器，应将管程内存水放净，冬季做好防冻防凝	10	未将管程内存水放尽扣10分				
6		换热器停用后，应将管、壳程的导凝或丝堵打开，防止憋压或抽成负压	10	未打开导凝或丝堵扣10分				
7		如需检修，换热器则应吹扫置换干净	10	未安排吹扫扣10分(不检修的不扣分)				
8	使用工具	正确使用工具	2	工具使用不正确扣2分				
		正确维护工具	3	工具乱摆乱放扣3分				
9	安全及其他	按国家法规或企业规定		违规一次总分扣5分；严重违规停止操作			—	
		在规定时间内完成操作		每超时1min总分扣5分，超时3min停止操作			—	
合　计			100					

试题21：离心泵的停运操作(现场模拟)

(考核时间：20min)

序号	考核内容	考核要点	配分	评分标准	检测结果	扣分	得分	备注
1	准备工作	穿戴劳保用品	3	未穿戴整齐扣3分				
		工具、用具准备	2	工具选择不正确扣2分				
2	操作程序	先缓慢关闭泵出口阀门，后按停机按钮停机	25	未关出口阀就停泵扣20分				
				关出口阀速度过快扣5分				
3		停泵后停打封油，泵体温度降至常温后停冷却水	10	未停封油扣5分，无封油的不扣分				
				未停冷却水扣5分				
4		热油泵停运后，适当调小冷却水，打开泵预热线阀门，使之处于热备用状态	15	未调小冷却水扣5分				
				未打开泵预热线扣10分				
5		若泵需解体检修，则应关闭入口阀，停止泵体预热，冷却后排净泵内介质待修	20	未关入口阀扣10分				
				未停止泵体预热扣5分				
				未排尽泵内介质扣5分				

续表

序号	考核内容	考核要点	配分	评分标准	检测结果	扣分	得分	备注
6		刚停泵后，应注意电机温度的回升，必要时可用压缩空气吹机冷却	10	未注意电机温度扣10分				
7		停泵后1h，应盘车一次	10	未做好盘车工作扣10分				
8	使用工具	正确使用工具	2	工具使用不正确扣2分				
		正确维护工具	3	工具乱摆乱放扣3分				
9	安全及其他	按国家法规或企业规定		违规一次总分扣5分；严重违规停止操作			—	
		在规定时间内完成操作		每超时1min总分扣5分，超时3min停止操作			—	
合计			100					

否定项说明：若出现停泵后倒转等情况，该题为零分。

试题22：反应系统停注水的操作(现场模拟)

(考核时间：20min)

序号	考核内容	考核要点	配分	评分标准	检测结果	扣分	得分	备注
1	准备工作	穿戴劳保用品	3	未穿戴整齐扣3分				
		工具、用具准备	2	工具选择不正确扣2分				
2	操作程序	按照工艺要求，反应系统停止注水	10	未确认停注水原因扣10分				
3		联系内操，将注水泵停运	30	未联系内操将注水泵停运扣10分				
				未联系内操将控制阀关闭扣10分				
				未关闭控制阀上下游截止阀扣10分				
4		关闭静态混合器处的注水阀门	20	未关闭注入点的截止阀扣20分				
5		内操注意高分、低分的界位，通知外操将现场界控阀关死	20	未将现场高分界控阀上下游截止阀关死扣10分				
				未将现场低分界控阀上下游截止阀关死扣10分				
6		将除盐水进罐的阀门关死	10	停工时除盐水进罐的阀门未关扣10分				
7	使用工具	正确使用工具	2	工具使用不正确扣2分				
		正确维护工具	3	工具乱摆乱放扣3分				
8	安全及其他	按国家法规或企业规定		违规一次总分扣5分；严重违规停止操作			—	
		在规定时间内完成操作		每超时1min总分扣5分，超时3min停止操作			—	
合计			100					

试题23：压力表的投用（现场模拟）

（考核时间：20min）

序号	考核内容	考核要点	配分	评分标准	检测结果	扣分	得分	备注
1	准备工作	穿戴劳保用品	3	未穿戴整齐扣3分				
		工具、用具准备	2	工具选择不正确扣2分				
2	操作程序	检查确认压力表已校验，材质、量程适应工艺需要	30	未检查压力表已校验扣10分				
				选择的压力表量程不合适扣10分				
				选择的压力表材质不合适扣10分				
3		检查压力表安装质量，应无泄漏	20	未检查压力表的安装质量扣10分				
				发现泄漏未及时处理扣10分				
4		打开压力表根部阀，根部阀不要开得太大，只要保证压力指示相对稳定、准确就行	20	打开压力表根部阀速度过快扣10分				
				根部阀开度过大扣10分				
5		压力表投用正常后，在压力表量程的三分之二处标上红线指示	10	压力表上未贴上红线标识扣10分				
6		对于不常用的压力表可将根部阀关死，待用时再打开，以免造成不必要的事故	10	对于不常用的压力表如何处理不清楚扣10分				
7	使用工具	正确使用工具	2	工具使用不正确扣2分				
		正确维护工具	3	工具乱摆乱放扣3分				
8	安全及其他	按国家法规或企业规定		违规一次总分扣5分；严重违规停止操作			—	
		在规定时间内完成操作		每超时1min总分扣5分，超时3min停止操作			—	
合计			100					

否定项说明：若出现在投用时造成压力表指示超量程等情况，该题为零分。

试题24：液面计的投用（现场模拟）

（考核时间：20min）

序号	考核内容	考核要点	配分	评分标准	检测结果	扣分	得分	备注
1	准备工作	穿戴劳保用品	3	未穿戴整齐扣3分				
		工具、用具准备	2	工具选择不正确扣2分				
2	操作程序	检查液面计安装质量，液面计玻璃板（管）指示清晰	20	未检查液面计安装质量扣10分				
				未检查出液面计指示不清晰扣10分				
3		对于有毒介质的液面计顶放空、底排凝已接好密闭排放管线	20	顶放空未接好密闭排放管线扣10分				
				底排凝未接好密闭排放管线扣10分				
4		先打开液面计的上引出阀，再打开液面计的下引出阀	30	阀门打开顺序有误扣20分				
				投用时发生泄漏未及时切出扣10分				

续表

序号	考核内容	考核要点	配分	评分标准	检测结果	扣分	得分	备注
5		检查确认液面计的实际液位，并与DCS二次表进行校对，确认是否一致	20	未对液面计实际液位进行确认扣10分				
				实际液位未与DCS二次表指示进行确认扣10分				
6	使用工具	正确使用工具	2	工具使用不正确扣2分				
		正确维护工具	3	工具乱摆乱放扣3分				
7	安全及其他	按国家法规或企业规定		违规一次总分扣5分；严重违规停止操作			—	
		在规定时间内完成操作		每超时1min总分扣5分，超时3min停止操作			—	
合计			100					

否定项说明：若出现在投用后液面无法指示等情况，该题为零分。

试题25：安全阀的投用(现场模拟)

(考核时间：20min)

序号	考核内容	考核要点	配分	评分标准	检测结果	扣分	得分	备注
1	准备工作	穿戴劳保用品	3	未穿戴整齐扣3分				
		工具、用具准备	2	工具选择不正确扣2分				
2	操作程序	检查确认安全阀已定压，并上好铅封	20	未确认安全阀是否定压扣10分				
				未确认安全阀是否上铅封扣10分				
3		安全阀已复位，相应的法兰面气密合格	10	未对安全阀进行气密扣10分				
4		检查容器操作压力在正常压力范围内，无超压	10	未对容器操作压力进行确认扣10分				
5		先打开安全阀下游阀，再打开安全阀上游阀	20	上下游阀打开顺序有误扣20分				
6		上下游阀应全开，不得卡量	20	上下游阀未全开卡量扣20分				
7		安全阀投用正常后，上下游阀上好铅封	10	上下游阀未上铅封扣10分				
8	使用工具	正确使用工具	2	工具使用不正确扣2分				
		正确维护工具	3	工具乱摆乱放扣3分				
9	安全及其他	按国家法规或企业规定		违规一次总分扣5分；严重违规停止操作			—	
		在规定时间内完成操作		每超时1min总分扣5分，超时3min停止操作			—	
合计			100					

否定项说明：若出现在投用安全阀时发生跳等情况，该题为零分。

试题 26：离心泵润滑油的更换操作(现场模拟)

（考核时间：20min）

序号	考核内容	考核要点	配分	评分标准	检测结果	扣分	得分	备注
1	准备工作	穿戴劳保用品	3	未穿戴整齐扣 3 分				
		工具、用具准备	2	工具选择不正确扣 2 分				
2	操作程序	确认机泵所用润滑油牌号	10	润滑油牌号错误扣 10 分				
3		如运行泵更换润滑油，则切至备用泵	10	未将运行泵切换至备用泵扣 10 分				
4		准备接油器具，轴承箱放油，严禁润滑油随地乱排乱倒	10	未准备接油器具扣 5 分				
				不会放油操作扣 5 分				
5		检查确认轴承箱视镜、油杯无破损，视线清晰，如视镜、油杯脏污，则进行清洗或更换	20	未检查视镜、油杯是否清晰扣 10 分				
				未对脏的油杯、视镜进行清洗或更换扣 10 分				
6		润滑油油质良好，做好“三级过滤”	15	未对润滑油油质进行确认扣 5 分				
				未进行“三级”过滤扣 10 分				
7		用润滑油对机泵轴承箱进行清洗置换干净	10	未对轴承箱进行清洗扣 10 分				
8		加润滑油至 1/2~2/3 位置，油杯加满	10	未加润滑油至规定刻度扣 10 分				
9		清理工作场地	5	未清理场地扣 5 分				
10	使用工具	正确使用工具	2	工具使用不正确扣 2 分				
		正确维护工具	3	工具乱摆乱放扣 3 分				
11	安全及其他	按国家法规或企业规定		违规一次总分扣 5 分；严重违规停止操作			—	
		在规定时间内完成操作		每超时 1min 总分扣 5 分，超时 3min 停止操作			—	
		合　　计	100					

否定项说明：若出现不会更换润滑油等情况，该题为零分。

试题 27：泵冻凝后的处理(现场模拟)

（考核时间：20min）

序号	考核内容	考核要点	配分	评分标准	检测结果	扣分	得分	备注
1	准备工作	穿戴劳保用品	3	未穿戴整齐扣 3 分				
		工具、用具准备	2	工具选择不正确扣 2 分				
2	操作程序	将泵隔离系统，防止吹化后跑油	20	未将泵切出扣 10 分				
				导致跑油扣 10 分				
3		先用冷水浇，不能用蒸汽直接吹，以防止泵壳热胀不匀而破裂	20	未先用冷水浇扣 10 分				
				直接用蒸汽吹扣 10 分				
4		待能盘动车后，再用热水浇	10	能盘动车前用热水浇的扣10 分				

续表

序号	考核内容	考核要点	配分	评分标准	检测结果	扣分	得分	备注
5		最后用蒸汽慢慢的吹	10	蒸汽吹的汽量太大扣 10 分				
6		泵解冻后，打开入口阀，投用预热线暖泵	20	未打开入口阀扣 10 分				
				未投用预热线暖泵扣 10 分				
7		无预热线的泵，泵体加保温或伴热	10	未对泵体加保温或伴热扣 10 分				
8	使用工具	正确使用工具	2	工具使用不正确扣 2 分				
		正确维护工具	3	工具乱摆乱放扣 3 分				
9	安全及其他	按国家法规或企业规定		违规一次总分扣 5 分；严重违规停止操作			—	
		在规定时间内完成操作		每超时 1min 总分扣 5 分，超时 3min 停止操作			—	
		合　　计	100					

否定项说明：若出现泵体破裂等情况，该题为零分。

试题 28：原料油带水的判断(现场模拟)

（考核时间：20min）

序号	考核内容	考核要点	配分	评分标准	检测结果	扣分	得分	备注
1	准备工作	穿戴劳保用品	3	未穿戴整齐扣 3 分				
		工具、用具准备	2	工具选择不正确扣 2 分				
2	操作程序	检查原料油罐界位指示是否失灵，现场确认实际界位	20	未检查界位指示是否失灵扣 10 分				
				未对现场实际界位进行确认扣 10 分				
3		从进料泵出口流量、加热炉出口温度、反应床层温度变化、反应系统压力变化等方面判断原料油是否带水	40	不能从进料泵出口流量变化判断原料带水扣 10 分				
				不能从加热炉出口温度变化判断原料带水扣 10 分				
				不能从反应器床层温度变化判断原料带水扣 10 分				
				不能从反应系统压力变化判断原料带水扣 10 分				
4		如确认原料油带水，反应系统降量，加强原料油罐脱水，并联系调度、油品，加强罐区脱水	20	未进行降温降量处理扣 10 分				
				未加强原料罐脱水扣 5 分				
				未将情况通知调度扣 5 分				
5		如果原料油带水严重，则联系调度，装置改闭路大循环操作，并通知油品原料油换罐	10	装置未改闭路大循环扣 10 分				
6	使用工具	正确使用工具	2	工具使用不正确扣 2 分				
		正确维护工具	3	工具乱摆乱放扣 3 分				

续表

序号	考核内容	考核要点	配分	评分标准	检测结果	扣分	得分	备注
7	安全及其他	按国家法规或企业规定		违规一次总分扣5分；严重违规停止操作			—	
		在规定时间内完成操作		每超时1min总分扣5分，超时3min停止操作			—	
合计			100					

试题29：离心泵振动偏大的判断(现场模拟)

(考核时间：20min)

序号	考核内容	考核要点	配分	评分标准	检测结果	扣分	得分	备注
1	准备工作	穿戴劳保用品	3	未穿戴整齐扣3分				
		工具、用具准备	2	工具选择不正确扣2分				
2	操作程序	利用测振仪器对离心泵进行测振检查，分析原因，分别处理。同时将情况通知内操	50	不会使用测振仪扣10分				
				未用测振仪进行测振并判断扣10分				
				未分析振动大的原因扣10分				
				未将情况通知内操扣10分				
				不会分析振动大的原因扣10分				
3		如因工艺原因造成(如泵抽空、气蚀等)，调整操作或切泵处理	20	未进行调整操作扣10分				
				未进行切泵处理扣10分				
4		如因设备原因造成(如联轴节螺栓松动、对轮对中不良、轴弯曲、轴承磨损等)，联系内操切泵，原运行泵停电泄压，交付钳工检修	20	未联系内操进行切泵扣10分				
				未将泵进行停电泄压交付检修扣10分				
5	使用工具	正确使用工具	2	工具使用不正确扣2分				
		正确维护工具	3	工具乱摆乱放扣3分				
6	安全及其他	按国家法规或企业规定		违规一次总分扣5分；严重违规停止操作			—	
		在规定时间内完成操作		每超时1min总分扣5分，超时3min停止操作			—	
合计			100					

否定项说明：若出现判断失误导致泵损坏等情况，该题为零分。

试题30：离心泵抽空的处理(现场模拟)

(考核时间：20min)

序号	考核内容	考核要点	配分	评分标准	检测结果	扣分	得分	备注
1	准备工作	穿戴劳保用品	3	未穿戴整齐扣3分				
		工具、用具准备	2	工具选择不正确扣2分				

续表

序号	考核内容	考核要点	配分	评分标准	检测结果	扣分	得分	备注
2	操作程序	准确判断离心泵抽空的原因，找准原因，分别处理	20	离心泵抽空原因分析错误扣10分				
				离心泵抽空判断错误扣10分				
3		首先关小运行泵出口阀，尽量保持低流量运转	10	未关小运行泵出口阀扣10分				
4		若由于容器液面过低、介质温度过高汽化引起，则调整操作，将离心泵出口导凝排气，恢复机泵正常运行	10	未在出口处排气扣10分				
5		对于离心泵入口为负压操作的(如复水泵)，尽可能提高泵入口静压头	10	未提高泵入口静压头调整操作扣10分				
6		如因封油开得太大或过早使泵内油品汽化，则调整封油量	10	未调整封油量扣10分				
7		如运行泵故障，则切换备用泵；若过滤器堵塞，则切换至备用泵，清洗原运行泵入口过滤器	20	未切换至备用泵扣10分				
				未清洗入口过滤器扣10分				
8		处理过程中，要尽量平稳泵出口流量，勿使流量忽大忽小	10	导致流量大幅波动扣10分				
9	使用工具	正确使用工具	2	工具使用不正确扣2分				
		正确维护工具	3	工具乱摆乱放扣3分				
10	安全及其他	按国家法规或企业规定		违规一次总分扣5分；严重违规停止操作			—	
		在规定时间内完成操作		每超时1min总分扣5分，超时3min停止操作			—	
	合　计		100					

否定项说明：若出现离心泵抽空处理不会处理等情况，该题为零分。

试题31：简单泄漏的处理(现场模拟)

(考核时间：20min)

序号	考核内容	考核要点	配分	评分标准	检测结果	扣分	得分	备注
1	准备工作	穿戴劳保用品	3	未穿戴整齐扣3分				
		工具、用具准备	2	工具选择不正确扣2分				
2	操作程序	如是法兰泄漏，介质为可燃介质，则用蒸汽掩护，联系检修单位处理(注意防止硫化氢中毒)；或将管线切出，泄压，联系检修单位更换垫片	40	未确认管线内的介质扣10分				
				未采取安全预防措施扣10分				
				未联系检修单位处理扣10分				
				未将管线切出泄压处理扣10分				
3		如是焊缝泄漏或砂眼，需动火处理，则切出管线，吹扫置换，联系检修单位动火处理	30	未切出管线扣10分				
				未进行吹扫置换扣10分				
				未联系检修单位处理扣10分				

续表

序号	考核内容	考核要点	配分	评分标准	检测结果	扣分	得分	备注
4		对于机泵密封的泄漏，视密封泄漏情况，切换备用机泵，联系钳工检修	20	未切换备用泵扣10分				
				未联系钳工处理扣10分				
5	使用工具	正确使用工具	2	工具使用不正确扣2分				
		正确维护工具	3	工具乱摆乱放扣3分				
6	安全及其他	按国家法规或企业规定		违规一次总分扣5分；严重违规停止操作			—	
		在规定时间内完成操作		每超时1min总分扣5分，超时3min停止操作			—	
合计			100					

否定项说明：若出现不会处理泄漏点等情况，该题为零分。

试题32：停仪表风的处理(现场模拟)

(考核时间：20min)

序号	考核内容	考核要点	配分	评分标准	检测结果	扣分	得分	备注
1	准备工作	穿戴劳保用品	3	未穿戴整齐扣3分				
		工具、用具准备	2	工具选择不正确扣2分				
2	操作程序	及时联系调度，问清原因，要求尽快恢复供风	20	未联系调度询问情况扣10分				
				未要求尽快供风扣10分				
3		通知外操对装置现场仪表风压力低进行确认检查	10	未至现场进行情况确认扣10分				
4		若是由于仪表风线破裂而引起风压下降，联系外操将破损处切除，该供风区域按停工处理，其他部位尽量维持正常生产	10	未将破损处切出扣10分				
5		若由于供风系统问题，风压继续下降，导致液面、压力、流量控制失灵，则按停工处理	20	未安排停工处理扣10分				
				未补充氮气(或非净化风)维持生产扣10分				
6		注意监控高分液面、压力。将控制阀切出，改副线操作，尽可能维持装置各塔、容器的液位、压力正常，为恢复开工作准备	10	未将高分液控阀切出扣5分				
				塔、容器的液位没有维持住扣5分				
7		安排外操对装置各塔、容器的液位、压力进行全面检查，严防窜油、窜压	10	未对现场塔、罐液面进行检查确认扣5分				
				未对现场塔、罐压力进行检查确认扣5分				
8		联系值班、相关领导、调度，产品改不合格线	10	未将情况向领导和部门汇报扣10分				

续表

序号	考核内容	考核要点	配分	评分标准	检测结果	扣分	得分	备注
9	使用工具	正确使用工具	2	工具使用不正确扣 2 分				
		正确维护工具	3	工具乱摆乱放扣 3 分				
10	安全及其他	按国家法规或企业规定		违规一次总分扣 5 分；严重违规停止操作			—	
		在规定时间内完成操作		每超时 1min 总分扣 5 分，超时 3min 停止操作			—	
合　计			100					

否定项说明：若出现导致事故扩大化等情况，该题为零分。

试题 33：分馏塔塔底泵抽空的处理（现场模拟）

（考核时间：20min）

序号	考核内容	考核要点	配分	评分标准	检测结果	扣分	得分	备注
1	准备工作	穿戴劳保用品	3	未穿戴整齐扣 3 分				
		工具、用具准备	2	工具选择不正确扣 2 分				
2	操作程序	准确判断分馏塔底泵抽空的原因，找准原因，分别处理	20	对分馏塔塔底泵抽空原因分析不清扣 10 分				
				未查看塔底液面情况扣 10 分				
3		首先关小运行泵出口阀，尽量保持低流量运转	20	未关小出口阀扣 10 分				
				无法保证低流量运行扣 10 分				
4		如运行泵故障，则切换备用泵；若过滤器堵塞，则切换至备用泵，清洗原运行泵入口过滤器	20	未切换至备泵扣 10 分				
				未清洗入口过滤器扣 10 分				
5		处理过程中，要尽量平稳泵出口流量，勿使流量忽大忽小	10	泵出口流量波动大扣 10 分				
6		联系内操维持分馏塔的液面、压力平稳	10	未联系内操进行配合扣 5 分				
				分馏塔波动大扣 5 分				
7		调整分馏系统操作，勿使分馏塔底带水和防止大量轻组分压入塔底	10	分馏塔塔底带水扣 5 分				
				轻组分压入塔底扣 5 分				
8	使用工具	正确使用工具	2	工具使用不正确扣 2 分				
		正确维护工具	3	工具乱摆乱放扣 3 分				
9	安全及其他	按国家法规或企业规定		违规一次总分扣 5 分；严重违规停止操作			—	
		在规定时间内完成操作		每超时 1min 总分扣 5 分，超时 3min 停止操作			—	
合　计			100					

否定项说明：若出现分馏塔发生冲塔等情况，该题为零分。

试题34：绘制脱硫化氢汽提塔的工艺流程图(现场模拟)

(考核时间：30min)

序号	考核内容	考核要点	配分	评分标准	检测结果	扣分	得分	备注
1	准备工作	穿戴劳保用品	3	未穿戴整齐扣3分				
		工具、用具准备	2	工具选择不正确扣2分				
2	操作程序	排布合理，卷面清晰	10	排布不合理、卷面不清晰扣10分				
3		塔类设备齐全	10	漏一项扣10分				
4		容器类设备齐全	10	漏一项扣5分				
5		主要冷换设备齐全	20	漏一项扣5分				
6		主要泵齐全	15	漏一项扣10分				
7		主要阀门齐全(包括调节阀)，主要流量计齐全	15	漏一项扣5分				
8		主要控制系统齐全	10	漏一项扣5分				
9	使用工具	正确使用工具	2	工具使用不正确扣2分				
		正确维护工具	3	工具乱摆乱放扣3分				
10	安全及其他	按国家法规或企业规定		违规一次总分扣5分；严重违规停止操作			—	
		在规定时间内完成操作		每超时1min总分扣5分，超时3min停止操作			—	
		合　计	100					

否定项说明：若出现流程错误情况，该题为零分。

试题35：绘制加氢原料罐的工艺流程图(现场模拟)

(考核时间：30min)

序号	考核内容	考核要点	配分	评分标准	检测结果	扣分	得分	备注
1	准备工作	穿戴劳保用品	3	未穿戴整齐扣3分				
		工具、用具准备	2	工具选择不正确扣2分				
2	操作程序	排布合理，卷面清晰	10	排布不合理、卷面不清晰扣10分				
3		容器类设备齐全	10	漏一项扣10分				
4		主要冷换设备齐全	20	漏一项扣10分				
5		主要泵齐全	15	漏一项扣10分				
6		主要阀门齐全(包括调节阀)，主要流量计齐全	15	漏一项扣5分				
7		主要控制系统齐全	20	漏一项扣5分				
8	使用工具	正确使用工具	2	工具使用不正确扣2分				
		正确维护工具	3	工具乱摆乱放扣3分				
9	安全及其他	按国家法规或企业规定		违规一次总分扣5分；严重违规停止操作			—	
		在规定时间内完成操作		每超时1min总分扣5分，超时3min停止操作			—	
		合　计	100					

否定项说明：若出现流程错误等情况，该题为零分。

试题36：绘制高压空冷注水的工艺流程图(现场模拟)

(考核时间：30min)

序号	考核内容	考核要点	配分	评分标准	检测结果	扣分	得分	备注
1	准备工作	穿戴劳保用品	3	未穿戴整齐扣3分				
		工具、用具准备	2	工具选择不正确扣2分				
2	操作程序	排布合理，卷面清晰	10	排布不合理、卷面不清晰扣10分				
3		容器类设备齐全	10	漏一项扣5分				
4		主要冷换设备齐全	20	漏一项扣5分				
5		主要泵齐全	15	漏一项扣5分				
6		主要阀门齐全(包括调节阀)，主要流量计齐全	15	漏一项扣5分				
7		主要控制系统齐全	20	漏一项扣5分				
8	使用工具	正确使用工具	2	工具使用不正确扣2分				
		正确维护工具	3	工具乱摆乱放扣3分				
9	安全及其他	按国家法规或企业规定		违规一次总分扣5分；严重违规停止操作			—	
		在规定时间内完成操作		每超时1min总分扣5分，超时3min停止操作			—	
合计			100					

否定项说明：若出现流程错误等情况，该题为零分。

第二部分

中级工

一、国家职业标准(中级工工作要求)

职业功能	工作内容	技能要求	相关知识
工艺操作	(一)开车准备	1. 能引水、汽、风等介质进装置 2. 能改开车流程 3. 能做好系统隔离操作 4. 能完成加热炉点火操作 5. 能配合仪表工对联锁、控制阀阀位进行确认 6. 能看懂化验单内容 7. 能投用空气预热器，开、停鼓风机、引风机	1. 全装置工艺流程 2. 开车方案 3. 系统隔离注意事项 4. 一般工艺、设备联锁知识 5. 空气预热器投用方法
	(二)开车操作	1. 能完成催化剂预硫化及钝化介质的引入和装罐操作 2. 能配合装卸催化剂 3. 能完成高压、热油泵的开、停操作 4. 能配合分析工做好高温高压情况下的安全采样工作	1. 催化剂预硫化及钝化介质的物理、化学性质 2. 催化剂密相装填原理 3. 采样安全注意事项
	(三)正常操作	1. 能配制与加入常用助剂 2. 能完成产品质量的调节 3. 能运用常规仪表、DCS操作站对工艺参数进行常规调节	1. 常规仪表知识 2. DCS操作一般知识 3. 常用助剂的性质与作用
	(四)停车操作	1. 能完成降温降量操作 2. 能停用大型机泵 3. 能停用加热炉 4. 能配合完成炉管烧焦的配风、配汽操作 5. 能置换、退净设备、管道内的物料并完成吹扫工作	1. 炉管烧焦原理及方案 2. 停车方案
设备使用与维护	(一)使用设备	1. 能开、停、切换常用机泵等设备 2. 能使用测速、测振、测温等仪器 3. 能完成重油、热油泵的预热及相关操作 4. 能投用塔、罐、反应器、加热炉等设备 5. 能操作往复式压缩机 6. 能完成大型机组润滑油泵的切换操作 7. 能操作循环氢压缩机的润滑油系统和密封油系统 8. 能操作催化剂密相装填器 9. 能操作液力透平 10. 能操作柱塞泵	1. 机泵的操作方法 2. 机泵预热要点 3. 测速、测振、测温等仪器使用方法 4. 加热炉操作法 5. 大型机组润滑油泵切换注意事项 6. 往复式压缩机开停步骤 7. 高压机泵润滑油流程 8. 高压离心压缩机的密封原理及密封油流程 9. 催化剂密相装填器工作原理 10. 液力透平原理及操作法
	(二)维护设备	1. 能完成一般的更换垫片、堵漏、拆装盲板等操作 2. 能完成机组检修前后的氮气置换操作 3. 能判断机泵运行故障并做相应的处理 4. 能做好设备的润滑工作 5. 能对机泵、加热炉、阀门等进行常规的维护保养	1. 设备完好标准 2. 设备密封知识 3. 润滑油管理制度

续表

职业功能	工作内容	技 能 要 求	相 关 知 识
事故判断与处理	（一）判断事故	1. 能现场判断阀门、机泵、加热炉等运行常见故障 2. 能判断反应器、罐、冷换设备等压力容器的泄漏事故 3. 能判断冲塔、窜油等常见故障 4. 能判断一般性着火事故的原因 5. 能判断一般产品质量事故	1. 冷换设备等压力容器的结构及使用条件 2. 阀门、机泵常见故障判断方法
	（二）处理事故	1. 能按指令处理装置停原料、水、电、气、风、蒸汽、燃料等突发事故 2. 能处理加热炉、机泵等常见设备故障 3. 能完成紧急停机、停炉操作 4. 能处理冲塔、窜油等事故 5. 能处理装置一般性着火事故 6. 能处理 CO、H_2S 等中毒事故 7. 能协助处理仪表、电气事故 8. 能处理一般产品质量事故 9. 能处理热油泵的泄漏事故 10. 能处理压缩机跳车事故 11. 能处理高分液位、界位失灵事故 12. 能处理氢气轻微泄漏事故 13. 能处理原料带水事故	1. CO、H_2S 中毒机理及救护知识 2. 仪表、电气一般知识 3. 紧急停车方案 4. 热油泄漏的处理原则 5. 氢气火灾扑救原则
绘图与计算	（一）绘图	1. 能绘制装置工艺流程图 2. 能识读设备结构简图	设备简图知识
	（二）计算	1. 能计算转化率、收率、空速、回流比等 2. 能完成班组经济核算 3. 能完成简单物料平衡计算	1. 转化率、收率、空速、回流比等的基本概念、意义 2. 班组经济核算方法 3. 物料平衡计算方法

二、理论知识鉴定要素细目表

行业通用理论知识鉴定要素细目表

鉴定范围						鉴定点		
一级		二级		三级		代码	名　称	重要程度
代码	名　称	代码	名　称	代码	名　称			
A	基本要求	B	基础知识	A	记录填写基础知识	001	岗位交接班记录的填写要求	X
						002	关键设备巡检记录的填写要求	X
				B	识图基础知识	001	正投影的特点	X
						002	三视图的特点	X
						003	三视图的作图方法	X
						004	零件图的作用	X
				C	安全环保基础知识	001	石化行业安全检查的内容	X
						002	尘毒物质危害人体的主要因素	X
						003	化工污染的控制方法	X

续表

鉴定范围						鉴定点		
一级		二级		三级		代码	名称	重要程度
代码	名称	代码	名称	代码	名称			
						004	清洁生产的理论基础	X
						005	清洁生产审计的目的	X
						006	灭火的机理	X
						007	ISO 14001 标准的特点	X
						008	ISO 14001 环境因素识别的状态、时态和类型	X
						009	ISO 14001 环境因素识别的步骤	X
						010	ISO 14001 识别环境因素的方法	X
						011	HSE 审核的概念	X
						012	HSE 审核的目的	X
						013	HSE 危害的概念	X
						014	废水治理的常识	X
						015	废气治理的常识	X
						016	废渣处理的常识	X
						017	防冻防凝的知识	X
						018	夏季四防的知识	X
						019	职业病的概念	X
						020	职业病的种类	X
						021	石化行业事故的分类	X
						022	石化行业事故分级的规定	X
						023	HSE 不符合的概念	X
						024	HSE 事故的定义	X
				D	质量基础知识	001	标准化的意义	X
						002	质量认证的概念	X
						003	全面质量管理的特点	X
						004	ISO 9000 质量管理体系基础的内容	X
						005	质量管理 PDCA 动态循环的意义	X
						006	ISO 9000 族标准的核心标准	X
						007	ISO 9000 族标准“质量”的意义	X
						008	ISO 9001 标准的八项管理原则	X
				E	计算机基础知识	001	Word 文字处理软件基础知识	X
						002	Word 表格处理知识	X
						003	Excel 工作表的建立	X
						004	Excel 的排版	X
				F	法律常识	001	合同的形式	X
						002	合同法关于无效合同的规定	X

职业通用理论知识鉴定要素细目表(《燃料油生产工》)

鉴定范围						鉴定点		
一级		二级		三级		代码	名称	重要程度
代码	名称	代码	名称	代码	名称			
A	基本要求	B	基础知识	G	化学基础知识	001	气体溶解度的影响因素	Y
						002	理想气体状态方程的简单计算	Y
						003	质量分数的概念	Y
						004	可逆反应的基本概念	Y
						005	化学平衡的影响因素	Y
						006	溶液质量摩尔浓度的概念	Y
						007	溶液摩尔分数的概念	Y
						008	化学平衡常数的概念	Y
						009	化学反应速率的表示方法	X
						010	临界温度的概念	Z
						011	临界压力的概念	X
						012	化学平衡的特征	X
						013	电离平衡的概念	Y
						014	炔烃的物化性质	Y
						015	芳烃的物化性质	Y
						016	氧化剂的概念	Y
						017	还原剂的概念	Y
				H	石油及油品基础知识	001	石油中微量元素	Y
						002	石油中的含氮化合物	X
						003	石油中的含氧化合物	X
						004	油品的混合黏度	X
						005	油品黏度与化学组成的关系	X
						006	烃类的热容	X
						007	油品的气化热	X
						008	油品的特性因子	X
				I	化工基础知识	001	定态常流动流体的物料衡算	Z
						002	简单管路的计算	Y
						003	动力学基本方程的应用	X
						004	热负荷的基本概念	X
						005	强化传热的途径	X
						006	蒸馏塔的物料衡算概念	Z
						007	理论板的概念	Y
						008	进料热状况对精馏操作的影响	X
						009	液泛的概念	X

续表

鉴定范围						鉴定点		
一级		二级		三级		代码	名称	重要程度
代码	名称	代码	名称	代码	名称			
						010	雾沫夹带的概念	X
						011	漏液产生的原因	X
						012	实现精馏的必要条件	X
						013	影响精馏操作的主要因素	X
						014	传质的基本方式	X
						015	雷诺数的物理意义	X
						016	流体的流动类型的判断	X
				J	计量基础知识	001	石化企业计量方式的种类	X
						002	A 级计量设备的种类	Y
						003	B 级计量设备的种类	Y
						004	C 级计量设备的种类	Y
						005	物料计量表配备的精度要求	X
						006	新物料计量表投用的步骤	X
				K	炼油机械与设备	001	离心泵的基本结构	X
						002	离心泵零部件的作用	Y
						003	机械密封结构	X
						004	机械密封工作原理	X
						005	机泵机械密封的冲洗形式	Z
						006	板式塔的特点	Y
						007	填料塔的特点	X
						008	填料塔常用填料的种类	X
						009	管壳式换热器的结构形式	X
						010	加热炉的结构	Y
						011	闸阀的基本结构	X
						012	润滑管理常识	X
						013	化学腐蚀的概念	Y
						014	压力容器的概念	X
						015	压力管道的概念	Y
						016	压力试验的作用	X
						017	密封试验的作用	Z
						018	离心泵气蚀的概念	Y

续表

鉴定范围						鉴定点		
一级		二级		三级		代码	名称	重要程度
代码	名称	代码	名称	代码	名称			
				L	电工基础知识	001	现场控制开关的使用常识	X
						002	正弦交流电的概念	X
						003	并联电路电阻简化计算方法	Y
						004	串联电路电阻简化计算方法	Y
						005	用电设备维修安全常识	Y
						006	装置设备接地线的常识	Z
						007	防雷防静电的常识	X
						008	常用电机的类型	X
						009	常用电机型号含义	X
						010	跨步电的概念	Y
						011	炼油厂动力电的种类	Y
				M	仪表基础知识	001	简单回路 PID 参数的概念	X
						002	串级控制的概念	X
						003	分程控制的概念	Y
						004	联锁的基本概念	X
						005	控制阀的附件种类	X
						006	在线仪表的种类	X
						007	压力仪表的测量原理	X
						008	温度仪表的测量原理	X
						009	流量仪表的测量原理	X
						010	物位仪表的测量原理	X

工种理论知识鉴定要素细目表

鉴定范围						鉴定点		
一级		二级		三级		代码	名称	重要程度
代码	名称	代码	名称	代码	名称			
B	相关知识	A	工艺操作	A	开车准备	001	原料油管线吹扫的注意事项	X
						002	加热炉点火的必备条件	Y
						003	公用工程系统的界区条件	Y
						004	加氢催化剂的组成	X
						005	系统隔离的注意事项	X
						006	分馏系统气密压力	X
						007	临氢系统气密事项	X
						008	临氢系统的气密准备工作	X
						009	分馏系统贯通试压的流程	X
						010	催化剂预硫化的准备工作	X
						011	装置工艺联锁的内容	X

续表

鉴定范围						鉴定点		
一级		二级		三级		代码	名称	重要程度
代码	名称	代码	名称	代码	名称			
						012	临氢系统试压的原则	X
						013	临氢系统试压的顺序	Y
						014	系统试压合格的标准	X
						015	氮气置换合格的标准	X
						016	氢气置换注意事项	X
						017	系统水冲洗时的注意事项	X
						018	装置开车前仪表系统具备的条件	Y
						019	联锁系统开车前具备的条件	X
						020	催化剂中毒的概念	X
						021	一级用火区域	X
						022	开工前分馏垫油的目的	X
						023	急冷氢的作用	X
						024	催化剂装填方法	X
						025	装置引氢的注意事项	X
						026	固定床催化剂装填的注意事项	X
						027	烘炉的步骤	X
						028	装置开车吹扫的目的	X
				B	开车操作	001	反应系统的开工步骤	X
						002	催化剂硫化的目的	X
						003	热油泵操作的要点	X
						004	塔液面操作要点	Y
						005	催化剂预硫化的原理	X
						006	进退油时仪表的操作要点	Y
						007	催化剂硫化的方法	X
						008	往复机开机的主要条件	X
						009	分馏系统开工的步骤	X
						010	反应温度对反应深度的影响	X
						011	原料带水现象	X
						012	仪表自动与手动的切换方法	Y
						013	控制阀改副线的方法	X
						014	仪表串级的投用方法	Y
						015	分馏系统恒温脱水过程	X
						016	火嘴的操作方法	X
						017	塔的操作要点	X
						018	催化剂预硫化时预湿的作用	X
						019	气体采样注意事项	X

续表

鉴定范围						鉴定点		
一级		二级		三级		代码	名称	重要程度
代码	名称	代码	名称	代码	名称			
				C	正常操作	001	胺液发泡的现象	X
						002	加热炉回火的原因	X
						003	汽提塔操作注意事项	X
						004	工艺联锁目的	X
						005	工艺防腐的措施	X
						006	冷热高分的工作原理	X
						007	脱硫率的影响因素	X
						008	影响加热炉热效率的因素	X
						009	催化剂的作用	X
						010	固体催化剂的组成	X
						011	调节器参数的概念	Y
						012	炉前混氢的优缺点	X
						013	炉后混氢的优缺点	X
						014	航煤质量要求	X
						015	控制加热炉氧含量的目的	X
						016	富液(溶剂)过滤器的作用	X
						017	影响换热器换热效果的因素	X
						018	投用塔底重沸器注意事项	X
						019	分馏塔顶压力决定因素	X
						020	床层温度变化的原因	X
						021	分馏系统压力波动的原因	X
						022	控制循环氢中硫化氢的浓度的原因	X
						023	反应压力因素	X
						024	铵盐结晶的原理	X
						025	防止铵盐结晶的措施	X
						026	变频与工频切换的操作方法	Y
						027	汽油干点调整方法	X
						028	柴油闪点调整方法	X
						029	阀门定位器的原理	Z
						030	炉管表面温度控制的措施	X
						031	柴油的性质	X
						032	闭灯检查的目的	X
						033	分馏系统进料带水对操作的影响	X
						034	分馏系统平稳操作的要点	X

续表

鉴定范围						鉴定点		
一级		二级		三级		代码	名称	重要程度
代码	名称	代码	名称	代码	名称			
						035	富液闪蒸的目的	X
						036	柴油腐蚀不合格因素	X
						037	再生塔操作因素	X
						038	雾沫夹带的概念	Y
						039	循环氢带液的原因	Y
						040	反应温度波动的因素	X
				D	停工操作	001	停工扫线的注意事项	X
						002	停工扫线的原则	X
						003	压缩机停车的注意事项	X
						004	停工环保	Y
						005	分馏系统停工的操作方法	X
						006	停工期间催化剂保护的注意事项	X
						007	羰基镍中毒的概念	Y
						008	停工过程中公用工程介质的使用要求	Z
						009	催化剂的再生原理	Y
						010	热氢带油的注意事项	X
						011	恒温解氢的目的	X
						012	设备管线蒸汽吹扫的原则	X
						013	停工反应部分防腐	X
						014	停工轻质油置换的目的	X
						015	设备人孔打开的要点	Y
						016	进塔入罐应具备的条件	X
						017	催化剂再生的分类	X
		B	设备使用与维护	A	使用设备	001	提高加热炉热效率的手段	X
						002	加热炉低温露点腐蚀的原因	X
						003	加热炉低温露点腐蚀的危害	X
						004	U 形管式换热器特点	Y
						005	换热器管束的排列方式	Y
						006	汽提塔的主要特点	X
						007	浮阀塔盘型号意义	Z
						008	填料塔的结构	Y
						009	反应器内构件的主要组成	X
						010	压差式液位计工作原理	Y
						011	安全阀的结构	X

续表

鉴定范围						鉴定点		
一级		二级		三级		代码	名称	重要程度
代码	名称	代码	名称	代码	名称			
						012	空冷风机型号	Y
						013	加热炉燃烧器分类	Y
						014	破沫网的作用	X
						015	齿轮泵的原理	X
						016	往复泵的原理	X
						017	离心泵流量调节方法	X
						018	离心泵抽空原因	X
						019	热油泵操作方法	X
						020	刚性轴和柔性轴的区别	X
						021	压缩机铭牌号	X
						022	活塞式压缩机的工作循环	X
						023	活塞式压缩机的主要构件	X
						024	汽缸余隙的概念	X
						025	压缩机油泵操作方法	X
						026	密封类型	Y
						027	循环氢压缩机轴环密封的型式	X
						028	机械密封原理	Y
						029	填料密封原理	Y
						030	迷宫式密封原理	Y
						031	压缩机汽缸发热原因	X
						032	汽轮机按工作原理的分类	X
						033	机组惰走时间概念	X
						034	循环压缩机调速系统基本概念	Y
						035	压缩机润滑油过滤器切换方法	X
						036	热壁与冷壁反应器的优缺点	X
						037	润滑油的作用	X
				B	维护设备	001	加热炉吹灰器在使用时的注意事项	X
						002	加热炉烧油时的注意事项	Y
						003	引风机开停的注意事项	Y
						004	空气冷却器的使用事项	X
						005	机组振动原因	Y
						006	换热器投用原则	Y
						007	换热器使用时的注意事项	X
						008	压力容器的安全附件	Z

续表

鉴定范围						鉴定点		
一级		二级		三级		代码	名称	重要程度
代码	名称	代码	名称	代码	名称			
						009	转子流量计使用注意事项	Y
						010	润滑油使用管理规定	Y
						011	离心泵流量降低的因素	X
						012	离心泵正常操作轴承温度的控制	X
						013	离心泵正常操作轴承振动的控制	X
						014	离心泵振动大的原因	X
						015	运行泵的维护方法	X
						016	备用泵的维护方法	Y
						017	离心泵轴承箱发热的因素	X
						018	有油润滑和无油润滑的区别	X
						019	多级压缩优点	Y
						020	活塞环密封原理	Y
						021	循环压缩机轴承分类	Y
						022	压缩机缸体冷却水作用	Y
						023	高位罐作用	Y
						024	离心式压缩机密封油注意事项	X
						025	离心式压缩机开停注意事项	Y
						026	活塞式压缩机气阀主要型式	Z
						027	活塞压缩机的润滑事项	Y
		C	事故判断与处理	A	判断事故	001	加热炉冒烟的原因	X
						002	反应器压降增大的原因	X
						003	循环机喘振的原因	X
						004	换热器内漏的判断方法	Y
						005	氢气的爆炸极限	Y
						006	往复机排气温度高的原因	X
						007	高压窜低压的现象	X
						008	循环氢压缩机入口流量不足的原因	Y
						009	炉膛闪爆的原因	X
						010	蒸汽压力下降的现象	X
						011	装置停电的现象	X
						012	分馏塔冲塔的因素	X
						013	瓦斯带液的危害	X
						014	急冷氢中断的现象	X
						015	新氢中断的现象	X
						016	原料油流量波动的现象	X
						017	高压分离器液位波动的危害	X

续表

鉴定范围						鉴定点		
一级		二级		三级		代码	名称	重要程度
代码	名称	代码	名称	代码	名称			
				B	处理事故	001	加热炉鼓风机突停的处理方法	Y
						002	循环水中断的处理要点	X
						003	机组润滑油油压下降的处理方法	X
						004	加热炉冒黑烟的处理方法	X
						005	换热器内漏的处理方法	Y
						006	压缩机喘振的处理方法	X
						007	含硫污水油含量超标的处理方法	Y
						008	胺液发泡的处理方法	X
						009	防硫化亚铁自燃的措施	Y
						010	控制阀失灵处理方法	X
						011	空气预热器腐蚀的处理方法	Y
						012	电机超电流的处理方法	Y
						013	新氢中断处理方法	X
						014	原料油泵停处理方法	X
						015	高压注水泵停处理方法	X
						016	加热炉炉管破裂事故处理方法	X
		D	绘图与计算	A	绘图	001	控制阀表示方法	X
						002	阀门表示方法	X
						003	绘制流程图方法	X
						004	三视图的构成	X
						005	设备位号表示方法	X
				B	计算	001	离心泵效率计算	X
						002	氢分压的计算	X
						003	体积平均沸点计算	Y
						004	加氢脱硫率的计算	X
						005	加氢脱氮率的计算	X
						006	空速的计算	X

三、理论知识试题

行业通用理论知识试题

判断题

1. 交接班记录需要领导审阅签字。 (√)
2. 设备巡检包括设备停机过程中的检查。 (√)
3. 投影线都相互平行的投影称为中心投影。 (×)

正确答案：投影线都相互平行的投影称为平行投影。

4. 在三视图中，能够反映物体上下、左右位置关系的视图为俯视图。 (×)

正确答案：在三视图中，能够反映物体上下、左右位置关系的视图为主视图。

5. 画三视图时，左视图和俯视图的关系是长对正。 (×)

正确答案：画三视图时，左视图和俯视图的关系是宽相等。

6. 零件图的作用是读零件图与装配图关系。 (×)

正确答案：零件图的作用是直接指导制造零件和检验零件的图样。

7. 零件图是直接指导制造零件和检验零件的图样。 (√)

8. 综合性季度检查中，安全生产不仅是重要内容，还实行一票否决权。 (√)

9. 尘毒物质对人体的危害与个人体质因素无关。 (×)

正确答案：尘毒物质对人体的危害与个人年龄、身体健康状况等因素有关。

10. 因为环境有自净能力，所以轻度污染物可以直接排放。 (×)

正确答案：虽然环境有自净能力，轻度污染物也不可以直接排放。

11. 目前清洁生产审计中应用的理论主要是物料平衡和能量守恒原理。 (√)

12. 清洁生产审计的目的是：通过清洁生产审计判定生产过程中不合理的废物流和物、能耗部位，进而分析其原因，提出削减它的可行方案并组织实施，从而减少废弃物的产生和排放，达到实现本轮清洁生产目标。 (√)

13. 根据燃烧三要素，采取除掉可燃物、隔绝氧气(助燃物)、将可燃物冷却至燃点以下等措施均可灭火。 (√)

14. 在HSE管理体系中，评审是高层管理者对安全、环境与健康管理体系的适应性及其执行情况进行正式评审。 (√)

15. 第二方审核是直属企业作为受审方，由取得相应资格的单位进行HSE体系审核。 (×)

正确答案：第三方审核是直属企业作为受审方，由取得相应资格的单位进行HSE体系审核。

16. 含汞、铬、铅等的工业废水不能用化学沉淀法治理。 (×)

正确答案：含汞、铬、铅等的工业废水可以用化学沉淀法治理。

17. 一级除尘又叫机械除尘。 (√)

18. 废渣处理首先考虑综合利用的途径。 (√)

19. 陆地填筑法可避免造成火灾或爆炸。 (×)

正确答案：陆地填筑法有可能造成火灾或爆炸。

20. 在防冻防凝工作中，严禁用高压蒸汽取暖、严防高压蒸汽窜入低压系统。 (√)

21. 对已冻结的铸铁管线、阀门等可以用高温蒸汽迅速解冻。 (×)

正确答案：对已冻结的铸铁管线、阀门等不得急剧加热，只允许温水或少量蒸汽缓慢解冻，以防骤然受热损坏。

22. 进入夏季，工业园区应对所有地沟、排水设施进行检查，清除排水障碍。备足防汛物资，遇到险情时能满足需求。 (√)

23. 从事办公室工作的人员不会形成职业病。 (×)

正确答案：从事办公室工作的人员也会形成相应的职业病。

24. 职业中毒不属于职业病。 (×)

正确答案： 职业中毒属于职业病之一。

25. 急慢性中毒皆属于人身事故。 (×)

正确答案： 急性中毒属于人身事故。

26. 在 HSE 管理体系中，一般不符合项是指能使体系运行出现系统性失效或区域性失效的问题。 (×)

正确答案： 在 HSE 管理体系中，一般不符合项是指个别的、偶然的、孤立的、性质轻微的问题或者是不影响体系有效性的局部问题。

27. HSE 管理体系规定，公司应建立事故报告、调查和处理管理程序，所制定的管理程序应保证能及时地调查、确认事故(未遂事故)发生的根本原因。 (√)

28. 标准化的重要意义是提高产品、过程或服务的质量，防止贸易壁垒，并促进技术合作。 (×)

正确答案： 标准化的重要意义是改进产品、过程或服务的适用性，防止贸易壁垒，并促进技术合作。

29. 企业应当具备法人的资格或是法人的一部分，才可以申请质量体系认证。 (√)

30. 全面质量管理的核心是强调提高产品质量。 (×)

正确答案： 全面质量管理的核心是强调提高工作质量。

31. 生产制造过程的质量管理是全面质量管理的中心环节。 (√)

32. 质量管理体系是指在质量方面指挥和控制组织的管理体系，它是组织若干管理体系的一个。 (√)

33. PDCA 循环是全面质量管理的科学方法，可用于企业各个方面、各个环节的质量管理活动。 (√)

34. ISO 9004：2000 标准是“指南”，可供组织作为内部审核的依据，也可用于认证和合同目的。 (×)

正确答案： ISO 9004：2000 标准提供了超出 ISO 9001 要求的指南和建议，不用于认证或合同的目的。

35. ISO 9000 族标准中，质量仅指产品质量。 (√)

36. ISO 9000 族标准质量管理八项原则是一个组织在质量管理方面的总体原则。 (√)

37. 计算机应用软件 Word 字处理软件不仅可以进行文字处理，还可以插入图片、声音等，但不能输入数学公式。 (×)

正确答案： Word 字处理软件不仅可以进行文字处理，还可以插入图片、声音等，也能输入数学公式。

38. 在应用软件 Word 表格操作中选定整个表格后，按格式工具栏上的左、右、居中对齐等按钮则单元格中的文字内容进行左、右、居中对齐。 (×)

正确答案： 选定整个表格后，按格式工具栏上的左、右、居中对齐等按钮则单元格中的文字内容不会进行左、右、居中对齐，整个工作表整体在页面中进行左、右、居中对齐。

39. 在应用软件 Word 表格操作中利用表格工作栏还可对表格内容进行垂直对齐。 (√)

40. 在计算机应用软件 Excel 中选中不连续单元格的功能键是 Alt。 (×)

正确答案： 在计算机应用软件 Excel 中选中不连续单元格的功能键是 Ctrl。

41. 在计算机应用软件 Excel 中清除合并居中的格式可以通过键盘的删除(Delete)键来

实现。（×）

正确答案： 在计算机应用软件 Excel 中清除合并居中的格式可以通过编辑菜单中的清除格式来实现。

42. 在计算机应用软件 Excel 中的打印可实现放大或缩小比例打印。（√）

43. 不动产的买卖合同一般采用登记形式。（√）

44. 在实践中，口头形式是当事人最为普遍采用的一种合同约定形式。（×）

正确答案： 在实践中，书面形式是当事人最为普遍采用的一种合同约定形式。

单选题

1. 不允许在岗位交接班记录中出现（ C ）。
A. 凭旧换新　B. 划改内容　C. 撕页重写　D. 双方签字

2. 投影线都通过中心的投影称为（ A ）投影法。
A. 中心　B. 平行　C. 斜　D. 正

3. 在工程制图中应用较多的投影法是（ D ）投影法。
A. 中心　B. 平行　C. 斜　D. 正

4. 剖视图的剖切符号为断开的（ D ）线。
A. 细实　B. 点划　C. 虚　D. 粗实

5. 在三视图中，反映物体前后、左右位置关系的视图为（ B ）。
A. 主视图　B. 俯视图
C. 左视图　D. 在三个视图中都有可能

6. 在三视图中，反映物体前后、上下位置关系的视图为（ C ）。
A. 主视图　B. 俯视图
C. 左视图　D. 在三个视图中都有可能

7. 画三视图时，主视图和俯视图的关系是（ A ）。
A. 长对正　B. 高平齐　C. 宽相等　D. 无关系

8. 零件图的主要作用之一是（ B ）。
A. 指导读零件的结构　B. 直接指导制造零件
C. 读零件图与装配图关系　D. 读零件之间的配合情况

9. 毒物的沸点是（ C ）。
A. 越低毒性越小　B. 越高毒性越大
C. 越低毒性越大　D. 与毒性无关

10. 污染物的回收方法包括（ D ）。
A. 蒸发　B. 干燥　C. 排放　D. 吸收

11. 清洁生产涵盖有深厚的理论基础，但其实质是（ A ）。
A. 最优化理论　B. 测量学基本理论
C. 环境经济学基本理论　D. 资源经济学基本理论

12. 液体有机物的燃烧可以采用（ C ）灭火。
A. 水　B. 沙土　C. 泡沫　D. 以上均可

13. ISO 14001 标准其主要特点有强调（ D ）、强调法律、法规的符合性、强调系统化管理、强调文件化、强调相关方的观点。
A. 污染预防　B. 持续改进

C. 末端治理　　D. 污染预防、持续改进

14. 在ISO 14001标准体系中，为了确保环境因素评价的准确性，在识别环境因素时应考虑的三种状态是(C)。

A. 开车、停机和检修状态　　B. 连续、间歇和半连续状态

C. 正常、异常和紧急状态　　D. 上升、下降和停止状态

15. 公司HSE管理体系的审核分为内部审核、(C)。

A. 第一方审核　　B. 第二方审核

C. 第三方审核　　D. 第四方审核

16. HSE评审的目的是检验HSE管理体系的适宜性、(B)和有效性。

A. 充分性　　B. 公平性　　C. 权威性　　D. 必要性

17. 废水治理的方法有物理法、(A)法和生物化学法等。

A. 化学　　B. 过滤　　C. 沉淀　　D. 结晶

18. 可直接用碱液吸收处理的废气是(A)。

A. 二氧化硫　　B. 甲烷　　C. 氨气　　D. 一氧化氮

19. 废渣的处理大致采用(D)、固化、陆地填筑等方法。

A. 溶解　　B. 吸收　　C. 粉碎　　D. 焚烧

20. 为了作好防冻防凝工作，停用的设备、管线与生产系统连接处要加好(B)，并把积水排放吹扫干净。

A. 阀门　　B. 盲板　　C. 法兰　　D. 保温层

21. “夏季四防”包括防暑降温、防汛、(A)、防倒塌。

A. 防雷电　　B. 防霉变　　C. 防跌滑　　D. 防干旱

22. 属于石化行业职业病的是(B)。

A. 近视　　B. 尘肺病　　C. 肩周炎　　D. 哮喘

23. 与化工生产密切相关的职业病是(B)。

A. 耳聋　　B. 职业性皮肤病　　C. 关节炎　　D. 眼炎

24. 在HSE管理体系中，(A)是指组织在职业健康安全绩效方面所达到的目的。

A. 目标　　B. 事件　　C. 不合格　　D. 不符合

25. 在HSE管理体系中，(B)是指与组织的职业健康安全绩效有关的或受其职业健康安全绩效影响的个人或团体。

A. 目标　　B. 相关方　　C. 事件　　D. 不符合

26. 在HSE管理体系中，造成死亡、职业病、伤害、财产损失或环境破坏的事件称为(C)。

A. 灾害　　B. 毁坏　　C. 事故　　D. 不符合

27. 标准化的重要意义是改进产品、过程或服务的(C)，防止贸易壁垒，并促进技术合作。

A. 品质　　B. 性能　　C. 适用性　　D. 功能性

28. 产品质量认证活动是(D)开展的活动。

A. 生产方　　B. 购买方

C. 生产和购买双方　　D. 独立于生产方和购买方之外的第三方机构

29. 全面质量管理强调以(B)质量为重点的观点。

A. 产品　　B. 工作　　C. 服务　　D. 工程

30. 质量管理体系要求企业除应有(A)上的保证能力以外，还应有资源上的保证能力。

A. 管理　　B. 质量计划

C. 质量政策与程序　　D. 质量文件

31. 企业的质量方针是由(D)决策的。

A. 全体员工　　B. 基层管理人员

C. 中层管理人员　　D. 最高管理层人员

32. PDCA 循环的四个阶段八个步骤的第四个步骤是(B)。

A. 总结　　B. 拟订对策并实施

C. 分析问题原因　　D. 效果的确认

33. ISO 9001 和 ISO 9004 的区别在于(D)。

A. 采用以过程为基础的质量管理体系模式

B. 建立在质量管理八项原则的基础之上

C. 强调与其他管理标准的相容性

D. 用于审核和认证

34. 下列各项中属于产品固有特性的是(B)。

A. 价格　　B. 噪音　　C. 保修期　　D. 礼貌

35. PDCA 循环是实施 ISO 9000 族标准(B)原则的方法。

A. 系统管理　　B. 持续改进　　C. 过程方法　　D. 以事实为决策依据

36. 在计算机应用软件 Word 中，不能进行的字体格式设置是(C)。

A. 文字的缩放　　B. 文字的下划线　　C. 文字的旋转　　D. 文字的颜色

37. 计算机应用软件 Word 的菜单中，经常有一些命令是灰色的，这表示(B)。

A. 应用程序本身有故障　　B. 这些命令在当前状态不起作用

C. 系统运行故障　　D. 这些命令在当前状态下有特殊的效果

38. 在计算机应用软件 Word 中，可用于计算表格中某一数值列平均值的函数是(C)。

A. Abs(　)　　B. Count(　)　　C. Average(　)　　D. Total(　)

39. 在计算机应用软件 Excel 工作表中，可按需拆分窗口，一张工作表最多拆分为(B)个窗口。

A. 3　　B. 4　　C. 5　　D. 任意多

40. 在计算机应用软件 Excel 中如图所示页面中的斜杠是通过(B)菜单中单元格里的边框来实现。

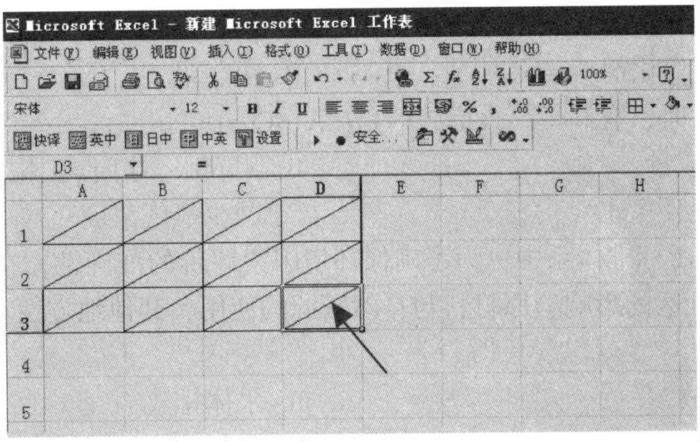

A. 编辑 B. 格式 C. 工具 D. 窗口

41. 当事人采用合同书形式订立合同的，自双方当事人(C)时合同成立。

A. 制作合同书 B. 表示受合同约束

C. 签字或者盖章 D. 达成一致意见

42. 下列各种合同中，必须采取书面形式的是(D)合同。

A. 保管 B. 买卖 C. 租赁 D. 技术转让

多选题

1. 设备巡检时域分为(A，B，C，D)等检查。

A. 设备运行期间 B. 设备停机过程中

C. 设备停运期间 D. 设备开机过程中

2. 在三视图中，能够反映物体前后位置关系的视图为(B，C)。

A. 主视图 B. 俯视图

C. 左视图 D. 在三个视图中都有可能

3. 在三视图中，能够反映物体上下位置关系的视图为(A，C)。

A. 主视图 B. 俯视图

C. 左视图 D. 在三个视图中都有可能

4. 在三视图中，与高度有关的视图是(A，C)。

A. 主视图 B. 俯视图 C. 左视图 D. 三个视图都有关系

5. 在三视图中，与宽度有关的视图是(B，C)。

A. 主视图 B. 俯视图 C. 左视图 D. 三个视图都有关系

6. 零件图的主要作用是(A，C)。

A. 直接指导制造零件 B. 指导读零件的结构

C. 检验零件的图样 D. 读零件图与装配图关系

7. 安全检查中的“月查”由车间领导组织职能人员进行月安全检查，查领导、查思想、(A，B，D)。

A. 查隐患 B. 查纪律 C. 查产量 D. 查制度

8. 尘毒物质对人体的危害与工作环境的(A，B，C)等条件有关。

A. 温度 B. 湿度 C. 气压 D. 高度

9. 改革生产工艺是控制化工污染的主要方法，包括(A，B，C)等。

A. 改革工艺 B. 改变流程

C. 选用新型催化剂 D. 更新设备

10. 着火点较大时，有利于灭火措施的是(A，C，D)。

A. 抑制反应量 B. 用衣服、扫帚等扑打着火点

C. 减少可燃物浓度 D. 减少氧气浓度

11. 在 ISO 14001 标准体系中，为了确保环境因素评价的准确性，在识别环境因素时应考虑土地污染、对社区的影响、原材料与自然资源的使用、其他地方性环境问题外，还应考虑(A，B，C)问题。

A. 大气排放 B. 水体排放

C. 废物管理 D. 材料的利用

12. 在 ISO 14001 标准体系中，环境因素识别的步骤包括(A，B，D)。

A. 划分和选择组织过程　　B. 确定选定过程中存在的环境因素

C. 初始环境评审　　D. 明确每一环境因素对应的环境影响

13. 在 ISO 14001 标准体系中，识别环境因素的方法除问卷调查、专家咨询、现场观察和面谈、头脑风暴、查阅文件及记录、测量、水平对比、纵向对比等方法外，还有(A，B，C)方法。

A. 过程分析法　　B. 物料衡算

C. 产品生命周期　　D. 最优化理论

14. 在 HSE 管理体系中，审核是判别管理活动和有关的过程(A，B)，并系统地验证企业实施安全、环境与健康方针和战略目标的过程。

A. 是否符合计划安排　　B. 是否得到有效实施

C. 是否已经完成　　D. 是否符合标准

15. HSE 管理体系中，危害主要包括(A，B，C，D)等方面。

A. 物的不安全状态　　B. 人的不安全行为

C. 有害的作业环境　　D. 安全管理缺陷

16. 工业废水的生物处理法包括(B，D)法。

A. 过滤　　B. 好氧　　C. 结晶　　D. 厌氧

17. 对气态污染物的治理主要采取(B，C)法。

A. 蒸馏　　B. 吸附　　C. 吸收　　D. 过滤

18. 可用于废渣处理方法的是(A，B，C)。

A. 陆地填筑　　B. 固化　　C. 焚烧　　D. 粉碎

19. 为了做好防冻防凝工作，应注意(A，B，C)。

A. 加强报告制度　　B. 加强巡检力度

C. 有情况向上级或领导汇报　　D. 独立解决问题

20. 不属于夏季四防范畴的是(A，B，D)。

A. 防滑　　B. 防冰雹　　C. 防雷电　　D. 防干旱

21. HSE 管理体系规定，事故的报告、(A，B，C)、事故的调查、责任划分、处理等程序应按国家的有关规定执行。

A. 事故的分类　　B. 事故的等级　　C. 损失计算　　D. 事故的赔偿

22. 标准化的重要意义可概括为(A，B，C，D)。

A. 改进产品、过程或服务的适用性　　B. 防止贸易壁垒，促进技术合作

C. 在一定范围内获得最佳秩序　　D. 有一个或多个特定目的，以适应某种需要

23. 企业质量体系认证(A，C，D)。

A. 是一种独立的认证制度

B. 依据的标准是产品标准

C. 依据的标准是质量管理标准

D. 是第三方对企业的质量保证和质量管理能力依据标准所做的综合评价

24. 产品的质量特性包括(A，B，C，D)。

A. 性能　　B. 寿命　　C. 可靠性　　D. 安全性

25. PDCA 循环中，处置阶段的主要任务是(B，D)。

A. 明确目标并制订实现目标的行动方案

B. 总结成功经验

C. 对计划实施过程进行各种检查

D. 对质量问题进行原因分析，采取措施予以纠正

26. 下列哪些标准应用了以过程为基础的质量管理体系模式的结构(B，C)。

A. ISO 9000：2000《质量管理体系基础和术语》

B. ISO 9001：2000《质量管理体系要求》

C. ISO 9004：2000《质量管理体系业绩改进指南》

D. ISO 19011：2002《质量和环境管理体系审核指南》

27. ISO 9000 族标准中，质量具有(B，C)性等性质。

A. 适用　　B. 广义　　C. 相对　　D. 标准

28. 在计算机应用软件 Word 的“页面设置”对话框中，可以设置的选项为(B，C，D)。

A. 字体　　B. 位置　　C. 纸型　　D. 纸张大小

29. 在计算机应用软件 Word 表格中，关于数据排序的叙述，不正确的是(A，B，C)。

A. 表格中数据的排序只能按升序进行　　B. 表格中数据的排序只能按降序进行

C. 表格中数据的排序依据只能是行　　D. 表格中数据的排序依据可以是列

30. 在计算机应用软件 Excel 工作表中，选定某单元格，单击“编辑”菜单下的“删除”选项，可能完成的操作是(A，B，C)。

A. 删除该行　　B. 右侧单元格左移

C. 删除该列　　D. 左侧单元格右移

31. 在 Excel 工作簿中，对工作表可以进行的打印设置是(A，B，D)。

A. 打印区域　　B. 打印标题　　C. 打印讲义　　D. 打印顺序

32. 合同可以以(A，B，C，D)形式存在。

A. 口头　　B. 批准　　C. 登记　　D. 公正

33. 下列说法中属于无效合同特征的有(A，B，C，D)。

A. 无效合同自合同被确认无效时起无效

B. 对无效合同要进行国家干预

C. 无效合同具有不得履行性

D. 无效合同的违法性

职业通用理论知识试题(《燃料油生产工》)

判断题

1. 气体溶解度通常指的是该气体(其压强为 1 标准大气压)在一定温度下溶解在 100g 水里的克数。 (×)

正确答案： 气体溶解度通常指的是该气体(其压强为 1 标准大气压)在一定温度下溶解在 1 体积水里的体积数。

2. 在标准状况下，2.2g 二氧化碳气体的体积和 1.6g 氧气的体积相等。 (√)

3. 溶液中溶质的质量分数是用溶质质量占溶液质量的百分比来表示的。 (√)

4. 化学平衡向某一方向移动时，该方向上的产物在混合物中的百分含量必然增大。 (×)

正确答案：化学平衡向某一方向移动时，该方向上的产物在混合物中的百分含量不一定增大。

5. 1mL 0.1mol/L 硫酸溶液比 100mL 的 0.1mol/L 硫酸溶液的浓度小。 （×）

正确答案：1mL 0.1mol/L 硫酸溶液与 100mL 的 0.1mol/L 硫酸溶液的浓度相同。

6. 用溶液中任一物质的量与该溶液中所有物质的量之和的比来表示的溶液组成的方法叫摩尔分数。 （√）

7. 化学平衡常数是在一定温度下可逆反应达到平衡时生成物浓度幂的乘积与反应物浓度幂的乘积的比值。 （√）

8. 物质处于临界状态时的温度，对于纯组分来说，也就是气体加压液化时所允许的最低温度。 （×）

正确答案：物质处于临界状态时的温度，对于纯组分来说，也就是气体加压液化时所允许的最高温度。

9. 临界压力是气体可以被液化的最低压力。 （×）

正确答案：临界压力是气体可以被液化的最高压力。

10. 芳烃的工业来源：目前主要是从煤焦油分馏提取。 （×）

正确答案：芳烃的工业来源：目前主要由石油芳构制得。

11. 卤原子具有很强的得电子特性，所以在化学反应中卤素单质一律是氧化剂。 （×）

正确答案：卤原子具有很强的得电子特性，但在与水的反应中，除氟只做氧化剂外，其余卤素既做氧化剂又做还原剂。

12. 在反应 $C+H_2O(气) = CO\uparrow + H_2\uparrow$ 中，C 是还原剂。 （√）

13. 一般说来，在含硫及相对密度较高的海相成油的石油中含镍较多，而在低硫、高氮及陆相成油的石油中钒含量较高。 （×）

正确答案：一般说来，在含硫及相对密度较高的海相成油的石油中含钒较多，而在低硫、高氮及陆相成油的石油中镍含量较高。

14. 卟啉化合物是石油中比较常见的碱性含氮化合物。 （×）

正确答案：卟啉化合物是石油含氮化合物中重要的非碱性含氮化合物。

15. 石油中的脂类主要集中在 350℃以上的馏分中。 （√）

16. 实践证明，油品的黏度具有可加性。 （×）

正确答案：实践证明，油品的黏度并没有可加性。

17. 单位质量物质温度升高 1℃所吸收的热量称为该物质的质量热容，其单位是 kJ/(kg·℃)，由此可见，物质的质量热容与其所处的温度无关。 （×）

正确答案：单位质量物质温度升高 1℃所吸收的热量称为该物质的质量热容，其单位是 kJ/(kg·℃)，但是，物质的质量热容与其所处的温度有关。

18. 烃类的汽化热比水的大些。 （×）

正确答案：烃类的汽化热比水的小许多。

19. 对于定态流动系统，单位时间进入各截面的流体质量相等。 （√）

20. 流体输送管路的直径可根据流量和流速的大小来选定。 （√）

21. 体积流量一定时，流速与管径成反比。 （×）

正确答案：体积流量一定时，流速与管径的平方成反比。

22. 热负荷是单位时间内两流体间传热的传热量。 (√)

23. 增加管壳式换热器的管程数可得到较大的平均温差，从而可强化传热。 (×)

正确答案：增加管壳式换热器的壳程数可得到较大的平均温差，从而可强化传热。

24. 对于有侧线产品的蒸馏塔，塔顶产品和塔底产品之和等于进入塔的原料量。 (×)

正确答案：对于有侧线产品的蒸馏塔，塔顶产品、侧线产品及塔底产品之和等于进入塔的原料量。

25. 理论板层数就是实际板层数。 (×)

正确答案：理论板层数用塔板效率予以校正即可得实际板层数。

26. 精馏塔饱和蒸汽进料，则精馏段回流液流量与提馏段下降液体流量相等。 (√)

27. 液泛时的气速为塔操作的极限速度。 (√)

28. 过量的雾沫夹带造成液相在塔板间的返混，塔板效率下降。 (√)

29. 造成漏液的主要原因是气速太大和板面上液面落差所引起的气流的分布不均匀。 (×)

正确答案：造成漏液的主要原因是气速太小和板面上液面落差所引起的气流的分布不均匀。

30. 回流是保证精馏过程连续稳定操作的必不可少的条件之一。 (√)

31. 回流比大，分离效果好，因此回流比越大越好。 (×)

正确答案：回流比大，分离效果好，但要根据塔内气液相负荷来选择适宜的回流比。

32. 在化工分离过程中，当运动着的流体与壁面之间或两个有限互溶的运动流体之间发生传质时，统称为对流传质。 (√)

33. 雷诺数是一个无因次数群，无论采用何种单位制，只要数群中各物理量的单位一致，算出的雷诺数相等。 (√)

34. 流体在直管内流动时，当雷诺数大于4000时，流动类型属于层流。 (×)

正确答案：流体在直管内流动时，当雷诺数大于4000时，流动类型属于湍流。

35. 目前，我国不能使用流量计的计量方式作石油及其产品计量。 (×)

正确答案：流量计计量是我国石油及其产品计量方式之一。

36. 用于环境监测方面属于强制管理的计量器具，属于B级计量器具的范围。 (×)

正确答案：用于环境监测方面属于强制管理的计量器具，属于A级计量器具的范围。

37. 精密测试中精度较高的计量器具、使用频繁量值易变的计量器具，属于A级计量器具的范围。 (×)

正确答案：精密测试中精度较高的计量器具、使用频繁量值易变的计量器具，属于B级计量器具的范围。

38. 对有旁路阀的新物料计量表的投用步骤：先开旁路阀，流体先从旁路管流动一段时间；缓慢开启下游阀；缓慢开启上游阀；缓慢关闭旁路阀。 (×)

正确答案：对有旁路阀的新物料计量表的投用步骤：先开旁路阀，流体先从旁路管流动一段时间；缓慢开启上游阀；缓慢开启下游阀；缓慢关闭旁路阀。

39. 单级离心泵主要由叶轮、轴、吸液室、泵体、泵盖、机械密封、压出室、轴套、耐磨环、轴承、联轴器组成。 (√)

40. 离心泵的压出室有螺旋形蜗室和径向导叶两种形式，其作用是将叶轮中的高速液体的一部分动能转化为压力能。 (√)

41. 介质泄漏方向与离心力方向相反的机械密封为内流型机械密封，介质泄漏方向与离心力方向相同的机械密封为外流型机械密封。（√）

42. 接触式机械密封是依靠密封室中液体压力和压紧元件的压力压紧在静环端面上，并在两环形端面上产生适当的压力和保持一层极薄的液体膜，而达到密封的目的。（√）

43. 机械密封的冲洗日的是隔离介质、冷却和改善润滑。（√）

44. 板式塔的主要部件包括：塔体、封头、塔裙、接管、人孔、塔盘等。（√）

45. 在填料塔中，塔内装填一定高度的填料层，液体沿填料表面呈膜状向下流动，作为连续相的气体自下而上流动，与液体逆流传质。两相的组分浓度沿塔高呈阶梯变化。（×）

正确答案：在填料塔中，塔内装填一定高度的填料层，液体沿填料表面呈膜状向下流动，作为连续相的气体自下而上流动，与液体逆流传质。两相的组分浓度沿塔高呈连续变化。

46. 颗粒型填料的结构形状及堆砌方式将影响流体在床层内的流动和分布以及气液接触状态，从而决定了塔设备通过能力的大小和效率的高低。（√）

47. 固定管板式换热器的两端管板，采用焊接方式与壳体连接固定，其结构简单，制造成本低，清洗容易，适用于壳体与管子温差大的场合。（×）

正确答案：固定管板式换热器的两端管板，采用焊接方式与壳体连接固定，其结构简单，制造成本低，清洗容易，适用于壳体与管子温差小的场合。

48. 管式加热炉的最大特点是炉内安设有一定数量的管子，被加热的流体如原油等可连续通过，靠着炉管壁吸收燃料在炉内燃烧所产生的热量，以加热到规定的温度。（√）

49. 对于大口径或高压闸阀，不可在阀门邻近的进出口管上并联旁通阀。（×）

正确答案：对于大口径或高压闸阀，可在阀门邻近的进出口管上并联旁通阀。

50. 电化学腐蚀是指金属和外部介质发生了电化学反应，在反应区有隔离的阳极区和阴极区，电子由阴极区流向阳极区。（×）

正确答案：电化学腐蚀是指金属和外部介质发生了电化学反应，在反应区有隔离的阳极区和阴极区，电子由阳极区流向阴极区。

51. 根据压力容器的压力高低、介质的危害程度及在生产过程中的重要作用，将容器分为一类容器、二类容器和三类容器三种。（√）

52. 输送可燃流体介质、有毒流体介质，设计压力<1.0MPa，并且设计温度<400℃的GC2级工业管道属于GC2级工业管道。（×）

正确答案：输送可燃流体介质、有毒流体介质，设计压力<1.0MPa，并且设计温度<400℃的GC2级工业管道属于GC3级工业管道。

53. 耐压试验是用水或其他适宜的液体作为加压介质（极少数情况用气体作加压介质），对容器进行强度和密封性的综合检验。（√）

54. 耐压试验的主要目的是检验容器受压部件的结构强度，验证其是否具有在设计压力下安全运行所需的承载能力。（√）

55. 密封性试验包括气密试验、氨气试验和煤油试验三种。（√）

56. 若叶轮入口处的液体压力小于它的饱和蒸汽压时则形成气泡，这些气泡在叶轮内高压区液化，形成空穴，周围液体对空穴进行冲击，打击在叶片上，使叶片产生剥蚀。这种现象称为气蚀。（√）

57. 带指示灯的现场操作柱，红色信号灯亮时，说明电机正在运行。 (√)

58. 正弦电流 $i=220\sqrt{2}I_m\sin(100\pi t+120°)$，该电流的初相角为 $\phi=120°$。 (√)

59. 已知 $R_1=R_2=R_3=3\Omega$，这三个电阻并联后的总电阻也是 3Ω。 (×)

正确答案： 并联后的总电阻是 1Ω。

60. 已知 $R_1=R_2=R_3$，这三个电阻串联接入 220Ω 的电源，则这三个电阻上的分压是 $U_1=U_2=U_3=\frac{220}{3}V$。 (√)

61. 装置电动机脏了，可以用水冲洗干净。 (×)

正确答案： 装置电动机脏了，不可以用水冲洗干净。

62. 电气设备外壳接地一般通过接地支线连接到接地干线，再通过接地干线连接到接地体。 (√)

63. 对于管线、机泵等产生的静电，可通过安装防静电接地装置加以消除。 (√)

64. 不管何种类型的电动机都有转子和定子这两大部件。 (√)

65. 型号为 YB 的电动机属于增安型防爆电动机。 (×)

正确答案： 型号为 YB 的电动机属于隔爆型防爆电动机。

66. 打雷时，人可以赤脚站在接地装置附近。 (×)

正确答案： 打雷时，人不可以赤脚站在接地装置附近。

67. 炼油厂总电源一般由 220 kV 或 110 kV 变成 6 kV 或 10kV 供装置变电所使用。 (√)

68. 调节器的比例度 δ 越大，则放大倍数 K_c 越小，比例调节作用就越弱，过渡过程曲线越平稳，但余差也越大。 (√)

69. 在串级控制中，一般情况下主回路常选择 PI 或 PID 调节器，副回路常选择 P 或 PI 调节器。 (√)

70. 分程控制中所有调节阀的风开风关必须一致。 (×)

正确答案： 分程控制中所有调节阀的风开风关不一定一致。

71. 当压力开关的被测压力超过额定值时，弹性元件的自由端产生位移直接或经过比较后推动开关元件，改变开关元件的通断状态。 (√)

72. 大转矩蝶阀应选用气动长行程执行机构。 (√)

73. 氧化锆氧含量分析仪属于热学式分析仪。 (×)

正确答案： 氧化锆氧含量分析仪不属于热学式分析仪。

74. 使用 U 形管压力计测得的表压值与玻璃管断面面积大小有关。 (×)

正确答案： 使用 U 形管压力计测得的表压值与玻璃管断面面积大小无关。

75. 压力式温度计是利用感温液体受热膨胀原理工作的。 (×)

正确答案： 压力式温度计是利用气体、液体或蒸汽的体积或压力随温度变化性质设计制成。

76. 涡轮流量变送器输出信号的频率与流量成正比。 (√)

77. 在用差压变送器测量液体的液面时，差压计的安装高度可不作规定，只要维护方便就行。 (×)

正确答案： 在用差压变送器测量液体的液面时，差压计的安装高度不可高于下面的取压口。

单选题

1. 下面关于气体溶解度的说法不正确的是(C)。

A. 气体在水里的溶解度，与该气体的性质有关

B. 气体在水里的溶解度，与该气体压强的大小有关

C. 气体在水里的溶解度，与该气体压强的大小无关

D. 温度对气体的溶解度有很大影响

2. 在 20℃、1 大气压时，氧气在水中的溶解度为 A，在 50℃、1 大气压时，氧气在水中的溶解度为 B，那 A 和 B 的数值关系为(B)。

A. $A=B$　　B. $A>B$　　C. $A<B$　　D. $A\leqslant B$

3. 现有两种氧单质 O_2 和 O_m 的混合气体，从其中取出体积相同的两份，往一份中加松节油，O_m 完全被吸收，结果气体的体积减少了 VmL，加热另一份，使其中 O_m 全部分解成氧气，则气体的体积增加 0.5VmL，(以上各气体的体积都是在相同温度和压强下测定的)。根据上述数据推断 m 的数值为(B)。

A. $m=2$　　B. $m=3$　　C. $m=4$　　D. $m=5$

4. 在室温下，把 2.3g 钠块溶于 97.7g 水里，所得溶液的质量分数是(D)。

A. 2.3%　　B. 4%　　C. 小于 4%　　D. 大于 4%

5. 对于可逆反应 $N_2+3H_2 \rightleftharpoons 2NH_3$+热，达到化学平衡时，若升高温度，(A)则化学平衡左移。

A. 正、逆反应速度加快，$V_{逆}>V_{正}$　　B. 正、逆反应速度降低，$V_{逆}>V_{正}$

C. 正、逆反应速度加快，$V_{正}>V_{逆}$　　D. 正、逆反应速度降低，$V_{正}>V_{逆}$

6. 在 500℃时，$N_2+3H_2 \rightleftharpoons 2NH_3$+热，达到化学平衡时，若保持其他条件不变，只降低温度，化学平衡右移，以下说法正确的是(B)。

A. 正、逆反应速度加快　　B. 正、逆反应速度降低

C. 正反应速度加快，逆反应速度变慢　　D. 正反应速度变慢，逆反应速度加快

7. 有化学反应：$N_2O_4 \rightleftharpoons 2NO_2-56.9$kJ，该反应达到平衡后，增加 N_2O_4 的浓度，下列说法正确的是(B)。

A. 向生成 N_2O_4 的方向移动

B. 向生成 NO_2 的方向移动

C. 不移动

D. 先向生成 N_2O_4 的方向移动，后向生成 NO_2 的方向移动

8. 对于密闭容器中的反应 $N_2+3H_2 \rightleftharpoons 2NH_3$+热，达到化学平衡后，充入惰性气体，下列说法正确的是(C)。

A. 向正反应方向移动　　B. 向逆反应方向移动

C. 不移动

D. 先向正反应方向移动，后向逆反应方向移动

9. 同摩尔浓度、同体积的下列溶液中，所含溶质的离子数最多的是(D)。

A. 氯化钠溶液　　B. 氯化钙溶液　　C. 硫酸钠溶液　　D. 硫酸铝溶液

10. 1mol 某种液体混合物，其组分的摩尔分数(x)为：x(A)= 0.8，x(B)= 0.2；组分 A 的相对分子质量为 18，组分 B 的相对分子质量为 40，则该混合物具有的质量为(A)。

A. 22.4g　　B. 29g　　C. 18g　　D. 40g

11. 在 A+B ⇌C+D 平衡体系中，增温则平衡常数 K 变小，则下列选项正确的是(A)。

A. 正反应是放热反应，逆反应是吸热反应

B. 正逆反应都是吸热反应

C. 正逆反应都是放热反应

D. 正反应是吸热反应，逆反应是放热反应

12. 写出 $CaCO_3 \rightleftharpoons CaO+CO_2$ 平衡体系(在密闭容器内)平衡常数 K 的正确表达式(B)。

A. $K=1$　　B. $K=[CO_2]$

C. $K=\frac{[CaO][CO_2]}{[CaCO_3]}$　　D. $K=\frac{[CaCO_3]}{[CaO][CO_2]}$

13. 下面关于化学反应速度的单位正确的是(A)。

A. mol/(L·min)　　B. mol/min　　C. mol/L　　D. mol/(g·min)

14. 下列叙述中正确的是(B)。

A. 在反应中使用催化剂不能改变化学反应速度

B. 在反应中使用催化剂能加大化学反应速度

C. 在反应中降低压强能加大化学反应速度

D. 在反应中改变压强对化学反应速度没有影响

15. 下面的说法正确的是(C)。

A. 汽油没有临界温度

B. 对于混合物，在高于其临界温度时，没有液相存在

C. 对于混合物，在高于其临界温度时，仍可能有液相存在

D. 只有纯物质有临界温度

16. 下面选项不是化学平衡特征的是(A)。

A. 化学平衡研究的对象——可逆反应进行的程度

B. 化学平衡是动态平衡，即处于化学平衡状态时，化学反应并没有停止，而是正逆反应速率相等罢了

C. 由于达到化学平衡状态时的正逆反应速率相等，所以，该状态下反应混合物中各组分的质量分数保持一定，不再改变

D. 当改变影响化学平衡的某一个条件(如温度、压强、浓度)时，原有的化学平衡状态会被破坏，直至在新的条件下建立新的平衡状态

17. 在一定温度下 H_2(气)+I_2(气)⇌2HI(气)达到平衡的标志是(C)。

A. 单位时间内生成 n mol H_2，同时生成 n mol I_2

B. 容器内总压强不随时间而变化

C. 单位时间内生成 $2n$ mol HI，同时生成 n mol H_2

D. 单位时间内生成 $2n$ mol HI，同时生成 $2n$ mol H_2

18. 在常温常压下，下列物质呈液态的是(B)。

A. 乙炔　　B. 1-戊炔　　C. 丙炔　　D. 1-十八碳炔

19. 下面关于乙炔的说法不正确的是(B)。

A. 乙炔能发生聚合反应　　B. 乙炔聚合后，一般生成高聚物

C. 乙炔是一种重要的有机合成原料　　D. 乙炔可用作高温氧炔焰的燃料

20. 分子式为 C_8H_{10} 的苯的同系物可能的结构式种类有(C)。

A. 2 种　　B. 3 种　　C. 4 种　　D. 5 种

21. 下列关于芳烃物化性质的说法不正确的是(D)。

A. 芳烃可分为单环芳烃、多环芳烃、稠环芳烃

B. 芳烃不溶于水，易溶于乙醚等有机溶剂

C. 芳烃具有毒性

D. 蒽是由两个苯环共用相邻的碳原子而成的芳烃

22. 下列物质与氧化剂发生反应的结果是(D)。

A. $SO_3 \longrightarrow H_2SO_4$　　B. $MnO_2 \longrightarrow MnSO_4$

C. $FeCl_3 \longrightarrow FeCl_2$　　D. $Na_2S \longrightarrow S$

23. 实现下列变化，需要加入氧化剂的有(A)。

A. $HCl \longrightarrow Cl_2$　　B. $NaCl \longrightarrow HCl$　　C. $HCl \longrightarrow H_2$　　D. $CaCO_3 \longrightarrow CO_2$

24. 在 $3Fe+4H_2O = Fe_3O_4+4H_2\uparrow$ 反应中，铁是(B)。

A. 氧化剂　　B. 还原剂　　C. 催化剂　　D. 脱水剂

25. 下列卤单质中不能作还原剂的是(A)。

A. F_2　　B. Cl_2　　C. Br_2　　D. I_2

26. 石油中微量元素主要集中在(D)馏分。

A. 汽油　　B. 煤油　　C. 柴油　　D. 渣油

27. 一般来说，原油中的碱性氮的含量占总氮的比例为(B)。

A. 5%~20%　　B. 25%~30%　　C. 35%~45%　　D. 40%~50%

28. 在石油酸性含氧化合物中，脂肪酸和酚类含量通常不超过酸性含氧化合物总量的(D)。

A. 10%　　B. 5%　　C. 1%　　D. 0.5%

29. 当相对分子质量接近时，(D)的汽化热最大。

A. 正构烷烃　　B. 异构烷烃　　C. 环烷烃　　D. 芳香烃

30. 石油馏分的常压气化热可以根据(C)、平均相对分子质量和相对密度三个参数中的两个查有关图表确定。

A. 体积平均沸点　　B. 质量平均沸点

C. 中平均沸点　　D. 立方平均沸点

31. 油品的特性因数 K 值是油品的平均沸点和(D)的函数。

A. 黏度　　B. 质量平均沸点　　C. 汽化热　　D. 相对密度

32. 当油品的(C)相近时，油品的特性因数 K 值大小的顺序为芳香烃<环烷烃<烷烃。

A. 混合黏度　　B. 临界温度　　C. 相对分子质量　　D. 汽化热

33. 不可压缩流体在管路中流动，下列物料衡算表达式错误的是(D)。

A. 质量流量 $w_{s1}=w_{s2}$　　B. 质量流量 $w_s=u_1A_1\rho_1=u_2A_2\rho_2$

C. 体积流量 $V_s=u_1A_1=u_2A_2$　　D. 体积流量 $V_s=u_1A_1=u_2A_2$ 而 $w_{s1}\neq w_{s2}$

34. 欲输送 $25m^3/h$ 的水，水的流速取 1.8m/s，则应选择输送管的管径为(A)。

A. ϕ80mm×4mm　　B. ϕ108mm×4mm　　C. ϕ50mm×3mm　　D. ϕ150mm×4mm

35. 在定态流动系统中，水连续地从粗管流入细管。粗管内径为细管的两倍，那么细管内水的流速是粗管的(B)倍。

A. 2 B. 4 C. 6 D. 8

36. 下列方法可以强化传热的是(D)。

A. 减小流体流速 B. 采用大直径管

C. 采用平板面 D. 采用翅片面

37. 关于蒸馏塔的物料平衡正确的说法是(B)。

A. 进入塔的物料体积与离开的物料体积相等

B. 进入塔的物料质量与离开的物料质量相等

C. 进入塔的物料质量与塔底出来的物料质量相等

D. 进入塔的物料质量与塔顶出来的物料质量相等

38. 引入理论板的作用是(A)。

A. 作为实际板分离效率的依据和标准 B. 计算塔径

C. 确定产品组成 D. 计算冷凝器、再沸器的热负荷

39. 对于冷液进料(原料液的温度低于泡点)，提馏段下降液体流量 L' 与精馏段回流液流量 L、原料液 F 的关系为(C)。

A. $L'=L$ B. $L'=L+F$ C. $L'>L+F$ D. $L'<L+F$

40. 发生液泛时的现象是(D)。

A. 降液管液面低 B. 塔压降不变

C. 塔压降下降 D. 塔压降上升

41. 造成漏液的主要原因是(D)。

A. 塔压降大 B. 液体量大 C. 气速高 D. 气速低

42. 回流比大对精馏塔操作的影响，下列错误的是(B)。

A. 塔负荷高 B. 分离效果变差

C. 操作费用高 D. 传质推动力增加

43. 由于分子的无规则热运动而形成的物质传递现象为(D)。

A. 热传质 B. 涡流扩散 C. 对流传质 D. 扩散传质

44. 关于雷诺数，下列说法错误的是(B)。

A. 雷诺数是一个无因次数群

B. 雷诺数可以由测量得到

C. 雷诺数与管径、流体的流速、密度、黏度有关

D. 雷诺数用来判断流体的流动类型

45. 流体在直管内流动时，当雷诺数(A)时，流体的流动属于湍流。

A. $Re \geqslant 4000$ B. $Re \leqslant 2000$

C. $Re \geqslant 3000$ D. $2000 \leqslant Re \leqslant 4000$

46. 油罐交接计量、铁路油罐车、油船、油驳的装卸油计量，一般采用(A)计量方法。

A. 人工检尺 B. 衡器计量 C. 流量计 D. 液位计

47. 企业用于量值传递的最高标准计量器具，属于(A)级计量器具的范围。

A. A B. B C. C D. D

48. 用于企业内部经济核算的能源、物料计量器具，属于(B)级计量器具的范围。

A. A B. B C. C D. D

49. 用于生产过程中带控制回路的计量器具，属于(B)级计量器具的范围。

A. A B. B C. C D. D

50. 对计量数据无准确度要求的指示用计量器具，属于(C)级计量器具的范围。

A. A B. B C. C D. D

51. 与设备配套不能拆卸的指示仪表，盘装表等计量器具，属于(C)级计量器具的范围。

A. A B. B C. C D. D

52. 用于国内贸易计量，石油及其液体产品计量表配备的精度最低要求为(B)。

A. ±0.2%(体积分数) B. ±0.35%(体积分数)

C. ±1.0%(体积分数) D. 1.5%(体积分数)

53. 用于进出厂计量，气体(天然气、瓦斯等)计量表配备的精度最低要求为(A)。

A. ±2.5%(体积分数) B. ±0.35%(体积分数)

C. ±1.0%(体积分数) D. 1.5%(体积分数)

54. 对有旁路阀的新物料计量表的投用步骤：先开旁路阀，流体先从旁路管流动一段时间；缓慢开启上游阀；缓慢(C)；缓慢关闭旁路阀。

A. 开启上游阀 B. 关闭上游阀

C. 开启下游阀 D. 关闭下游阀

55. 一台泵的级数越多，流量(C)。

A. 越大 B. 越小 C. 不变 D. 成正比增大

56. 介质压力对平衡型机械密封影响较小，故平衡型机械密封特别适用于(A)离心泵。

A. 高扬程 B. 低扬程 C. 各种扬程 D. 中扬程

57. 常用的接触式机械密封的主要摩擦形式为(D)。

A. 干摩擦 B. 液体摩擦 C. 边界摩擦 D. 混合摩擦

58. 设计机械密封摩擦副的 PV 值应(B)它的许用[PV]值。

A. 等于 B. 小于 C. 大于 D. 小于或大于

59. 离心泵输送干净的常温介质时，其机械密封一般选择(A)形式。

A. 自冲洗 B. 外冲洗 C. 循环冲洗 D. 其他冲洗

60. 利用压力差来实现对机械密封进行冲洗，且冲洗液能循环使用的称为(C)。

A. 自冲洗 B. 外冲洗 C. 循环冲洗 D. 其他冲洗

61. 在板式塔中，塔内装有一定数量的塔盘，气体以鼓泡或喷射的形式穿过塔盘上的液层使(B)密切接触，进行传质。

A. 一相 B. 两相 C. 三相 D. 四相

62. 在填料塔中，塔内装有一定高度的填料，液体沿着填料表面呈(A)向下流动，作为连续相的气体自下而上流动，与液体逆流传质。

A. 膜状 B. 汽状 C. 汽泡状 D. 鼓泡状

63. 弧鞍填料为对称的开式弧状结构，一般用陶瓷制造，它属于(B)。

A. 环形填料 B. 鞍形填料 C. 鞍环填料 D. 其他填料

64. 一端管板与壳体固定，而另一端的管板可以在壳体内自由浮动，这种换热器是(B)。

A. 固定管板式换热器　　B. 浮头式换热器
C. U 形管式换热器　　D. 填料函式换热器

65. 闸阀的主体是(A)。

A. 阀体　　B. 阀杆　　C. 传动装置　　D. 闸板

66. 能传递力矩起着启闭闸板作用的是(B)。

A. 阀体　　B. 阀杆　　C. 传动装置　　D. 闸板

67. 常用阀门丝杆与螺母之间处，应定期加注润滑脂，而不常用阀门丝杆与螺母处，应(D)。

A. 不需要加注润滑脂　　B. 定期加注润滑脂
C. 长期保持轴见光　　D. 用润滑脂封死

68. 金属在完全没有湿气凝结在其表面的情况下所发生的腐蚀叫做(A)。

A. 气体腐蚀　　B. 非电解液的腐蚀
C. 电解液的腐蚀　　D. 应力腐蚀

69. 炼油设备的壁温高于(B)℃时，任何处于含硫环境下的金属都会受到高温硫化氢不同程度的腐蚀。

A. 200　　B. 250　　C. 300　　D. 350

70. 最高工作压力大于等于 0.1MPa 小于 1.6MPa 的压力容器属于(A)。

A. 低压容器　　B. 中压容器　　C. 高压容器　　D. 超高压容器

71. 输送可燃流体介质、有毒流体介质，设计压力≥4.0MPa，并且设计温度≥400℃的工业管道属于(A)级工业管道。

A. GC1　　B. GC2　　C. GC3　　D. GC4

72. 钢制固定式压力容器的液压试验压力为设计压力的(C)倍。

A. 1.0　　B. 1.15　　C. 1.25　　D. 1.50

73. 对于储存剧毒介质和设计要求不允许有微量泄漏的容器必须做(C)。

A. 耐压试验　　B. 气压试验　　C. 密封性试验　　D. 水压试验

74. 若离心泵要正常连续工作，吸入液面上的压力要(A)叶轮入口处的压力。叶轮入口处的压力越低，吸入能力越大。

A. 大于　　B. 小于　　C. 等于　　D. 小于或等于

75. 离心泵的有效气蚀余量$(NPSH)_s$与吸入系统有关，而与泵本身无关。而离心泵的必须气蚀余量$(NPSH)_r$与吸入系统无关，而与泵本身(B)。

A. 设计无关　　B. 设计有关　　C. 安装位置有关　　D. 制造无关

76. 在燃料油生产装置中的现场照明线路控制通常使用的开关是(D)。

A. 拉线开关　　B. 空气开关　　C. 胶盒开关　　D. 防爆开关

77. 正弦交流电的三要素指的是(C)。

A. 频率、有效值、相位角　　B. 幅值、有效值、初相角
C. 幅值、角频率、初相角　　D. 有效值、幅值、相位角

78. 已知 $R_1 = 10\Omega$，$R_2 = 10\Omega$，把两个电阻并联起来，其总电阻为(D)。

A. $R=10\Omega$　B. $R=20\Omega$　C. $R=15\Omega$　D. $R=5\Omega$

79. 已知 $R_1=28\Omega$，$R_2=30\Omega$，如果把这两个电阻串联起来，其总电阻为(D)。

A. $R=28\Omega$　B. $R=30\Omega$　C. $R=2\Omega$　D. $R=58\Omega$

80. 机泵和电机要进行检修时，必须要按照(D)程序。

A. 停机后，立即对机泵进行检修

B. 停机后，拆开对轮后，对电动机进行检修

C. 停机后，拆开电机线头，然后检修机泵

D. 对于需要检修的机泵，要先填写有关检修作业票，由运行电工停电机动力电源，并在开关处挂上“严禁合闸，有人工作”标志牌，方允许对故障机泵或电机进行检修

81. 电气设备的接地线采用铝导线时，其截面积一般不得小于(D)mm^2。

A. 1.5　B. 2.5　C. 4　D. 6

82. 防雷装置的接地电阻，一般要求为(C)Ω 以下。

A. 1　B. 4　C. 10　D. 100

83. 在燃料油生产装置，通常使用的电动机类型是(D)。

A. 直流电动机　B. 普通非防爆电动机

C. 单相交流密闭型电动机　D. 三相防爆交流异步或同步电动机

84. 电动机的型号主要表示电机的(D)特性。

A. 电机的容量　B. 电机的电压

C. 电机的电流　D. 电机的类型、用途和技术结构特征

85. 人体能承受的跨步电压约为(D)。

A. 110~220V　B. 6~10kV　C. 20~35kV　D. 90~110kV

86. 燃料油生产装置与泵配套使用的低压电机常用的电压等级是(D)。

A. 110V　B. 220V　C. 36V　D. 380V/660V

87. 在由炉温与燃料油流量构成的串级调节系统中，下列说法正确的是(A)。

A. 炉温是主变量　B. 燃料油流量是主变量

C. 炉温和燃料油流量都是主变量　D. 炉温和燃料油流量都是副变量

88. 下列选项中，不是串级调节系统选择依据的是(D)。

A. 工艺要求　B. 对象特性　C. 干扰性质　D. 安全要求

89. 下列选项中，可以满足开停车时小流量和正常生产时的大流量的要求，使之都能有较好的调节质量的控制方案是(C)。

A. 简单　B. 串级　C. 分程　D. 比值

90. 当继电器的线圈得电时，将会产生(C)。

A. 常开触点和常闭触点都闭合　B. 常开触点和常闭触点都断开

C. 常开触点闭合，常闭触点断开　D. 常开触点断开，常闭触点闭合

91. 下列选项中，调节阀不需要进行流向选择的是(A)。

A. 球阀　B. 单座阀　C. 高压阀　D. 套筒阀

92. 测量有腐蚀性、易冻结、易析出固体或是高黏度时，应装(D)。

A. 过滤器　B. 伴热管线

C. 冷凝管或冷凝器　　D. 隔离器或隔离液

93. 关于取压点说法不正确的是(A)。

A. 为避免导压管堵塞，取压点要求在垂直管道上

B. 测量液体压力时，取压点应在管道下部，使导压管内不积存气体

C. 测量气体压力时，取压点应在管道上部，使导压管内不积存液体

D. 取压点不能处于流速紊乱的地方

94. 热电偶或补偿导线短路时，显示仪表的示值约为(A)。

A. 短路处的温度值　　B. 室温

C. 最大　　D. 零

95. 热电偶产生热电势的条件是(C)。

A. 两热电极材料相同，两接点温度相同

B. 两热电极粗细不同，两接点温度相异

C. 两热电极材料相异，两接点温度相异

D. 两热电极长短不同，两接点温度相异

96. 转子流量计中转子上下的压差由(C)决定。

A. 流体的流速　　B. 流体的压力

C. 转子的重量　　D. 流体的方向

97. 用于测量流量的导压管线，阀门组回路中，平衡阀泄漏时，仪表指示(A)。

A. 偏低　　B. 偏高　　C. 超量程　　D. 跑零下

98. 下列选项中，根据变浮力原理测量的液位计是(B)。

A. 浮标　　B. 浮筒　　C. 浮球　　D. 玻璃

99. 用双法兰液面计测量容器内的液位，其零点和量程均已校正好，后因需要仪表的安装位置上移了一段距离，则液面计(D)。

A. 零点上升，量程不变　　B. 零点下降，量程不变

C. 零点不变，量程增大　　D. 零点和量程都不变

多选题

1. 理想气体状态方程在化学计算中占有重要地位，其数学表达式正确的是(A，B)。

A. $\frac{P_1V_1}{T_1}=\frac{P_2V_2}{T_2}\cdots\cdots$　　B. $PV=nRT$

C. $\frac{P_1T_1}{V_1}=\frac{P_2T_2}{V_2}\cdots\cdots$　　D. $nV=PRT$

2. 对于某饱和溶液，其质量百分比浓度及溶解度的表达式正确的是(A，B，C)。

A. 饱和溶液的质量百分比浓度$=\frac{溶解度}{100+溶解度}\times100\%$

B. 饱和溶液的质量百分比浓度$=\frac{饱和溶液中溶质质量}{饱和溶液的质量}\times100\%$

C. $\frac{溶解度}{100+溶解度}=\frac{饱和溶液中溶质质量}{饱和溶液的质量}$

D. 饱和溶液的质量百分比浓度=溶解度

3. 关于可逆反应说法正确的是(A，C，D)。

A. 在同一条件下，既能向正反应方向进行，同时又能向逆反应方向进行的反应，叫可逆反应

B. 所有的反应都是可逆的

C. 有气体参加的反应或有气体生成的反应，一定要在密闭体系的条件下才能是可逆反应

D. 可逆反应中正反应和逆反应是相对的

4. 摩尔浓度为 1mol/L 的硫酸钠溶液的含义是(C，D)。

A. 溶液中含有 1mol 的硫酸钠

B. 1mol 硫酸钠溶于 1L 水中

C. 1L 溶液中含有硫酸钠 142g

D. 将 322g 硫酸钠结晶水合物($Na_2SO_4 \cdot 10H_2O$)完全溶于水后加水稀释至 1L

5. 下面关于化学平衡常数说法正确的是(A，B，C)。

A. 平衡常数表示可逆反应的进行程度

B. 平衡常数的值越大说明正反应进行的程度大

C. 平衡常数只随温度变化而变化

D. 反应物或生成物浓度的改变对平衡常数有影响

6. 某一多相反应的化学反应速度的大小与下面因素有关的是(A，B，C，D)。

A. 该反应的本性　　B. 反应温度及浓度

C. 催化剂　　D. 相与相间的接触面积以及扩散速度

7. 在石油炼制工程中，获取石油馏分的临界温度不常用的方法是(A，D)。

A. 经实验测定石油馏分后获取

B. 借助石油馏分的其他物性用经验关联式求取

C. 借助石油馏分的有关图表求取

D. 借助相似油品的有关数据处理后获取

8. 下面有关临界压力的说法正确的是(A，C)。

A. 每种纯气体物质都有相应的临界压力

B. 氦气是没有临界压力的气体

C. 纯气体在临界状态时的压力称其为该气体的临界压力

D. 临界压力是气体可被液化的最低压力

9. 在一定温度下，可逆反应 $A(g)+3B(g) \rightleftharpoons 2C(g)$ 达到平衡的标志是(A，C)。

A. C 的生成速率与 C 的分解速度相等

B. 单位时间内生成 n mol A 同时生成 $3n$ mol B

C. A、B、C 浓度不再发生变化

D. A、B、C 的物质的量之比为 1：3：2

10. 工业上常用制取乙炔的方法是(A，B)。

A. 以煤炭为原料的电石法　　B. 以天然气为原料的部分氧化法

C. 乙烯脱氢法　　D. 乙烷脱氢法

11. 在石油中，一部分微量金属是以无机的水溶性盐类形式存在的，下列正确的

是(B，C)。

A. 镍的卟啉络合物　　B. 钾的氯化物

C. 钠的氯化物　　D. 钒的卟啉络合物

12. 石油及其馏分中的弱碱性和非碱性含氮化合物主要有(B，D)。

A. 吡啶系　　B. 吡咯系　　C. 喹啉系　　D. 吲哚系

13. 在石油含氧化合物中，(A，C，D)含量通常不超过含氧化合物总量的10%。

A. 脂肪酸　　B. 环烷酸　　C. 酚类　　D. 中性含氧化合物

14. 油品的黏度增大，其(A，C)。

A. 相对密度增大　　B. 平均沸点小

C. 特性因数 K 值变大　　D. 相对分子质量变大

15. 与物质的质量热容大小有关的有(B，C，D)。

A. 物质的量　　B. 温度高低　　C. 压力高低　　D. 体积变化

16. 不可压缩流体在管内流动，下列说法正确的是(A，C，D)。

A. 输入量等于输出量　　B. 任两个截面的流速相等

C. 任两个截面的质量流量相等　　D. 任两个截面的体积流量相等

17. 热负荷与下列(A，B，D)有关。

A. 流体的流量　　B. 流体的平均比热容

C. 流体的流速　　D. 流体传热前后的温差

18. 对于精馏塔的物料衡算(原料液流量 F、塔顶产品流量 D、塔底产品流量 W、组分摩尔分数 x)，下列式子正确的是(C，D)。

A. $F>D+W$　　B. $Fx_F<Dx_D+Wx_W$

C. $F=D+W$　　D. $Fx_F=Dx_D+Wx_W$

19. 下列关于理论板正确的说法是(A，B，C，D)。

A. 理论板并不存在　　B. 理论板的液相组成均匀

C. 理论板上液相温度相等　　D. 可根据理论板数确定实际板层数

20. 对于冷液进料(提馏段下降液体流量 L' 与精馏段回流液流量 L、原料液流量 F、精馏段的蒸汽流量 V 与提馏段蒸汽流量 V')，下列关系正确的是(B，C)。

A. $L'=L$　　B. $V'>V$　　C. $L'>L+F$　　D. $L'<L+F$

21. 关于液泛，下列说法正确的是(A，B)。

A. 对一定的液体流量，气速过大，容易产生液泛

B. 液体流量过大时，降液管截面不足以使液体通过，容易产生液泛

C. 板间距小，可提高液泛速度

D. 板面气流分布不均匀，容易产生液泛

22. 下列因素中可导致雾沫夹带量大的是(B，D)。

A. 空塔气速低　　B. 空塔气速高　　C. 塔板间距大　　D. 塔板间距小

23. 精馏操作过程，必须具备的条件有(A，B，C，D)。

A. 混合液各组分相对挥发度不同

B. 气液两相接触时必须存在浓度差和温度差

C. 塔内有气相回流和液相回流

D. 具有气液两相充分接触的场所

24. 影响精馏操作的因素有(A，B，C，D)。

A. 进料量　B. 回流比大小　C. 进料组成　D. 进料热状况

25. 传质的基本方式是(C，D)。

A. 热传质　B. 涡流扩散　C. 对流传质　D. 扩散传质

26. 雷诺数与下列参数有关的有(A，B，C，D)。

A. 管径　B. 流体密度　C. 流体黏度　D. 流速

27. 下列流体在直管内流动，其雷诺数如下，属于层流的是(A，B)。

A. $Re=1500$　B. $Re=2000$　C. $Re=2500$　D. $Re=3000$

28. 下列计量器具中，属于 A 级计量器具范围的有(A，B，C)。

A. 企业用于量值传递的最高标准计量器具

B. 用于贸易结算、安全防护、环境监测、医疗卫生方面，属于强制管理的计量器具

C. 经政府计量行政部门认证授权的社会公用计量标准器具

D. 有效期管理的标准物质

29. 下列计量器具中，属于 B 级计量器具范围的有(A，B，C)。

A. 用于企业内部经济核算的能源、物料计量器具

B. 用于产品质量检验其检验规范中所指定的计量器具

C. 用于生产过程中带控制回路的计量器具

D. 企业用于量值传递的最高标准计量器具

30. 下列计量器具中，属于 C 级计量器具范围的有(A，B，C)。

A. 生产过程中非关键部位用于监测的计量器具

B. 与设备配套不能拆卸的指示仪表，盘装表等计量器具

C. 对计量数据无准确度要求的指示用计量器具

D. 用于企业内部经济核算的能源、物料计量器具

31. 蜗壳离心泵径向合力的平衡方法是(A，B，D)。

A. 导叶加蜗室结构　B. 双层蜗壳结构

C. 设置止推轴承　D. 双蜗室结构

32. 离心泵叶轮与壳体的耐磨环的作用是(B，C，D)。

A. 平衡转子轴向力　B. 节流、密封

C. 提高叶轮效率　D. 减小高压液体损失

33. 单弹簧式机械密封在高速下使用弹簧容易变形，故适用于小轴径的机械密封。而多弹簧式机械密封在高速下使用弹簧不容易变形，适用于(A，D)的机械密封。

A. 大轴径　B. 低速　C. 小轴径　D. 高速

34. 高温离心泵的机械密封采用自泵出口引回液体冲洗形式时，泵出口引回液体要(A，C，D)后，才能输入到机械密封进行冲洗。

A. 过滤　B. 保温　C. 减压　D. 冷却

35. 离心泵输送干净的高温介质时，其机械密封一般选择(C，D)冷却冲洗形式。

A. 利用本身介质作自我　B. 外输送常温液体

C. 自泵出口引入冷后液体　D. 自泵高压端引入冷后液体

36. 作为主要用于传质过程的塔设备，无论其操作条件如何不同，但总的要求是（A，B，C，D）。

A. 气液两相在塔内能充分接触，以获得较高的传质效率

B. 处理量高，操作稳定，弹性大

C. 塔盘的压力降小，不易堵塞

D. 结构简单，节省材料，制造和安装容易，使用方便，易于操作、调节和检修

37. 填料塔常用的颗粒型填料可分为（A，B，C，D）。

A. 环形填料　B. 鞍形填料　C. 鞍环填料　D. 其他填料

38. 环形填料有（A，B，C，D）等。

A. 拉西环　B. 鲍尔环　C. 改进鲍尔环　D. 阶梯环

39. 浮头式换热器的结构复杂，主要零部件有（A，B，C，D）等。

A. 防冲板　B. 挡板　C. 浮头管板　D. 钩圈

40. 管式加热炉按结构可分为（A，B，C，D）。

A. 箱式炉　B. 立式炉　C. 圆筒炉　D. 无焰炉

41. 闸阀的主要特点有（A，B，C，D）。

A. 流体阻力小　B. 启闭力矩小　C. 密封性能好　D. 结构复杂

42. 新购入的润滑油品必须做到（A，B，C）。

A. 有合格证明　B. 有油品名称，牌号标记

C. 油桶密封完好　D. 不能使用废弃旧油桶盛装润滑油

43. 透平压缩机在用润滑油进行定期抽检的主要项目有（A，B，C）。

A. 黏度、闪点　B. 水分、杂质

C. 抗乳化性　D. 灰分、残炭

44. 在高温条件下，设备发生硫化氢腐蚀的类型是（A，B，C）。

A. 硫腐蚀　B. 氢腐蚀　C. 硫化氢腐蚀　D. 二氧化硫

45. 根据压力容器的压力高低、介质的危害程度及在生产过程中的重要作用，将容器分为（A，B，C）。

A. 一类容器　B. 二类容器　C. 三类容器　D. 四类容器

46. 在《在用工业管道定期检验规程》适用范围内的工业管道的级别分为（A，B，C）。

A. GC1 级　B. GC2 级　C. GC3 级　D. GC4 级

47. 合理设计泵前系统和安装位置来提高离心泵抗气蚀的措施有（A，C，D）。

A. 增大泵前压力　B. 减小泵前管路的流动损失

C. 增大吸上装置的安装高度　D. 增大地面上储罐安装高度

48. 下列电气元件通常可以装在防爆操作柱上的是（C，D）。

A. 热继电器　B. 接触器　C. 按钮或扳把开关　D. 电流表

49. 关于正弦交流电，下列说法中正确的是（B，C，D）。

A. 如果正弦电流的最大值为 5A，那么它的最小值为 -5A

B. 用交流电流表或电压表测量正弦电流的电流和电压时，指针来回摆动

C. 我国正弦交流电频率为 50Hz，故电流变化的周期为 0.02s

D. 正弦交变电流的有效值为 220V，它的最大值是 311V

50. 已知 R_1 和 R_2 两电阻组成并联电路，其总电阻计算公式为(C，D)。

A. $R=\dfrac{R_1}{R_1+R_2}$　　B. $R=\dfrac{R_1+R_2}{R_2}$　　C. $\dfrac{1}{R}=\dfrac{1}{R_1}+\dfrac{1}{R_2}$　　D. $R=\dfrac{R_1\cdot R_2}{R_1+R_2}$

51. 已知 R_1 和 R_2 组成串联电路，并接入 220V 电源，下列公式可以正确计算 U_1 和 U_2 的是(C，D)。

A. $U_1=(R_1+R_2)\cdot 220$　　B. $U_2=\dfrac{R_1\cdot R_2}{R_1+R_2}\cdot 220$

C. $U_1=\dfrac{220R_1}{R_1+R_2}$　　D. $U_2=\dfrac{220R_2}{R_1+R_2}$

52. 通常可以用来判定电动机正常运行的是(A，B，D)。

A. 电机的声音和振动　　B. 电机各部位的温度

C. 电机的转向　　D. 电机电流表的指示

53. 关于设备接地线的说法，正确的是(A，C，D)。

A. 油罐的接地线主要用于防雷防静电保护

B. 电机的接地线主要用于防过电压保护

C. 管线的接地线主要用于防静电保护

D. 独立避雷针的接地线主要用于接闪器和接地体之间的连接

54. 关于静电产生的原因，以下说法正确的是(B，C)。

A. 直流发电机产生　　B. 摩擦产生

C. 感应产生　　D. 化学反应

55. 下列选项中，通常列入电机铭牌的有(A，B，C)。

A. 电机额定转速　　B. 电机额定电流

C. 电机噪音分贝数功率　　D. 电机效率

56. 某调节系统采用比例积分作用调节器，某人用先比例后加积分的试凑法来整定调节器的参数，若比例带的数值已基本合适，在加入积分作用的过程中，则(A，C)。

A. 适当减小比例带　　B. 适当增加比例带

C. 适当增加后再减小比例　　D. 无需改变比例带

57. 分程调节系统调节器的型式主要是依据(A，B，C)而定。

A. 工艺要求　　B. 对象特性　　C. 干扰性质　　D. 安全要求

58. 关于联锁的概念，下列说法正确的是(A，B，C，D)。

A. 电磁阀一般使用的是长期带电的电磁阀

B. 故障检测元件的接点一般采用常闭型，工艺正常时接点闭合，越限时断开

C. 不是所有的工艺参数越限都会引发联锁的动作

D. 重要设备的联锁应采用“三取二检测系统”

59. 气动调节阀的手轮机构的用途有(B，C，D)。

A. 改变阀门的正反作用

B. 限定阀门开度

C. 有时可以省去调节阀的副线，如大口径及贵金属管路中

D. 开停车或事故状态下可以用手轮机构进行手动操作

60. 为了使热磁式氧分析的测量准确，要求(A，B，C)。

A. 测量室有恒温控制　　B. 加热丝的电源稳定

C. 气体流量和压力恒定　　D. 氧含量变化不大

61. 测量蒸汽压力或压差时，应装(C，D)。

A. 过滤器　　B. 伴热管线　　C. 冷凝管　　D. 冷凝器

62. 属于差压式测量的有(A，B)。

A. 文丘里管　　B. 孔板　　C. 椭圆流量计　　D. 转子流量计

工种理论知识试题

判断题

1. 临氢管线是指管线内介质温度大于300℃，含有硫化氢的管线。　(×)

正确答案：临氢管线是指管线内介质温度大于250℃，含有氢气的管线。

2. 加氢新建装置进行水冲洗时，机泵、设备的进口法兰要用盲板进行隔断。　(×)

正确答案：加氢新建装置进行水冲洗时，机泵、设备的进口法兰要拆开并做好遮挡。

3. 永久性中毒是指催化剂活性丧失后经过某些措施可重新恢复的中毒。　(×)

正确答案：暂时性中毒是指催化剂活性丧失后经过某些措施可重新恢复的中毒。

4. 开工前分馏系统提前垫油可以节约开工时间。　(√)

5. 反应器注入急冷氢后，使反应器接近“常温”操作，可以均衡催化剂寿命。　(×)

正确答案：反应器注入急冷氢后，使反应器接近“等温”操作，可以均衡催化剂寿命。

6. 新投用的加热炉烘炉的目的是除去耐火材料内的水分，使其烧结，以免使用时损坏加热炉。　(√)

7. 装置开工前，对正常运行时物料与空气不能接触的系统，必须要用净化风置换。　(×)

正确答案：装置开工前，对正常运行时物料与空气不能接触的系统，必须要用氮气置换。

8. 加氢装置在硫化过程中，循环氢中未检测出硫化氢之前，反应器任一点的温度不得超过230℃的目的是防止DMDS(二甲基二硫)分解。　(×)

正确答案：加氢装置在硫化过程中，循环氢中未检测出硫化氢之前，反应器任一点的温度不得超过230℃的目的是防止催化剂活性金属被还原。

9. 在分馏系统各塔进油建立液位过程中，经过一段时间以后，如果液位还没有指示出来，正确的做法是应耐心等待。　(×)

正确答案：在分馏系统各塔进油建立液位过程中，经过一段时间以后，如果液位还没有指示出来，正确的做法是应进行现场检查。

10. 加氢精制催化剂只能采用湿式硫化方式。　(×)

正确答案：加氢精制催化剂既能采用湿式硫化方式，也可采用干式硫化方式。

11. 分馏系统操作过程中要掌握好物料平衡、热量平衡和温度平衡。　(×)

正确答案：分馏系统操作过程中要掌握好物料平衡、热量平衡和气液平衡。

12. 控制阀改副线操作中控制阀要一直打在自动位置。　(×)

正确答案：控制阀改副线操作中控制阀首先要自动改手动后，才能进行下步操作。

13. 串级调节系统有主、副、从三个调节器。　(×)

正确答案：串级调节系统有主、副两个调节器。

14. 点火嘴时先点主火嘴，后点长明灯。 (×)

正确答案：点火嘴时先点长明灯，后点主火嘴。

15. 对不同的原料和不同加工方案，分馏塔进料温度控制是不同的。 (√)

16. 加氢装置催化剂硫化时床层中存在“干区”有利于提高硫化催化剂的活性。 (×)

正确答案：加氢装置催化剂硫化时床层中存在“干区”将降低催化剂的硫化效果。

17. 溶剂发泡会降低装置处理量，增加溶剂损失和提高气体净化度。 (×)

正确答案：溶剂发泡会降低装置处理量，增加溶剂损失和降低气体净化度。

18. 阻火器按作用原理可分为干式阻火器和安全水封式两种。 (√)

19. 汽提塔底吹入蒸汽的作用是为了提高油气分压，避免过多轻组分流失。 (×)

正确答案：汽提塔底吹入蒸汽的作用是为了降低油气分压，使轻组分容易分离。

20. 加氢装置高压分离器主要起气液及油水分离作用，防止生成油窜入循环氢压缩机造成严重液击事故。 (√)

21. 加氢装置反应流出物在高压分离器内进行二相分离。 (×)

正确答案：加氢装置反应流出物在高压分离器内进行气液水三相分离。

22. 提高加氢反应深度可通过提高空速来实现。 (×)

正确答案：提高加氢反应深度可通过降低空速来实现。

23. 加热炉热效率愈高，说明燃料的利用率高，燃料消耗就低。 (√)

24. 喷气燃料烟点的数值越大说明燃料的生炭倾向越大。 (×)

正确答案：喷气燃料烟点的数值越大说明燃料的生炭倾向越小。

25. 加热炉火焰发红、发飘是由于风门与烟道挡板开度过大造成的。 (×)

正确答案：加热炉火焰发红、发飘是由于风门与烟道挡板开度过小造成的。

26. 烟气氧含量越低(在 CO 含量小于 300ppm 的前提下)，过剩空气系数越小，加热炉效率越高。 (√)

27. 富液中常有铁锈等杂质，经过滤后杂质不会继续在系统内循环，可以提高胺液的纯度。 (√)

28. 在相同的传热量和平均温差下，总传热系数越大，则所需的传热面积相应越大。 (×)

正确答案：在相同的传热量和平均温差下，总传热系数越大，则所需的传热面积越小。

29. 重沸器不必预热，可直接投用。 (×)

正确答案：投用重沸器时，必须对管线及重沸器预热，凝水排放，才能投用。

30. 分馏塔操作中，操作压力高对分馏有利。 (×)

正确答案：分馏塔操作中，操作压力高对分馏不利。

31. 加氢原料中烯烃含量和硫含量的提高将导致床层温度的上升。 (√)

32. 在对塔的操作中，如果减少回流量，会使塔的压力有所下降。 (×)

正确答案：在对塔的操作中，如果减少回流量，会使塔的压力有所上升。

33. 原料带水易造成分馏塔顶压力下降。 (×)

正确答案：原料带水易造成分馏塔顶压力上升。

34. 胺液吸收 H_2S 为化学吸收。 (√)

35. 加氢装置在高压空冷上游注水，容易在高压空冷内部形成水溶液状态，减缓腐蚀速率。 (×)

正确答案：加氢装置在高压空冷上游注水，容易在高压空冷内部形成水溶液状态，加速管线腐蚀。

36. 水温越高对铵盐的溶解度越大，所以注水温度越高越好。 (×)

正确答案：水温越高对铵盐的溶解度越小，所以注水温度较低为好。

37. 变频器原理是利用改变交流电的频率来调整电机的转速，最终达到调节介质流量的目的。 (√)

38. 分馏塔的操作压力低和进料组分变重都可能使塔顶汽油干点超高。 (×)

正确答案：分馏塔的操作压力低和进料组分变轻都可能使塔顶汽油干点超高。

39. 阀杆的行程与阀门定位器的输出信号大小成正比。 (√)

40. 控制炉管表面温度是为了控制炉出口温度。 (×)

正确答案：控制炉管表面温度是为了延长炉管的寿命。

41. 由于临氢系统易泄漏，且不易发觉，因此要定期对临氢系统进行检查，方法是进行逐一气密。 (×)

正确答案：由于临氢系统易泄漏，且不易发觉，因此要定期对临氢系统进行检查，方法是在夜间关闭照明灯进行逐段检查。

42. 塔顶回流的作用分别是提供塔板上的液相回流和取走塔内的多余热量。 (√)

43. 催化剂活性高低影响精制柴油的腐蚀性能。 (√)

44. 装置进行吹扫时，冷换设备及泵一律参加吹扫，有副线的走副线，没有副线的要拆入口法兰。 (×)

正确答案：装置进行吹扫时，泵一般不参加吹扫，有副线的走副线，没有副线的要拆入口法兰。

45. 停工吹扫低压瓦斯管线时，要用大量蒸汽扫入低压瓦斯放火炬线。 (×)

正确答案：停工吹扫低压瓦斯管线时，不能用大量蒸汽扫入低压瓦斯放火炬线。因为系统低压瓦斯放火炬线材质属低压螺纹铜管不耐压。$10kg/cm^2$ 蒸汽吹扫温度可达 180℃左右，而系统低压瓦斯放火炬线设计时，并未考虑热补偿，无热补偿胀力弯，无法吸收热膨胀应力，严重时会导致管线和管架损坏事故。

46. 停工时高温油品管线可用风吹扫。 (×)

正确答案：停工时高温油品管线不可用风吹扫，防止着火。

47. 加氢装置热氢带油结束后，立即停循环氢压缩机。 (×)

正确答案：加氢装置热氢带油结束，当反应器床层温度降到规定温度后再停循环氢压缩机。

48. 在加氢装置停车过程中，分馏系统压力随着退料而压力降低，当低于操作压力后，可引入氮气充压。 (√)

49. 加氢装置未再生的催化剂(或无法再生的催化剂)在卸出反应器以后不会释放出所吸附的氢气和烃类。 (×)

正确答案：加氢装置未再生的催化剂(或无法再生的催化剂)在卸出反应器以后会释放出所吸附的氢气和烃类。

50. 在加氢装置停车时，循环氢应在最大流量下保持循环，以确保将反应器内的油吹扫干净。 (√)

51. 对输送、储存易燃易爆物质的设备、管线进行检修时，应将有关系统进行处理，用惰性气体进行吹扫置换。 (√)

52. 加氢装置停工时装置进行轻质馏分油置换可以避免低温下重质原料油中结焦前驱物大量沉积在催化剂表面，否则重新开工时容易使催化剂结焦失活。 (√)

53. 进罐入塔前，容器的安全分析委托单的内容可不包括氧含量。 (×)

正确答案：进罐入塔前，容器的安全分析委托单的内容必须包括氧含量。

54. 进罐入塔作业前，设备内有毒有害物质的浓度可以略高于空气中有毒有害物质的最高允许浓度。 (×)

正确答案：进罐入塔作业前，设备内有毒有害物质的浓度不可以高于空气中有毒有害物质的最高允许浓度。

55. 降低烟气出炉温度，可以提高加热炉的热效率。 (√)

56. 换热器管束的排列方式有三角形排列和正方形排列等方式。 (√)

57. 加氢装置汽提塔只有精馏段而没有提馏段。 (×)

正确答案：加氢装置汽提塔只有提馏段而没有精馏段。

58. 蒸馏塔按塔盘型式分主要有：填料塔，浮阀塔，筛板塔。 (√)

59. 沉筒式液位计属于直读式液位计。 (×)

正确答案：沉筒式液位计不属于直读式液位计。

60. 齿轮泵属于叶片式泵。 (×)

正确答案：齿轮泵属于容积式泵。

61. 往复泵的扬程大小与其流量大小无关。 (√)

62. 转动设备的主轴处于第一临界转速之下工作时称为柔性轴。 (×)

正确答案：转动设备的主轴处于第一临界转速之下工作时称为刚性轴。

63. 在往复机排气膨胀过程中，汽缸压力低于入口压力，低于出口压力，入口阀打开。 (×)

正确答案：在往复机排气膨胀过程中，汽缸压力高于入口压力，低于出口压力，入口阀关闭。

64. 往复机余隙容积增大时，汽缸容积系数减小，汽缸的吸气量上升。 (×)

正确答案：往复机余隙容积增大时，汽缸容积系数减小，汽缸的吸气量下降。

65. 压缩机润滑油泵切换时要先停运行泵，再启动辅助油泵。 (×)

正确答案：压缩机润滑油泵切换时要先启动辅助泵，再停原运行泵。

66. 压缩机轴密封采用的一般是迷宫密封。 (√)

67. 循环氢压缩机密封油的作用是对轴封的摩擦副表面进行密封、润滑和冷却。 (√)

68. 填料密封使用寿命短，适用于低温低压，腐蚀性介质的密封。 (×)

正确答案：填料密封使用寿命短，适用于低温低压，无腐蚀性介质的密封。

69. 迷宫式密封的工作原理是阻塞和节流。 (√)

70. 汽缸余隙过大，使上、下死点压比过大，残留在缸内高压气体较多也易使汽缸发热。 (×)

正确答案：汽缸余隙过小，使上、下死点压比过大，残留在缸内高压气体较多也易使汽缸发热。

71. 汽轮机启动时必须要有一定的时间进行低速暖机。(√)

72. 惰走曲线是压缩机降转速开始至转子静止前转速与降转速后运转时间的关系曲线。(×)

正确答案：惰走曲线是指汽轮机转子在切断进汽后，转子因惯性作用持续一定时间的低速回转直至静止，静止前低速回转转速和停机后运转时间的关系曲线。

73. PG-PL 汽轮机调节器的微调按钮与风压调节可以同时使用。(×)

正确答案：PG-PL 汽轮机调节器的微调按钮与风压调节不可以同时使用。

74. 润滑油过滤器在使用前应检查双联三通的切换装置是否良好。(√)

75. 在对备用过滤器进行充液时，不必打开过滤器放空阀。(×)

正确答案：在对备用过滤器进行充液时，打开过滤器放空阀。

76. 加氢反应器有热壁式、冷壁式和轴向式三种形式。(×)

正确答案：加氢反应器有热壁式、冷壁式两种形式。

77. 加氢装置热壁反应器有内隔热层，其筒壁温度与内部反应温度相差不大。(×)

正确答案：加氢装置热壁反应器没有内隔热层，其筒壁温度与内部反应温度相差不大。

78. 为减少积灰结垢，在加热炉中设置吹灰器，在运行中定期除灰，以提高热效率。(√)

79. 使用油气混烧的加热炉，不需要使用吹灰器对炉膛进行定期吹扫。(×)

正确答案：使用油气混烧的加热炉，需要使用吹灰器对炉膛进行定期吹扫。

80. 若发现运转中的风机发生剧烈的振动和有撞击的现象时应作紧急停机处理。(√)

81. 空冷器百叶窗是为了整体美观。(×)

正确答案：空冷器百叶窗是为了控制介质冷后温度。

82. 油气冷凝器一般来说，管程介质是油气，壳程介质是水。(×)

正确答案：油气冷凝器一般来说，管程介质是水，壳程介质是油气。

83. 压力容器的安全装置不仅能在超压情况下开启泄压，还能起到报警作用。(√)

84. 转子流量计适于较洁净的流体、大流量的测量。(×)

正确答案：转子流量计适于较洁净的流体、小流量的测量。

85. 润滑油的黏度是润滑油的一项重要指标，润滑油的牌号是根据润滑油的运动黏度来划分的。(√)

86. 轴承缺陷和安装不当均可能导致离心泵轴承超温。(√)

87. 离心泵电机或泵的地脚螺丝松动或泵底板刚度不够，不会造成泵振动。(×)

正确答案：离心泵电机或泵的地脚螺丝松动或泵底板刚度不够，能造成泵振动。

88. 往复机工作时汽缸和填料函必须采用润滑油进行润滑。(×)

正确答案：往复机工作时汽缸和填料函不一定采用润滑油进行润滑。

89. 离心泵轴向推力过大，引起串轴时振动将增大。(√)

90. 汽缸排出气体的表压与吸入气体的表压之比，称为压缩比。(×)

正确答案：汽缸排出气体的绝压与吸入气体的绝压之比，称为压缩比。

91. 活塞式压缩机采用多级压缩能降低排气温度。(√)

92. 往复式压缩机汽缸体冷却水进出口温差应控制在规定指标以内。(√)

93. 润滑油进入轴承后，由于附着力的作用，油随轴作旋转运动，在轴承中形成

油膜。 (√)

94. 离心压缩机出口压力大幅波动是出现喘振的主要现象。 (√)

95. 爆炸性混合物的始温越高，爆炸极限的范围越大，即下限降低，上限升高。 (√)

96. 在有油润滑的压缩机中，排气温度高低对压缩机无影响。 (×)

正确答案： 在有油润滑的压缩机中，排气温度高会使润滑性能恶化，甚至会引起着火、爆炸。

97. 加氢装置高分液位及温度控制过低容易造成高分压力窜至低分。 (×)

正确答案： 加氢装置高分液位控制过低容易造成高分压力窜至低分。

98. 加氢装置氢气纯度高和压缩机叶轮流道堵塞均可能导致循环氢压缩机入口流量不足。 (√)

99. 防爆门的作用是通过快速泄压来保护加热炉。 (√)

100. 进料或回流带水、处理量太大以及进料太重都极易发生冲塔现象。 (×)

正确答案： 进料或回流带水、处理量太大以及进料太轻都极易发生冲塔现象。

101. 当加氢装置外来新氢中断后，会导致加氢反应器入口温度下降。 (×)

正确答案： 当加氢装置外来氢气中断后，在手动操作状态，会导致加氢反应器入口温度上升。

102. 加氢装置反应系统压力波动，不会造成原料油进料流量波动。 (×)

正确答案： 加氢装置反应系统压力波动，会造成原料油进料流量波动。

103. 换热器内部管束泄漏一般采用气密试验方法进行检查。 (×)

正确答案： 换热器内部管束泄漏一般采用水压试验方法进行检查。

104. 当加氢装置循环氢压缩机发生喘振时，应立即减小入口流量。 (×)

正确答案： 当加氢装置循环氢压缩机发生喘振时，应立即增大入口流量。

105. 加氢装置含硫污水油含量超标直接影响装置产品质量。 (×)

正确答案： 加氢装置含硫污水油含量超标不影响装置产品质量，但冲击下游环保装置。

106. 控制阀出现故障需要修理时，应先关闭其上下游截止阀，然后打开副线阀。 (×)

正确答案： 控制阀出现故障需要修理时，应先打开副线阀，然后关闭其上下游截止阀。

107. 将预热器管子竖放比横放能提高空气预热器换热面的壁温，对减少低温腐蚀有利。 (×)

正确答案： 将预热器管子横放比竖放能提高空气预热器换热面的壁温，对减少低温腐蚀有利。

108. 加氢装置切换注水泵作业必须二人以上操作，以防止反应系统高压气相倒窜。 (√)

109. 加热炉炉管发生破裂时，炉膛温度上升，炉出口温度下降。 (×)

正确答案： 加热炉发生炉管破裂时，炉膛和炉出口温度上升。

110. 在绘制工艺流程图时，控制阀符号大小最好保持一致，使流程图整洁美观。 (√)

111. 绘制工艺流程图时，表示工艺管线的细条必须横平竖直。 (√)

112. 绘制工艺流程图时，为了区分主要的工艺管线和辅助管线，可以将主要工艺管线用粗线条表示，而辅助管线用细线条表示。 (×)

正确答案： 绘制工艺流程图时线条粗细须一致。

113. 绘制工艺流程图时，关键设备的位号可以用黑体字标注或用大号字体标注。 (×)

正确答案：绘制工艺流程图时，所有的设备位号标注字体应大小一致。

114. 将实沸点蒸馏的馏出温度平均值称为油品的体积平均沸点。（×）

正确答案：将恩氏蒸馏的馏出温度平均值称为油品的体积平均沸点。

单选题

1. 原料油管线吹扫介质一般选择使用(C)。

A. 氮气　B. 净化风　C. 水蒸气　D. 非净化风

2. 装置停工检修期间，吹扫设备的污水应排向(B)系统。

A. 假定净水系统　B. 含油污水系统

C. 含硫污水系统　D. 产品线

3. 加热炉点火时，炉膛应该保持(C)。

A. 正压　B. 常压　C. 微小负压　D. 无所谓

4. 下列不属于加热炉点火前准备工作的是(D)。

A. 确认加热炉设备本体及附件齐全完好　B. 检查炉膛吹扫蒸汽是否畅通

C. 检查点火设施是否齐全　D. 点加热炉火嘴

5. 循环冷却水一般先经过界区(C)，再进装置各设备。

A. 减压阀　B. 缓冲罐　C. 流量计　D. 冷却器

6. 加氢精制装置净化风的系统压力一般应控制在不小于(B)MPa。

A. 0.20　B. 0.40　C. 0.50　D. 0.60

7. 加氢处理催化剂中的活性金属组分一般为(D)的金属。

A. ⅤA族和Ⅷ族　B. ⅤA族和Ⅶ族

C. ⅥA族和Ⅶ族　D. ⅥB族和Ⅷ族

8. 催化加氢过程辅助催化剂主要包括(D)。

A. 加氢保护剂和 Al_2O_3 载体　B. 活性支撑剂和 Al_2O_3 载体

C. 加氢保护剂　D. 加氢保护剂和活性支撑剂

9. 在施工动火管线上加设盲板要按制度执行，对于直径150~250mm的管线盲板厚度不小于(C)mm。

A. 1　B. 3　C. 5　D. 10

10. 盲板可以在(C)安装。

A. 生产过程中　B. 物料未排尽前

C. 物料排尽后　D. 物料排放期间

11. 下列关于拆装盲板作业的表述正确的是(D)。

A. 拆盲板时要快速拧开螺丝，排净内部残气

B. 作业过程中对作业人员进行安全教育

C. 盲板的厚度越厚越好

D. 盲板加在有物料来源的阀门后部法兰处

12. 当分馏塔操作压力小于0.5MPa时，一般气密压力采用操作压力的(C)倍。

A. 1.2　B. 1.25　C. 1.5　D. 1.75

13. 当分馏塔操作压力大于0.5MPa时，一般气密压力采用操作压力的(A)倍。

A. 1.15　B. 1.20　C. 1.25　D. 1.30

14. 新氢氢气系统氮气升压气密检查中，多级新氢压缩机各个级间压力控制阀的副线阀门应(B)。

A. 关闭　B. 打开　C. 脱开法兰　D. 先打开后关闭

15. 关于反应器的气密检查的重要性，下列说法错误的是(D)。

A. 因为大修期间反应器等头盖及各个法兰经过重新安装后可能出现泄漏

B. 通过气密及时发现泄漏，以消除隐患

C. 确保装置长周期运行

D. 防止高压窜低压

16. 加氢催化剂硫化过程中对产生的水需要进行(B)。

A. 脱除硫化氢后就地排放　B. 计量

C. 无需关注　D. 就地排放

17. 所谓的加氢催化剂湿法硫化就是将硫化剂注入到(B)。

A. 循环氢中　B. 硫化油中　C. 空冷注水中　D. 汽提塔中

18. 下列选项中，一般不是加氢装置设定的安全联锁系统有(D)。

A. 循环压缩机安全联锁　B. 反应加热炉停炉联锁

C. 反应进料泵停泵联锁　D. 原料油流量高联锁

19. 加氢装置临氢系统进行初始气密阶段(D)。

A. 气密、置换同步进行　B. 先气密，后置换，节省氮气

C. 先空气试压、再氮气置换　D. 先氮气置换合格，再气密

20. 加氢装置开工前系统氮气置换合格标准为连续二次采样分析氧含量应低于(B)。

A. 0.3%　B. 0.5%　C. 1.0%　D. 2.0%

21. 加氢装置氮气置换及气密时所用的氮气标准为(D)。

A. >98%　B. >99%　C. >99.5%　D. >99.9%

22. 新装置设备管线水压试验的目的是(B)。

A. 使操作工熟悉工艺流程号

B. 提前发现设备隐患，避免介质引进后发生恶性事故

C. 防止设备因杂质而堵塞　D. 检修设备温度承受能力

23. 下列关于调节系统过程品质指标说法错误的是(C)。

A. 余差越小越好　B. 最大偏差越小越好

C. 衰减比越小越好　D. 过渡时间越短越好

24. 对于采用密封油进行密封的循环氢压缩机，密封油系统联锁试验过程中，待密封油高位槽液位正常时，启动备泵，并将切换开关置(B)，当液位升至联锁值时，备泵应能自动停运。

A. 手动　B. 自动

C. 手动、自动都可以　D. 无法确定

25. 以下属于一级用火区域的是(A)。

A. 正在生产的工艺装置区

B. 全厂系统管网区

C. 停工检修并经认真吹扫处理化验分析合格的工艺生产装置

D. 法兰仓库

26. 以下不属于一级用火区域的是(C)。

A. 正在生产的工艺装置区

B. 易燃物品区

C. 停工检修并经认真吹扫处理化验分析合格的工艺生产装置

D. 有毒介质区

27. 为了控制加氢反应产生的大量热量，从而防止催化剂床层(C)，需要在各床层之间注入冷氢来控制反应器各床层的温度。

A. 短路　B. 沟流　C. 超温　D. 径向温度不均匀

28. 关于加氢催化剂采用密相装填运转带来的好处，下列说法中不正确的是(D)。

A. 可以提高处理量　B. 在同样的处理量下，空速下降

C. 降低催化剂初期运转温度　D. 在同样的处理量下，空速提高

29. 新氢中(A)含量高易导致催化剂床层超温。

A. 一氧化碳　B. 二氧化硫　C. 氯化氢　D. 甲烷

30. 炉膛温度一般是指加热炉的(C)。

A. 炉管温度　B. 炉墙温度　C. 辐射室顶部温度　D. 火焰温度

31. 烘炉初期炉管内通蒸汽目的是(A)。

A. 暖炉　B. 除去自然水　C. 除去结晶水　D. 进行烧结

32. 加氢反应系统的开工步骤大致顺序为(D)。

A. 开工前的准备工作、氮气置换、催化剂干燥、氮气气密、催化剂预硫化、切换原料油，调整操作

B. 开工前的准备工作、氮气气密、催化剂预硫化、氮气置换、催化剂干燥、切换原料油，调整操作

C. 开工前的准备工作、氮气气密、催化剂干燥、氮气置换、催化剂预硫化、切换原料油，调整操作

D. 开工前的准备工作、氮气置换、氮气气密、催化剂干燥、催化剂预硫化、切换原料油，调整操作

33. 加氢精制催化剂预硫化的目的是使催化剂(A)。

A. 抑制初活性　B. 增加活性　C. 脱水　D. 脱氧

34. 加氢装置在催化剂硫化过程中，在高温恒温硫化期间，硫化剂注入泵突然出现故障而停泵，此时首先应采取的措施是(C)。

A. 增大冷氢量降温　B. 增大硫化剂量降温

C. 降低反应进料加热炉的出口温度　D. 停止硫化

35. 加氢装置在催化剂硫化的某一阶段中，催化剂硫化速度的的主要参考指标是(B)。

A. 升温速度　B. 循环氢中硫化氢含量

C. 床层升温　D. 反应器出口水含量

36. 加氢催化剂在使用条件下，要求其金属组分以(C)形式存在。

A. 氧化态　B. 还原态　C. 硫化态　D. 酸性态

37. 开工进油过程中，仪表控制方式应设定为(B)。

A. 自动　　B. 手动　　C. 都可以　　D. 无法确定

38. 一般事故信号是，当任何一个控制参数超限时，信号装置就会立即亮灯，并发出声响报警，一旦参数恢复正常(C)。

A. 信号灯继续亮着，声响消失　　B. 信号灯熄灭，声响继续

C. 信号灯熄灭，声响也消失　　D. 信号灯亮着，声响继续

39. 加氢催化剂预硫化阶段应适当调整硫化剂注入量以使循环氢中 H_2S 含量控制在(B)以内。

A. 0.5%(体积分数)　　B. 1.0%(体积分数)

C. 0.5%(质量分数)　　D. 2.0%(质量分数)

40. 往复机投用前不需要进行的作业是(B)。

A. 启动润滑油系统　　B. 打上负荷手柄

C. 调整润滑油压　　D. 送电

41. 分馏系统开工步骤按顺序大致为(C)。

A. 升温、垫油、接反应生成油、出产品

B. 垫油、接反应生成油、升温、出产品

C. 垫油、建立循环、升温、反应与分馏流程贯通、出产品

D. 接反应生成油、升温、出产品

42. 下列关于仪表进行自动切换手动方法，正确的是(B)。

A. 直接将切换手柄由自动拨至手动，然后迅速全开阀门开度至 100%

B. 先将给定与测量值对齐，然后切换手柄由自动拨至手动

C. 关小阀门开度至 0，然后切换手柄由自动拨至手动

D. 开大阀门开度至 100%，然后切换手柄由自动拨至手动

43. 下列关于仪表进行手动切换自动方法，正确的是(B)。

A. 直接将切换手柄由手动拨至自动

B. 先将给定与测量值对齐，然后切换手柄由手动拨至自动

C. 关小阀门开度至 0，然后切换手柄由手动拨至自动

D. 开大阀门开度至 100%，然后切换手柄由手动拨至自动

44. 在流控阀改副线的过程中，流量突然增加，可能的原因是(D)。

A. 控制阀上游阀被提前关闭　　B. 控制阀下游阀被提前关闭

C. 控制阀副线没有打开　　D. 控制阀副线开得过快

45. 在控制阀改副线的过程中，下列说法中错误的一项是(D)。

A. 在操作完毕后应打开排凝阀将控制阀内的介质放尽

B. 先慢慢打开一点控制阀副线

C. 操作过程中要和内操密切联系

D. 控制阀上下游阀的关闭和副线的打开没有先后顺序，可以一次性开大或关闭

46. 串级调节系统中副调节器一般选用(B)调节器。

A. 积分　　B. 比例　　C. 比例积分　　D. 微分

47. 一般来说，检修后的冷油泵(A)合格后即可作备泵。

A. 经过试运转　　B. 经过盘车

C. 经过外观检查　　D. 经过工艺人员确认

48. 火嘴的类型分为(C)。

A. 油火嘴、气火嘴　　B. 气火嘴、油火嘴

C. 气火嘴、油火嘴、油气混合火嘴　　D. 以上都不是

49. 当塔的进料温度高于其泡点温度时，称其为(D)。

A. 冷液体进料　　B. 饱和液体进料

C. 饱和气相进料　　D. 过热蒸气进料

50. 一般来说，分馏塔减少回流比，所需的理论塔板数就(C)。

A. 减少　　B. 无关　　C. 增加　　D. 无法确定

51. 烟道气采样应使用(B)。

A. 钢瓶　　B. 球胆　　C. 玻璃瓶　　D. 塑料瓶

52. 下列选项中，一般不属于烟气分析的项目有(D)。

A. 氧含量　　B. 一氧化碳含量　　C. 二氧化碳含量　　D. 硫化氢含量

53. 下列关于加氢装置催化剂硫化时的预湿说法中，正确的是(C)。

A. 催化剂预湿温度一般选择 230℃左右　　B. 预湿阶段床层无温升

C. 预湿可以使催化剂获得充分的浸润　　D. 预湿阶段硫化剂已大量分解

54. 通常在加热炉不产生正压的前提下，负压越小越好，一般控制在(C)。

A. $-30 \sim -20mmH_2O$　　B. $-3 \sim -2Pa$

C. $-4 \sim -2mmH_2O$　　D. $-300 \sim -200Pa$

55. 加热炉回火的原因可能是(D)。

A. 抽力过大　　B. 进炉空气量过少

C. 瓦斯火嘴堵塞　　D. 燃烧速度超过了调节范围

56. 汽提塔汽提量增加，汽提塔塔底产品的初馏点将(A)。

A. 提高　　B. 降低　　C. 不变　　D. 无法确定

57. 设置工艺联锁的主要目的是(A)。

A. 在事故状态下保护设备避免事故的进一步扩大

B. 在事故状态下确保产品质量合格

C. 缩短事故处理时间

D. 在事故状态下，避免物料泄漏

58. 不是工艺联锁试验的目的是(D)。

A. 检验联锁逻辑回路的准确性　　B. 检验联锁参数的准确性

C. 检验联锁机构的灵活性与准确性　　D. 让操作人员得到感性认识

59. 加氢装置塔顶注入缓蚀剂的目的是(B)，保护管线、设备。

A. 中和作用　　B. 形成保护膜

C. 平稳塔的操作　　D. 使轻组分更易挥发

60. 阻垢剂的作用主要是为了阻止(C)结垢。

A. 反应器　　B. 空冷　　C. 高压换热器　　D. 加热炉

61. 加氢装置冷高分的工作温度一般控制在(A)℃范围内。

A. 40~50　　B. 50~60　　C. 60~70　　D. 70~80

62. 在四氢噻吩、噻吩、硫醇和二硫化物等四种含硫化合物中，加氢反应速率最大的是(C)。

A. 四氢噻吩　B. 噻吩　C. 硫醇　D. 二硫化物

63. 加氢催化剂可在化学反应中(A)。

A. 加快反应速度　B. 减缓反应速度

C. 使反应速度均匀　D. 无作用

64. 加氢助催化剂的作用为(C)。

A. 仅能改变催化剂活性和提高其稳定性

B. 仅对不希望发生的副反应有抑制作用

C. 能改变催化剂活性和提高其稳定性、同时对不希望发生的副反应有抑制作用

D. 无法确定

65. 一般用(B)来衡量催化剂的使用性能。

A. 比表面积、孔径、孔容　B. 活性、选择性、稳定性

C. 密度、寿命、比表面　D. 活性、孔径、密度

66. 选择催化剂载体时，下列选项中可不考虑的因素是(D)。

A. 机械强度　B. 导热性能　C. 比表面积　D. 外观

67. 下列选项中，不是3#喷气燃料质量指标的是(D)。

A. 烟点　B. 银片腐蚀　C. 冰点　D. 凝点

68. 造成加热炉炉管氧化剥皮原因通常是(A)。

A. 由于加热炉过剩空气系数过高　B. 由于加热炉过剩空气系数过低

C. 与加热炉过剩空气系数无关　D. 由于加热炉燃烧不充分

69. 调节器参数整定除可用临界比例度法和衰减曲线外，还可用(B)。

A. 估算法　B. 经验凑试法　C. 比较法　D. 无法确定

70. 在仪表调节器各参数中，积分的作用是消除(A)。

A. 余差　B. 超前　C. 滞后　D. 无法确定

71. 对于加氢装置炉后混氢流程的反应加热炉，在装置开工时若加热炉管壁温度升高很快，而出口温度变化却不大，则说明(A)。

A. 炉管中可能有油　B. 炉管材质缺陷

C. 进炉流量偏小　D. 烟道挡板开度偏小

72. 加氢装置中当循环氢中硫化氢含量达到(C)以上时，应考虑增设循环氢脱硫设施。

A. 0.5%　B. 1.0%　C. 2.0%　D. 3.5%

73. 关于加氢装置增设循环氢脱硫设施，下列说法中错误的是(B)。

A. 可以避免和减轻设备受到腐蚀的影响

B. 有利于职业病的防治工作

C. 有利于提高加氢反应效果

D. 有利于确保循环氢的纯度，提高经济效益

74. 加氢装置注水中断后，由于系统中(B)积聚，会造成反应系统压降上升。

A. H_2S　B. 铵盐　C. $(CH_4)_2S$　D. 杂质

75. 加氢装置反应系统在(C)部位注水。

A. 原料缓冲罐　　B. 反应器出口
C. 高压空冷前　　D. 反应加热炉前

76. 加氢装置高压空冷前注水的作用是(D)。
A. 降低反应物流出温度　　B. 洗涤 H_2S
C. 降低 H_2S 的腐蚀　　D. 洗涤反应生成的铵盐

77. 为平稳再生塔操作，保证再生效果，减少溶剂消耗，胺液再生塔需加入(C)。
A. 阻垢剂　　B. 缓蚀剂　　C. 消泡剂　　D. 除油剂

78. 胺处理系统再生塔的作用是(B)。
A. 用压力差来解析胺溶液中吸附的硫化氢
B. 利用蒸汽加热来解析胺溶液中吸附的硫化氢
C. 利用密度差来解析胺溶液中吸附的硫化氢
D. 利用气液分离作用来解析吸附在胺溶液中的硫化氢

79. 关于阀门定位器的作用，下列说法正确的是(B)。
A. 为了延长调节阀的使用寿命
B. 为了提高输出讯号的准确性，克服调节阀执行机构摩擦力产生的阀位偏差
C. 为了减少调节阀的滞后现象
D. 能够将信号成比例地放大，使得膜头力增加，灵敏度提高

80. 炉管表面温度的控制指标是根据(C)来制定的。
A. 加热炉的处理量　　B. 原料油的性质
C. 炉管的材质　　D. 炉出口温度的指标

81. 柴油的抗爆性能与燃料组成有关，其理想组分是(A)。
A. 烷烃　　B. 环烷烃　　C. 芳香烃　　D. 带支链的烃类

82. 柴油馏出口产品中常规分析内容有(C)。
A. 黏度、冰点　　B. 冰点、腐蚀
C. 馏程、闪点、凝点　　D. 馏程、自燃点

83. 关于变频切换工频操作，下列说法错误的是(C)。
A. 切换前调节阀应该是“手动”控制　　B. 切换成功后，应该改为“控制阀调节”
C. 切换后，副线阀应该保持全开　　D. 工频泵运行正常后，可改“自动”控制

84. 对于体积增大的化学反应，(B)压力有利于化学反应的进行。
A. 提高　　B. 降低　　C. 保持稳定的　　D. 调整

85. 分馏塔顶馏分中，控制沸点最高的组分为(C)。
A. 关键组分　　B. 轻关键组分　　C. 重关键组分　　D. 一般组分

86. 胺液中的脱硫剂与硫化氢反应，随着温度的升高(A)。
A. 脱硫剂的碱性下降，因此在低温下硫化氢易被吸收，而在高温下硫化氢会被解析出来
B. 脱硫剂的碱性下降，因此在高温下硫化氢易被吸收，而在低温下硫化氢会被解析出来
C. 脱硫剂的碱性上升，因此在低温下硫化氢易被吸收，而在高温下硫化氢会被解析出来

D. 脱硫剂的碱性上升，因此在高温下硫化氢易被吸收，而在低温下硫化氢会被解析出来

87. 所谓加氢装置炉前混氢就是(C)混合后进入加热炉进行加热。

A. 氢气 B. 原料油 C. 氢气和原料油 D. 无法确定

88. 加氢装置下列选项中，造成循环氢带液的原因可能是(A)。

A. 高分破沫网损坏 B. 高分温度低

C. 高分液位低 D. 压缩机负荷降低

89. 汽轮机停运后，盘车的目的是(A)。

A. 防止转子弯曲 B. 减少消耗

C. 使转子被动润滑 D. 试验机组

90. 若加氢装置新氢中断，短时间不能恢复，分馏系统应该(B)。

A. 继续生产 B. 改循环等待开工

C. 提高分馏塔底温度 D. 全面停工

91. 加氢装置原料油泵停运以后，润滑油泵继续保持运转的目的是(C)。

A. 回收热量有利于净化润滑油 B. 润滑轴承

C. 冷却泵轴承温度 D. 防止冻凝

92. 加氢装置反应系统注水中断时，循环氢中可能发生(D)。

A. 循环氢纯度上升 B. 硫化氢浓度下降

C. 甲烷含量上升 D. 氨浓度上升

93. 加氢装置羰基镍的生成，一般是(C)和催化剂金属组分的 Ni 在低温条件下进行反应生成。

A. CO_2 B. O_2 C. CO D. SO_2

94. 空气过滤器的作用主要是(A)。

A. 防止杂物进入仪表净化风系统，导致仪表故障

B. 阻止气体泄漏

C. 压缩气体

D. 自动泄压

95. 加氢催化剂再生的主要目的是(C)。

A. 将催化剂转化成氧化态 B. 烧掉催化剂中残留的油气

C. 烧掉催化剂上的积炭等杂质 D. 提高催化剂的强度

96. 加氢装置停工时，催化剂进行热氢带油的主要目的是(C)。

A. 热氢带油后，反应器打开没有油气，人可以进去

B. 热氢带油后能确保设备大检修动火

C. 除去催化剂上油及烃类存物

D. 降低腐蚀

97. 当加氢装置催化剂热氢带油时间达到要求，并且(A)时，催化剂热氢带油结束进入降温阶段。

A. 高压分离器液位不再上升 B. 高压分离器界面不再上升

C. 反应器进出口温度相等 D. 无法确定

98. 加氢装置停工时恒温解氢的目的是(C)。
A. 提高氢气利用率　　B. 提高催化剂活性
C. 释放出器壁中吸藏的氢　　D. 防止出现连多硫酸腐蚀

99. 若加氢装置停工时不进行恒温解氢，则反应器可能发生(C)。
A. 表面脱碳　　B. 内部脱碳　　C. 氢脆　　D. 低温硫化氢腐蚀

100. 奥氏体不锈钢在(D)条件下，将会生成连多硫酸腐蚀。
A. 空气　　B. 水
C. 硫化物　　D. 空气、水、硫化物同时存在

101. 加氢装置停工吹扫期间，(C)的排放污水 COD 含量最高。
A. 反应系统　　B. 分馏系统　　C. 脱硫系统　　D. 公用工程

102. 在加氢装置吹扫脱硫系统时，下列说法中正确的一项是(C)。
A. 在吹扫前只需要进行脱臭处理
B. 在吹扫前只需要进行硫化亚铁的钝化处理
C. 在吹扫前进行脱臭和硫化亚铁的钝化处理，然后再进行蒸汽吹扫
D. 可以直接进行蒸汽吹扫

103. 加氢装置氢气中(D)含量高，容易造成反应器床层超温。
A. 惰性气体　　B. 甲烷
C. 硫化氢　　D. 一氧化碳和二氧化碳

104. 加氢临氢系统停工期间需用(B)置换。
A. 空气　　B. 氮气　　C. 水蒸气　　D. 氢气

105. 加热炉烟囱长时间冒黑烟，原因可能是(C)。
A. 烟道挡板开度过大　　B. 风门开度过大
C. 炉管严重烧穿　　D. 瓦斯量不足

106. 若加氢装置系统新氢中断，可能发生的现象是(B)。
A. 反应深度提高　　B. 循环氢纯度下降
C. 系统压力上升　　D. 反应温升上升

107. 加氢装置反应系统压力上升时，原料油进料流量在手动操作状态将(C)。
A. 不变　　B. 上升　　C. 下降　　D. 无法确定

108. 对塔类人孔的拆卸，应按(B)的顺序依次打开。
A. 自下而上　　B. 自上而下
C. 从中间分别向上、向下　　D. 无所谓

109. 在打开分馏塔底部人孔时，应(B)。
A. 先打开底部人孔
B. 先打开底部低点放空阀，确认残留物料彻底排净后，再打开底部人孔
C. 视实际情况而定
D. 无法确定

110. 已知某加热炉热负荷为 200×10^4kcal/h，所用燃料发热值为 10000kcal/kg，每小时消耗燃料 250kg，则加热炉热效率为(B)。
A. 50%　　B. 80%　　C. 85%　　D. 92%

111. 燃料油或燃料气中的(C)燃烧生成物在烟气中易形成露点腐蚀。

A. C　B. H_2　C. S　D. CO

112. 在加热炉烟气中 SO_3 和水蒸气共同在(B)冷凝成稀硫酸从而产生腐蚀。

A. 高温部位　B. 低温部位　C. 火嘴段　D. 对流段

113. 加热炉低温露点腐蚀容易发生在加热炉的(D)部位。

A. 对流室炉管上　B. 辐射室炉管底部

C. 辐射室炉管中部　D. 空气预热器

114. 为了防止露点腐蚀，应对(A)进行控制。

A. 加热炉排烟温度　B. 加热炉氧含量

C. 加热炉辐射分支流量　D. 加热炉炉膛温度

115. 换热器壳程加折流板的作用是(D)。

A. 增加流体的流速和湍流速度　B. 提高热效率

C. 支撑换热管子　D. 以上都是

116. 换热器管束的直列中包括(A)。

A. 正方形和三角形　B. 正方形和圆形

C. 圆形和三角形　D. 线形和三角形

117. 一般汽提塔进料部位是在塔的(B)。

A. 底部　B. 顶部　C. 中部　D. 下部

118. 下列选项中，(D)属于冷换设备铭牌的内容，但无需分管程和壳层在铭牌上分别陈述。

A. 最高工作压力　B. 设计温度　C. 介质　D. 换热面积

119. 以下选项中，关于浮阀塔盘正确说法的是(C)。

A. 其生产能力较小 B. 操作弹性小　C. 压降小　D. 效率低

120. 以下选项中，关于填料塔说法正确的有(C)。

A. 塔结构复杂，投资费用大　B. 塔直径一般较大

C. 宜处理有腐蚀性的物料　D. 对液-液相操作的抽提塔不适应

121. 加氢装置积垢篮置于(B)。

A. 每个催化剂床层的顶部　B. 反应器催化剂床层的顶部

C. 每个催化剂床层的底部　D. 反应器催化剂床层的底部

122. 加氢装置积垢篮在装入反应器内时，其内部应是(B)。

A. 满的　B. 空的　C. 装入一半催化剂 D. 装入瓷球

123. 常用的液位计按照工作原理可以分为(D)。

A. 直读式液位计和差压式液位计

B. 直读式液位计、差压式液位计和浮力式液位计

C. 直读式液位计、差压式液位计和电测式液位计

D. 直读式液位计、差压式液位计、浮力式液位计和电测式液位计

124. 型号为 CA42Y-16C 的安全阀，其公称压力是(A)。

A. $16kg/cm^2$　B. $42kg/cm^2$　C. 42MPa　D. $4.2kg/cm^2$

125. 当容器压力超过规定时，能自行开启泄压、防止容器管线破坏的装备称为(C)。

A. 防爆片　B. 防火网　C. 安全阀　D. 疏水阀

126. 下列选项中，对安全阀结构描述正确的是(C)。

A. 出口通径和入口通径尺寸相同

B. 出口连接法兰和入口连接法兰压力等级相同

C. 杠杆重锤式安全阀的载荷不随开启高度而变化

D. 弹簧式安全阀的载荷不随开启高度而变化

127. 空冷风机型号为 G-SF36B4-e22，其电机功率为(A)kW。

A. 22　B. 36　C. 220　D. 360

128. 按所用的燃料不同，燃烧器可分为燃料气燃烧器、燃料油燃烧器和(C)。

A. 燃料气燃烧器　B. 燃料油燃烧器

C. 油气联合燃烧器　D. 固体燃料燃烧器

129. 一般情况，(D)燃烧器常用于加氢加热炉。

A. 顶烧式　B. 横烧式　C. 侧烧式　D. 底烧式

130. 破沫网的主要作用是(A)。

A. 破除液体中的气泡，降低操作压降　B. 增加介质的流速

C. 去除介质中的杂质　D. 降低介质的流速

131. 齿轮泵 2cy-1. 1/14. 5-1 中“14. 5”表示意义为(B)。

A. 入口压力 14. 5kgf/cm^2　B. 出口压力 14. 5kgf/cm^2

C. 入口流量 14. 5m^3/h　D. 出口流量 14. 5m^3/h

132. 在往复泵的正常运行中吸入阀被顶开，是由于(D)。

A. 泵缸内体积增大，压力增大　B. 泵缸内体积减小，压力增大

C. 泵缸内体积减小，压力减小　D. 泵缸内体积增大，压力减小

133. 下列关于热油泵的说法中，错误的是(D)。

A. 热油泵内介质温度一般大于 200℃　B. 预热速度快可能导致端面密封漏

C. 热油泵一般以碳钢、合金钢为材料　D. 热油泵一般以铸铁为材料

134. 以下选项中，关于柔性轴说法正确的是(C)。

A. 柔性轴工作在第二临界转速之上

B. 柔性轴可在临界转速附近长期运转

C. 柔性轴必须迅速跳过第一临界转速

D. 刚性轴必须迅速跳过第一临界转速

135. 压缩机型号为 3LD-20/3. 5，其中的“20”表示的是(A)。

A. 吸气状态下的排气量　B. 排气状态下的排气量

C. 排气量　D. 吸气量

136. 离心泵的扬程随流量增大而(B)。

A. 增加　B. 减小　C. 不变　D. 无法确定

137. 往复式压缩机中，曲轴组件将电机的圆周运动变为活塞的(B)。

A. 圆周运动　B. 直线运动　C. 曲线运动　D. 旋转运动

138. 在压缩机压缩过程中，当活塞向左移动时，排气管中的气体压力(D)汽缸的气体压力。

A. 高于　B. 低于　C. 不变　D. 无法确定

139. 以下选项中，不一定属于活塞式压缩机主要零部件组成的是(C)。

A. 曲轴　B. 连杆　C. 注油器　D. 汽缸

140. 循环氢压缩机的润滑油系统中设置蓄能器，在蓄能器中装有(C)，以减少润滑油系统的压力波动。

A. 过滤网　B. 破沫网　C. 皮胆　D. 气体捕集器

141. 下列选项中，在汽缸中作往复运动而起压缩气体的作用的部件是(C)。

A. 气阀　B. 连杆　C. 活塞　D. 叶轮

142. 十字头是连接(B)和活塞杆的机件。

A. 气阀　B. 连杆　C. 活塞　D. 叶轮

143. 下列选项中，不属于机械密封三大元件的是(D)。

A. 动环　B. 静环　C. 补偿元件　D. 弹簧

144. 下列选项不属于汽轮机轴端汽封的是(C)。

A. 迷宫式　B. 炭精环式　C. 浮环式　D. 水封式

145. 关于惰走曲线说法正确的有(D)。

A. 惰走曲线为下次开机提供升速依据

B. 惰走曲线陡峭说明汽轮机内部构件空隙过大

C. 惰走时间长可能转子发生摩擦

D. 惰走曲线平坦可能存在主汽阀关不严

146. 吹灰器设置在加热炉的(A)。

A. 对流室　B. 辐射室　C. 烟囱内　D. 辐射炉管出口

147. 油气混烧的加热炉的出口温度一般情况下是通过调整(B)来实现的。

A. 燃料油量　B. 燃料气量　C. 炉管循环量　D. 氧含量

148. 下列选项中，引起离心式风机风量降低原因可能是(B)。

A. 介质密度变大　B. 密封大量泄漏

C. 管路振动　D. 转子振动

149. 下列选项中，引起加氢装置循环氢压缩机组振动的原因中，不正确的有(D)。

A. 润滑油油温过高或过低　B. 压缩机发生喘振

C. 蒸汽带水或氢气带液　D. 润滑油高位罐液面低

150. 硫化亚铁是一种具有脆性、易剥落、(A)的锈皮，会造成管路堵塞。

A. 不起保护作用　B. 有钝化作用

C. 有保护作用　D. 有分解作用

151. 如果加氢装置反应流出物/原料油换热器管束内漏大，反应系统将(B)。

A. 继续生产　B. 局部停车

C. 降量生产　D. 加大阻垢剂注入量生产

152. 透平驱动的循环氢压缩机防喘振的方法是(D)。

A. 提高压缩机的进气温度　B. 降低压缩机的进气压力

C. 降低循环氢压缩机入口流量　D. 增加循环氢压缩机入口流量

153. 当加氢装置高分含硫污水油含量超标时，需采取的措施是(C)。

A. 提高高分温度　　B. 降低高分液位
C. 提高高分界位　　D. 提高高分液位

154. 消泡剂通常是通过消泡剂微粒接触气泡表面来降低接触点上液膜的(A)达到消泡的目的。
A. 表面张力　　B. 密度　　C. 黏度　　D. 光洁度

155. 下列选项中，不属于压缩机汽缸发热的原因的是(C)。
A. 冷却水供应不足　　B. 换热效果差
C. 轴承偏斜　　D. 活塞工作面不光滑

156. 在离心泵正常运行过程中，液体能够从泵入口吸入泵体的主要原因是(C)。
A. 泵体内与泵体外液体密度的差别
B. 泵体内与泵体外液体黏度的差别
C. 液体由于离心力被排出，从而使入口处的压力降低，与作用在吸入液体的压力形成压力差
D. 泵体内与泵体外液体温度的差别

157. 在换热器的使用中，采用逆流的方式比并流要更有效是因为逆流方式的(B)。
A. 传热面积大　　B. 平均温度差大
C. 总的传热系数大　　D. 无法确定

158. 加氢装置高压分离器液位过低可能会引起(B)。
A. 分馏系统超压爆炸　　B. 低压分离器超压爆炸
C. 高压换热器泄漏　　D. 反应系统压力上升

159. 烟道气引起风机故障停运，下列处理方法首先进行的是(A)。
A. 打开烟道旁路或打开快开风门　　B. 重新启动烟道气引风机
C. 切出热管系统　　D. 关闭烟道气引风机入口挡板

160. 换热器在停用时，应该(A)。
A. 先停热流，后停冷流　　B. 先停冷流，后停热流
C. 冷热流一起停　　D. 无所谓先后顺序

161. 选用压力表精度，中压容器一般不低于(B)级。
A. 1.0　　B. 1.5　　C. 2.5　　D. 3.0

162. 不属于压力容器的安全附件的是(D)。
A. 安全阀　　B. 压力表　　C. 液面计　　D. 排凝阀

163. 关于转子流量计，说法正确的有(C)。
A. 属于容积式流量计　　B. 属于电气式流量计
C. 属于定压降式流量计　　D. 属于变压降式流量计

164. 从肉眼看，(D)的润滑油需更换。
A. 清晰　　B. 透明度好　　C. 黄色　　D. 乳化

165. 一般说来，机泵润滑油三级过滤的三级过滤网目数为(C)目。
A. 50　　B. 80　　C. 100　　D. 120

166. 某一台泵经常发生气蚀，则在钳工检修的过程中会发现(D)出现点蚀。
A. 叶轮流道　　B. 泵轴

C. 密封装置　　D. 叶轮流道和吸入室内

167. 关于防止泵气蚀的方法中，错误的一项是(D)。

A. 减小泵入口的阻力损失

B. 泵的吸入高度应按规定的数值选择

C. 选择耐气蚀的材料制造零件时表面应具有足够的光洁度

D. 泵的入口阀不能开大

168. 下列选项中，不属于备用泵盘车的原因的是(C)。

A. 改变轴的受力方向　　B. 避免运动部件长期静止而锈死

C. 检查电机是否坏损　　D. 把润滑油带到轴承各部

169. 对于往复式新氢压缩机的说法错误的是(C)。

A. 每一级压缩达到 2~3 的压力比

B. 一般限制每一级压缩的出口温度小于 135℃

C. 为了保证密封性，尽量采用多油的润滑

D. 一般采用级间回流的手段

170. 离心泵运转过程中轴承发热可通过(C)处理。

A. 降低流量　　B. 开大出口阀

C. 清洗润滑油箱、换油　　D. 关小出口阀

171. 下列公式正确的是(B)(Q_1、Q_2：离心泵改变转速前后流量；n_1、n_2：离心泵改变流量前后转速)。

A. $Q_1/Q_2=n_2/n_1$　　B. $Q_1/Q_2=n_1/n_2$

C. $Q_1/Q_2=2(n_1/n_2)$　　D. $Q_1/Q_2=2(n_2/n_1)$

172. 下列选项中，离心泵轴承主要作用是(B)。

A. 传递动力　　B. 支撑转子

C. 防止主轴受磨损　　D. 防止泄漏

173. 往复式压缩机缸体冷却水主要是冷却并带走由(A)所产生的热量。

A. 气体被压缩时　　B. 压缩机运动部件与气体摩擦

C. 压缩机运动部件与缸体摩擦　　D. 压缩机吸入的高温气体

174. 循环氢压缩的润滑油系统设置润滑油高位槽的作用是(D)。

A. 储存润滑油　　B. 提供润滑势能

C. 防止润滑油泵抽空

D. 当润滑油泵停运时，利用其位能经其下部的单向阀，提供约 10min 的润滑油

175. 循环氢压缩的密封油系统设置高位槽的作用是(D)。

A. 储存润滑油　　B. 便于循环　　C. 便于观察液位　　D. 提供密封势能

176. 循环氢压缩机的密封油罐进行氮封的目的是(B)。

A. 增加密封油泵的进口压力　　B. 防止密封油氧化

C. 防止可燃气体积泵　　D. 对密封油进行冷却

177. 循环氢压缩机停运密封油系统时，密封油备泵的切换开关应放在(B)位置，而电机电源开关应置于“零”位置。

A. 自动　　B. 手动　　C. 都可以　　D. 无法确定

178. 离心压缩机的流量与管径的关系是(B)。

A. 一次方成正比　　B. 二次方成正比

C. 三次方成正比　　D. 二次方成反比

179. 以下情况中，可能会使离心压缩机发生喘振现象的是(A)。

A. 进气流量减少　　B. 进气温度降低

C. 流量增加　　D. 以上全会

180. 加氢装置事故处理时应遵循的原则是(B)。

A. 先降量，后降温　　B. 先降温，后降量

C. 降温降量同时进行　　D. 以上都可

181. 螺纹锁紧环式高压换热器的轴向载荷最终由(C)承担。

A. 外圈螺栓　　B. 内圈螺栓

C. 螺纹承压环　　D. 前三者共同承担

182. 若机泵的电机着火，应用(B)扑救。

A. 蒸汽　　B. 干粉灭火器

C. 化学泡沫灭火器　　D. CCl_4

183. 瓦斯脱液罐内设置(B)，以脱除瓦斯中的液相。

A. 过滤器　　B. 破沫网　　C. 水斗　　D. 冷却器

184. 系统蒸汽总管压力下降时，下列可以采取的处理措施中，错误的是(D)。

A. 适当降低氢油比，降低反应温度

B. 降低原料进料量，降低维持装置氢油比所需的循环氢流量，从而降低转速

C. 停用其他使用蒸汽的设备，以确保循环氢压缩机的运转

D. 提高注水量

185. 配风器必须保证火焰根部有足够的空气供应，以避免燃料油受热因缺氧裂解，从而产生(B)。

A. 红火　　B. 黑烟　　C. 白烟　　D. 黄火

186. 离心压缩机不适合在(B)的条件下使用。

A. 流量大　　B. 流量小　　C. 流量不变　　D. 无限制

187. 当转子升速将达临界转速时，应(C)，以保转子安全。

A. 缓慢升速，慢慢通过临界转速

B. 立即停止升速，不使转子达到临界转速

C. 快速升速，迅速通过临界转速

D. 正常升速，平稳通过临界转速

188. 加氢装置新氢压缩机气阀性能最好的为(C)。

A. 条状阀　　B. 网状阀　　C. 环状阀　　D. 球状阀

189. 绘制工艺流程图时，控制阀的表示方式，下列图示正确的是(D)。

A. 　　B. 　　C. 　　D. 

190. 下列图例中，不是三通阀的是(A)。

A. 　　B. 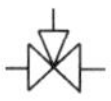　　C. 　　D. 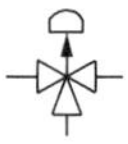

191. 下列图例中，表示安全阀的是(D)。

A.  B. 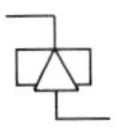 C. 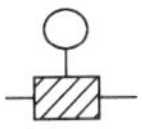 D. 

192. 通常我们所说的三视图，下列不包括的是(D)。

A. 主视图 B. 俯视图 C. 左视图 D. 右视图

193. 三视图的投影关系可概括为所谓的三等规则，下列描述错误的是(B)。

A. 主俯视图长对正 B. 主俯视图宽相等

C. 左俯视图宽相等 D. 主左视图高平齐

194. 以下关于视图描述中，错误的是(C)。

A. 主、俯视图共同反映物体的左右 B. 主、左视图共同反映物体的上下

C. 主、左视图共同反映物体的前后 D. 主、俯视图共同反映物体的前后

195. 绘制工艺流程图时设备位号的标注应(A)。

A. 用英文字母表示设备的种类 B. 用中文写出设备的种类

C. 用英文名字表示设备的种类 D. 以上都可以

196. 泵的轴功率和有效功率之间的等式关系是(A)。

A. $\eta_{轴}=\eta_{有效}/\eta$ B. $\eta_{有效}=\eta_{轴}/\eta$

C. $\eta_{轴}=\eta/\eta_{有效}$ D. $\eta_{轴}=\eta_{有效}\times\eta$

197. 若泵的有效功率为 8.25kW，泵的效率为 75%，则泵的轴功率为(C)kW。

A. 6.2 B. 7.0 C. 11.0 D. 12.0

198. 加氢装置氢分压对催化剂影响的说法中正确的是(D)。

A. 氢分压高使催化剂的失活快 B. 氢分压低可提高催化剂的稳定性

C. 氢分压高会增加催化剂的结焦 D. 氢分压高可减缓催化剂的失活

199. 某加氢精制反应器的总压为 15.0MPa，而氢气在该反应器所有气体中的体积分数为 92%，而新氢纯度为 95%，循环氢氢纯度为 85%，则反应器中的氢分压为(B)MPa。

A. 14.25 B. 13.8 C. 13.5 D. 12.75

200. 某原料的恩氏蒸馏各点的馏出温度如下：10%：365℃，30%：380℃，50%：410℃，70%：430℃，90%：498℃，其体积平均沸点为(D)℃。

A. 460 B. 450 C. 420.6 D. 416.6

201. 已知加氢原料反应前硫含量为8600ppm，精制柴油中硫含量为1500ppm，精制柴油收率为98%，则装置脱硫率为(C)。

A. 80.2% B. 81.47% C. 82.9% D. 85.7%

202. 已知加氢生成油中含氮量为 8ppm，反应脱氮率为 90%，则加氢原料含氮量为(C)ppm。

A. 100 B. 90 C. 80 D. 70

203. 关于加氢装置反应空速说法正确的是(A)。

A. 反应空速可分为体积空速和重量空速

B. 体积空速=循环氢体积/进料体积

C. 重量空速=进料重量/循环氢量

D. 反应空速越大，反应效果越好

204. 已知某加氢装置反应体积空速为1.88，原料密度为850kg/m^3，反应器装填催化剂50t，装填堆比为0.8，则该装置的进料为(C)t/h。

A. 80　　B. 90　　C. 99.9　　D. 110

多选题

1. 对活塞式压缩机的气阀一般要求有(A，C)。

A. 阀片要启闭及时迅速　　B. 气阀本身余隙容积大

C. 气阀气密性好　　D. 有较小的阻力损失和流通面积

2. 空气冷却器是由(A，B，C，D)组成。

A. 电机　　B. 风扇　　C. 管束　　D. 传动皮带

3. 关于加热炉冒烟，说法正确的有(A，C，D)。

A. 加热炉冒小股烟，说明加热炉燃烧不完全

B. 大量冒黑烟是瓦斯带油引起

C. 冒黄烟可能是瓦斯中硫化氢含量高

D. 冒灰烟可能是瓦斯量突然增加引起

4. 加氢装置反应系统压降增加的原因可能为(A，B，C，D)。

A. 催化剂积炭的增加　　B. 系统的堵塞

C. 催化剂破碎　　D. 循环氢量大增

5. 关于通常所说的DCS系统，下列说法错误的是(A，B，D)。

A. 可编程逻辑控制器　　B. 紧急停车系统

C. 分散控制系统　　D. 安全联锁系统

6. 反应系统停工卸剂引进氮气置换前，要做好隔离工作，应做到(A，B，C，D)。

A. 用盲板与氢气系统隔离　　B. 用盲板与烃类系统隔离

C. 用盲板与可燃物系统隔离　　D. 用阀或盲板将所有通大气的管线隔离

7. 离心式压缩机喘振的处理措施有(A，B)。

A. 开大压缩机出口防喘振旁路阀　　B. 清洗压缩机进口过滤器

C. 关压缩机出口防喘振旁路阀　　D. 提高进气温度

8. 当加氢装置反应系统氮气气密合格后，应(C，D)后作引进氢气的准备工作。

A. 启动循环压缩机　　B. 启动新氢压缩机

C. 反应系统泄压　　D. 反应系统氮气管线用盲板盲死

9. 加氢新建装置水冲洗前，应将(A，B，C，D)的阀门关闭，待设备和管线冲洗干净后，再打开上述阀门进行冲洗。

A. 采样点　　B. 仪表引出阀　　C. 液面计　　D. 连通阀

10. 装置仪表选择气开、气关的原则是(A，B，D)。

A. 考虑不同工艺条件下安全生产的需要

B. 在事故状态时装置的安全

C. 事故状态下，增加工艺或动力损耗

D. 考虑到介质的安全

11. 离心压缩机一般设定有(A，B，C，D)等联锁。

A. 主机超速联锁　　B. 转子轴位移联锁

C. 压缩机轴振动联锁　　D. 压缩机轴承温度联锁

12. 在引起催化剂失活原因中，属于永久失活的是(B，C)。

A. 生焦积炭　　B. 金属沉积　　C. 晶型改变　　D. 有机氮中毒

13. 加氢装置反应器气密过程中的注意事项，下列说法正确的是(A，B，C)。

A. 指定专人负责

B. 做好每个压力等级下的气密情况的记录工作

C. 气密工作由专人负责陪同和验收确认

D. 对气密中的问题记录在案后可以进行下一等级的气密

14. 反应器在经过催化剂装填以后，反应器中(A，B，C，D)等部件经重新安装紧固，必须通过气密来检查其严密性。

A. 头盖　　B. 卸料口　　C. 床层热电偶　　D. 急冷氢管

15. 每装填完毕一种规格的瓷球后，均要(A，B，C，D)。

A. 进人耙平

B. 记录好加入各种瓷球的量

C. 记录好瓷球在反应器内的实际装填位置

D. 将散落在地面的瓷球打扫干净，避免人员滑倒

16. 下列关于催化剂装填说法正确的有(B，D)。

A. 催化剂装填可分为稀相装填和密相装填

B. 密相装填能提高催化剂装填密度

C. 密相装填的初始压力降较其他装填低

D. 密相装填可以在不增加反应器投资的情况下提高加工能力

17. 催化剂装填质量好坏对(A，B，C，D)方面具有重要的作用。

A. 发挥催化剂性能　　B. 提高装置处理量

C. 保证装置安全平稳操作　　D. 延长装置操作周期

18. 下列选项中，能通过反应器床层径向温度分布来反映的是(A，B，C)。

A. 流体分布的均匀性　　B. 催化剂装填质量

C. 床层堵塞情况　　D. 催化剂的活性

19. 冷却器内部管束泄漏，可以通过(A，B，C)来判断。

A. 观察循环水中有否夹带气相现象　　B. 冷却水出口管线上的安全阀起跳

C. 工艺流体带水　　D. 工艺流体出口温度大幅波动

20. 关于氢气描述正确的有(B，C，D)。

A. 氢气易溶于乙醇、乙醚　　B. 氢气燃烧时发出青蓝色火焰

C. 氢气燃烧温度可达 2000℃　　D. 氢气无毒

21. 新氢压缩机出口排气温度升高，原因可能为(A，B，C，D)。

A. 冷却水中断　　B. 汽缸阀片损坏

C. 冷却水温度高　　D. 活塞磨损

22. 加氢装置发生高压窜低压时，可能发生的现象有(A，C，D)。

A. 低分压力猛增　　B. 反应系统压力上升

C. 循环机入口流量剧烈波动　　D. 管线振动剧烈

23. 下列选项中，可能造成加氢装置循环氢压缩机入口流量不足的有(A，C，D)。
A. 反应系统压力不足　　B. 循环氢压缩机转速过高
C. 循环机反飞动阀开得过小　　D. 入口过滤网堵塞
24. 加热炉炉膛发生爆炸的原因可能为(B，C，D)。
A. 炉膛负压　　B. 炉管破裂
C. 炉膛产生正压　　D. 点燃火嘴时，炉膛可燃气体超标
25. 汽轮机入口蒸汽压力下降，导致循环氢压缩机(B，C，D)。
A. 喘振　　B. 转速下降　　C. 功率下降　　D. 循环氢流量降低
26. 关于分馏系统蒸汽吹扫试压的说法，正确的是(A，B，C，D)。
A. 蒸汽试压是确认各静止设备及管线的密封性能是否符合有关规定
B. 蒸汽试压以检验装置的焊接、安装质量及使用材质的性能
C. 进一步了解管道试压等级、试压标准及方法
D. 进一步熟悉装置流程
27. 下列关于加氢装置催化剂预硫化的说法正确的有(A，C，D)。
A. 催化剂预硫化分为干法预硫化和湿法预硫化
B. 干法预硫化反应温升容易控制
C. 催化剂预硫化是为了提高活性和稳定性
D. 硫化过程中一般不排废氢和使用冷氢
28. 往复机投用前，需做的准备工作有(A，C，D)。
A. 启动润滑油泵　　B. 启动密封油泵　　C. 要氮气置换　　D. 盘车
29. 下列关于反应温度对柴油加氢精制影响的说法中，正确的有(A，B，C，D)。
A. 提高反应温度能提高加氢精制的深度
B. 当催化剂活性下降时，必须提高反应温度来满足衰退的活性
C. 反应器床层最高温度不要太高，以控制在催化剂上的结焦量和防止产生裂化反应
D. 若反应温度过高，由于热力学的限制，柴油的脱硫率也就下降
30. 下列选项中，加氢装置反应温度下限的决定因素是(B，C)。
A. 氢纯度　　B. 产品质量要求　　C. 原料质量　　D. 反应速度
31. 原料带水时，可能发生(A，B，C)等现象。
A. 原料缓冲罐水位升高　　B. 高分水位上升
C. 反应器温升波动　　D. 系统压力下降且波动
32. 装置开工过程中热油泵的切换要点(A，B，C)。
A. 热油泵处于完好的预热状态
B. 开泵入口阀，使泵内充满介质，并排气
C. 启动电机后，检查各部位的振动情况和轴承的温度，确认正常后，逐渐将出口阀打开，同时将原运转泵的出口阀门关小，直至全部关闭
D. 先停运运行泵后，再启动备用泵
33. 分馏系统进油前应检查(A，B，C)。
A. 各塔玻璃板液位计是否投用　　B. 各塔沉筒液位计是否投用
C. 塔底排污阀是否关闭　　D. 吹扫蒸汽是否投用

34. 造成汽提塔冲塔的原因可能有(B，C，D)。
A. 进料量过大 B. 原料带水
C. 塔压过低 D. 汽提蒸汽量偏大
35. 关于加氢装置催化剂硫化时的预湿，说法正确的是(A，C，D)。
A. 预湿阶段时间一般在 2h 左右
B. 预湿阶段催化剂表面吸附的硫对预硫化不利
C. 预湿时催化剂吸附的油及硫可避免水对催化剂强度的影响
D. 预湿可以防止温度过高使活性金属被氢还原而给硫化过程带来麻烦
36. 下列选项中，可能使溶剂发泡的原因有(A，B，C)。
A. 溶剂中含有悬浮的固体颗粒 B. 气液接触速度过高
C. 溶剂中含有烃类、降解产物等杂质 D. 反应部分温度过低
37. 燃料气产生带油现象的原因可能是(A，B，C，D)。
A. 上游物料窜入燃料气系统
B. 燃料气进入管网前往往含有少量的液态油滴
C. 寒冷季节，燃料气温度降低使重组分冷凝
D. 燃料气分液罐液位排放不及时
38. 影响加氢装置冷氢量大小的因素有(A，B，C，D)。
A. 床层温升的变化 B. 循环氢总流量的变化
C. 新氢流量的变化 D. 反应系统压力的变化
39. 下列选项中，关于串级调节系统说法正确的有(A，B)。
A. 系统有主、副两个互相串联的调节器
B. 副调节回路把一些主要干扰在没有进入主调节对象以前加以克服
C. 当对象的滞后和惯性较小时适合使用串级调节系统
D. 当对象有两个干扰作用(分别位于调节阀前后)时，不宜使用串级调节
40. 分馏系统升温过程中，在每个阶段要做好恒温脱水工作，在脱水过程中应该注意的有(A，B，C，D)。
A. 人员不得离开
B. 备泵应及时切换
C. 及时关闭阀门，防止物料跑损
D. 操作人员应佩戴防护眼镜和防护面罩进行脱水操作
41. 加氢装置进料泵故障造成进料中断时有(A，B)现象。
A. 进料流量指示为零 B. 反应器出口温度高
C. 反应系统压力降低 D. 空速上升
42. 加氢装置循环水中断，将必然引起(B，D)升高。
A. 新氢机入口温度 B. 新氢机润滑油温度
C. 新氢机润滑油过滤器压差 D. 循环机密封油温度
43. 造成润滑油油量不足或中断的原因可能有(A，B，C)。
A. 主油泵损坏而辅助油泵未能及时投用
B. 供油系统管线漏油

C. 油管路堵塞

D. 油过滤器压降太小

44. 下列选项中，关于催化剂说法正确的有(A，B，C，D)。

A. 负载型催化剂由活性组分、助剂和载体构成

B. 载体充当活性组分的骨架

C. 载体可以提高催化剂的抗毒性能

D. 载体可提供催化剂所需的一部分活性中心

45. 关于加氢装置混氢说法正确的有(A，C)。

A. 混氢可分为炉前混氢和炉后混氢

B. 炉后混氢炉管材质要求高，炉管要粗

C. 炉前混氢使油气混合均匀，对加氢反应有利

D. 炉后混氢要提高设备投资

46. 加氢装置采用炉后混氢的优点有(A，B，D)。

A. 降低设备投资费用 B. 降低操作费用

C. 增加操作费用 D. 炉管不易结焦

47. 临氢系统氮气气密前，所有的仪表均应(B，C)。

A. 拆下并安装临时管线 B. 安装就位

C. 具备投用条件 D. 用盲板隔离

48. 在临氢系统气密前必须准备的工作有(B，C，D)。

A. 联系系统保证充足净化风 B. 改好气密流程

C. 准备好气密用具 D. 按规定加好盲板

49. 加氢装置催化剂器内再生按再生所用惰性气体(热载体)介质不同，可分为(B，D)。

A. 氮气-水蒸气再生 B. 水蒸气-空气再生

C. 燃料气-空气循环再生 D. 氮气-空气循环再生

50. 下列选项中，关于加氢装置催化剂再生说法正确的有(A，B)。

A. 再生可以烧去积炭来恢复活性 B. 再生可分为器内再生和器外再生

C. 所有失活催化剂均能再生恢复活性 D. 再生时氧含量不需控制

51. 分馏系统试压时，下列说法正确的有(B，D)。

A. 设备和管线串联试压

B. 采用蒸汽试压时，冷换设备一程试压，另一程必须打开放空

C. 试压时，各设备安全阀不能投用

D. 分馏系统绝大部分设备、管线可用蒸汽试压

52. 新装置投用前对工艺管线和流程进行全面、彻底吹扫贯通的目的是为了清除(A，B，C)。

A. 管道内的泥沙 B. 管道内的焊渣

C. 管道内的铁锈等脏物 D. 粘附在管壁上的硫化亚铁

53. 换热器内流体流向有(A，B，C，D)等几种类型。

A. 并流 B. 逆流 C. 错流 D. 折流

54. 重沸器可分为(A，C，D)等几种形式。

A. 釜式　B. 板式　C. 虹吸式　D. 强制循环式

55. 以下选项中，塔顶压力的调节办法有(A，C，D)。

A. 抽真空　B. 减少进料量　C. 冷凝　D. 排气

56. 以下选项中可能导致加氢反应温度上升的有(A，B，C)。

A. 循环氢气量减小　B. 加热炉瓦斯量增加

C. 炉膛温度升高　D. 进料量升高

57. 加氢装置影响氢分压的诸因素中，对反应器出口的氢分压产生影响的因素是(A，B，C，D)。

A. 裂化生成的低分子烃进入气相　B. 化学氢耗

C. 床层压力下降使出口压力降低　D. 反应放热升温影响汽化率

58. 以下选项中，关于 U 形管换热器说法正确的有(A，B，D)。

A. 该类换热器管子呈 U 形，只有一块管板

B. 管子可以自由膨胀

C. 适用于温差大，壳程、管程压差小的场合

D. 管子内壁清扫困难

59. 为了提高加氢反应的深度，可适当提高氢分压，提高氢分压的正确方法有(B，C)。

A. 降低尾氢排放量　B. 提高反应系统压力

C. 提高循环氢的纯度　D. 降低氢气纯度

60. 分馏塔顶汽油干点高的原因可能有(A，B)。

A. 分馏塔顶温度高　B. 塔底温度偏高

C. 塔操作压力高　D. 回流量太大

61. 以下选项中，可能导致精制柴油闪点偏低的原因有(A，B)。

A. 分馏塔进料温度低　B. 塔底温度低

C. 塔内压力低　D. 回流偏低

62. 分馏塔进料带水时，以下说法正确的有(A，D)。

A. 塔底循环泵容易抽空　B. 塔顶气量减少

C. 回流罐液面下降　D. 塔底温度突然下降

63. 塔顶回流的作用是(A，B，C)。

A. 提供精馏塔从塔顶到进料口的每一块塔板上的液相回流，创造了气液两相传质、传热的条件

B. 取走了塔内过剩热量，维持了塔内各点的热平衡

C. 控制塔顶产品的分馏精度

D. 与塔底产品质量关系不大

64. 当加氢装置循环氢带油时，可能发生(A，C，D)等现象。

A. 循环氢压缩机参数波动　B. 动力高压蒸汽量消耗下降

C. 严重时压缩机振动　D. 系统压力、温升波动

65. 装置一般吹扫原则为(A，C，D)。

A. 要顺流程走向吹扫

B. 主线、支线一同吹扫

C. 应尽可能分段吹扫

D. 吹扫介质压力不能超过吹扫部位设计压力

66. 加氢装置分馏系统在停工过程中，随着塔内气、液相负荷的变化，操作上可能出现的不正常现象有(A，B，C)。

A. 雾沫夹带　　B. 淹塔　　C. 漏液　　D. 塔顶冒烟

67. 加氢装置催化剂卸出时，不容忽视的安全技术问题有(A，B，C，D)。

A. 防止未再生的催化剂发生硫化亚铁自燃

B. 预防硫化氢中毒

C. 预防反应器及内部件发生连多硫酸腐蚀

D. 防止羰基镍中毒

68. 下列关于加氢装置催化剂再生说法正确的有(B，C，D)。

A. 失活的催化剂都能经再生恢复活性

B. 催化剂再生可分为器内再生和器外再生

C. 器内再生容易造成设备腐蚀

D. 器内再生惰性介质可用水蒸气或氮气

69. 装置进行蒸汽吹扫时，应注意的事项有(A，B，D)。

A. 应先排凝后引汽

B. 蒸汽引入设备时，顶部要放空，底部要排凝

C. 设备吹扫干净后，要自下而上逐条吹扫各连接工艺管线

D. 管线吹扫干净后应彻底排空

70. 加氢装置停工期间，对奥氏体不锈钢的保护措施正确的有(A，B，C)。

A. 保持干燥

B. 用氮气进行封闭保护或进行中和清洗

C. 防止水汽的冷凝

D. 用硫化亚铁钝化剂进行钝化冲洗以脱除硫化物

71. 加氢装置停工时，进行轻质馏分油置换的主要目的是(A，C)。

A. 防止重质原料油凝结在管道、容器及催化剂上

B. 提高产品收率

C. 溶解重质油并带出装置

D. 加快停工步骤

72. 下列关于胺处理系统说法错误的有(A，B，D)。

A. 胺处理系统再生塔的再生温度越高越好

B. 胺处理系统再生塔的压力对再生效果无影响

C. 在胺溶液中注入少量的缓蚀剂，可以减缓设备腐蚀率

D. 溶液循环量大，溶液容易发泡

73. 以下因素中，可能导致柴油腐蚀不合格的有(A，B)。

A. 加氢反应深度低　　B. 汽提塔吹汽量小

C. 分馏塔压力低　　D. 分馏塔进料温度高

74. 关于雾沫夹带说法正确的有(A，D)。

A. 当分馏塔内气体速度较大时，易发生雾沫夹带
B. 当分馏塔内气体速度较小时，易发生雾沫夹带
C. 发生雾沫夹带时，液体中含大量气体
D. 发生雾沫夹带时，气体中含许多液体带到上层塔板

75. 以下选项中，关于离心泵抽空的原因说法正确的有(A，C)。
A. 泵内或入口管线有存气　　B. 吸入阻力太大或灌注高度大
C. 油品温度过高，泵内汽化　　D. 泵的转速高

76. 以下选项中，填料塔填料应具备的要求有(A，D)。
A. 比表面积大　　B. 自由体积小　　C. 相对密度大　　D. 耐腐蚀

77. 以下选项中，容易造成离心泵抽空的原因有(B，C，D)。
A. 输送介质温度过低　　B. 电机与泵的转向不对
C. 两台泵并联运行抢量　　D. 泵入口堵塞

78. 下列关于活塞压缩机说法正确的有(A，B，D)。
A. 活塞压缩机气体易带油污，尤其对于有油润滑更为显著
B. 活塞压缩机转速不能太高
C. 活塞压缩机排气连续
D. 活塞压缩机易损件较多，维修量较大

79. 关于余隙说法正确的有(A，C)。
A. 补充余隙容积有不变容积和可变容积两种
B. 不变容积可实现排气量的连续调节
C. 可变容积可实现排气量的连续调节
D. 余隙调节功耗低，但影响阀片寿命

80. 下列选项中，属于机械密封类型的有(A，B，C，D)。
A. 平衡型　　B. 单端面式　　C. 外装式　　D. 多弹簧式

81. 非接触式动密封的密封装置与轴不接触，两者之间无相对摩擦，它的动密封形式有(C，D)。
A. 填料密封　　B. 浮环密封　　C. 迷宫密封　　D. 动力密封

82. 汽轮机按热力过程特性可分为(A，B，D)。
A. 凝汽式汽轮机　　B. 背压式汽轮机
C. 反动式汽轮机　　D. 抽气式汽轮机

83. 关于离心泵说法正确的有(A，B，D)。
A. 流量均匀　　B. 流量随管路情况而变化
C. 低流量下效率提高　　D. 转速较高

84. 下列选项中，能造成离心泵振动加大的是(A，B，C)。
A. 泵发生气蚀或抽空　　B. 泵容量大，出口阀开太小
C. 轴向推力变大，引起串轴　　D. 泵出口压力表失灵

85. 造成离心泵振动大的原因可能为(A，B，C，D)。
A. 转子不平衡　　B. 对轮安装差
C. 轴承磨损严重　　D. 叶轮局部堵塞

86. 离心泵轴承温度过高的原因可能为(A，B，C，D)。

A. 转子部分平衡被破坏
B. 轴承和密封环磨损过多行程转子偏心
C. 冷却效果不好
D. 润滑油变质

87. 关于往复式压缩机采用多级压缩说法正确的有(B, C)。
A. 增大功率消耗　　B. 降低排气温度
C. 提高容积系数　　D. 增加作用在活塞上的气体力

88. 关于活塞环说法正确的有(B, C)。
A. 活塞环自由状态下的外径等于汽缸缸径
B. 活塞环工作时，在压差作用下被推向低压侧
C. 气体沿汽缸面与活塞环外表面的缝隙时，受到节流和阻塞作用
D. 工作时，活塞环紧贴活塞

89. 加氢装置循环氢压缩机滑动轴承分为(A, B)等型式。
A. 径向轴承　　B. 止推轴承　　C. 切向轴承　　D. 滚动轴承

90. 循环氢压缩机止推轴承温度上升的原因可能是(A, B, C, D)。
A. 轴承间有杂物　　B. 润滑油变质　　C. 轴承太紧　　D. 润滑油中断

91. 进汽温度过高和过低会使汽轮机(A, B, C, D)。
A. 振动　　B. 叶片冲蚀　　C. 叶片断裂　　D. 零部件互相碰撞

92. 往复机需要润滑的部位是(A, B)。
A. 汽缸　　B. 曲轴箱　　C. 气阀　　D. 连杆

93. 以下关于润滑油使用说法正确的有(A, B, C)。
A. 油温低时黏度大，油膜厚、承载能力强，但流动性能差
B. 油温低时可能造成轴承的半干摩擦而出事故
C. 油温太高、黏度小、承载能力低，带不走摩擦热
D. 油温高低对润滑无大影响

94. 下列选项中，关于空气冷却器的调节方法说法正确的有(A, B, C)。
A. 可以调节风机叶片角度来调节风量
B. 可以调节百叶窗的开度来调节风量
C. 空气冷却器调节可分为手动和自动两种
D. 空气冷却器调节只能手动调节

95. 加氢装置引起循环氢压缩机组振动的原因可能有(A, B, D)。
A. 叶片断裂　　B. 转子与定子间有异物
C. 高分温度低　　D. 主轴弯曲

96. 下列选项中，符合换热设备使用要求的有(A, C, D)。
A. 换热设备检修后必须试压合格方可使用
B. 换热设备停用时先停冷流后停热流
C. 换热设备停用时先停热流后停冷流
D. 换热设备投用后要进行热紧

97. 发生加热炉烟囱冒黑烟时，必须及时调节(B, C)。
A. 燃料气压力　　B. 风门　　C. 烟道挡板　　D. 循环氢量

98. 为了提高加氢装置胺处理系统的脱硫效果，下列做法正确的是(A，B，C)。
A. 加大脱硫塔的胺液循环量　　B. 提高胺液浓度
C. 提高再生塔的再生效果　　D. 大幅增加消泡剂的加注量

99. 在炼油装置停工检修时，如果塔器未经充分冷却即打开，则易发生(A，B)。
A. 硫化亚铁与空气接触发生氧化
B. 在常温下即可引起自燃放出大量热量
C. 无硫化亚铁自燃潜在危害
D. 装置可即时交付检修

100. 调节阀的主要故障有(B，C，D)。
A. 仪表风经常超压　　B. 阀芯、阀座磨损
C. 气动调节阀膜头漏气　　D. 调节阀阀杆卡住

101. 以下措施中，能降低加热炉低温露点腐蚀速率的有(B，D)。
A. 提高过剩空气系数　　B. 降低燃料中硫含量
C. 降低空气预热器入口空气温度　　D. 采用耐腐蚀材料

102. 电机发生电流增加的可能原因有(A，B，D)。
A. 油品的相对密度或黏度大　　B. 叶轮中有杂物
C. 盘根压得松　　D. 转动部分与静止部分摩擦

103. 加热炉炉管破裂着火的处理方法包括(A，B，C，D)。
A. 加热炉熄火　　B. 开炉膛灭火蒸汽
C. 按紧急停工处理　　D. 停风机

四、技能操作鉴定要素细目表

鉴定范围						鉴定点	
一级		二级		三级		代码	名称
代码	名称	代码	名称	代码	名称		
A	技能要求	A	工艺操作	A	开车准备	001	管线吹扫的操作步骤
						002	加热炉点火操作
						003	分馏系统水冲洗的操作
						004	反应系统氮气的气密操作
						005	鼓风机的启动操作
						006	氢气置换的操作
						007	引系统 1.0MPa 蒸汽的操作
				B	开车操作	001	加热炉的升温操作
						002	分馏系统的单塔循环
						003	仪表手动切换到自动的操作
						004	换热器的投用
				C	正常操作	001	加热炉氧含量的调节
						002	反应器床层温度的控制
						003	设备的联锁状态检查

续表

鉴定范围						鉴定点	
一级		二级		三级		代码	名称
代码	名称	代码	名称	代码	名称		
						004	原料油缓冲罐的压力控制
						005	高压空冷的巡检
						006	高速离心泵的巡检
						007	烟道气采样的操作
						008	分馏塔液面波动的处理
						009	加热炉火嘴清理的操作
						010	计量泵流量的调节
						011	炉膛负压的调节
						012	产品改不合格线的操作
						013	含硫化氢气体的采样操作
				D	停车操作	001	热油泵的停运操作
						002	塔底重沸器的停用操作
						003	冷高分退油的操作
						004	加热炉的停炉操作
		B	设备使用与维护	A	使用设备	001	沉筒液位计的投运
						002	加热炉的超温控制
						003	离心泵的切换
						004	热油泵的预热操作
						005	原料油泵的紧急停车
						006	离心泵启动前的检查
						007	加热炉紧急停炉的操作
				B	维护设备	001	设备的防冻防凝
						002	机组检修前后氮气的置换
						003	压力表的更换
						004	换热器泄漏检查
						005	新氢压缩机排气超温的处理
		C	事故判断与处理	A	判断事故	001	停电的判断
						002	高压瓦斯带油的判断
						003	泵轴承温度异常的判断
						004	分馏塔回流泵抽空的判断
				B	处理事故	001	高压分离器液位异常的处理
						002	冷高分排气带油的处理
						003	分馏塔回流泵抽空的处理
						004	分馏塔冲塔的处理

续表

鉴定范围						鉴定点	
一级		二级		三级		代码	名称
代码	名称	代码	名称	代码	名称		
		D	绘图与计算	A	绘图	001	新氢压缩机的工艺流程图
						002	原料油泵润滑油系统流程图
						003	反应系统氢气流程图
						004	循环氢压缩机润滑油系统的工艺流程图
						005	燃料气系统的工艺流程图
						006	高压、低压分离器的工艺流程图
						007	含硫污水系统的工艺流程图

五、技能操作试题

试题 1：管线吹扫的操作步骤

（考核时间：20min）

序号	考核内容	考核要点	配分	评分标准	检测结果	扣分	得分	备注
1	准备工作	穿戴劳保用品	3	未穿戴整齐扣 3 分				
		工具、用具准备	2	工具选择不正确扣 2 分				
2	操作程序	检查吹扫管线的流程、与临氢系统的隔离情况	30	未进行流程确认扣 10 分				
				未明确与临氢系统隔离情况扣 10 分				
3		检查吹扫蒸汽引汽、脱水情况	20	未对吹扫蒸汽进行脱水扣 10 分				
				未将水脱干净扣 10 分				
4		检查吹扫原则与吹扫效果	30	未按先主后次原则扣 10 分				
				未按从上到下原则扣 5 分				
				未按从里到外原则扣 5 分				
				未达到吹扫后管线无残油、凝液效果扣 10 分				
5		核实吹扫结束后，管线低点导淋是否打开	10	吹扫结束未打开低点放空，导致管线负压扣 10 分				
6	使用工具	正确使用工具	2	工具使用不正确扣 2 分				
		正确维护工具	3	工具乱摆乱放扣 3 分				
7	安全及其他	按国家法规或企业规定		违规一次总分扣 5 分；严重违规停止操作			—	
		在规定时间内完成操作		每超时 1min 总分扣 5 分，超时 3min 停止操作			—	
合计			100					

否定项说明：若吹扫时发生水击等情况，该题为零分。

试题 2：加热炉点火操作(现场模拟)

(考核时间：25min)

序号	考核内容	考核要点	配分	评分标准	检测结果	扣分	得分	备注
1	准备工作	穿戴劳保用品	3	未穿戴整齐扣 3 分				
		工具、用具准备	2	工具选择不正确扣 2 分				
2	操作程序	确认点炉前的准备工作已到位，炉膛已用吹扫蒸汽吹扫完毕	20	未对点炉前的准备工作进行确认扣 5 分				
				未确认炉膛是否蒸汽吹扫，扣 5 分				
				未对加热炉进行测爆分析扣 5 分				
				未确认燃料气分液罐安全阀是否投用，扣 5 分				
3		打开快开风门，联系内操将烟道挡板开度控制在 5%左右	10	没有与内操联系调整烟道挡板开度扣 5 分				
				未对快开风门的开关情况进行确认，扣 5 分				
4		引瓦斯至长明灯火嘴前第一道阀门，控制好瓦斯压力	10	未按操作规程打开瓦斯阀门，扣 5 分				
				未控制阀前瓦斯压力，扣 5 分				
5		点燃点火棒，将点火棒伸入点火孔；另外一个人配合打开长明灯手阀，点燃长明灯	10	未点燃点火棒前已要求打开长明灯手阀，扣 5 分				
				点火时人未站在上风向扣 5 分				
6		按以上步骤操作，将长明灯全部点燃	5	未将长明灯全部点燃扣 5 分				
7		点主火嘴时全开一道手阀，然后慢慢打开火嘴另一道手阀，点燃主火嘴	15	未按操作步骤点主火嘴，扣 10 分				
8		调节二次风门及挡板，各火嘴的火焰呈明亮蓝色	10	未对风门及挡板进行调节，扣 5 分				
				火焰燃烧情况不好，扣 5 分				
9		调整各火嘴手阀，控制火焰短齐	10	未对火嘴手阀进行调整，扣 5 分				
				未保证火焰短齐，扣 5 分				
10	使用工具	正确使用工具	2	工具使用不正确扣 2 分				
		正确维护工具	3	工具乱摆乱放扣 3 分				
11	安全及其他	按国家法规或企业规定		违规一次总分扣 5 分；严重违规停止操作			—	
		在规定时间内完成操作		每超时 1min 总分扣 5 分，超时 3min 停止操作			—	
合计			100					

否定项说明：若出现点火时引起炉子闪爆等情况，该题为零分。

试题3：反应系统氮气的气密操作

（考核时间：25min）

序号	考核内容	考核要点	配分	评分标准	检测结果	扣分	得分	备注
1	准备工作	穿戴劳保用品	3	未穿戴整齐扣3分				
		工具、用具准备	2	工具选择不正确扣2分				
2	操作程序	检查反应系统气密流程，并改好气密流程	20	未确认氮气置换合格，扣10分				
				未对系统阀门开关情况进行确认扣10分				
3		做好与内操的联系，确认气密的压力	10	没有与内操联系扣5分				
				未进行气密压力确认扣5分				
4		打开氮气阀门，达到气密压力停止充压，开始气密操作	25	充压速度太快，影响氮气系统压力，扣5分				
				未在充压时对泄漏点进行检查，扣5分				
				未达到气密压力就开始气密扣10分				
				未关闭氮气阀，导致气密压力仍在上升，扣5分				
5		对各法兰等部位进行重点气密，并确保每一个点都到位，并做好漏点的标识工作	10	气密工作检查不到位，气密结束仍存在泄漏，扣5分				
				未做好漏点标识工作扣5分				
6		与内操联系，确认气密压力的恒压情况	10	未及时联系保运对漏点进行处理扣5分				
				未与内操联系，确认气密压力扣5分				
7		确认系统的气密工作结束	15	有气密点未检查到，扣5分				
				未确认漏点已被处理好，扣5分				
				气密结束未泄压扣5分				
8	使用工具	正确使用工具	2	工具使用不正确扣2分				
		正确维护工具	3	工具乱摆乱放扣3分				
9	安全及其他	按国家法规或企业规定		违规一次总分扣5分；严重违规停止操作			—	
		在规定时间内完成操作		每超时1min总分扣5分，超时3min停止操作			—	
合计			100					

否定项说明：若出现气密时发生窜压等情况，该题为零分。

试题4：氢气置换的操作

（考核时间：20min）

序号	考核内容	考核要点	配分	评分标准	检测结果	扣分	得分	备注
1	准备工作	穿戴劳保用品	3	未穿戴整齐扣3分				
		工具、用具准备	2	工具选择不正确扣2分				

续表

序号	考核内容	考核要点	配分	评分标准	检测结果	扣分	得分	备注
2	操作程序	装置内的氢气流程管线已氮气气密、置换合格，流程正确	30	未确认氢气流程管线已氮气气密、置换合格，分析单未在现场扣10分				
				未确认安全阀投用，扣10分				
				未对氢气流程进行检查确认扣10分				
3		通知内操，告知调度准备引氢置换	20	未对流程的导淋、阀门情况进行检查确认扣10分				
				未与内操联系就开边界阀扣10分				
4		经同意，打开边界氢气阀门，避免对氢气系统管网压力的影响	20	未经内操同意开阀扣10分				
				开边界阀速度过快引起系统氢气压力波动扣5分				
				发现有泄漏导致引氢工作停止，扣5分				
5		氢气引入置换，系统反复充压、泄压置换，直至化验合格	20	未进行充压、泄压操作，扣10分				
				进行低点放空操作扣10分				
6	使用工具	正确使用工具	2	工具使用不正确扣2分				
		正确维护工具	3	工具乱摆乱放扣3分				
7	安全及其他	按国家法规或企业规定		违规一次总分扣5分；严重违规停止操作			—	
		在规定时间内完成操作		每超时1min总分扣5分，超时3min停止操作			—	
		合　计	100					

否定项说明：若出现氢气置换时发生氢气大面积泄漏等情况，该题为零分。

试题5：引系统1.0MPa蒸汽的操作

（考核时间：20min）

序号	考核内容	考核要点	配分	评分标准	检测结果	扣分	得分	备注
1	准备工作	穿戴劳保用品	3	未穿戴整齐扣3分				
		工具、用具准备	2	工具选择不正确扣2分				
2	操作程序	确认1.0MPa蒸汽流程	20	未对蒸汽流程进行确认扣10分				
				未关闭分支管线的阀门扣10分				
3		通知内操联系调度准备引汽，开启阀门，引入蒸汽	30	未联系内操通知调度，直接引汽扣10分				
				开启阀门幅度大，造成水击扣10分				
4		打开蒸汽分水器底部放空	20	未及时进行放水排凝，造成管线、设备水击扣10分				
				未与内操核实蒸汽压力扣10分				
5		逐步开启阀门，引入蒸汽，直到支线末端放空排凝见汽	20	没有检查管线、设备的泄漏、排空扣10分				
				未经允许将蒸汽引进设备进行放空、进汽扣10分				

续表

序号	考核内容	考核要点	配分	评分标准	检测结果	扣分	得分	备注
6	使用工具	正确使用工具	2	工具使用不正确扣 2 分				
		正确维护工具	3	工具乱摆乱放扣 3 分				
7	安全及其他	按国家法规或企业规定		违规一次总分扣 5 分；严重违规停止操作			—	
		在规定时间内完成操作		每超时 1min 总分扣 5 分，超时 3min 停止操作			—	
合　计			100					

否定项说明：若出现引汽时发生重大水击等情况，该题为零分。

试题 6：加热炉的升温操作

（考核时间：20min）

序号	考核内容	考核要点	配分	评分标准	检测结果	扣分	得分	备注
1	准备工作	穿戴劳保用品	3	未穿戴整齐扣 3 分				
		工具、用具准备	2	工具选择不正确扣 2 分				
2	操作程序	加热炉已经按照点火步骤点火，相关操作状况稳定(瓦斯、炉膛压力等)	20	未检查炉子的瓦斯、蒸汽等公用工程介质，扣 10 分				
				未检查炉子各设施运行状况，扣 10 分				
3		调节二次风门及挡板，保持各火嘴火焰短齐、明亮	20	未通过观察进行火嘴火焰调整，扣 10 分				
				未将火焰燃烧调整至良好，扣 10 分				
4		联系岗位人员，准备加热炉升温	10	升温前未做好联系工作，扣 10 分				
5		调整瓦斯控制阀开度，增加瓦斯流量，按照升温要求提温	20	调整瓦斯控制阀开度幅度过大、过快，扣 10 分				
				炉温控制不符合升温要求，扣 10 分				
6		控制炉出口温度，并调整相关操作数据，防止超温、超压	20	未在升温操作执行后检查其他相关操作参数扣 10 分				
				升温后造成其他设备超温、超压的扣10 分				
7	使用工具	正确使用工具	2	工具使用不正确扣 2 分				
		正确维护工具	3	工具乱摆乱放扣 3 分				
8	安全及其他	按国家法规或企业规定		违规一次总分扣 5 分；严重违规停止操作			—	
		在规定时间内完成操作		每超时 1min 总分扣 5 分，超时 3min 停止操作			—	
合　计			100					

否定项说明：若出现火焰扑炉管等情况，该题为零分。

试题7：仪表手动切换到自动的操作(模拟操作)

(考核时间：20min)

序号	考核内容	考核要点	配分	评分标准	检测结果	扣分	得分	备注
1	准备工作	穿戴劳保用品	3	未穿戴整齐扣3分				
		工具、用具准备	2	工具选择不正确扣2分				
2	操作程序	调出操作面板图	15	不调出面板图扣15分				
3		确认操作面板图	15	不确认面板图扣15分				
4		检查需要改自动控制的操作参数情况	10	未检查操作参数情况扣10分				
5		检查控制阀的开度情况	10	未检查控制阀开度扣10分				
6		将光标移至A/M切换键	15	不知道切换键扣15分				
7		按确认键即完成切换	15	不完成切换扣15分				
8		切换结束查看控制参数的变化	10	未进行查看扣10分				
9	使用工具	正确使用工具	2	工具使用不正确扣2分				
		正确维护工具	3	工具乱摆乱放扣3分				
10	安全及其他	按国家法规或企业规定		违规一次总分扣5分；严重违规停止操作			—	
		在规定时间内完成操作		每超时1min总分扣10分，超时2min停止操作			—	
合计			100					

否定项说明：若出现手动切自动后引起操作参数大幅波动等情况，该题为零分。

试题8：换热器的投用

(考核时间：20min)

序号	考核内容	考核要点	配分	评分标准	检测结果	扣分	得分	备注
1	准备工作	穿戴劳保用品	3	未穿戴整齐扣3分				
		工具、用具准备	2	工具选择不正确扣2分				
2	操作程序	检查换热器的封头、垫片安装	20	未检查换热器封头、垫片情况扣10分				
				封头、垫片处未进行试漏扣10分				
3		检查换热器的低点排凝、高点放空安装	10	未对换热器的低点排凝、高点放空确认扣10分				
4		检查换热器温度计、压力表的安装	20	未检查换热器温度计、压力表情况扣10分				
				未检查换热器温度计、压力表泄漏扣10分				
5		联系内操投用换热器	10	未联系内操投用换热器扣10分				
6		如有热介质通过，应先打开另一端放空或打开冷却水	30	未按照要求造成换热器憋压的扣10分				
				未及时打开放空，造成换热器单程受热的扣10分				
				冷热流投用顺序有错扣10分				

续表

序号	考核内容	考核要点	配分	评分标准	检测结果	扣分	得分	备注
7	使用工具	正确使用工具	2	工具使用不正确扣2分				
		正确维护工具	3	工具乱摆乱放扣3分				
8	安全及其他	按国家法规或企业规定		违规一次总分扣5分；严重违规停止操作			—	
		在规定时间内完成操作		每超时1min总分扣5分，超时3min停止操作			—	
合　计			100					

否定项说明：若出现未按先冷流、后热流的顺序投用换热器等情况，该题为零分。

试题9：加热炉氧含量的调节(现场模拟)

(考核时间：20min)

序号	考核内容	考核要点	配分	评分标准	检测结果	扣分	得分	备注
1	准备工作	穿戴劳保用品	3	未穿戴整齐扣3分				
		工具、用具准备	2	工具选择不正确扣2分				
2	操作程序	检查加热炉氧含量变化的趋势，分析原因	20	未检查氧含量变化趋势扣5分				
				未正确分析氧含量变化原因扣15分				
3		调节炉子的风门及烟道挡板开度、调节风机的转速	30	调节幅度过大导致氧含量波动幅度较大扣10分				
				使反应炉出口温度大幅波动扣20分				
4		联系外操检查现场风机的运行情况和炉子火焰的燃烧情况	20	未联系外操检查现场风机运行情况扣10分				
				未联系外操检查炉子火焰燃烧情况扣10分				
5		氧含量控制在合理的范围之内，炉子燃烧情况较好，结束调整	20	氧含量过高扣10分				
				炉膛负压过高扣5分				
				炉子燃烧不好扣5分				
6	使用工具	正确使用工具	2	工具使用不正确扣2分				
		正确维护工具	3	工具乱摆乱放扣3分				
7	安全及其他	按国家法规或企业规定		违规一次总分扣5分；严重违规停止操作			—	
		在规定时间内完成操作		每超时1min总分扣5分，超时3min停止操作			—	
合　计			100					

否定项说明：若出现无法将氧含量控制在合理范围之内的情况，该题为零分。

试题 10：设备的联锁状态检查(现场模拟)

（考核时间：20min）

序号	考核内容	考核要点	配分	评分标准	检测结果	扣分	得分	备注
1	准备工作	穿戴劳保用品	3	未穿戴整齐扣 3 分				
		工具、用具准备	2	工具选择不正确扣 2 分				
2	操作程序	检查对联锁操作画面的熟悉程度	30	对联锁操作画面不熟悉扣 10 分				
				调画面出错扣 10 分				
				对装置联锁不熟悉扣 10 分				
3		调出某设备的联锁画面，指出联锁内容以及投用情况	40	调联锁画面出错扣 10 分				
				对画面联锁内容不熟，错一处扣 10 分				
				对画面联锁投用情况不熟，错一处扣 5 分				
4		未投用的联锁进行确认投用	20	联锁投用的步骤错误扣 20 分				
5	使用工具	正确使用工具	2	工具使用不正确扣 2 分				
		正确维护工具	3	工具乱摆乱放扣 3 分				
6	安全及其他	按国家法规或企业规定		违规一次总分扣 5 分；严重违规停止操作			—	
		在规定时间内完成操作		每超时 1min 总分扣 5 分，超时 3min 停止操作			—	
	合　计		100					

否定项说明：若出现在投用联锁时导致联锁动作等情况，该题为零分。

试题 11：高压空冷的巡检

（考核时间：20min）

序号	考核内容	考核要点	配分	评分标准	检测结果	扣分	得分	备注
1	准备工作	穿戴劳保用品	3	未穿戴整齐扣 3 分				
		工具、用具准备	2	工具选择不正确扣 2 分				
2	操作程序	检查各个空冷风扇的运转情况	10	未检查空冷风扇运行情况扣 10 分				
3		检查空冷电机、传动轴转动部分有无杂音	20	未检查电机扣 10 分				
				未检查传动轴扣 10 分				
4		检查风机轴承润滑是否良好，皮带有无松动脱落	20	未检查风机皮带是否松脱扣 10 分				
				未对轴承润滑情况进行检查扣 10 分				
5		检查空冷出入口管线、堵头的泄漏情况	20	未确认空冷进出口法兰泄漏情况扣 10 分				
				未检查阀门泄漏情况扣 5 分				
				未检查丝堵泄漏情况扣 5 分				
6		与内操核实空冷进出口温度、压力	20	未对空冷压力与内操核实的扣 10 分				
				未对空冷进出口温度与内操核实的扣 10 分				

续表

序号	考核内容	考核要点	配分	评分标准	检测结果	扣分	得分	备注
7	使用工具	正确使用工具	2	工具使用不正确扣2分				
		正确维护工具	3	工具乱摆乱放扣3分				
8	安全及其他	按国家法规或企业规定		违规一次总分扣5分；严重违规停止操作				—
		在规定时间内完成操作		每超时1min总分扣5分，超时3min停止操作				—
		合　计	100					

否定项说明：若出现检查后发生电机烧毁等情况，该题为零分。

试题12：高速离心泵的巡检

（考核时间：20min）

序号	考核内容	考核要点	配分	评分标准	检测结果	扣分	得分	备注
1	准备工作	穿戴劳保用品	3	未穿戴整齐扣3分				
		工具、用具准备	2	工具选择不正确扣2分				
2	操作程序	检查泵出口压力、电流值，检查泵出口阀的开度情况	15	未检查泵出口压力扣5分				
				未检查泵电流值扣5分				
				未检查泵出口阀的开度情况扣5分				
3		检查泵体、油箱和各轴承温度	10	未检查泵体温度扣5分				
				未检查油箱温度扣5分				
				未检查轴承温度扣5分				
4		检查泵体冷却或加热、密封的冲洗情况	10	未检查泵体冷却或加热情况扣5分				
				未检查密封的冲洗情况扣5分				
5		检查泵机械密封的泄漏情况	10	未检查泵机械密封的泄漏情况扣10分				
6		检查泵的振动情况	10	未检查泵体的振动情况扣10分				
7		检查油箱内润滑油的油质和油量情况	25	未检查油箱内润滑油的油质扣10分				
				未检查润滑油的油量扣5分				
				油量不足未添加扣10分				
8		做好备用泵的备用工作，对备用泵进行定期盘车	10	未检查备用泵的备用情况扣5分				
				未对备用泵进行盘车扣5分				
9	使用工具	正确使用工具	2	工具使用不正确扣2分				
		正确维护工具	3	工具乱摆乱放扣3分				
10	安全及其他	按国家法规或企业规定		违规一次总分扣5分；严重违规停止操作				—
		在规定时间内完成操作		每超时1min总分扣5分，超时3min停止操作				—
		合　计	100					

否定项说明：若出现检查后离心泵烧毁等情况，该题为零分。

试题13：烟道气采样的操作

（考核时间：20min）

序号	考核内容	考核要点	配分	评分标准	检测结果	扣分	得分	备注
1	准备工作	穿戴劳保用品	3	未穿戴整齐扣3分				
		工具、用具准备	2	工具选择不正确扣2分				
2	操作程序	清楚烟道气采样点的位置	10	不知道采样点的位置扣10分				
3		按顺序接好采样袋、采样皮囊和采样点，打开采样点阀门	20	不会连接采样器具扣10分				
				采样器具连接错误扣10分				
4		对采样袋进行置换，确保置换彻底	30	采样袋置换不彻底扣20分				
				采样袋置换操作不规范扣10分				
5		烟道气采样结束，确保采样袋的密封性能	10	人为原因使采样袋漏气扣10分				
6		取下采样皮囊，关采样点阀门	20	未将采样器具取下扣10分				
				未关采样阀扣10分				
7	使用工具	正确使用工具	2	工具使用不正确扣2分				
		正确维护工具	3	工具乱摆乱放扣3分				
8	安全及其他	按国家法规或企业规定		违规一次总分扣5分；严重违规停止操作			—	
		在规定时间内完成操作		每超时1min总分扣5分，超时3min停止操作			—	
合计			100					

否定项说明：若出现采不出烟道气等情况，该题为零分。

试题14：分馏塔液面波动的处理(现场模拟)

（考核时间：20min）

序号	考核内容	考核要点	配分	评分标准	检测结果	扣分	得分	备注
1	准备工作	穿戴劳保用品	3	未穿戴整齐扣3分				
		工具、用具准备	2	工具选择不正确扣2分				
2	操作程序	对分馏塔液面波动的原因能做出正确判断	10	未能进行正确判断扣10分				
3		稳定分馏塔的进料量，如进料量发生变化，调节液控阀稳定塔底液面	20	未稳定进料量扣10分				
				未稳定塔液面扣10分				
4		加强加热炉的操作，稳定加热炉出口温度和循环量	20	未稳定炉出口温度扣10分				
				未稳定循环量扣10分				
5		调整塔顶温度，加强平稳操作	15	塔顶温度波动大扣15分				
6		稳定塔顶压力，对压控进行检查和维修	15	塔顶压力波动大扣15分				
7		检查校验液面指示和控制阀，防止假液面	10	未联系仪表校表扣10分				

续表

序号	考核内容	考核要点	配分	评分标准	检测结果	扣分	得分	备注
8	使用工具	正确使用工具	2	工具使用不正确扣 2 分				
		正确维护工具	3	工具乱摆乱放扣 3 分				
9	安全及其他	按国家法规或企业规定		违规一次总分扣 5 分；严重违规停止操作			—	
		在规定时间内完成操作		每超时 1min 总分扣 5 分，超时 3min 停止操作			—	
		合　　计	100					

否定项说明：若出现塔底液面波动引起泵抽空等情况，该题为零分。

试题 15：加热炉火嘴清理的操作

（考核时间：20min）

序号	考核内容	考核要点	配分	评分标准	检测结果	扣分	得分	备注
1	准备工作	穿戴劳保用品	3	未穿戴整齐扣 3 分				
		工具、用具准备	2	工具选择不正确扣 2 分				
2	操作程序	检查加热炉火嘴的燃烧情况	10	未检查加热炉火嘴燃烧情况扣 10 分				
3		与内操联系，准备拆火嘴	10	未联系内操扣 10 分				
4		关闭要清理火嘴瓦斯的截止阀，熄灭火嘴	20	未关闭瓦斯截止阀就进行拆卸扣 10 分				
				截止阀关闭不严密，造成瓦斯泄漏扣 10 分				
5		进行火嘴的拆卸	10	未配合进行火嘴拆卸扣 5 分				
				火嘴拆卸过程造成设备损坏的扣 5 分				
6		疏通火嘴孔，清除火嘴的结垢、堵塞	20	未完全清理火嘴的结垢扣 10 分				
				疏通造成火嘴损坏的扣 10 分				
7		清理火嘴后，进行火嘴的回装	20	火嘴回装不到位的扣 10 分				
				未联系内操重新点燃火嘴扣 10 分				
8	使用工具	正确使用工具	2	工具使用不正确扣 2 分				
		正确维护工具	3	工具乱摆乱放扣 3 分				
9	安全及其他	按国家法规或企业规定		违规一次总分扣 5 分；严重违规停止操作			—	
		在规定时间内完成操作		每超时 1min 总分扣 5 分，超时 3min 停止操作			—	
		合　　计	100					

否定项说明：若出现拆装火嘴时导致炉膛温度大幅波动，该题为零分。

试题 16：炉膛负压的调节

（考核时间：20min）

序号	考核内容	考核要点	配分	评分标准	检测结果	扣分	得分	备注
1	准备工作	穿戴劳保用品	3	未穿戴整齐扣 3 分				
		工具、用具准备	2	工具选择不正确扣 2 分				
2	操作程序	检查加热炉负压情况，并核实、分析炉膛出现负压变化原因	25	未检查炉膛负压变化趋势扣 10 分				
				未正确分析炉膛负压变化原因扣 10 分				
				未对现场负压和 DCS 显示值进行核对扣 5 分				
3		调节炉子的烟道挡板开度	25	调节幅度过大导致氧负压值波动幅度较大扣 15 分				
				使反应炉出口温度大幅波动扣 10 分				
4		联系外操检查现场炉子燃烧情况及火焰的燃烧情况	20	未联系外操检查现场烟道挡板情况扣 10 分				
				未联系外操检查炉子火焰燃烧情况扣 10 分				
5		控制炉膛负压在规定范围内，结束调整	20	负压值过高或过低扣 10 分				
				炉子燃烧不好扣 10 分				
6	使用工具	正确使用工具	2	工具使用不正确扣 2 分				
		正确维护工具	3	工具乱摆乱放扣 3 分				
7	安全及其他	按国家法规或企业规定		违规一次总分扣 5 分；严重违规停止操作			—	
		在规定时间内完成操作		每超时 1min 总分扣 5 分，超时 3min 停止操作			—	
合　计			100					

否定项说明：若出现无法将炉膛负压控制在合理范围之内，该题为零分。

试题 17：产品改不合格线的操作

（考核时间：20min）

序号	考核内容	考核要点	配分	评分标准	检测结果	扣分	得分	备注
1	准备工作	穿戴劳保用品	3	未穿戴整齐扣 3 分				
		工具、用具准备	2	工具选择不正确扣 2 分				
2	操作程序	核实化验数据，并检查现场实际产品流程	20	未对产品化验数据进行核实扣 10 分				
				未对产品出装置流程进行检查扣 10 分				
3		检查不合格线流程	10	未检查不合格线流程扣 10 分				
4		联系内操通知调度对系统后路管线流程进行确认	20	未通知内操与调度联系，进行系统后路确认扣 10 分				
				未通知内操联系相应储运岗位扣 10 分				

续表

序号	考核内容	考核要点	配分	评分标准	检测结果	扣分	得分	备注
5		稍开不合格线阀门，逐步到位	20	不合格线阀门操作幅度大造成液位波动及泄漏扣 20 分				
6		流量稳定后，关闭产品线阀门	20	切换结束未关闭产品线阀扣 10 分				
				结束操作未通知内操扣 10 分				
7	使用工具	正确使用工具	2	工具使用不正确扣 2 分				
		正确维护工具	3	工具乱摆乱放扣 3 分				
8	安全及其他	按国家法规或企业规定		违规一次总分扣 5 分；严重违规停止操作			—	
		在规定时间内完成操作		每超时 1min 总分扣 5 分，超时 3min 停止操作			—	
合计			100					

否定项说明：若出现流程改错等情况，该题为零分。

试题 18：含硫化氢气体的采样操作

（考核时间：20min）

序号	考核内容	考核要点	配分	评分标准	检测结果	扣分	得分	备注
1	准备工作	穿戴劳保用品	3	未穿戴整齐扣 3 分				
		工具、用具准备	2	工具选择不正确扣 2 分				
2	操作程序	清楚含硫化氢气体采样点的位置，并佩戴硫化氢报警仪	15	不知道采样点的位置扣 5 分				
				未佩戴硫化氢报警仪扣 10 分				
3		一人作业，一人监护	10	未安排人员进行监护扣 10 分				
4		按顺序接好采样袋、采样皮囊和采样点，打开采样点阀门	10	不会连接采样器具扣 5 分				
				采样器具连接错误扣 5 分				
5		对采样袋进行置换，确保置换彻底	20	采样袋置换不彻底扣 10 分				
				采样袋置换操作不规范扣 10 分				
6		含硫化氢气体采样结束，确保采样袋的密封性能，剩余尾气进行中和吸收	20	采样袋漏气扣 10 分				
				采样后未对尾气进行中和吸收扣 10 分				
7		关采样点阀门，取下采样皮囊	15	未将采样器具取下扣 5 分				
				未关采样阀扣 10 分				
8	使用工具	正确使用工具	2	工具使用不正确扣 2 分				
		正确维护工具	3	工具乱摆乱放扣 3 分				
9	安全及其他	按国家法规或企业规定		违规一次总分扣 5 分；严重违规停止操作			—	
		在规定时间内完成操作		每超时 1min 总分扣 5 分，超时 3min 停止操作			—	
合计			100					

否定项说明：若出现采样时硫化氢发生泄漏等情况，该题为零分。

试题19：热油泵的停运操作

（考核时间：20min）

序号	考核内容	考核要点	配分	评分标准	检测结果	扣分	得分	备注
1	准备工作	穿戴劳保用品	3	未穿戴整齐扣3分				
		工具、用具准备	2	工具选择不正确扣2分				
2	操作程序	检查泵的运转情况，联系内操准备停泵	20	未确认泵的运行情况扣10分				
				未联系内操直接停泵扣10分				
3		缓慢关闭泵的出口阀门	20	泵未达到最小流量，直接关闭出口阀扣10分				
				先关泵进口阀，再关出口阀门扣10分				
4		在出口流量降低，开最小流量线阀	20	关闭出口阀门幅度过大扣10分				
				最小流量线未及时打开扣10分（无最小流量线的不作要求）				
5		按停泵按钮，停止电机运转	10	直接停泵，未确认电机电流扣10分				
6		关闭最小流量线阀，稍开泵体预热线	20	最小流量线在电机停运前提前关闭扣10分（无最小流量线的不作要求）				
				泵体预热线阀门开启过大，造成反转扣5分				
				未通知内操作业结束，扣5分				
7	使用工具	正确使用工具	2	工具使用不正确扣2分				
		正确维护工具	3	工具乱摆乱放扣3分				
8	安全及其他	按国家法规或企业规定		违规一次总分扣5分；严重违规停止操作			—	
		在规定时间内完成操作		每超时1min总分扣5分，超时3min停止操作			—	
		合　计	100					

否定项说明：若出现停泵时导致泵损坏，该题为零分。

试题20：加热炉的停炉操作

（考核时间：20min）

序号	考核内容	考核要点	配分	评分标准	检测结果	扣分	得分	备注
1	准备工作	穿戴劳保用品	3	未穿戴整齐扣3分				
		工具、用具准备	2	工具选择不正确扣2分				
2	操作程序	根据反应系统、分馏系统的降温要求，逐步降低加热炉的出口温度	10	未按要求进行降温操作扣10分				
3		当温度降到适当值以后，将自动燃料控制转换成手动控制	10	未将自动改手动控制扣10分				
4		熄火时应先关燃料气，然后关风门	10	未按先后顺序进行操作扣10分				

续表

序号	考核内容	考核要点	配分	评分标准	检测结果	扣分	得分	备注
5		主火嘴熄灭后再灭长明灯，关截止阀	20	未按先后顺序进行操作扣10分				
				未关相关截止阀扣10分				
6		熄火后如炉膛温度大于400℃时，可开大烟道挡板、风门开度通风降温	10	未按要求进行通风降温扣10分				
7		停炉后，关闭燃料气及蒸汽所有阀门，全开烟道挡板	10	未关闭相关阀门扣5分				
				未全开烟道挡板扣5分				
8		风机停运，然后将快开风门打开，炉子内自然通风	10	未将风机停运扣5分				
				未确认快开风门是否打开扣5分				
9		炉子长时间停运，应将所有喷嘴拆下浸泡在煤油中，清除积炭和杂物	10	未对喷嘴进行清洗扣10分				
10	使用工具	正确使用工具	2	工具使用不正确扣2分				
		正确维护工具	3	工具乱摆乱放扣3分				
11	安全及其他	按国家法规或企业规定		违规一次总分扣5分；严重违规停止操作			—	
		在规定时间内完成操作		每超时1min总分扣5分，超时3min停止操作			—	
合计			100					

否定项说明：若出现停炉时发生闪爆情况，该题为零分。

试题21：离心泵的切换

（考核时间：20min）

序号	考核内容	考核要点	配分	评分标准	检测结果	扣分	得分	备注
1	准备工作	穿戴劳保用品	3	未穿戴整齐扣3分				
		工具、用具准备	2	工具选择不正确扣2分				
2	操作程序	做好备用泵启动前的各项准备工作，按正常启动程序启动。切换前流量自动控制应改为手动，并由专人监视以使切换波动时及时稳定流量	30	未做好开泵前(检查冷却水、润滑油)的准备工作扣10分				
				未按开泵操作规定的扣10分				
				未与内操作取得联系切换泵造成流量波动扣10分				
3		备用泵启动正常后，应在逐渐开大备用泵出口阀的同时逐渐关小原运行泵出口阀，直到新运行泵出口阀接近全开，原运行泵出口阀全关为止，然后才能停原运行泵	40	未开大备用泵出口阀扣10分				
				备用泵开起来，未按切泵要求逐渐关小运行泵出口阀门扣10分				
				与内操取得联系，在切换泵时，未将流量表改手动操作，造成流量波动扣10分				
				泵切换好后，未及时停掉原运行泵扣10分				
4		全面检查，在切换过程中一定要随时注视电流压力和流量有无波动的情况，保证切换平稳	20	泵切换好后，未按规定检查扣5分				
				在切泵中出现超电流的扣5分				
				在切泵中出现压力、流量大幅度波动的扣10分				

续表

序号	考核内容	考核要点	配分	评分标准	检测结果	扣分	得分	备注
5	使用工具	正确使用工具	2	工具使用不正确扣 2 分				
		正确维护工具	3	工具乱摆乱放扣 3 分				
6	安全及其他	按国家法规或企业规定		违规一次总分扣 5 分；严重违规停止操作			—	
		在规定时间内完成操作		每超时 1min 总分扣 5 分，超时 3min 停止操作			—	
合计			100					

否定项说明：若出现切换时导致流量中断等情况，该题为零分。

试题 22：热油泵的预热操作

（考核时间：20min）

序号	考核内容	考核要点	配分	评分标准	检测结果	扣分	得分	备注
1	准备工作	穿戴劳保用品	3	未穿戴整齐扣 3 分				
		工具、用具准备	2	工具选择不正确扣 2 分				
2	操作程序	预热流程正确。一般是泵出口管线—通过横跨出口阀的预热跨线—预热阀—泵体—泵入口，不要将预热阀开得过大，以防止泵倒转	25	未确认预热流程扣 10 分				
				未确认预热阀门开关扣 5 分				
				预热阀开太大引起泵倒转扣 10 分				
3		预热以 50℃/h 的速度进行，紧急情况下，采取措施后可以加快预热速度	25	预热升温速度超过规定要求扣 10 分				
				在预热中发现泵体急剧受热引起泵泄漏扣 15 分				
				预热时因升温快，泵转子弯曲被卡住扣 25 分				
4		预热时要定时盘车，以避免主轴弯曲和便于排除泵内气体	20	在预热时未按规定盘车扣 10 分				
				盘车中未检查轴承扣 10 分				
5		轴承箱、泵座、端面密封的冷却水要全部打开，以保护轴和轴承	20	未检查冷却水介质扣 5 分				
				未打开轴承箱、泵座、端面密封冷却水阀扣 10 分				
				未检查轴承箱、泵座、端面密封冷却水是否畅通扣 5 分				
6	使用工具	正确使用工具	2	工具使用不正确扣 2 分				
		正确维护工具	3	工具乱摆乱放扣 3 分				
7	安全及其他	按国家法规或企业规定		违规一次总分扣 5 分；严重违规停止操作			—	
		在规定时间内完成操作		每超时 1min 总分扣 5 分，超时 3min 停止操作			—	
合计			100					

否定项说明：若出现在预热时影响运行泵的正常运行等情况，该题为零分。

试题 23：原料油泵的紧急停车

（考核时间：20min）

序号	考核内容	考核要点	配分	评分标准	检测结果	扣分	得分	备注
1	准备工作	穿戴劳保用品	3	未穿戴整齐扣 3 分				
		工具、用具准备	2	工具选择不正确扣 2 分				
2	操作程序	与内操联系，按停泵按钮	30	未与内操联系扣 15 分				
				未按停泵按钮扣 15 分				
3		关泵出口阀	30	未关出口阀扣 15 分				
				关泵入口阀扣 15 分				
4		有润滑油泵的，轴承温度小于 45℃ 时，停润滑油泵，关闭润滑油泵出口阀	30	轴承温度大于 45℃ 停润滑油泵扣 15 分				
				停润滑油泵未关出口阀扣 15 分				
5	使用工具	正确使用工具	2	工具使用不正确扣 2 分				
		正确维护工具	3	工具乱摆乱放扣 3 分				
6	安全及其他	按国家法规或企业规定		违规一次总分扣 5 分；严重违规停止操作			—	
		在规定时间内完成操作		每超时 1min 总分扣 5 分，超时 3min 停止操作			—	
		合　计	100					

否定项说明：若停泵过程中发生窜压，该题为零分。

试题 24：离心泵启动前的检查

（考核时间：30min）

序号	考核内容	考核要点	配分	评分标准	检测结果	扣分	得分	备注
1	准备工作	穿戴劳保用品	3	未穿戴整齐扣 3 分				
		工具、用具准备	2	工具选择不正确扣 2 分				
2	操作程序	检查泵体及出入口管线	10	未检查管线、阀门、法兰、活接头、压力表扣 3 分				
				未检查泵地脚螺丝及电机接地线和联轴器扣 3 分				
				确认轴中心线已找正好，未找正扣 4 分				
3		检查泵出口和封油压力表是否安装良好，量程选择是否合适，压力表、电流表、油箱油面是否已用安全红线标记	10	压力表未安装好扣 3 分				
				压力表量程选择不合适扣 3 分				
				压力表、电流表、油箱油面未画安全红线标记扣 4 分				
4		按机泵润滑油使用规格和三级过滤制方法向轴承油箱注入合格润滑油，油箱必须用润滑油清洗干净，油面加至油标的 1/3~2/3 之间	10	润滑油未按三级过滤扣 3 分				
				油箱未清洗干净扣 3 分				
				润滑油未加到油标要求液位扣 4 分				

续表

序号	考核内容	考核要点	配分	评分标准	检测结果	扣分	得分	备注
5		盘车检查转子是否灵活、轻松，泵体内是否有不正常声音和金属撞击声，检查电机旋转方向是否与泵旋转方向一致，上好对轮护罩	10	未检查盘车时转子是否灵活扣2分				
				泵体有杂音和撞击声未检查出来扣3分				
				电机反转未检查出扣3分				
				电机对轮防护罩未上好扣2分				
6		开冷却水和封油，使其畅通循环，调节好冷却水流量和封油压力	10	冷却水、封油管线不畅通未检查出来扣5分				
				冷却水、封油压力未设定好扣5分				
7		打开泵的入口阀和出口压力表手阀	10	未打开泵入口阀扣5分				
				泵出口压力表阀未打开扣5分				
8		热油泵启动前必须进行预热	10	热油泵未按规定预热扣5分				
				预热升温太快引起泵倒转扣5分				
9		联系电工送电	10	未联系电工送电扣5分				
				未填送电作业票扣5分				
10		启动时应有操作员在场，并已改好流程，调节阀已遥控，适当打开一定开度，已联系仪表工启用一次表	10	未与内操取得联系扣3分				
				流程未改好扣3分				
				控制阀未开及一次表未投用扣4分				
11	使用工具	正确使用工具	2	工具使用不正确扣2分				
		正确维护工具	3	工具乱摆乱放扣3分				
12	安全及其他	按国家法规或企业规定		违规一次总分扣5分；严重违规停止操作				—
		在规定时间内完成操作		每超时1min总分扣5分，超时3min停止操作				—
		合　计	100					

否定项说明：若出现由于检查不充分而导致泵损坏等情况，该题为零分。

试题25：加热炉紧急停炉的操作(现场模拟)

(考核时间：30min)

序号	考核内容	考核要点	配分	评分标准	检测结果	扣分	得分	备注
1	准备工作	穿戴劳保用品	3	未穿戴整齐扣3分				
		工具、用具准备	2	工具选择不正确扣2分				
2	操作程序	切断加热炉燃料气，关闭燃料气阀门	30	未与内操取得联系扣10分				
				加热炉未熄火扣10分				
				未关闭燃料气阀门扣10分				
3		切断加热炉进料，关闭加热炉进料流控阀	20	没有与内操联系扣10分				
				未关闭加热炉进料流控阀扣10分				

续表

序号	考核内容	考核要点	配分	评分标准	检测结果	扣分	得分	备注
4		加热炉打开烟道挡板，炉膛引蒸汽吹扫降温	30	未打开烟道挡板扣10分				
				炉膛未引蒸汽吹扫扣10分				
				未打开风门冷却扣10分				
5		停运风机	10	未停运风机扣10分				
6	使用工具	正确使用工具	2	工具使用不正确扣2分				
		正确维护工具	3	工具乱摆乱放扣3分				
7	安全及其他	按国家法规或企业规定		违规一次总分扣5分；严重违规停止操作			—	
		在规定时间内完成操作		每超时1min总分扣5分，超时3min停止操作			—	
合　计			100					

否定项说明：若出现炉子闪爆情况，该题为零分。

试题26：设备的防冻防凝（现场模拟）

（考核时间：30min）

序号	考核内容	考核要点	配分	评分标准	检测结果	扣分	得分	备注
1	准备工作	穿戴劳保用品	3	未穿戴整齐扣3分				
		工具、用具准备	2	工具选择不正确扣2分				
2	操作程序	长期停用的设备、管线与生产系统连接处要加好盲板隔离，并把积水排放后吹扫干净	10	未加盲板扣5分				
				未把积水放干净扣5分				
3		运转和临时停运的设备、水管、汽管、控制阀要有防冻防凝保温措施或采取小流量的长流水等	20	设备、管线、阀门没有保温措施扣10分				
				备用动设备冬季未落实细水常流扣5分				
				静设备停用未放尽存水扣5分				
4		要加强巡检脱水	20	设备、管线低点未脱水扣4分				
				停用机泵、压缩机未维持细水长流扣4分				
				备用泵未按规定盘车扣4分				
				蒸汽、水线低点未冒汽和长流水扣4分				
				未检查液面计、压力表扣4分				
5		冬季生产中开不动或关不动的阀门不能硬开硬关，机泵盘不动车，不得启用	10	硬开关阀扣5分				
				机泵盘不动车强制启动损坏泵扣5分				
6		对冻凝的铸铁阀门要用温水解冻或少量蒸汽慢慢加热，防止骤然受热损坏	10	冻凝铸铁阀未用温水解冻扣5分				
				冻凝铸铁阀门用蒸汽加热升温过快损坏阀门扣5分				

续表

序号	考核内容	考核要点	配分	评分标准	检测结果	扣分	得分	备注
7		施工和生活用水，要设法排放至地沟或不影响通行的地方，冰溜子要随时打掉，有冰雪的楼梯要打扫干净方能使用	10	地沟不畅通扣 5 分				
				积水、冰雪未扫掉扣 5 分				
8		加强管理建立防冻防凝台账	10	无冻凝事故记录扣 3 分				
				防冻防凝设备不完好扣 4 分				
				易冻凝设备及管线未建立台账扣 3 分				
9	使用工具	正确使用工具	2	工具使用不正确扣 2 分				
		正确维护工具	3	工具乱摆乱放扣 3 分				
10	安全及其他	按国家法规或企业规定		违规一次总分扣 5 分；严重违规停止操作			—	
		在规定时间内完成操作		每超时 1min 总分扣 5 分，超时 3min 停止操作			—	
		合　计	100					

否定项说明：若出现由于未做好防冻防凝工作导致设备损坏等情况，该题为零分。

试题 27：机组检修前后氮气的置换(现场模拟)

(考核时间：30min)

序号	考核内容	考核要点	配分	评分标准	检测结果	扣分	得分	备注
1	准备工作	穿戴劳保用品	3	未穿戴整齐扣 3 分				
		工具、用具准备	2	工具选择不正确扣 2 分				
2	操作程序	检查机组检修前后氮气置换流程，并改好氮气置换流程	20	未确认氮气置换流程扣 10 分				
				未打开机组放空扣 10 分				
3		检查与内操的联系情况，确认机组置换介质	25	没有与内操联系扣 15 分				
				未确认机组置换介质扣 15 分				
4		检查氮气置换后机组检修前残存气体是否符合规定要求，确保机组检修安全	25	机组氮气未置换合格交出检修扣 10 分				
				机组置换未取得分析数据扣 10 分				
				未确保机组检修扣 5 分				
5		全面检查机组检修后氮气置换工作	20	机组检修后未按规定氮气置换扣 10 分				
				机组检修后氮气未进行全面置换扣 10 分				
6	使用工具	正确使用工具	2	工具使用不正确扣 2 分				
		正确维护工具	3	工具乱摆乱放扣 3 分				

续表

序号	考核内容	考核要点	配分	评分标准	检测结果	扣分	得分	备注
7	安全及其他	按国家法规或企业规定		违规一次总分扣5分；严重违规停止操作			—	
		在规定时间内完成操作		每超时1min总分扣5分，超时3min停止操作			—	
合计			100					

否定项说明：若出现置换不合格仍然作业，该题为零分。

试题28：压力表的更换(现场模拟)

(考核时间：30min)

序号	考核内容	考核要点	配分	评分标准	检测结果	扣分	得分	备注
1	准备工作	穿戴劳保用品	3	未穿戴整齐扣3分				
		工具、用具准备	2	工具选择不正确扣2分				
2	操作程序	检查压力表是否经过校验合格	15	使用未经校验的压力表扣5分				
				未选择合适的压力表(量程、精度)扣5分				
				未取得校验单扣5分				
3		检查压力表的表盘刻度应该清晰，便于观察	10	压力表表面不清晰扣5分				
				压力表刻度不清扣5分				
4		检查压力表表盘最高许可工作压力的刻度上画有红线标志	15	压力表未画红线标志扣10分				
				压力等级不符合要求扣5分				
5		关闭压力表引出阀门	10	未关引出阀门扣10分				
6		缓慢松开压力表活节头卸压，防止有害、高温介质喷出伤人	15	未松活接头卸压扣10分				
				安全措施未落实伤人扣5分				
7		压力卸尽，先将压力表取下，放好垫片，再把压力表扭紧	15	残压未放尽扣5分				
				垫片未更换扣5分				
				压力表未拧紧扣5分				
8		缓慢打开压力表阀门至正常位置	10	阀门开最大扣5分				
				更换后未检查压力指示扣5分				
9	使用工具	正确使用工具	2	工具使用不正确扣2分				
		正确维护工具	3	工具乱摆乱放扣3分				
10	安全及其他	按国家法规或企业规定		违规一次总分扣5分；严重违规停止操作			—	
		在规定时间内完成操作		每超时1min总分扣5分，超时3min停止操作			—	
合计			100					

否定项说明：若出现换压力表时物质外泄等情况，该题为零分。

试题29：换热器泄漏检查(现场模拟)

(考核时间：30min)

序号	考核内容	考核要点	配分	评分标准	检测结果	扣分	得分	备注
1	准备工作	穿戴劳保用品	3	未穿戴整齐扣3分				
		工具、用具准备	2	工具选择不正确扣2分				
2	操作程序	检查换热器管壳程出入口法兰垫片是否加好	20	未检查出入口法兰扣10分				
				未检查出入口垫片扣10分				
3		检查换热器管壳程出入口法兰螺栓规格及是否按规定拧紧	20	未检查出入口法兰螺栓扣10分				
				未检查出入口法兰螺栓规格扣10分				
4		检查换热器管程、壳程介质压力是否符合工艺参数要求，如管程压力不符工艺参数要求，说明换热器小浮头或管束腐蚀泄漏	30	未检查换热器进出介质压力扣15分				
				未能根据换热器进出介质压力的差别判断泄漏扣15分				
5		联系化验采管壳程介质油样，如管壳程介质油样分析质量指标相似，判断换热器有泄漏	20	未能根据油样情况判断泄漏扣20分				
6	使用工具	正确使用工具	2	工具使用不正确扣2分				
		正确维护工具	3	工具乱摆乱放扣3分				
7	安全及其他	按国家法规或企业规定		违规一次总分扣5分；严重违规停止操作			—	
		在规定时间内完成操作		每超时1min总分扣5分，超时3min停止操作			—	
合计			100					

否定项说明：若出现换热器泄漏未检查出等情况，该题为零分。

试题30：停电的判断(现场模拟)

(考核时间：30min)

序号	考核内容	考核要点	配分	评分标准	检测结果	扣分	得分	备注
1	准备工作	穿戴劳保用品	3	未穿戴整齐扣3分				
		工具、用具准备	2	工具选择不正确扣2分				
2	操作程序	泵、压缩机、空冷风机、加热炉空气预热器风机停运	15	不能做出正确判断扣15分				
3		装置照明灯熄灭	15	不能做出正确判断扣15分				
4		机泵出口流量指示回零	15	不能做出正确判断扣15分				
5		加热炉出口温度快速上升	15	不能做出正确判断扣15分				
6		塔顶温度、回流罐温度急剧上升	15	不能做出正确判断扣15分				
7		加氢高分压力下降，各回流罐压力上升	15	不能做出正确判断扣15分				

续表

序号	考核内容	考核要点	配分	评分标准	检测结果	扣分	得分	备注
8	使用工具	正确使用工具	2	工具使用不正确扣 2 分				
		正确维护工具	3	工具乱摆乱放扣 3 分				
9	安全及其他	按国家法规或企业规定		违规一次总分扣 5 分；严重违规停止操作			—	
		在规定时间内完成操作		每超时 1min 总分扣 5 分，超时 3min 停止操作			—	
		合　计	100					

否定项说明：若出现判断不及时影响事故处理等情况，该题为零分。

试题 31：高压瓦斯带油的判断（现场模拟）

（考核时间：30min）

序号	考核内容	考核要点	配分	评分标准	检测结果	扣分	得分	备注
1	准备工作	穿戴劳保用品	3	未穿戴整齐扣 3 分				
		工具、用具准备	2	工具选择不正确扣 2 分				
2	操作程序	烟囱冒黑烟	20	不能做出正确判断扣 20 分				
3		主火嘴燃料气压力急剧升高	20	不能做出正确判断扣 20 分				
4		炉出口温度急剧升高	20	不能做出正确判断扣 20 分				
5		由看火孔可以看出火嘴处有油滴，炉膛正压，看火窗向外喷火或黑烟	20	不能做出正确判断扣 20 分				
6		瓦斯分液罐液位较高	10	不能做出正确判断扣 10 分				
7	使用工具	正确使用工具	2	工具使用不正确扣 2 分				
		正确维护工具	3	工具乱摆乱放扣 3 分				
8	安全及其他	按国家法规或企业规定		违规一次总分扣 5 分；严重违规停止操作			—	
		在规定时间内完成操作		每超时 1min 总分扣 5 分，超时 3min 停止操作			—	
		合　计	100					

否定项说明：若出现判断不及时影响事故处理等情况，该题为零分。

试题 32：分馏塔回流泵抽空的判断（现场模拟）

（考核时间：30min）

序号	考核内容	考核要点	配分	评分标准	检测结果	扣分	得分	备注
1	准备工作	穿戴劳保用品	3	未穿戴整齐扣 3 分				
		工具、用具准备	2	工具选择不正确扣 2 分				

续表

序号	考核内容	考核要点	配分	评分标准	检测结果	扣分	得分	备注
2	操作程序	塔顶回流温度升高	20	不能做出正确判断扣 20 分				
3		回流量减少或回零	20	不能做出正确判断扣 20 分				
4		塔顶温度上升	20	不能做出正确判断扣 20 分				
5		回流泵出口压力波动大，电流突降，响声不正常	10	不能做出正确判断扣 10 分				
6		泵体振动加剧	10	不能做出正确判断扣 10 分				
7		回流罐液面上升	10	不能做出正确判断扣 10 分				
8	使用工具	正确使用工具	2	工具使用不正确扣 2 分				
		正确维护工具	3	工具乱摆乱放扣 3 分				
9	安全及其他	按国家法规或企业规定		违规一次总分扣 5 分；严重违规停止操作			—	
		在规定时间内完成操作		每超时 1min 总分扣 5 分，超时 3min 停止操作			—	
		合　　计	100					

试题 33：高压分离器液位异常的处理（现场模拟）

（考核时间：30min）

序号	考核内容	考核要点	配分	评分标准	检测结果	扣分	得分	备注
1	准备工作	穿戴劳保用品	3	未穿戴整齐扣 3 分				
		工具、用具准备	2	工具选择不正确扣 2 分				
2	操作程序	原料进料量影响，稳定原料油进料量	25	未确认原料进料量扣 15 分				
				未检查进料流控阀扣 10 分				
3		稳定高分压力，尽量减少波动	25	压力波动大未及时调整扣 15 分				
				压控有问题未及时找仪表处理扣 10 分				
4		稳定高分液位，检查高分液控阀是否失灵，联系仪表检查处理	20	高分液位波动大扣 5 分				
				未核对现场液位计液位扣 10 分				
				液控阀有问题未及时联系仪表处理扣 5 分				
5		低分操作压力要稳定，防止窜压事故	20	低分压力波动引起分馏操作不稳扣 10 分				
				操作不当引起低分窜压事故扣 10 分				
6	使用工具	正确使用工具	2	工具使用不正确扣 2 分				
		正确维护工具	3	工具乱摆乱放扣 3 分				
7	安全及其他	按国家法规或企业规定		违规一次总分扣 5 分；严重违规停止操作			—	
		在规定时间内完成操作		每超时 1min 总分扣 5 分，超时 3min 停止操作			—	
		合　　计	100					

否定项说明：若出现处理不当，发生窜压、压缩机入口带液等情况，该题为零分。

试题34：分馏塔回流泵抽空的处理（现场模拟）

（考核时间：30min）

序号	考核内容	考核要点	配分	评分标准	检测结果	扣分	得分	备注
1	准备工作	穿戴劳保用品	3	未穿戴整齐扣3分				
		工具、用具准备	2	工具选择不正确扣2分				
2	操作程序	寻找原因，对症处理的同时，迅速启动备用泵，尽快建立回流，同时降低塔顶空冷后温度至正常温度	40	原因分析不清扣10分				
				未及时启动备用泵扣10分				
				未及时建立回流扣10分				
				未及时降低冷后温度扣10分				
3		情况较严重时，迅速降低塔顶温度，防止冒罐	15	未及时降低塔顶温度扣15分				
4		如操作波动大，将精柴、汽油改不合格线	10	未及时将产品改不合格线扣10分				
5		开备用泵后，如原泵是过滤器堵塞时应清洗	15	未对原泵过滤器进行清洗扣15分				
6		建立回流罐液位	10	未建立回流罐液位扣10分				
7	使用工具	正确使用工具	2	工具使用不正确扣2分				
		正确维护工具	3	工具乱摆乱放扣3分				
8	安全及其他	按国家法规或企业规定		违规一次总分扣5分；严重违规停止操作			—	
		在规定时间内完成操作		每超时1min总分扣5分，超时3min停止操作			—	
	合计		100					

否定项说明：若出现处理时引起冲塔等情况，该题为零分。

试题35：分馏塔冲塔的处理（现场模拟）

（考核时间：30min）

序号	考核内容	考核要点	配分	评分标准	检测结果	扣分	得分	备注
1	准备工作	穿戴劳保用品	3	未穿戴整齐扣3分				
		工具、用具准备	2	工具选择不正确扣2分				
2	操作程序	降处理量，提高塔底抽出量，维持塔底液面	25	塔底液位未控制在工艺指标内扣10分				
				塔底液位控制超规定要求扣15分				
3		降低塔底重沸炉流量和塔底温度	25	重沸炉循环量未按指标控制扣15分				
				重沸炉出口温度未按要求控制扣10分				
4		调整分馏塔操作，稳定塔压、回流量	20	塔压未按指标控制引起冲塔扣10分				
				回流罐压力超高未检查到扣10分				
5		降分馏塔回流量，加强脱水	20	回流比未按指标控制扣10分				
				回流罐未脱水扣10分				

续表

序号	考核内容	考核要点	配分	评分标准	检测结果	扣分	得分	备注
6	使用工具	正确使用工具	2	工具使用不正确扣 2 分				
		正确维护工具	3	工具乱摆乱放扣 3 分				
7	安全及其他	按国家法规或企业规定		违规一次总分扣 5 分；严重违规停止操作			—	
		在规定时间内完成操作		每超时 1min 总分扣 5 分，超时 3min 停止操作			—	
		合　　计	100					

否定项说明：若出现在处理时引起事故扩大等情况，该题为零分。

试题 36：绘制原料油泵润滑油系统的工艺流程图

（考核时间：30min）

序号	考核内容	考核要点	配分	评分标准	检测结果	扣分	得分	备注
1	准备工作	穿戴劳保用品	3	未穿戴整齐扣 3 分				
		工具、用具准备	2	工具选择不正确扣 2 分				
2	操作程序	排布合理，卷面清晰	10	不合理、清晰扣 10 分				
3		过滤器类设备齐全	10	漏一项扣 5 分				
4		容器类设备齐全	10	漏一项扣 5 分				
5		主要冷换设备齐全	20	漏一项扣 5 分				
6		主要泵齐全	15	漏一项扣 5 分				
7		主要阀门齐全（包括调节阀），主要流量计齐全	15	漏一项扣 5 分				
8		主要控制系统齐全	10	漏一项扣 5 分				
9	使用工具	正确使用工具	2	工具使用不正确扣 2 分				
		正确维护工具	3	工具乱摆乱放扣 3 分				
10	安全及其他	按国家法规或企业规定		违规一次总分扣 5 分；严重违规停止操作			—	
		在规定时间内完成操作		每超时 1min 总分扣 10 分，超时 2min 停止操作			—	
		合　　计	100					

否定项说明：若出现流程错误等情况，该题为零分。

试题 37：绘制循环氢压缩机润滑油系统的工艺流程图

（考核时间：30min）

序号	考核内容	考核要点	配分	评分标准	检测结果	扣分	得分	备注
1	准备工作	穿戴劳保用品	3	未穿戴整齐扣 3 分				
		工具、用具准备	2	工具选择不正确扣 2 分				

续表

序号	考核内容	考核要点	配分	评分标准	检测结果	扣分	得分	备注
2	操作程序	排布合理，卷面清晰	10	不合理、清晰扣10分				
3		过滤器类设备齐全	10	漏一项扣5分				
4		容器类设备齐全	10	漏一项扣5分				
5		主要冷换设备齐全	20	漏一项扣5分				
6		主要泵齐全	15	漏一项扣5分				
7		主要阀门齐全(包括调节阀)，主要流量计齐全	15	漏一项扣5分				
8		主要控制系统齐全	10	漏一项扣5分				
9	使用工具	正确使用工具	2	工具使用不正确扣2分				
		正确维护工具	3	工具乱摆乱放扣3分				
10	安全及其他	按国家法规或企业规定		违规一次总分扣5分；严重违规停止操作			—	
		在规定时间内完成操作		每超时1min总分扣10分，超时2min停止操作			—	
		合　　计	100					

否定项说明：若出现流程错误等情况，该题为零分。

试题38：绘制燃料气系统的工艺流程图

（考核时间：30min）

序号	考核内容	考核要点	配分	评分标准	检测结果	扣分	得分	备注
1	准备工作	穿戴劳保用品	3	未穿戴整齐扣3分				
		工具、用具准备	2	工具选择不正确扣2分				
2	操作程序	排布合理，卷面清晰	10	不合理、清晰扣10分				
3		回火器类设备齐全	10	漏一项扣5分				
4		容器类设备齐全	10	漏一项扣5分				
5		主要冷换设备齐全	20	漏一项扣5分				
6		主要支路流程齐全	15	漏一项扣5分				
7		主要阀门齐全(包括调节阀)，主要流量计齐全	15	漏一项扣5分				
8		主要控制系统齐全	10	漏一项扣5分				
9	使用工具	正确使用工具	2	工具使用不正确扣2分				
		正确维护工具	3	工具乱摆乱放扣3分				
10	安全及其他	按国家法规或企业规定		违规一次总分扣5分；严重违规停止操作			—	
		在规定时间内完成操作		每超时1min总分扣10分，超时2min停止操作			—	
		合　　计	100					

否定项说明：若出现流程错误等情况，该题为零分。

试题 39：绘制含硫污水系统的工艺流程图

（考核时间：30min）

序号	考核内容	考核要点	配分	评分标准	检测结果	扣分	得分	备注
1	准备工作	穿戴劳保用品	3	未穿戴整齐扣 3 分				
		工具、用具准备	2	工具选择不正确扣 2 分				
2	操作程序	排布合理，卷面清晰	10	不合理、清晰扣 10 分				
3		容器类设备齐全	15	漏一项扣 5 分				
4		主要冷换设备齐全	20	漏一项扣 5 分				
5		主要泵齐全	15	漏一项扣 5 分				
6		主要阀门齐全(包括调节阀)，主要流量计齐全	15	漏一项扣 5 分				
7		主要控制系统齐全	15	漏一项扣 5 分				
8	使用工具	正确使用工具	2	工具使用不正确扣 2 分				
		正确维护工具	3	工具乱摆乱放扣 3 分				
9	安全及其他	按国家法规或企业规定		违规一次总分扣 5 分；严重违规停止操作			—	
		在规定时间内完成操作		每超时 1min 总分扣 10 分，超时 2min 停止操作			—	
合　计			100					

否定项说明：若出现流程错误等情况，该题为零分。

第三部分

高 级 工

一、国家职业标准(高级工工作要求)

职业功能	工作内容	技能要求	相关知识
工艺操作	(一)开车准备	1. 能引入燃料、原料等开车介质 2. 能安排开车流程的更改 3. 能完成装置开车吹扫、气密等操作 4. 能投用和切除工艺联锁 5. 能完成化工原材料的准备工作	1. 工艺联锁操作法 2. 清洁生产基本知识
	(二)开车操作	1. 能完成催化剂预硫化、注氨钝化操作 2. 能完成高压部分的升(降)温、升(降)压及进油操作 3. 能完成催化剂高温汽提、恒温解氢等特殊操作	1. 催化剂预硫化、钝化、再生的原理和方法 2. 高温高压设备升(降)温、升(降)压速度、时间的控制及意义 3. 装置投料条件 4. 硫化剂、钝化剂加入量的计算方法 5. 影响催化剂活性的因素
	(三)正常操作	1. 能操作常规仪表、DCS 操作站 2. 能根据原料性质的变化调节工艺参数 3. 能根据分析结果控制产品质量 4. 能处理各种扰动引起的工艺波动 5. 能调节 P、I、D 参数 6. 能投用联锁系统 7. 能协调各岗位的操作	1. DCS 操作知识 2. 产品质量标准 3. APC(先进过程控制)基本知识 4. 仪表 P、I、D 知识
	(四)停车操作	1. 能完成停车装置的吹扫工作 2. 能判断炉管结焦并能完成炉管烧焦操作 3. 能按标准验收已吹扫完毕的设备、管道 4. 能完成防硫化亚铁自燃的钝化操作 5. 能通过常规仪表、DCS 操作站控制停车速度	1. 炉管烧焦操作步骤 2. 硫化亚铁钝化原理
设备使用与维护	(一)使用设备	1. 能完成循环氢压缩机的开、停机操作 2. 能完成装置的紧急泄压操作	1. 汽轮机的调速原理 2. 紧急泄压系统的启用原则
	(二)维护设备	1. 能根据设备运行情况,提出维护措施 2. 能配合验收检修后动、静设备 3. 能做好一般设备、管线交出检修前的安全确认工作	1. 设备维护保养制度 2. 关键设备特级维护制度要点 3. 设备验收知识
事故判断与处理	(一)判断事故	1. 能根据操作参数、分析数据判断质量事故 2. 能判断大型机组运行故障 3. 能判断各类仪表故障 4. 能及时发现事故隐患 5. 能判断冷换设备故障	大型机组结构及故障产生原因
	(二)处理事故	1. 能处理因仪表(包括 DCS)故障、联锁引起的事故 2. 能针对装置异常程度提出开、停建议 3. 能处理产品质量事故 4. 能提出消除事故隐患的建议 5. 能处理冷换设备内漏引起的事故 6. 能处理原料油、新氢等物料中断事故 7. 能处理循环氢压缩机跳车事故 8. 能处理高压窜低压事故 9. 能处理反应床层飞温事故	1. 事故处理预案 2. 报警联锁值 3. 事故等级分类标准 4. 联锁启动条件 5. 固定床反应器飞温控制方法

续表

职业功能	工作内容	技能要求	相关知识
绘图与计算	(一)绘图	1. 能识读仪表联锁图 2. 能绘制设备结构简图 3. 能绘制工艺配管单线图	1. 工艺配管单线图知识 2. 仪表联锁图知识
	(二)计算	1. 能完成简单热量平衡计算 2. 能完成经济核算分析 3. 能查油品数据图表	热量平衡的计算方法
培训与指导	培训与指导	1. 能指导初、中级操作人员进行操作 2. 能协助培训初、中级操作人员	培训基本知识

二、理论知识鉴定要素细目表

行业通用理论知识鉴定要素细目表

鉴定范围						鉴定点		
一级		二级		三级		代码	名称	重要程度
代码	名称	代码	名称	代码	名称			
A	基本要求	B	基础知识	A	记录填写基础知识	001	班组交接记录的填写要求	X
						002	班组安全活动记录填写要求	X
				B	识图基础知识	001	剖视图知识	X
						002	断面图知识	X
						003	化工设备图表示方法	X
						004	零件图的内容	X
				C	安全环保基础知识	001	清洁生产审计的程序	X
						002	HSE 管理体系文件架构	X
						003	ISO 14001 环境管理体系的组成要素	X
						004	ISO 14000 系列标准的指导思想	X
						005	ISO 14001 环境管理体系的运行模式	X
						006	防尘防毒的技术措施	X
						007	防尘防毒的管理措施	X
						008	国家劳动安全卫生管理体制职责划分的内容	X
						009	ISO 14001 环境管理体系建立的步骤	X
						010	HSE 危害辨识	X
						011	HSE 风险评价的概念	X
						012	HSE 风险评价的目的	X
				D	质量基础知识	001	不合格品的处置途径	X
						002	ISO 9001 族标准质量管理审核的特点	X
						003	ISO 9000 族标准第一、第二、第三方审核的区别	X
						004	质量统计直方图	X

续表

鉴定范围						鉴定点		
一级		二级		三级		代码	名称	重要程度
代码	名称	代码	名称	代码	名称			
						005	质量统计排列图	X
						006	质量统计因果图	X
						007	质量统计控制图	X
						008	不良产品的分级	X
				E	计算机基础知识	001	Word 绘图	X
						002	Excel 公式与函数的运用	X
						003	Excel 数据的简单分析与管理	X
						004	Excel 简单的图表处理	X
B	相关知识	E	管理知识	A	生产管理	001	班组的管理	X
						002	班组的成本核算	X
				B	编写技术文件	001	总结的格式	X
						002	报告的格式	X
						003	请示的格式	X

职业通用理论知识鉴定要素细目表(《燃料油生产工》)

鉴定范围						鉴定点		
一级		二级		三级		代码	名称	重要程度
代码	名称	代码	名称	代码	名称			
A	基本要求	B	基础知识	G	化学基础知识	001	溶解度的计算	X
						002	化学平衡常数的简单计算	X
						003	化学反应速率的影响因素	X
						004	摩尔浓度的计算	Y
				H	石油及油品基础知识	001	油品黏度的测定方法	Y
						002	油品黏度与压力的关系	X
						003	油品的焓	X
						004	石油的元素组成	X
						005	石油的馏分组成	X
				I	化工基础知识	001	对流传热系数的影响因素	X
						002	实际流体的能量衡算	Y
						003	挥发度的概念	X
						004	相对挥发度的概念	X
						005	最小回流比的概念	X
						006	塔设备空速的概念	X
						007	回流比对精馏操作的影响	X
						008	汽提的基本原理	X
						009	单板效率的概念	Y
						010	总板效率的概念	Y

续表

鉴定范围						鉴定点		
一级		二级		三级		代码	名称	重要程度
代码	名称	代码	名称	代码	名称			
				J	计量基础知识	001	物料计量表检定要求	X
						002	计量误差的概念	X
						003	计量误差的主要来源	Y
						004	强制检定的计量标准	X
				K	炼油机械与设备	001	往复式压缩机工作原理	X
						002	往复式压缩机的结构	X
						003	离心压缩机的工作原理	X
						004	离心式压缩机的结构	X
						005	往复压缩机填料密封结构	Y
						006	滑动轴承的工作原理	Z
						007	离心泵串并联操作特点	Y
						008	离心泵安装高度的计算	Y
						009	滚动轴承的工作原理	X
						010	填料塔的适用范围	X
						011	板式塔的适用范围	Y
						012	法兰压力等级含义	X
						013	管道检修的验收标准	X
						014	泵检修的验收标准	Y
						015	换热器检修的验收标准	Y
						016	电化学腐蚀的概念	X
						017	常见防腐蚀的方法	X
						018	压力容器定期检验常识	Z
						019	压力管道定期检验常识	Y
				L	电工基础知识	001	闭合电路欧姆定律	Z
						002	简单交流电路常识	X
						003	混联电路电阻的简单计算方法	X
						004	三相交流电的概念	X
						005	异步电动机的工作原理	Y
						006	用电设备防爆等级的常识	X
						007	装置用电设备的防护等级的常识	X
				M	仪表基础知识	001	比值控制的概念	Y
						002	均匀调节系统的概念	Y
						003	机组控制仪表的种类	X
						004	调节阀一般故障的判断方法	X
						005	控制回路的正反作用判断	X
						006	自力式控制阀工作原理	X

工种理论知识鉴定要素细目表

鉴定范围						鉴定点		
一级		二级		三级		代码	名称	重要程度
代码	名称	代码	名称	代码	名称			
B	相关知识	A	工艺操作	A	开车准备	001	“三查四定”的内容	X
						002	清洁生产的概念	Y
						003	引入原料油的注意事项	X
						004	装置开车吹扫的要求	X
						005	开工化工原材料的准备	Y
						006	临氢系统气密的准备工作	X
						007	临氢系统氢气置换的准备工作	X
						008	新装置开工的条件	X
						009	空气预热器投用方法	Y
						010	装置开车气密的主要步骤	X
						011	装置开车吹扫的主要步骤	X
						012	装置进油应具备的条件	X
						013	加热炉烘炉升温的步骤	X
						014	催化剂干燥的主要阶段	X
						015	容器贯通试压的要点	Y
						016	原料油采取保护措施的原因	X
						017	原料油带水的危害	X
						018	催化剂的密相装填原理	X
						019	催化剂装填要求	X
						020	催化剂装填注意事项	X
						021	催化剂干燥用氮气的原因	X
						022	火炬系统蒸汽吹扫的注意事项	Y
						023	管线吹扫干净的验收标准	Y
						024	加热炉烘炉恒温的目的	X
						025	加热炉烘炉注意事项	X
						026	催化剂干燥时的注意事项	X
						027	催化剂密相装填的特点	Y
						028	保护剂的装填要求	Y
				B	开车操作	001	催化剂预硫化的注意事项	X
						002	硫化结束的判断标准	X
						003	硫化油置换过程的要点	X
						004	联锁的投用方法	X
						005	加氢装置控制升温速度的要求	X
						006	反应压力对反应深度的影响	X

续表

鉴定范围						鉴定点		
一级		二级		三级		代码	名称	重要程度
代码	名称	代码	名称	代码	名称			
						007	氢油比对反应深度的影响	X
						008	空速对反应深度的影响	X
						009	汽提塔进料温度对汽提塔操作的影响	X
						010	装置升温升压注意事项	X
						011	硫化阶段的化验分析内容	Y
						012	分馏系统切换反应生产油的操作要点	X
						013	硫化剂的选择	Y
						014	催化剂预硫化效果的影响因素	X
						015	催化剂预硫化的过程	X
						016	氢分压对加氢反应的影响	X
						017	调节氢油比的措施	X
						018	调节空速的目的	X
				C	正常操作	001	加热炉回火的处理方法	X
						002	加热炉露点腐蚀的原理	Y
						003	床层温升增大的处理方法	X
						004	炉管结焦的现象	X
						005	控制好高压分离器液位的意义	X
						006	原料油组成对加氢脱硫反应的影响	X
						007	雾沫夹带的影响因素	Y
						008	影响反应器压差的因素	X
						009	循环氢带液的处理方法	X
						010	影响加氢精制氢耗的因素	X
						011	影响加氢反应深度的因素	X
						012	汽提塔吹入过热蒸汽的作用	X
						013	分馏塔底液面波动的原因	X
						014	分馏塔底液面波动的处理方法	X
						015	分馏塔回流罐液面波动的原因	X
						016	冷氢的控制要点	X
						017	汽提蒸汽温度变化的处理方法	X
						018	氢纯度对加氢精制耗氢的影响	X
						019	胺液发泡的危害	X
						020	贫液中硫化氢含量超标原因	X
						021	贫液中硫化氢含量超标调节方法	X
						022	跑胺的原因	X

续表

鉴定范围						鉴定点		
一级		二级		三级		代码	名称	重要程度
代码	名称	代码	名称	代码	名称			
						023	冷高分窜压至冷低分的现象	X
						024	冷高分窜压至冷低分的处理方法	X
						025	反应系统压降增加的原因	X
						026	脱硫后气体硫化氢超标的原因	X
						027	床层温度偏差原因	X
						028	新氢组成对加氢反应的影响	X
						029	压力递推系统的概念	X
						030	配制胺液用除盐水的原因	X
						031	原料油的组分	X
						032	催化剂的形状对床层压降的影响	X
						033	温度高低对氢耗的影响	X
						034	设置汽提塔的作用	X
						035	垢物对反应系统的影响	X
				D	停工操作	001	装置停工吹扫防恶臭的方法	Y
						002	进入含有有毒介质的容器设备注意事项	X
						003	硫化亚铁的钝化原理	Y
						004	反应系统退油注意事项	Y
						005	设备氢脆的防范措施	X
						006	硫化亚铁钝化的操作步骤	X
						007	装置降温降量的注意事项	Y
						008	装置停工操作过程中的注意事项	Y
						009	装置停工期间盲板作业的管理要求	X
						010	装置检修动火的安全要求	X
						011	催化剂撇头的操作要点	X
						012	催化剂再生的方法	X
						013	恒温解氢的注意事项	X
		B	设备使用与维护	A	使用设备	001	热管式空气预热器的工作原理	Y
						002	加热炉炉管材质选择方法	X
						003	加热炉炉管的排列结构	Z
						004	换热器管壳层物料的选择原则	X
						005	板式塔的溢流类型	Y
						006	塔填料的选用原则	Y
						007	塔填料的装填方式	Y
						008	冷换设备开工热紧的目的	X

续表

鉴定范围						鉴定点		
一级		二级		三级		代码	名称	重要程度
代码	名称	代码	名称	代码	名称			
						009	一类压力容器的划分标准	Y
						010	二类压力容器的划分标准	Y
						011	三类压力容器的划分标准	Y
						012	氢腐蚀的概念	Y
						013	应力腐蚀的预防措施	Y
						014	空气冷却器的操作要点	X
						015	离心泵抽空的处理办法	X
						016	挡油环的作用	X
						017	离心泵串联操作的作用	X
						018	离心泵并联操作的作用	X
						019	泵的允许气蚀余量	Y
						020	机械密封泄漏的途径	Y
						021	干气密封的原理	Y
						022	往复压缩机的切换方法	X
						023	活塞式压缩机流量的调节方法	X
						024	活塞式压缩机排量不足的原因	X
						025	循环压缩机的开机步骤	X
						026	汽轮机保安系统的组成	X
						027	背压汽轮机启动前要先开启汽封抽气器的原因	X
						028	汽轮机启动前暖管的原因	X
						029	调节油的作用	X
						030	挡水环的作用	Y
						031	加氢反应器的结构	X
						032	加氢反应器内构件的作用	X
				B	维护设备	001	空冷风机的维护要点	Y
						002	空冷器完好的标准	Y
						003	管壳式换热器泄漏点的检查方法	Y
						004	压力容器完整质量良好的标准	Z
						005	压力容器裂变的概念	Z
						006	压力容器的破坏形式	Z
						007	加氢精制过程的腐蚀形态	Y
						008	离心泵的防冻防凝方法	Z
						009	离心泵带负荷验收的技术要求	Y
						010	往复式压缩机活十字头的基本结构	Y

续表

鉴定范围						鉴定点		
一级		二级		三级		代码	名称	重要程度
代码	名称	代码	名称	代码	名称			
						011	运行中的新氢压缩机维护保养内容	Y
						012	离心式压缩机叶轮的基本结构	Y
						013	循环氢压缩机透平停车的注意事项	X
						014	透平压缩机的维护方法	X
						015	循环氢压缩机升速过程中的注意事项	Y
						016	临界转速的概念	Y
						017	冷换设备吹扫注意事项	Y
		C	事故判断与处理	A	判断事故	001	分馏塔淹塔的判断方法	Y
						002	加热炉炉管结焦的危害	Y
						003	加热炉炉管偏流的危害	Y
						004	加热炉联锁停炉现象	X
						005	压缩机停润滑油的现象	Y
						006	停仪表风的工艺现象	X
						007	电机超电流的原因	Y
						008	液位玻璃板破裂的原因	X
						009	循环压缩机润滑油油压下降的原因	X
						010	往复压缩机排气量逐渐下降的原因	X
						011	高压空冷器管束堵塞的原因	X
						012	运转中泵电机跳闸的原因	X
						013	高压瓦斯硫化氢含量高的危害	X
						014	原料油过滤器短路的危害	X
						015	反应系统超压的现象	X
				B	处理事故	001	加热炉停炉的处理方法	X
						002	高瓦硫化氢含量高的处理方法	X
						003	循环氢中断事故处理方法	X
						004	进入有毒空间进行急救的注意事项	X
						005	硫化氢泄漏处理要点	X
						006	空冷偏流的处理方法	X
						007	反应系统超压的处理方法	X
						008	加热炉炉管偏流的处理方法	X
						009	装置停蒸汽的处理要点	X
						010	往复机排气温度高的处理方法	X
						011	循环氢带液的处理方法	X
						012	高压原料油泵停的处理方法	X
						013	脱硫系统跑胺的事故处理要点	X
						014	脱后燃料气硫化氢含量高的处理要点	X

续表

鉴定范围						鉴定点		
一级		二级		三级		代码	名称	重要程度
代码	名称	代码	名称	代码	名称			
		D	绘图与计算	B	计算	001	换热器传热的计算	Y
						002	加热炉过剩空气系数的计算	X
						003	泵的有效功率计算	X
						004	胺液循环量的计算	X
						005	补入新鲜胺液的计算	X
						006	燃烧热的计算	Y
						007	催化剂上硫率的计算	X
						008	停留时间的计算	X
						009	物料平衡计算	X
						010	混合气体蒸气压的计算	X

三、理论知识试题

行业通用理论知识试题

判断题

1. 班组交接班记录必须凭旧换新。 (√)

2. 车间主要领导参加班组安全日活动每月不少于 2 次。 (×)

正确答案：车间主要领导参加班组安全日活动每月不少于 3 次。

3. 在剖视图中，零件后部看不见的轮廓线、虚线一律省略不画。 (×)

正确答案：在剖视图中，零件后部看不见的轮廓线、虚线一般省略不画，只有对尚未表达清楚的结构，才用虚线画出。

4. 剖面图是剖视图的一种特殊视图。 (×)

正确答案：剖面图是零件上剖切处断面的投影，而剖视图是剖切后零件的投影。

5. 化工设备图的视图布置灵活，俯(左)视图可以配置在图面任何地方，但必须注明"俯(左)视图"的字样。 (√)

6. 化工设备图中的零件图与装配图一定分别画在不同的图纸上。 (×)

正确答案：化工设备图中的零件图可与装配图画在同张图纸上。

7. 零件图不需要技术要求，在装配图表述。 (×)

正确答案：零件图一般需要技术要求。

8. 零件图用视图、剖视图、剖面图及其他各种表达方法，正确、完整、清晰地表达零件的各部分形状和结构。 (√)

9. ISO 14000 系列标准对管理标准的一个重大改进，就是建立了一套对组织环境行为的评价体系，这便是环境行为评价标准。 (√)

10. 环境管理体系的运行模式，遵守由查理斯·德明提供的规划策划(PLAN)、实施(DO)、验证(CHECK)和改进(ACTION)运行模式可简称 PDCA 模式。 (√)

11. 环境管理体系的运行模式与其他管理的运行模式相似，共同遵循 PDCA 运行模式，

没有区别。 (×)

正确答案：环境管理体系的运行模式与其他管理的运行模式相似，除了共同遵循 PDCA 运行模式外，它还有自身的特点，那就是持续改进，也就是说它的环线是永远不能闭合的。

12. 采取隔离操作，实现微机控制，不属于防尘防毒的技术措施。 (×)

正确答案：采取隔离操作，实现微机控制是防尘防毒的技术措施之一。

13. 严格执行设备维护检修责任制，消除“跑冒滴漏”是防尘防毒的技术措施。 (×)

正确答案：严格执行设备维护检修责任制，消除“跑冒滴漏”是防尘防毒的管理措施。

14. 在 ISO 14001 环境管理体系中，初始环境评审是建立环境管理体系的基础。 (√)

15. 在 HSE 管理体系中，定量评价指不对风险进行量化处理，只用发生的可能性等级和后果的严重度等级进行相对比较。 (×)

正确答案：在 HSE 管理体系中，定性评价指不对风险进行量化处理，只用发生的可能性等级和后果的严重度等级进行相对比较。

16. HSE 管理体系规定，在生产日常运行中各种操作、开停工、检维修作业、进行基建及变更等活动前，均应进行风险评价。 (√)

17. 对某项产品返工后仍需重新进行检查。 (√)

18. ISO 9000 族标准中，质量审核是保证各部门持续改进工作的一项重要活动。 (√)

19. ISO 9000 族标准的三种审核类型中，第三方审核的客观程度最高，具有更强的可信度。 (√)

20. 平顶型直方图的形成由单向公差要求或加工习惯等引起。 (×)

正确答案：平顶型直方图的形成往往因生产过程有缓慢因素作用引起。

21. 质量统计排列图分析是质量成本分析的方法之一。 (√)

22. 质量统计因果图的作用是为了确定“关键的少数”。 (×)

正确答案：质量统计排列图的作用是为了确定“关键的少数”。

23. 质量统计控制图上出现异常点时，才表示有不良品发生。 (×)

正确答案：不一定。在质量统计控制图上，即使点子都在控制线内，但排列有缺陷，也要判做异常。

24. 国际上通用的产品不良项分级共分三级。 (×)

正确答案：国际上通用的产品不良项分级共分四级。

25. 在计算机应用软件 Word 中插入的文本框不允许在文字的上方或下方。 (×)

正确答案：Word 中插入的文本框通过设置文本框格式当中的版式允许在文字的上方或下方。

26. 在计算机应用软件 Word 中绘制图形要求两个图形能准确对齐可通过调整绘图网格的水平、垂直间距来实现。 (√)

27. 在计算机应用软件 Excel 中“COUNTIF(　　)”函数的作用是计算某区域满足条件的单元格数。 (√)

28. Excel 数据表中汉字排序一般是按拼音顺序排序，但也可以按笔画排序。 (√)

29. Excel 数据表中分类汇总的选项包括分类字段、汇总方式两方面的内容。 (×)

正确答案：Excel 数据表中分类汇总的选项包括分类字段、汇总方式多方面的内容。

30. Excel 数据表中修改图表中的数据标志是通过图表区格式选项中的数据标志选项实

现的。 (×)

正确答案： Excel 数据表中修改图表中的数据标志是通过数据系列格式选项中的数据标志选项实现的。

31. 班组建设不同于班组管理，班组建设是一个大概念，班组管理从属于班组建设。 (√)

32. 一般来说，班组的成本核算是全面的统计核算、业务核算和会计核算。 (×)

正确答案： 一般来说，班组的成本核算是局部核算和群众核算。

33. 总结的基本特点是汇报性和陈述性。 (×)

正确答案： 总结的基本特点是回顾过去，评估得失，指导将来。

34. 报告的目的在于把已经实践过的事情上升到理论认识，指导以后的实践，或用来交流，加以推广。 (×)

正确答案： 报告的主要目的是下情上达，向上级汇报工作、反映情况、提出意见和建议。

35. 为了减少发文，可以把若干问题归纳起来向上级写综合请示，但不能多方请示。 (×)

正确答案： 要坚持“一文一事”的原则，切忌“一文数事”使上级机关无法审批。

单选题

1. 班组交接班记录填写时，一般要求使用的字体是(B)。

A. 宋体　　B. 仿宋　　C. 正楷　　D. 隶书

2. 下列选项中不属于班组安全活动的内容是(A)。

A. 对外来施工人员进行安全教育

B. 学习安全文件、安全通报

C. 安全讲座、分析典型事故，吸取事故教训

D. 开展安全技术座谈、消防、气防实地救护训练

3. 安全日活动常白班每周不少于(D)次，每次不少于 1h。

A. 4　　B. 3　　C. 2　　D. 1

4. 当物体结构形状复杂，虚线就愈多，为此，对物体上不可见的内部结构形状采用(C)来表示。

A. 旋转视图　　B. 局部视图　　C. 全剖视图　　D. 端面图

5. 单独将一部分的结构形状向基本投影面投影需要用(B)来表示。

A. 旋转视图　　B. 局部视图　　C. 全剖视图　　D. 端面图

6. 用剖切平面把物体完全剖开后所得到的剖视图称为(D)。

A. 局部剖视图　　B. 局部视图　　C. 半剖视图　　D. 全剖视图

7. 画在视图外的剖面图称为(A)剖面图。

A. 移出　　B. 重合　　C. 局部放大　　D. 局部

8. 重合在视图内的剖面图称为(B)剖面图。

A. 移出　　B. 重合　　C. 局部放大　　D. 局部

9. 化工设备图中，表示点焊的焊接焊缝是(A)。

A. ○　　B. ∪　　C. △　　D. ⊿

10. 下列选项中，不属于零件图内容的是(D)。

A. 零件尺寸　　B. 技术要求　　C. 标题栏　　D. 零件序号表

11. 在 HSE 管理体系中，(C)是管理手册的支持性文件，上接管理手册，是管理手册

规定的具体展开。

A. 作业文件　B. 作业指导书　C. 程序文件　D. 管理规定

12. ISO 14001 环境管理体系共由(B)个要素所组成。

A. 18　B. 17　C. 16　D. 15

13. ISO 14000 系列标准的指导思想是(D)。

A. 污染预防　B. 持续改进

C. 末端治理　D. 污染预防，持续改进

14. 不属于防尘防毒技术措施的是(C)。

A. 改革工艺　B. 湿法除尘　C. 安全技术教育　D. 通风净化

15. 防尘防毒治理设施要与主体工程(A)、同时施工、同时投产。

A. 同时设计　B. 同时引进　C. 同时检修　D. 同时受益

16. 在 HSE 管理体系中，物的不安全状态是指使事故(B)发生的不安全条件或物质条件。

A. 不可能　B. 可能　C. 必然　D. 必要

17. 在 HSE 管理体系中，风险指发生特定危害事件的(C)性以及发生事件结果严重性的结合。

A. 必要　B. 严重　C. 可能　D. 必然

18. 在(B)情况下不能对不合格品采取让步或放行。

A. 有关的授权人员批准　B. 法律不允许

C. 顾客批准　D. 企业批准

19. 不合格品控制的目的是(C)。

A. 让顾客满意　B. 减少质量损失

C. 防止不合格品的非预期使用　D. 提高产品质量

20. 在 ISO 9001 族标准中，内部审核是(D)。

A. 内部质量管理体系审核

B. 内部产品质量审核

C. 内部过程质量审核

D. 内部质量管理体系、产品质量、过程质量的审核

21. 在 ISO 9001 族标准中，第三方质量管理体系审核的目的是(C)。

A. 发现尽可能多的不符合项

B. 建立互利的供方关系

C. 证实组织的质量管理体系符合已确定准则的要求

D. 评估产品质量的符合性

22. ISO 9000 族标准规定，(C)属于第三方审核。

A. 顾客进行的审核　B. 总公司对其下属公司组织的审核

C. 认证机构进行的审核　D. 对协作厂进行的审核

23. 在 ISO 9000 族标准中，组织对供方的审核是(D)。

A. 第一方审核　B. 第一、第二、第三方审核

C. 第三方审核　D. 第二方审核

24. 数据分组过多或测量读数错误而形成的质量统计直方图形状为(A)形。

A. 锯齿　　B. 平顶　　C. 孤岛　　D. 偏峰

25. 把不同材料、不同加工者、不同操作方法、不同设备生产的两批产品混在一起时，质量统计直方图形状为(D)形。

A. 偏向　　B. 孤岛　　C. 对称　　D. 双峰

26. 在质量管理过程中，以下哪个常用工具可用于明确“关键的少数”(A)。

A. 排列图　　B. 因果图　　C. 直方图　　D. 调查表

27. 质量统计图中，图形形状像“鱼刺”的图是(D)图。

A. 排列　　B. 控制　　C. 直方　　D. 因果

28. 在质量统计控制图中，若某个点超出了控制界限，就说明工序处于(D)。

A. 波动状态　　B. 异常状态

C. 正常状态　　D. 异常状态的可能性大

29. 质量统计控制图的上、下控制限可以用来(B)。

A. 判断产品是否合格　　B. 判断过程是否稳定

C. 判断过程能力是否满足技术要求　　D. 判断过程中心与技术中心是否发生偏移

30. 产品的不良项分为 A、B、C、D 四级，A 级不良项是指产品的(C)不良项。

A. 轻微　　B. 一般　　C. 致命　　D. 严重

31. 产品的不良项分为 A、B、C、D 四级，C 级不良项是指产品的(B)不良项。

A. 轻微　　B. 一般　　C. 致命　　D. 严重

32. 在计算机应用软件 Word 中插入的图片(A)。

A. 可以嵌入到文本段落中

B. 图片的位置可以改变，但大小不能改变

C. 文档中的图片只能显示，无法用打印机打印输出

D. 不能自行绘制，只能从 Office 的剪辑库中插入

33. 在 Excel97 工作表中，单元格 C4 中有公式“=A3+　C　5”，在第 3 行之前插入一行之后，单元格 C5 中的公式为(A)。

A. =A4+　C　6　　B. =A4+　C　5

C. =A3+　C　6　　D. =A3+　C　5

34. 图中所指的按钮是(B)。

A. 降序按钮　　B. 升序按钮　　C. 插入字母表　　D. 删除字母表

35. 建立图表的方法是从(C)菜单里点击图表。

A. 编辑　　B. 视图　　C. 插入　　D. 工具

36. 班组管理是在企业整个生产活动中，由(D)进行的管理活动。

A. 职工自我　　B. 企业　　C. 车间　　D. 班组自身

37. 属于班组经济核算主要项目的是(C)。

A. 设备完好率　　B. 安全生产　　C. 能耗　　D. 环保中的三废处理

多选题

1. 属于班组交接班记录的内容是(A，B，C)。

A. 生产运行　　B. 设备运行　　C. 出勤情况　　D. 安全学习

2. 下列属于班组安全活动的内容是(B，C，D)。

A. 对外来施工人员进行安全教育

B. 学习安全文件、安全通报

C. 安全讲座、分析典型事故，吸取事故教训

D. 开展安全技术座谈，消防、气防实地救护训练

3. 化工设备装配图中，螺栓连接可简化画图，其中所用的符号可以是(C，D)。

A. 细实线+　　B. 细实线×　　C. 粗实线+　　D. 粗实线×

4. 下列选项中，属于零件图内容的是(A，C)。

A. 零件尺寸　　B. 零件的明细栏　　C. 技术要求　　D. 零件序号表

5. 清洁生产审计有一套完整的程序，是企业实行清洁生产的核心，其中包括以下(B，C，D)阶段。

A. 确定实施方案　　B. 方案产生和筛选　　C. 可行性分析　　D. 方案实施

6. HSE 体系文件主要包括(A，B，C)。

A. 管理手册　　B. 程序文件　　C. 作业文件　　D. 法律法规

7. 下列叙述中，属于生产中防尘防毒技术措施的是(A，B，C，D)。

A. 改革生产工艺　　B. 采用新材料新设备

C. 车间内通风净化　　D. 湿法除尘

8. 下列叙述中，不属于生产中防尘防毒的管理措施的有(A，B)。

A. 采取隔离法操作,实现生产的微机控制　　B. 湿法除尘

C. 严格执行安全生产责任制　　D. 严格执行安全技术教育制度

9. 我国在劳动安全卫生管理上实行“(A，B，C，D)”的体制。

A. 企业负责　　B. 行业管理　　C. 国家监察　　D. 群众监督

10. 在 HSE 管理体系中，危害识别的状态是(A，B，C)。

A. 正常状态　　B. 异常状态　　C. 紧急状态　　D. 事故状态

11. 在 HSE 管理体系中，可承受风险是根据企业的(A，B)，企业可接受的风险。

A. 法律义务　　B. HSE 方针　　C. 承受能力　　D. 心理状态

12. 在 HSE 管理体系中，风险控制措施选择的原则是(A，B)。

A. 可行性　　B. 先进性、安全性　　C. 经济合理　　D. 技术保证和服务

13. 对于在产品交付给顾客及产品投入使用时才发现不合格产品，可采用以下方法处置(B，D)。

A. 一等品降为二等品　　B. 调换

C. 向使用者或顾客道歉　　D. 修理

14. 在 ISO 9000 族标准中，关于第一方审核说法正确的是(A，B，D)。

A. 第一方审核又称为内部审核

B. 第一方审核为组织提供了一种自我检查、自我完善的机制

C. 第一方审核也要由外部专业机构进行的审核

D. 第一方审核的目的是确保质量管理体系得到有效地实施

15. 质量统计排列图的作用是(A, B)。

A. 找出关键的少数　　B. 识别进行质量改进的机会

C. 判断工序状态　　D. 度量过程的稳定性

16. 质量统计因果图具有(C, D)特点。

A. 寻找原因时按照从小到大的顺序　　B. 用于找到关键的少数

C. 是一种简单易行的科学分析方法　　D. 集思广益，集中群众智慧

17. 质量统计控制图包括(B, C, D)。

A. 一个坐标系　　B. 两条虚线　　C. 一条中心实线　　D. 两个坐标系

18. 产品不良项的内容包括(A, C, D)。

A. 对产品功能的影响　　B. 对质量合格率的影响

C. 对外观的影响　　D. 对包装质量的影响

19. 在计算机应用软件 Word 中页眉设置中可以实现的操作是(A, B, D)。

A. 在页眉中插入剪贴画　　B. 建立奇偶页内容不同的页眉

C. 在页眉中插入分隔符　　D. 在页眉中插入日期

20. 在计算机应用软件 Excel 中单元格中的格式可以进行(A, B, C)等操作。

A. 复制　　B. 粘贴　　C. 删除　　D. 连接

21. 自动筛选可以实现的条件是(A, C, D)。

A. 自定义　　B. 数值　　C. 前 10 个　　D. 全部

22. 对于已生成的图表，说法正确的是(A, B, D)。

A. 可以改变图表格式　　B. 可以更新数据

C. 不能改变图表类型　　D. 可以移动位置

23. 班组的劳动管理包括(A, B, D)。

A. 班组的劳动纪律　　B. 班组的劳动保护管理

C. 对新工人进行“三级教育”　　D. 班组的考勤、考核管理

24. 班组生产技术管理的主要内容有(A, C, D)。

A. 定时查看各岗位的原始记录，分析判断生产是否处于正常状态

B. 对计划完成情况进行统计公布并进行分析讲评

C. 指挥岗位或系统的开停车

D. 建立指标管理账

25. 在班组经济核算中，从项目的主次关系上看，属于主要项目的有(A, C, D)指标。

A. 产量　　B. 安全生产　　C. 质量　　D. 工时

26. 总结与报告的主要区别是(A, C, D)不同。

A. 人称　　B. 文体　　C. 目的　　D. 要求

27. 报告与请示的区别在于(A, B, C, D)不同。

A. 行文目的　　B. 行文时限　　C. 内容　　D. 结构

28. 请示的种类可分为(A, B, C, D)的请示。

A. 请求批准　　B. 请求指示　　C. 请求批转　　D. 请求裁决

简答题

1. 清洁生产审计有哪几个阶段?

答：①筹划与组织；②预评估；③评估；④方案产生和筛选；⑤可行性分析；⑥方案实施；⑦持续清洁生产。

2. ISO 14001 环境管理体系由哪些基本要素构成?

答：ISO 14001 环境管理体系由环境方针、规划、实施、测量和评价、评审和改进等五个基本要素构成。

3. 防尘防毒的主要措施是什么?

答：我国石化工业多年来治理尘毒的实践证明，在大多数情况下，靠单一的方法防尘治毒是行不通的，必须采取综合治理措施。即首先改革工艺设备和工艺操作方法，从根本上杜绝和减少有害物质的产生，在此基础上采取合理的通风措施，建立严格的检查管理制度，这样才能有效防止石化行业尘毒的危害。

4. 什么叫消除二次尘毒源?

答：对于因“跑冒滴漏”而散落地面的粉尘、固、液体有害物质要加强管理，及时清扫、冲洗地面，实现文明生产，叫消除二次尘毒源。

5. 什么是劳动安全卫生管理体制中的“行业管理”?

答：劳动安全卫生管理体制中的“行业管理”就是行业主管部门根据本行业的实际和特点切实提出本行业的劳动安全卫生管理的各项规章制度，并监督检查各企业的贯彻执行情况。

6. 简述 ISO 14001 环境管理体系建立的步骤。

答：一般而言，建立环境管理体系过程包括以下六大阶段：①领导决策与准备；②初始环境评审；③体系策划与设计；④环境管理体系文件编制；⑤体系运行；⑥内部审核及管理评审。

7. HSE 管理体系中危害识别的思路是什么?

答：①存在什么危害(伤害源)? ②谁(什么)会受到伤害? ③伤害怎样发生?

8. 什么是第一方审核? 第二方审核? 第三方审核?

答：第一方审核又称为内部审核，第二方审核和第三方审核统称为外部审核。①第一方审核指由组织的成员或其他人员以组织的名义进行的审核。这种审核为组织提供了一种自我检查、自我完善的机制。②第二方审核是在某种合同要求的情况下，由与组织有某种利益关系的相关方或由其他人员以相关方的名义实施的审核。这种审核旨在为组织的相关方提供信任的证据。③第三方审核是由独立于受审核方且不受其经济利益制约的第三方机构依据特定的审核准则，按规定的程序和方法对受审核方进行的审核。

9. 什么是排列图?

答：排列图又叫帕累托图，在质量管理中，排列图是用来寻找影响产品质量的主要问题，确定质量改进关键项目的图。

10. 控制图的主要用途是什么?

答：①分析用的控制图主要用于分析工艺过程的状态，看工序是否处于稳定状态；②管理用的控制图主要用于预防不合格品的产生。

11. 国际上通用的产品不良项分为几级?

答: 国际上通用的产品不良项分级共分为:致命(A 级)、严重(B 级)、一般(C 级)、轻微(D 级)四级。

12. 班组在企业生产中的地位如何?

答: ①班组是企业组织生产活动的基本单位;②班组是企业管理的基础和一切工作的立脚点;③班组是培养职工队伍,提高工人技能的课堂;④班组是社会主义精神文明建设的重要阵地。

13. 班组管理有哪些基本内容?

答: ①建立和健全班组的各项管理制度;②编制和执行生产作业计划,开展班组核算;③班组的生产技术管理;④班组的质量管理;⑤班组的劳动管理;⑥班组的安全管理;⑦班组的环境卫生管理;⑧班组的思想政治工作。

14. 班组经济核算的基本原则和注意事项是什么?

答: 班组经济核算应遵循"干什么、管什么、算什么"的原则,力求注意三个问题:一是计算内容少而精;二是分清主次;三是方法简洁。

15. 总结的写作要求是什么?

答: ①要新颖独特,不能报流水账;②要重点突出,找出规律,避免事无巨细面面俱到;③要实事求是,全面分析问题,从中找出经验教训;④要材料取舍得当;⑤要先叙后议或夹叙夹议。

16. 什么是报告?

答: 报告是下级机关向上级机关汇报工作、反映情况、提出意见或建议,答复上级机关的询问时使用的行文。

17. 请示的特点是什么?

答: 请示的最大特点是请求性。指本机关、本部门打算办理某件事情,而碍于无权自行决定,或者无力去做,或不知该不该办,必须请求上级机关批准、同意后方可办理。

职业通用理论知识试题(《燃料油生产工》)

判断题

1. 当 $N_2+3H_2 \rightleftharpoons 2NH_3$ 反应达到平衡时,加压时,正反应速度加快,逆反应速度减慢,平衡向右移动。 (×)

正确答案: 因在加压时由于反应物和生成物中均有气体,故加压都相当于增大浓度,反应速度都增大,只不过由于两方气体的物质的量不同,正反应速度增大的倍数大于逆反应速度,故平衡向右移动。

2. 摩尔浓度相同,体积相同的盐酸、硫酸、磷酸,如用同摩尔浓度氢氧化钠溶液去中和,则消耗氢氧化钠的体积是相同的。 (×)

正确答案: 消耗的氢氧化钠的体积是不同的,中和磷酸消耗的为最多,其次为硫酸,最后为盐酸。

3. 一般来说,石蜡基原油其氢碳比较高,环烷基原油其氢碳比较低。 (√)

4. 常压渣油实际上也包含了减压渣油(简称 VR)这部分。 (√)

5. 溶液中组分的挥发度是随温度变化的。 (√)

6. 相对挥发度的大小可以用来判断某混合液是否能用蒸馏方法加以分离以及分离的难易程度。 (√)

7. 计算塔径的关键在于确定适宜的空塔气速。 (√)

8. 汽提是直接通入水蒸气，水蒸气即作为惰性气体，又作为加热介质的一种脱吸方法。 (√)

9. 单板效率是基于该塔板理论增浓程度的概念。 (√)

10. 总板效率简单反映了整个塔内的平均传质效果。 (√)

11. 总板效率可直接由公式计算得来。 (×)

正确答案：影响塔板效率的因素多而复杂，塔板效率只能估算。

12. 物料计量表检定的精度要求，要符合物料计量表配备的精度要求。 (√)

13. 有的测量结果没有误差。 (×)

正确答案：测量结果都含有误差。

14. 用于贸易结算、安全防护、医疗卫生、环境监测方面的列入强制检定目录的工作计量器具，不必实行强制检定。 (×)

正确答案：用于贸易结算、安全防护、医疗卫生、环境监测方面的列入强制检定目录的工作计量器具，必须实行强制检定。

15. 往复压缩机的压缩工作过程是在活塞缸容积逐渐减小，活塞缸内压力逐渐升高而推开排出气阀不断将气体排出出口管中的过程。 (×)

正确答案：往复压缩机的压缩工作过程是在活塞缸容积逐渐减小，气体被不断压缩。活塞缸内压力逐渐升高的过程。

16. 往复压缩机主要部件由曲轴箱、汽缸、中体、曲轴、连杆、十字头、活塞、活塞杆、气阀、填料密封构成。 (√)

17. 离心压缩机是通过旋转的叶轮对气体产生离心力获得静压能和动能，并在扩压器中对动能转变为压力能。 (√)

18. 离心压缩机的后弯叶轮比径向叶轮或前弯叶轮的级效率高，稳定工作区范围宽。 (√)

19. 往复压缩机填料密封作用是密封汽缸和穿出汽缸的活塞杆之间间隙流出的气体。 (√)

20. 离心压缩机径向轴承的作用是转子在一定转速下运行时，承受转子的重力和振动等原因引起的附加径向载荷，保护转子转动中心和汽缸中心同心。 (√)

21. 在管线不变的情况下，只要更换一台大流量离心泵，就能大幅度增加工艺流量。 (×)

正确答案：在管线不变的情况下，要更换一台大流量离心泵，流速必须不超过原管线允许流速的前提下，才能大幅度增加工艺流量。

22. 内圈固定比外圈固定的滚动轴承在相同转速下，滚珠绕轴承轴线转动的回转数小。 (√)

23. 一般情况下，填料塔不能代替传统的板式塔。 (×)

正确答案：一般情况下，填料塔已经可以代替传统的板式塔。

24. 即使材料不同，工作温度不同，但法兰允许的最大工作压力与其公称压力相同。 (×)

正确答案：若材料不同，工作温度不同，则允许的最大工作压力与公称压力不同。

25. 许多腐蚀破坏是由电化学作用造成的。 (×)

正确答案：许多腐蚀破坏是由化学和电化学作用联合造成的。

26. 根据腐蚀的电化学机理，电化学保护方法可以分为阴极保护和阳极保护两种。 (√)

27. 外部检查是指在用压力容器临时停车时的定期检查，每年至少一次。 (×)

正确答案：外部检查是指在用压力容器在运行中的定期检查，每年至少一次。

28. 在线检验是在运行条件下对在用工业管道进行的检验，在线检验每年至少两次。 (×)

正确答案：在线检验是在运行条件下对在用工业管道进行的检验，在线检验每年至少一次。

29. 在线检验工作由使用单位进行，使用单位也可将在线检验工作委托给具有压力管道检验资格的单位。 (√)

30. 在串联交流电路中，总电压是各分电压的矢量和。 (√)

31. 混联电路的总电流等于各电阻的电流之和。 (×)

正确答案：混联电路的总电流等于混联电路中各并联支路的电流之和。

32. 三个最大值相等，角频率相同，彼此互差90°的电动势叫做三相对称电动势。 (×)

正确答案：三个最大值相等，角频率相同，相位互差120°的电动势叫做三相对称电动势。

33. 异步电动机的转子转速总是低于定子旋转磁场转速。 (√)

34. 存在连续释放源的区域可划为1区。 (×)

正确答案：存在连续释放源的区域可划为0区。

35. IP 55结构的电机可以在户外使用。 (√)

36. 调节阀工作在小开度有利于延长使用寿命。 (×)

正确答案：调节阀工作在小开度将减少使用寿命。

37. 调节器的正反作用和调节阀的正反作用意义相同。 (×)

正确答案：调节器的正反作用和调节阀的正反作用意义完全不同。

38. 自力式调节阀使用中无需有气源或电源。 (√)

单选题

1. 某温度时，把Bg饱和氯化钾溶液蒸干，得氯化钾晶体Ag，则此温度下氯化钾的溶解度为(D)g。

A. A　　B. $\frac{A}{B}\times100$　　C. $\frac{A}{B-A}$　　D. $\frac{A}{B-A}\times100$

2. 分别用1mol/L的硝酸银溶液10mL与相同体积的下述溶液恰好完全反应，下述溶液中摩尔浓度最小的是(D)。

A. 氯化钠溶液　　B. 氯化钾溶液　　C. 氯化钙溶液　　D. 氯化铁溶液

3. 在30mL 1mol/L氯化钠溶液和40mL的0.5mol/L氯化钙溶液混合后，混合溶液中Cl^-的摩尔浓度为[溶液体积变化忽略不计](B)mol/L。

A. 0.50　　B. 1.00　　C. 0.67　　D. 2.00

4. 当液体所受的压力增大时。其分子间的距离缩小，引力也就增强，导致其黏度增大。对于石油产品而言，只有当压力大到(C)MPa以上时对黏度才有显著的影响。

A. 5　　B. 10　　C. 20　　D. 50

5. 当压力较低时，也就是(C)时，压力对于液相石油馏分焓值的影响就可以忽略。

A. <10MPa　　B. <1MPa　　C. P_r<1　　D. P_r<10

6. 除了基本元素外，原油中还有微量的(A)元素。

A. 金属和非金属　　B. 硫　　C. 氮　　D. 氧

7. 大庆原油的特点有(C)。

A. 含蜡低、含硫低　　B. 含硫高、含氮低

C. 含硫低、含氮高　　D. 含硫低、含氧高

8. 从原油直接分馏得到的馏分基本上保留着石油原来的性质，例如基本上不含(D)。

A. 饱和烃　　B. 沥青质　　C. 芳香烃　　D. 不饱和烃

9. 为了统一称呼，一般把原油中从常压蒸馏开始馏出的温度(初馏点)到200℃(或180℃)之间的馏分称为(A)馏分。

A. 汽油　　B. 饱和烃组成的　　C. 煤油　　D. 柴油

10. 关于对流传热系数，下列说法正确的是(A)。

A. 有相变化时的对流传热系数比无相变化时的大

B. 流体的密度和比热对对流传热系数没有影响

C. 强制对流的传热系数要比自然对流的小

D. 传热面的形状和布置不直接影响对流传热系数

11. 溶液中各组分的挥发度是指(A)。

A. 组分在蒸汽中的分压和与之平衡的液相中的摩尔分数之比

B. 组分在蒸汽中的分压和与之平衡的液相中的体积分数之比

C. 平衡的液相中的摩尔分数与组分在蒸汽中的分压之比

D. 平衡的液相中的体积分数与组分在蒸汽中的分压之比

12. 理想溶液中组分的相对挥发度为(D)。

A. 难挥发组分的摩尔分数与易挥发组分的摩尔分数之比

B. 易挥发组分的摩尔分数与难挥发组分的摩尔分数之比

C. 难挥发组分的体积分数与易挥发组分的体积分数之比

D. 同温度下两纯组分的饱和蒸汽压之比

13. 实际回流比大于最小回流比时，精馏所需的塔板数应该是(B)。

A. 多　　B. 少　　C. 相同　　D. 无穷多

14. 关于空塔气速，下列说法正确的是(C)。

A. 空塔气速对设计塔径没有意义

B. 其上限由漏液决定

C. 设计塔时空塔气速为液泛时速度的0.6~0.8倍

D. 一定处理量下，塔径大，空塔气速大

15. 汽提过程是(A)。

A. 传质方向与吸收相反　　B. 溶质由气相向液相传递

C. 增大气相中的溶质分压　　D. 减小溶液的平衡分压

16. 用于企业内部经济核算的物料计量表，其检定周期要求按(B)进行检定。

A. 国家检定规程规定的检定周期　　B. 装置检修期

C. 检定周期固定为每年二次　　D. 检定周期固定为每年四次

17. 下列选项中，要实行强制检定的有(A)。

A. 部门和企业、事业单位使用的最高计量标准器具

B. 生产过程中非关键部位用于监测的计量器具

C. 有效期管理的标准物质

D. 对计量数据无准确度要求的指示用计量器具

18. 往复压缩机一个循环工作过程的顺序是(B)。

A. 吸入，膨胀，压缩，排出　　B. 膨胀，吸入，压缩，排出

C. 压缩，排出，吸入，膨胀　　D. 排出，吸入，膨胀，压缩

19. 活塞重量不作用汽缸镜面上、往复运动部件的惯性力垂直作用在基础上、机身承受着垂直拉压载荷的是(B)往复压缩机。

A. V 形　　B. 立式　　C. L 形　　D. W 形

20. 具有十字头、汽缸彼此错开 90°角、两列连杆可以装在同一曲拐上的是(C)往复压缩机。

A. V 形　　B. 立式　　C. L 形　　D. W 形

21. 两列对称平衡型往复压缩机的往复惯性力方向相反，一阶、二阶往复惯性力互相抵消，一阶、二阶往复惯性力矩由主轴承承担，旋转惯性力矩在两曲柄(B)上加平衡重的方法平衡。

A. 相同方向　　B. 相反方向　　C. 任意方向　　D. 附近

22. 气体在离心压缩机的后弯式叶轮流动时，其出口绝对速度比入口绝对速度(C)。

A. 低　　B. 相等　　C. 高　　D. 时高时低

23. 离心压缩机的体积流量与叶轮中绝对速度的径向分速度成(B)关系，与气体的流通面积成正比关系。

A. 反比　　B. 正比　　C. 无关　　D. 平方

24. 压缩比越大，离心压缩机的排气温度(B)。

A. 越低　　B. 越高　　C. 不变　　D. 不能确定

25. 在设计工况下运行时，离心压缩机无叶扩压器比有叶扩压器的效率(B)。

A. 高　　B. 低　　C. 同等　　D. 小一倍

26. 前弯、后弯、径向叶轮三者中，绝对速度最小的是(D)叶轮。

A. 前弯　　B. 径向　　C. 径向和后弯　　D. 后弯

27. 每组填料密封由一片切向环和两片径向环组成的往复压缩机填料密封中，其中切向环起着密封的作用，一片径向环起着阻流的作用，另一片径向闭锁环起着(A)的作用。

A. 密封　　B. 阻流　　C. 隔绝空气　　D. 隔绝冷却水

28. 每组填料密封由一片切向环和两片径向环组成的往复压缩机填料密封中，其中径向闭锁环(B)安装，起着密封的作用。

A. 靠近汽缸侧　　B. 靠近曲轴侧　　C. 放置中间　　D. 任意

29. 在滑动轴承中，转子转速 ω 越高，油的黏度越大，油膜的承载能力 G(B)。

A. 越小　　B. 越大　　C. 不变　　D. 波动

30. 在滑动轴承中，轴承宽度与轴颈直径之比 L/d 越大，油膜的承载能力 G（ A ）。

A. 越大　　B. 越小　　C. 不变　　D. 波动

31. 抑制振动性能最好的是（ D ）。

A. 圆轴承　　B. 不能确定　　C. 椭圆轴承　　D. 三油叶轴承

32. 两台离心泵的流量、扬程分别为 Q_1、H_1 和 Q_2、H_2，串联时，其流量满足 $Q_{总}=Q_1=Q_2$，其扬程应满足（ D ）。

A. $H_{总}=H_1-H_2$　　B. $H_{总}=H_2-H_1$　　C. $H_{总}=H_1=H_2$　　D. $H_{总}=H_1+H_2$

33. 两台性能相同离心泵串联时，其效率不变，两台性能相差较大离心泵串联时，其效率（ A ）。

A. 降低　　B. 升高　　C. 不变　　D. 不能确定

34. 全关闭出口阀时，离心泵流量最小，扬程（ C ）。

A. 最小　　B. 等于0　　C. 最大　　D. 不变

35. 润滑脂在滚动轴承内部不是连续循环使用时，摩擦部位主要依靠润滑脂中的（ B ）来润滑。

A. 脂析出　　B. 油析出　　C. 脂和油　　D. 油蒸气

36. 在滚动轴承内，摩擦部位主要依靠润滑油中的（ B ）来润滑。

A. 添加剂　　B. 油　　C. 脂　　D. 添加剂和油

37. 在滚动轴承内，转速越快，润滑脂的有效黏度（ A ）。

A. 降低　　B. 升高　　C. 不变　　D. 波动

38. 管道检修现场验收的主要标准有（ B ）。

A. 检修记录准确齐全

B. 管道油漆完好无损，附件灵活好用，运行一周无泄漏

C. 提交检修过程技术资料

D. 管道耐压试验报告

39. 换热器检修的现场验收标准有（ A ）。

A. 设备投用运行一周，各项指标达到技术要求或能满足生产需要

B. 设备防腐、保留完整无损，达到完好标准

C. 提交检修过程技术资料

D. 维护记录

40. 电化学腐蚀是金属与介质之间由于（ B ）作用而引起的破坏。

A. 纯化学　　B. 电化学　　C. 物理化学　　D. 纯物理

41. 压力容器出厂资料齐全；设计、制造质量符合有关法规和标准要求的；在设计条件下能安全使用。达到这样的标准的压力容器其安全状况等级为（ A ）级。

A. 一　　B. 二　　C. 三　　D. 四

42. 压力容器投用后首次内外部检验周期一般为（ C ）年。

A. 一　　B. 二　　C. 三　　D. 四

43. 安装资料齐全；设计、制造、安装质量符合有关法规和标准要求；在设计条件下能安全使用的工业管道，其安全状况等级定为（ A ）级。

A. 一　　B. 二　　C. 三　　D. 四

44. 安全状况等级为1级和2级的在用工业管道，其检验周期一般不超过(D)年。

A. 三　　B. 四　　C. 五　　D. 六

45. 闭合电路欧姆定律表达式是(D)。

A. $I=\frac{U}{R}$　　B. $U=IR$　　C. $I=\frac{E}{R}$　　D. $I=\frac{E}{R+r}$

46. 在仅有电阻参数的交流电路中，以下论述错误的是(D)。

A. 纯电阻交流电路中，电压与电流的关系，可根据欧姆定律确定

B. 电流的瞬时值和电阻两端的电压瞬时值成正比

C. 电流和电压是同频率的正弦量

D. 在相位上，电流超前于电压90°

47. 在正常运行时，不可能出现爆炸性气体混合物的环境，或即使出现也仅是短时存在的爆炸性气体混合物环境，按规定属(C)区。

A. 0　　B. 1　　C. 2　　D. 附加2

48. 在火灾危险区域22区，固定使用的电机，选用的防护等级是(D)。

A. IP21　　B. IP30　　C. IP14　　D. IP54

49. 关于均匀控制系统，说法不正确的是(C)。

A. 使两个相互联系的变量在允许的范围内缓慢变化的控制系统

B. 目的是为了解决前后工序的供求矛盾，使两个变量之间能够互相兼顾和协调操作的控制系统

C. 调节器一般采用比例积分微分作用，且积分时间很大

D. 调节器一般采用纯比例作用，且比例度很大

50. 压缩机控制中，经常用来联锁的参数是(D)。

A. 流量　　B. 压力　　C. 温度　　D. 振动

51. 有一台正在运行中的气关单座阀经常关不死，它的原因是(B)。

A. 阀芯阀座磨损严重　　B. 阀门定位器输出总是在最大值

C. 阀芯阀座间有异物卡住　　D. 阀杆太短

52. 有液体流过调节阀，在节流口流速急剧上升，压力下降，若此时压力下降到低于液体在该温度下的饱和蒸汽压便会汽化，分解出气体后形成气液双向流动，这种现象叫(A)。

A. 闪蒸　　B. 空化　　C. 气蚀　　D. 腐蚀

53. 图示一液面调节回路，工艺要求故障情况下顶部出料送出的气体中不许带有液体，下述说法正确的是(C)。

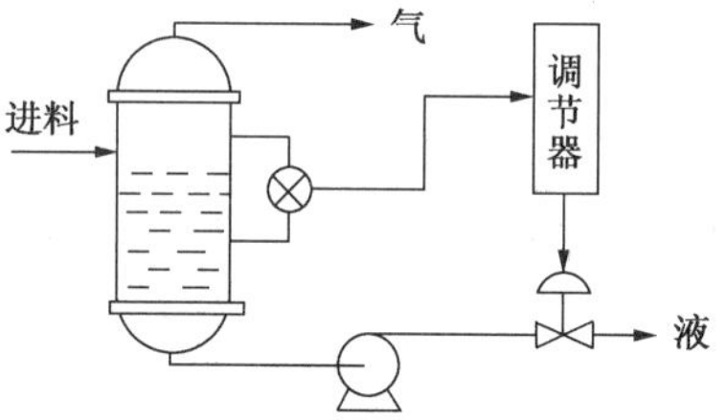

A. 调节阀是风开阀，调节器正作用

B. 调节阀是风关阀，调节器正作用

C. 调节阀是风关阀，调节器反作用

D. 调节阀是风开阀，调节器反作用

54. 自力式调节阀与其他调节阀的区别是(B)。

A. 执行机构靠气源或电源产生的动力

B. 执行机构靠工艺管线中介质的压力产生动力

C. 它没有正反作用

D. 它没有风开风关

多选题

1. 关于 $2NO+O_2=2NO_2$，下列叙述不正确的是(A，B，C，D)。

A. 当 $V_{正}=V_{逆}=0$ 时，体系即达到平衡

B. 当 $V_{NO}=V_{NO_2}$时，体系即达到平衡

C. 当体系中[NO]：[O_2]：[NO_2]=2：1：2 时，体系即达到平衡

D. 在加压时，正反应速度增大，逆反速度减小，因此平衡向有利于生成 NO_2 的方向移动

2. 在焓值的计算中，其基准状态的压力通常选用常压，而其基准温度可选择的是(A，B，C，D)。

A. 0℃　　B. 0K　　C. −17.8℃　　D. −129℃

3. 关于相对挥发度，下列说法正确的是(A，B，D)。

A. 对理想溶液中组分的相对挥发度等于同温度下两纯组分的饱和蒸汽压之比

B. 相对挥发度大于 1，则表示两组分难分离

C. 相对挥发度等于 1，表示不能用普通蒸馏方法分离该混合液

D. 相对挥发度的大小可以用来判断某混合液是否能用蒸馏方法加以分离以及分离的难易程度

4. 引用最小回流比的意义是(B，C)。

A. 确定塔径　　B. 可由最小回流比选取适宜的操作回流比

C. 求理论板层数　　D. 确定实际板层数

5. 关于空塔气速的大小，下列说法正确的是(C，D)。

A. 空塔气速依据最小允许气速决定

B. 空塔气速大，所需塔径大

C. 空塔气速的下限由漏液时的气速决定

D. 空塔气速的上限由液泛时的气速决定

6. 下列说法正确的是(A，C)。

A. 单板效率的数值有可能超过 100%　　B. 数值与总板效率相等

C. 基于该板理论增浓的概念　　D. 各层的单板效率相等

7. 总板效率是(A，C，D)。

A. 其概念基于所需理论板数

B. 其数值可能大于 1

C. 反映整个塔内的平均传质效果

D. 达到指定分离效果所需理论板层数与实际板层数的比值

8. 根据误差的性质可分为(A，B，C)。

A. 系统误差　　B. 随机误差　　C. 粗大误差　　D. 示值误差

9. 计量误差的主要来源于(A，B，C，D)。

A. 设备误差　　B. 环境误差　　C. 人员误差　　D. 方法误差

10. 用于(A，B)方面的工作计量器具，实行强制检定。

A. 医疗卫生　　B. 环境监测　　C. 一般测量　　D. 指示

11. 可以无十字头、一阶往复惯性力的合力大部分平衡、汽缸彼此错开一定角度、两列

连杆可以装在同一曲拐上的是(A，D)往复压缩机。

A. V 形 B. 立式 C. L 形 D. W 形

12. 离心压缩机单级叶轮对单位质量的理论功是(A，C)。

A. $L_{th}=U_2\times C_{u2}-U_1\times C_{u1}$

B. $L_{th}=U_1\times C_{u1}-U_2\times C_{u2}$

C. $L_{th}=(U_2-U_1)/2+(W_1-W_2)/2+(C_2-C_1)/2$

D. $L=(U_2-U_1)/2+(W_1-W_2)/2+(C_2-C_1)/2$

13. 离心压缩机的轴向力平衡方法是(A，B，C)。

A. 叶轮背对背 B. 止推轴承 C. 平衡鼓 D. 径向轴承

14. 往复压缩机填料密封环一般有(A，B)。

A. 三片式切向环 B. 三片式径向环

C. 三片式轴向环 D. 三片式周向环

15. 往复压缩机填料密封一般由许多组填料密封组成，每组填料密封一般由二片或三片填料环组成，即是由(A，B)组成。

A. 一片切向环和二片式径向环 B. 一片切向环和一片式径向环

C. 一片切向环和二片式轴向环 D. 一片周向环和一片径向环

16. 下列技术资料中，管道检修验收应提交的技术资料是(A，B，C，D)。

A. 设计变更及材料代用通知单，材质、零部件合格证

B. 隐蔽工程记录

C. 检修记录(含单线图) D. 焊缝质量检验报告

17. 泵检修时的施工现场的验收包括(A，B，D)。

A. 检修工具摆放整齐 B. 当日施工当日清洁

C. 钳工申报泵零部件报废 D. 钳工新领配件妥善保管

18. 泵检修完工后的施工现场的验收标准包括(A，B，C)。

A. 现场卫生清洁，无油污 B. 零附件齐全好用

C. 连接螺丝齐全、满扣、齐整、坚固 D. 旧配件现场摆放整齐

19. 泵检修完工后检修质量的验收标准包括(A，B，C，D)。

A. 转子径向轴向跳动符合标准 B. 配合零部件间隙符合标准

C. 压力表温度表齐全校验准确 D. 控制和联锁系统验收合格

20. 离心泵检修完工后检修质量的验收完好标准包括(B，C)。

A. 泄漏量≤10 滴/分(填料密封轻质油)

B. 泄漏量≤20 滴/分(填料密封轻质油)

C. 泄漏量≤10 滴/分(填料密封重质油)

D. 泄漏量≤20 滴/分(填料密封重质油)

21. 下列技术资料中，换热器检修验收应提交的技术资料有(A，B，C，D)。

A. 设计变更及材料代用通知单，材质、零部件合格证

B. 焊缝质量检验(包括外观检验和无损探伤等)报告

C. 检修记录

D. 试验记录

22. 腐蚀介质的处理一般包括腐蚀介质的脱除及应用(A，B，C)。

A. 中和剂　　B. 缓蚀剂　　C. 抗垢剂　　D. 保护剂

23. 电脱盐装置一般用于原油的(A，B)。

A. 脱盐　　B. 脱水　　C. 脱硫　　D. 脱氰

24. 安全状况等级为(A，B)的压力容器每六年至少进行一次内外部检验。

A. 一级　　B. 二级　　C. 三级　　D. 四级

25. 如下图所示，将 R_1、R_2、R_3、R_4 接成混联电路，其电路参数计算公式正确的是(C)。

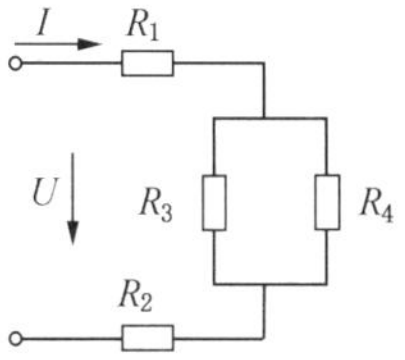

A. $R=R_1+R_2+R_3+R_4$　　B. $R=\dfrac{R_1+R_2}{R_3+R_4}$

C. $R=R_1+R_2+\dfrac{R_3 \cdot R_4}{R_3+R_4}$　　D. $R=R_1+R_2+\dfrac{1}{R_3}+\dfrac{1}{R_4}$

26. 根据以下电压瞬时值表达式判断，对称三相交流电的表达式是(B，D)。

A. $U_A=311\sin314t$　　$U_B=311\sin(280t+120°)$　　$U_C=311\sin(140t-120°)$

B. $U_A=311\sin314t$　　$U_B=311\sin(314t-120°)$　　$U_C=311\sin(314t-240°)$

C. $U_A=\sqrt{2}\cdot220\sin314t$　　$U_B=\sqrt{2}\cdot220\sin(314t-120°)$　　$U_C=\sqrt{2}\cdot220\sin(314t+120°)$

D. $U_A=3420\sin314t$　　$U_B=3420\sin(314t-120°)$　　$U_C=3420\sin(314t-240°)$

27. 气动薄膜调节阀工作不稳定，产生振荡，是因为(A，B，C，D)。

A. 调节器输出信号不稳定

B. 管道或基座剧烈振动

C. 阀杆摩擦力大，容易产生迟滞性振荡

D. 执行机构刚度不够，会在全行程中产生振荡；弹簧预紧量不够，会在低行程中发生振荡

简答题

1. 某可逆反应已建立平衡，加入一种正催化剂，反应速度将有何变化？

答：加入了正催化剂，使平衡体系中两方反应的活化能降低，提高了两方活化分子的百分数，增大了两方单位体积内活化分子数，增加了两方单位时间内的有效碰撞次数使反应速度增大，使正、逆反应同时同等的增大速度，故化学平衡不移动，只是增大了反应速度。

2. 目前最常用什么方法测定油品的运动黏度？

答：目前最常用的运动黏度的测定方法是毛细管黏度计法，国家标准代号 GB265。

3. 焓的定义如何？

答：焓又称热焓，是体系的热力学状态函数之一。通常用符号 H 表示，其定义为：

$$H = U + pV$$

式中：U、p、V 分别代表体系的内能、压力和体积。焓的量纲与能量相同。

4. 对流传热系数的影响因素有哪些？

答：①流体的种类及相变化情况不同，其对流传热系数不同；②流体的物性不同，其对流传热系数不同；③流体的温度不同，对流传热系数不同；④流体的流动状态影响对流传热系数；⑤流体流动的原因影响对流传热系数；⑥传热面的形状、位置、大小直接影响对流传热系数。

5. 回流比对精馏操作的影响?

答:①回流比是影响精馏塔分离效果的主要因素,生产经常用回流比来调节、控制产品的质量;② 当回流比增大时,精馏段操作线斜率变大,该段内传质推动力增大,因此在一定的精馏段理论板数下馏出液组成变大;③ 回流比大,提馏段操作线斜率变小,该段的传质推动力增加,因此在一定的提馏段理论板数下,釜液组成变小;④反之,当回流比减小时,分离效果变差;⑤ 回流比增加,使塔内上升蒸汽量及下降液体量均增加,若塔内汽液相负荷超过允许值,则可能引起塔板效率下降,此时应减小原料液流量;同时回流比变化时再沸器和冷凝器的传热量也相应发生变化。

6. 为什么高压缩比的往复压缩机需要多级压缩?

答:①当往复压缩机需要将气体压缩到很高压力而达到一定的压缩比时,单级压缩往往导致压缩气体温度升得太高,单级压缩比越大,压缩气体温度升得越高。缸内的气体和注入的润滑油因温度太高而结焦。影响了气阀正常工作和加剧了活塞环的磨损。②而余隙内残留的高温、高压气体膨胀后占去很大部分汽缸容积,单级压缩比越大,余隙内残留的气体温度、压力越高。气体膨胀后占去汽缸容积越大,导致容积效率减小。③单级压缩的气体温度太高,导致压缩机消耗功率增大,单级压缩比越大,压缩温度越高,压缩机消耗功率越大。综合上述,高压缩比的往复压缩机必须设置多级压缩。

7. 转子的轴颈在滑动轴承中要完全具备产生稳定的液体动压力的三个条件是什么?

答:①轴颈与轴承工作表面之间必须形成楔形间隙,且相对滑动方向必须保证润滑油从大截面流向小截面。②轴颈与轴承工作表面之间应有足够的相对滑动速度。③润滑油要有一定的黏度,且必须连续供应。

8. 简述填料塔的适用范围。

答:填料塔以填料作为气液接触元件,气液两相在填料层中逆向连续接触。它具有结构简单、压力降小、易于用耐腐蚀非金属材料制造等优点,对于气体吸收、真空蒸馏以及处理腐蚀性流体的操作,颇为适用。

9. 简述板式塔的适用范围。

答:在板式塔中,塔内装有一定数量的塔盘,气体以鼓泡或喷射的形式穿过塔盘上的液层使两相密切接触,进行传质。两相的组分浓度沿塔高呈阶梯式变化。适用于蒸馏、吸收等单元操作。

10. 简述法兰压力等级的含义。

答:法兰公称压力是压力容器(设备)或管道的标准压力等级。每个公称压力是表示一定材料和一定温度下的最大工作压力。若材料不同,工作温度不同,则允许的最大工作压力与公称压力应进行换算。

11. 电化学腐蚀有哪三个环节?

答:电化学腐蚀过程是下列三个环节所组成:金属在阳极溶解,变成金属离子进入溶液中,电子留在金属上。电子从阳极流到阴极。在阴极,流来的电子被溶液中能够吸收电子的物质所吸收。

12. 简答"一脱四注"工艺防腐蚀措施的内容。

答:"一脱四注"工艺防腐蚀方法包括原油脱盐、注碱和塔顶挥发线注氨、注水及注缓蚀剂。

13. 简述在用压力容器内外部检验的周期。

答：安全状况等级为 1 级和 2 级的压力容器每 6 年至少一次，安全状况等级为 3 级的压力容器每 3 年至少一次，投用后首次内外部检验周期一般为 3 年。

14. 简述压力管道全面检验的周期。

答：安全状况等级为 1 级和 2 级的在用工业管道，其检验周期一般不超过 6 年；安全状况等级为 3 级的在用工业管道，其检验周期一般不超过 3 年。

15. 在闭合电路中，负载电阻变化时，负载端电压将如何变化？

答：①当外电路电阻增大时，根据 $I=\dfrac{E}{R+r}$，可知，I 减小，再由 $U=E-Ir$ 可知端电压 U 增加。②外电路电阻减小时，基于上述理由，可知端电压 U 减小。

16. 混联电路与串联、并联电路的电压、电流关系有什么不同？

答：混联电路与串联、并联电路负载电阻上的参数关系为：

①串联电路负载电阻上的电压等于各串联电阻之和，并联电路的电压等于并联电阻端电压，而混联电路电压等于串联电阻和并联电阻端电压之和。②串联电路负载电阻上的总电流等于任一串联电阻的电流，并联电路的总电流等于各并联电阻电流之和，而混联电路电流等于混联电路中并联电阻的电流之和。

17. 何为隔爆型电气设备和增安型电气设备？

答：隔爆型电气设备是具有隔爆外壳的电气设备，是指能把点燃爆炸性混合物的部件封闭在一个外壳内，该外壳能承受内部爆炸性混合物的爆炸压力，并阻止向周围的爆炸性混合物传爆的电气设备。增安型电气设备是在正常运行条件下，不会产生点燃爆炸性混合物的火花或危险温度，并在结构上采取措施，提高其安全程度，以避免在正常和规定过载条件下出现点燃现象的电气设备。

18. 请解释电机防护等级 IP65 第二位数字的意思。

答：IP65 第二位数字的意思是设备防水的技术要求，5 的意思是任何方向的喷水对电机无有害影响。

计算题

1. 20℃时食盐的饱和溶解度为 36g。如果向 50g20℃的饱和食盐溶液加入 10%的硝酸银溶液，需用硝酸银溶液多少克恰好反应？(食盐的相对分子质量：58. 5，硝酸银的相对分子质量：170)

解：50g 20℃的饱和食盐溶液中含 NaCl = 50×36/136 = 13. 24 克或设 50g 20℃的饱和食盐溶液中含 NaCl 为 xg，后根据溶解度定义得：$x:(50-x)=36:100$ $x=13.24$g，根据：

$$NaCl+AgNO_3=AgCl\downarrow+NaNO_3$$

$$58.5 \quad 170$$

$$13.24 \quad y\times10\%$$

则：$170\times13.24=58.5\times y\times10\%$　$y=385$g

答：需要 10%硝酸银溶液 385g 恰好反应。

2. 把 0. 01mol 的 CO_2 和 0. 01mol 的 H_2 放在 1L 的密闭容器里，加热到 1200℃，在生成

0.006mol 的 CO 和 0.006mol 的 H_2O(气)的时候，反应达到平衡。试求这时候反应的化学平衡常数。

解：

$$CO_2+H_2 \rightleftharpoons CO+H_2O(气)$$

反应开始时各物质的量　0.01　0.01　0　0

达到平衡时各物质的量　0.004　0.004　0.006　0.006

因为在 1L 的容器里，所以，平衡时各参加反应物质的浓度分别是：

$[CO]=0.006mol/L$，$[H_2O]=0.006mol/L$，$[CO_2]=0.004mol/L$，$[H_2]=0.004mol/L$

$$K=\frac{[CO][H_2O]}{[CO_2][H_2]}=\frac{0.006\times0.006}{0.004\times0.004}=2.25$$

答：在 1200℃时，这个反应的平衡常数是 2.25。

3. 已知 PCl_5(气)$\rightleftharpoons$$PCl_3$(气)+$Cl_2$(气)，在 230℃达到平衡时，平衡混合物中各物质的浓度分别是$[PCl_5]=0.47mol/L$，$[PCl_3]=0.098mol/L$，$[Cl_2]=0.098mol/L$，求这个反应的平衡常数。

解：

$$PCl_5(气) \rightleftharpoons PCl_3(气)+Cl_2(气)$$

达到平衡时各物质的摩尔浓度　0.47　0.098　0.098

$$K=\frac{[PCl_3][Cl_2]}{[PCl_5]}=\frac{0.098\times0.098}{0.47}=0.02$$

答：这个反应的平衡常数是 0.02。

4. 已知塔底液面距地面 4m，机泵入口距地面 0.5m，油品相对密度为 0.8，求机泵入口静压。

解：$P=\rho\Delta h=\rho(h_2-h_1)=0.8\times10^3\times(4-0.5)=2.8kgf/m^3=0.28kgf/cm^2=0.27\times10^5Pa$

答：机泵入口静压为 0.27×10^5Pa。

5. 密度为 $850kg/m^3$ 的料液从高位槽送入塔中，高位槽中的液面维持恒定。塔内表压强为 9.81×10^3Pa，进料量为 $5m^3/h$。连接管直径为 $\phi38mm\times2.5mm$，料液在连接管内流动时的能量损失为 30J/kg(不包括出口的能量损失)。试求高位槽内的液面应比塔的进料口高出多少？

解：取高位槽液面为上游截面 1-1′，连接管出口内侧为下游截面 2-2′，并以截面 2-2′的中心线为基准水平面。在两截面间列伯努利方程式，即：

$$gZ_1+\frac{u_1^2}{2}+\frac{P_1}{\rho}=gZ_2+\frac{u_2^2}{2}+\frac{P_2}{\rho}+\Sigma h_f$$

式中：$Z_2=0$　$P_1=0$(表压)　$P_2=9.81\times10^3Pa$(表压)　$\Sigma h_f=30J/kg$

$$u_1\approx0 \qquad u_2=\frac{V_s}{A}=\frac{V_s}{\frac{\pi}{4}d^2}=\frac{5}{3600\times\frac{\pi}{4}\times0.033^2}=1.62m/s$$

将上列数值代入伯努利方程式，并整理得：

$$Z_1=\left(\frac{1.62^2}{2}+\frac{9.81\times10^3}{850}+30\right)/9.81=4.37m$$

即高位槽内的液面应比塔的进料口高 4.37m

答： 高位槽内的液面应比塔的进料口高 4.37m。

6. 一台泵吸入管口径为 200mm，流量 $Q=7.78\mathrm{L/s}$，样本给定性能参数 $(H_s)_a=3.6\mathrm{m}$，估算 $\Sigma h=0.5\mathrm{m}$，分别计算标准状态下和在拉萨地区从开式容器中抽送 40℃清水时的安装高度？（已知：拉萨地区大气压 $P'_a=6.62\mathrm{mH_2O}$，抽送液体温度下的饱和蒸汽压 $P'_v=7355\mathrm{Pa}$，40℃下清水密度 $\rho'=992.2\mathrm{kg/m^3}$；泵样本上给出的性能参数 $(H_s)_a$ 为标准大气压 $P_a=10.33\mathrm{mH_2O}$ 和 20℃清水饱和蒸汽压 $P_v=0.24\mathrm{mH_2O}$ 下测得的数值。）

解： 已知 $P_A=P_a$，$C_s=4Q/\pi D_s^2=4\times7.78\times10^{-3}/3.14\times0.2^2=2.48\mathrm{m/s}$，

$$Z_s=(P_A-P_a)/(\rho\times g)+(H_s)_a-\Sigma h_s-C_s^2/(2\times g)=3.6-0.5=3.1\mathrm{m}$$

在拉萨地区 $P_A=P'_a$，因拉萨地区与泵样本上使用的条件有差异。对 $(H_s)_a$ 必须修正，则

$$(H_s)'_a=(P'_a-P'_v)/(\rho'\times g)+(H_s)_a-10.33-0.24$$
$$=6.62-(7355)/(992.2\times9.8)+3.6-10.33-0.24=-0.63\mathrm{m}$$
$$Z_s=(H_s)'_a-\Sigma h-(C_s^2)/2g=-0.63-0.5-(2.48^2)/(2\times9.8)=-1.44\mathrm{m}$$

负值表示倒灌

答： 泵在标准状态下的安装高度为低于泵 3.1m，泵在拉萨地区的安装高度为高于泵 1.44m。

7. 已知一简单交流电路，$u=311\sin314t\mathrm{V}$，$R=11\Omega$，求电路中的电流瞬时值？

解： 电压的有效值：$U=U_m/\sqrt{2}=311/\sqrt{2}=220\mathrm{V}$

电流的有效值：$I=U/R=220/11=20\mathrm{A}$

电流的瞬时值：$i=\sqrt{2}I\sin314t=28.3\sin314t\mathrm{A}$

答： 电路中电流的瞬时值为 $28.3\sin314t\mathrm{A}$。

8. 已知两交流电压 $U_1=220\sqrt{2}\sin314t$，$U_2=380\sqrt{2}\sin(314t+90)$，指出各电压量的最大值、有效值、初相角、角频率以及两者相位差。

解： $U_{1m}-220\sqrt{2}-311.08\mathrm{V}$，$U_{2m}-380\sqrt{2}-537.32\mathrm{V}$；$U_1-220\mathrm{V}$，$U_2-380\mathrm{V}$

初相角：$\varphi_1=0°$，$\varphi_2=90°$；相位差：$\varphi_2-\varphi_1=90°$；角频率：$\omega_1=\omega_2=314\mathrm{rad/s}$

答： $U_{1m}=311.08\mathrm{V}$，$U_{2m}=537.32\mathrm{V}$；$U_1=220\ \mathrm{V}$，$U_2=380\mathrm{V}$

初相角：$\varphi_1=0°$，$\varphi_2=90°$；相位差：$\varphi_2-\varphi_1=90°$；角频率：$\omega_1=\omega_2=314\mathrm{rad/s}$

9. 一台异步电动机，频率 $f=50\mathrm{Hz}$，电机额定转速 $n=960\mathrm{r/min}$，问这台电动机是几极的？额定转差率 $S=$？

解： 异步电动机的额定转速是接近而又小于旋转磁场转速的，而接近于 $n=960\mathrm{r/min}$ 的旋转磁场转速是 1000r/min，根据公式 $n_1=\dfrac{60f}{p}$，得：$p=\dfrac{60f}{n_1}=\dfrac{60\times50}{1000}=3$（对极）；$S=\dfrac{n_1-n}{n_1}=\dfrac{1000-960}{1000}=0.04$

答： 该电动机是 6 极的，转差率为 0.04。

工种理论知识试题

判断题

1. 清洁生产的基本手段是通过改进工艺技术，强化企业管理，最大限度地提高资源、

能源的利用水平。(√)

2. 蒸汽吹扫时，为保证系统吹扫干净，控制阀一并参与吹扫。(×)

正确答案：蒸汽吹扫时，为防止脏物带入控制阀，控制阀要提前拆除。

3. 气密过程中最高压力要高于设备的操作压力。(√)

4. 蒸汽吹扫过程中，设备、管线蒸汽憋压的压力不得超过其最高工作压力。(√)

5. 装置工艺联锁的调试应该在装置进油过程中进行调试。(×)

正确答案：装置工艺联锁的调试应该在装置进油前调试完毕。

6. 原料油罐采用气封的主要目的是为了控制压力平稳。(×)

正确答案：原料油罐采用气封的主要目的是为了防止原料与空气接触氧化生胶。

7. 催化剂装填时，顶部分配盘与上层催化剂床层顶部要留有一段空间。(√)

8. 新装置开工前，装置采取水联运操作的，可不进行蒸汽吹扫。(×)

正确答案：新装置开工前，为清除设备、管线脏物，必须进行蒸汽吹扫。

9. 加氢催化剂干燥结束后，当反应器床层最高点温度低于150℃时，才能将氢气引进系统。(√)

10. 加热炉烘炉时，为彻底脱除水分，升温速度越快越好。(×)

正确答案：加热炉烘炉时，升温速度不宜过快。

11. 在预硫化过程中，为防止胺盐结晶，应启动注水泵向系统注软化水。(×)

正确答案：在预硫化过程中不应启动注水泵向系统注软化水。

12. 氢油比太小会使换热器、加热炉管内的气体和液体混合不均，造成系统内的压力温度波动。(√)

13. 装置升温过程中为节省时间，升温速度越快越好。(×)

正确答案：装置升温过程中，升温速度不宜过快，一般控制在25℃/h左右。

14. 一般情况下，加工催化柴油比加工直馏柴油反应器的温升大。(√)

15. 分馏系统切换反应生成油前，反应温度必须达到要求的操作温度。(√)

16. 在预硫化过程中，产生1mol的水，需要0.5mol的硫。(×)

正确答案：在预硫化过程中，产生1mol的水，需要1mol的硫。

17. 控制分馏塔进出物料的平衡，是保证塔液面平稳的基础。(√)

18. 保证高压分离器液位稳定是防止高压窜低压的根本保证。(√)

19. 一般来说在相同的操作条件下，二次加工油的脱硫率高于直馏油。(×)

正确答案：一般来说在相同的操作条件下，二次加工油的脱硫率低于直馏油。

20. 配置胺液时可以用新鲜水。(×)

正确答案：配置胺液时要用除盐水。

21. 钢材的氢脆一般比较容易发生在装置停工降温过程中。(√)

22. 铵盐一般会在高温无水的条件下结晶出来堵塞设备。(×)

正确答案：铵盐一般会在低温无水的条件下结晶出来堵塞设备。

23. 反应系统压降的大小由循环氢压缩机的功率决定。(×)

正确答案：反应系统压降的大小与循环氢压缩机的功率大小无关。

24. 对于大多数含硫化合物来说，决定脱硫率高低的因素是化学平衡。(×)

正确答案：对于大多数含硫化合物来说，决定脱硫率高低的因素是反应速率。

25. 装置拆装盲板时，对于使用过的盲板一律不能再使用。（×）

正确答案：装置拆装盲板时，对于使用过的盲板符合要求的可以再使用。

26. 对于要动火的设备，采样分析合格 1h 内必须用火，否则要重新采样分析。（√）

27. 催化剂器内再生分为水蒸气—空气、氮气—水蒸气两种方法。（×）

正确答案：催化剂器内再生分为水蒸气—空气、氮气—空气两种方法。

28. 从传热效果角度考虑，传热系数小的介质应该走管程。（×）

正确答案：从传热效果角度考虑，传热系数小的介质应该走壳程。

29. 对于双溢流板式塔，其上下相临的两层塔盘结构一样。（×）

正确答案：对于双溢流板式塔，其上下相临的两层塔盘结构不一样。

30. 当机械密封受到外力干扰后，其间隙不能恢复到原间隙。（×）

正确答案：当机械密封受到外力干扰后，其间隙能自动恢复到原间隙。

31. 活塞式压缩机可以通过出口截止阀来调节出口流量。（×）

正确答案：活塞式压缩机不可以通过出口截止阀来调节出口流量。

32. 离心泵的有效气蚀余量越大，泵越不易抽空。（√）

33. 如果加热炉瓦斯硫化氢含量严重超标，烟气会冒黄烟。（√）

34. 热壁式反应器在内壁设有非金属隔热层。（×）

正确答案：冷壁式反应器在内壁设有非金属隔热层。

35. 汽轮机停机过程中，一般当真空降至为零时，才停供轴封供汽，这样可使汽缸内外压力相当，冷空气不会进入汽缸。（√）

36. 装置停工后，反应系统为达到动火条件，高压换热器应引蒸汽进行彻底吹扫。（×）

正确答案：装置停工后，反应系统为达到动火条件，高压换热器应用氮气进行置换。

37. 加热炉停炉后，应立刻增加炉膛通风量将瓦斯置换干净。（×）

正确答案：加热炉停炉后，应停运鼓风机，向炉膛通入蒸汽。

38. 发生硫化氢泄漏时，不能通过气味大小来判断泄漏量的大小。（√）

39. 空冷发生偏流后，对入口有截止阀的空冷，可以通过调节入口阀开度来调节。（√）

40. 汽轮机停蒸汽后，应注意要立刻进行盘车，防止设备损坏。（√）

41. 反应系统压力下降后，利用压力递推原理控制的新氢机末级返回初级的氢气量增加。（×）

正确答案：反应系统压力下降后，利用压力递推原理控制的新氢机末级返回初级的氢气量减少。

单选题

1. 催化剂预硫化时，所选的硫化油一般为(B)。

A. 减压馏分油　B. 常压直馏油　C. 催化柴油　D. 焦化柴油

2. 临氢系统气密时，初始阶段所用的介质一般选择(C)。

A. 净化风　B. 氢气　C. 氮气　D. 非净化风

3. 加氢装置开工前系统氮气置换合格标准为：连续二次采样分析氧含量低于(A)。

A. 0.5%　B. 1.0%　C. 1.5%　D. 2%

4. 新装置开工，装置工艺卡片应在(A)制订完成。

A. 开工前　B. 开工过程中　C. 开工结束时　D. 产品质量合格后

5. 加热炉空气预热器一般设置在加热炉的(C)。

A. 辐射室　B. 对流室中部　C. 对流室顶部　D. 烟囱中部

6. 分馏系统气密过程中，一般采用(B)作为气密介质。

A. 净化风　B. 蒸汽　C. 氢气　D. 非净化风

7. 蒸汽吹扫过程中，下列选项中不能用蒸汽吹扫的是(A)。

A. 控制阀　B. 塔的填料　C. 仪表引压线　D. 炉管

8. 加热炉烘炉时，温度控制一般以(D)温度为准。

A. 对流室　B. 烟囱排烟　C. 炉管外壁　D. 辐射室

9. 催化剂干燥时，一般采用(D)作介质。

A. 循环氢气　B. 循环空气　C. 循环蒸汽　D. 循环氮气

10. 加氢催化剂干燥的目的是脱除水分，提高催化剂(C)。

A. 稳定性　B. 选择活性　C. 机械强度　D. 比表面积

11. 高压换热器一程试压，另一程(C)。

A. 密闭　B. 打开放空　C. 也要充压　D. 无所谓

12. 设备和管线试压时，试压压力应(A)设备正常操作压力。

A. 略高于　B. 等于　C. 低于　D. 远大于

13. 原料油罐压力控制方式一般采用(A)方式。

A. 分程控制　B. 单回路控制　C. 串级控制　D. 递推控制

14. 下列组分中与空气接触最易发生氧化反应的是(C)。

A. 直链烷烃　B. 芳烃　C. 烯烃　D. 环烷烃

15. 催化剂密相装填时，催化剂颗粒从分布器中沿(A)向外喷射出。

A. 径向　B. 轴向　C. 不确定方向　D. 向下45°

16. 催化剂密相装填法与袋式装填法相比较，反应器的初期压降前者比后者(B)。

A. 低　B. 高　C. 差不多　D. 不能确定

17. 选择下列三种规格瓷球装于反应器最底部，由下到上的装填顺序应该是(A)。

A. $\phi10$、$\phi6$、$\phi3$　B. $\phi3$、$\phi6$、$\phi10$　C. $\phi6$、$\phi10$、$\phi3$　D. $\phi6$、$\phi3$、$\phi10$

18. 催化剂装填时，催化剂若进入冷氢箱，进油后对反应器压降影响是(A)。

A. 压降增加　B. 压降下降　C. 没有影响　D. 不能确定

19. 催化剂密相装填时，反应器内一般要保持(B)。

A. 微负压　B. 微正压　C. 常压　D. 高负压

20. 催化剂干燥时，用氮气而不用氢气作为干燥介质，主要考虑到(D)。

A. 氢气热容量低　B. 氮气热容量高　C. 氢气易燃易爆　D. 避免催化剂氢还原

21. 催化剂干燥过程中产生的水主要来自(D)。

A. 反应生成水　B. 氮气中的水　C. 炉管内的水　D. 催化剂吸收的水

22. 火炬系统停工吹扫时，所用介质为(B)。

A. 氮气　B. 蒸汽　C. 新鲜水　D. 凝结水

23. 对含有可燃气体的设备、管线，确认是否吹扫干净且已达到动火条件的标准是(C)。

A. 设备、管线内无明油　B. 设备、管线内无油气味

C. 采样化验分析合格　　D. 蒸汽吹扫 24h 以上

24. 加热炉烘炉时，500℃恒温期间主要作用是(C)。

A. 脱除结晶水　　B. 脱除表面水　　C. 耐火材料烧结　　D. 烘干炉管内水

25. 加氢催化剂预硫化过程中，在高温硫化阶段高压分离器没有水生成时，说明(B)。

A. 还需提高温度　　B. 硫化结束　　C. 注硫量偏低　　D. 循环氢流量偏低

26. 催化剂预硫化过程中，注硫速度控制的主要依据是(C)。

A. 反应器压降　　B. 硫化油中硫含量

C. 反应温升及循环氢中硫化氢含量　　D. 含硫污水中硫含量

27. 催化剂密相装填法与袋式装填法相比较(C)。

A. 前者催化剂易架桥　　B. 后者空隙率低

C. 前者床层密度高　　D. 前者反应器初期压降低

28. 加热炉烘炉时，为防止炉管干烧一般采用的方法是(A)。

A. 炉管内保持介质流动　　B. 炉管外壁装隔热材料

C. 间歇烘炉　　D. 降低烘炉温度

29. 加氢催化剂预硫化结束时，大量硫化氢还吸附在催化剂表面，此时催化剂的(D)。

A. 碱性功能较强　　B. 活性较低

C. 酸性功能较弱　　D. 酸性功能较强

30. 加氢催化剂预硫化结束时，如果引二次加工油置换硫化油，对催化剂的影响说法错误的是(C)。

A. 催化剂易结焦　　B. 催化剂易超温

C. 催化剂活性增加　　D. 可能发生裂化反应

31. 催化剂装填时，保护剂一般装于反应器的(C)。

A. 底部　　B. 中部　　C. 顶部　　D. 中下部

32. 在装置实际生产过程中，作为提高反应深度的最主要手段是(B)。

A. 提高反应压力　　B. 提高反应温度　　C. 提高氢油比　　D. 提高空速

33. 提高装置的空速，对加氢脱氮反应(A)。

A. 不利　　B. 影响不大　　C. 有利　　D. 不能确定

34. 装置开工初期阶段，升温升压步骤说法正确的是(A)。

A. 先升温再升压　　B. 先升压再升温

C. 升温、升压同时进行　　D. 不能确定

35. 汽提塔进料温度升高，塔顶气中氢含量会(A)。

A. 增加　　B. 降低　　C. 保持不变　　D. 不能确定

36. 加氢催化剂预硫化过程中，硫化温度高于 230℃后，循环氢中硫化氢浓度大于(A)，应适当减少硫化剂注入量。

A. 1.0%　　B. 2.0%　　C. 0.8%　　D. 0.5%

37. 催化剂预硫化时，系统所产生的水主要来自(A)。

A. 硫化反应生成水　　B. 空冷前注入水

C. 催化剂自然水　　D. 原料带水

38. 装置操作压力和氢分压成(A)。

A. 正比　B. 反比　C. 积分关系　D. 不能确定

39. 瓦斯管线设置阻火器的目的是(B)。

A. 防止瓦斯压力波动　B. 防止瓦斯回火

C. 防止瓦斯带液　D. 防止瓦斯泄漏

40. 提高装置的操作压力，对加氢脱氮反应(B)。

A. 不利　B. 有利　C. 影响不大　D. 不能确定

41. 提高氢油比的主要措施有(A)。

A. 提高循环氢量　B. 降低新氢量　C. 提高进料量　D. 提高反应温度

42. 加氢装置空速增加，意味着(B)。

A. 单位时间内通过催化剂的原料油量减少

B. 单位时间内通过催化剂的原料油量增多

C. 单位时间内通过催化剂的循环氢量增加

D. 单位时间内通过催化剂的循环氢量减少

43. 下列可以降低装置空速的措施有(D)。

A. 降低循环氢量　B. 提高循环氢量　C. 提高进料量　D. 降低进料量

44. 当烟气温度降至(C)℃以下，SO_3 就可以与水蒸气化合生成硫酸蒸气。

A. 200　B. 250　C. 400　D. 600

45. 发生露点腐蚀时，是由于(D)凝结在低温受热面上，从而发生腐蚀。

A. 硫　B. 连多硫酸　C. 硫化氢　D. 硫酸

46. 反应器催化剂床层间设置冷氢的目的是(A)。

A. 控制温升　B. 提高反应深度　C. 减低能耗　D. 改善物流分配

47. 加氢装置在升温过程中，应遵循的原则是(B)。

A. 先升温，后提量　B. 先提量，后升温

C. 同时进行　D. 无所谓

48. 反应压力对脱硫、脱氮反应速率常数的影响程度，前者比后者(B)。

A. 大　B. 小　C. 差不多　D. 不能确定

49. 其他工艺条件不变，循环氢量增加，反应器的压降(A)。

A. 增加　B. 减少　C. 不变　D. 不能确定

50. 含硫化合物的加氢反应活性与(A)密切相关。

A. 分子结构　B. 相对分子质量　C. 密度　D. 含硫量

51. 在板式塔的操作过程中，若塔底汽提蒸汽量过大，会导致(C)。

A. 液泛　B. 淹塔　C. 雾沫夹带　D. 漏液

52. 在板式塔的操作过程中，若塔盘孔隙率过大，会导致(D)。

A. 液泛　B. 淹塔　C. 雾沫夹带　D. 漏液

53. 汽提塔低吹入过热蒸汽的目的是(B)。

A. 提高分馏塔进料温度　B. 汽提油品中的硫化氢

C. 汽、柴油产品分割　D. 溶解胺盐

54. 汽提塔蒸汽进塔位置在(D)。

A. 塔顶部　B. 塔中部　C. 塔中上部　D. 塔底部

55. 分馏塔顶回流罐液位控制一般采用(A)。
A. 串级控制　B. 递推控制　C. 比值控制　D. 分程控制

56. 冷氢量的调节依据是(B)。
A. 床层的氢油比　B. 床层温升　C. 脱硫率　D. 反应炉出口温度

57. 蒸汽温度和压力的对应关系是(A)。
A. 温度高，压力高　B. 温度高，压力低
C. 温度低，压力高　D. 没有关联

58. 循环氢纯度低，一般要通过(B)来提升纯度。
A. 提高循环氢温度　B. 排废氢　C. 降低反应温度　D. 降低空速

59. 富溶剂再生过程中，再生温度过高的主要危害是(B)。
A. 溶剂碱性增加　B. 溶剂分解增加
C. 酸性气带液　D. 贫溶剂含硫量高

60. 一般在富溶剂闪蒸罐顶部设置胺洗流程的目的是(C)。
A. 提高闪蒸效果　B. 防止溶剂氧化
C. 降低闪蒸气中硫化氢含量　D. 防止胺液发泡

61. 正常操作过程中，溶剂系统溶剂损失的主要原因是(C)。
A. 循环氢带走　B. 富溶剂闪蒸　C. 溶剂降解　D. 酸性气带走

62. 下列选项中，不是高压窜低压现象的是(D)。
A. 新氢用量增加　B. 低分压力迅速上升
C. 系统压力下降　D. 低分温度上升

63. 高分液位控制阀一般都设置(B)联锁关闭功能。
A. 超温　B. 低液位　C. 高液位　D. 超压

64. 新氢纯度下降，反应系统耗氢增加的主要原因是(A)。
A. 废氢排量增加　B. 油中溶解氢增加
C. 反应耗氢增加　D. 循环氢循环量增加

65. 温度对于脱硫溶剂吸收硫化氢反应的影响是(D)。
A. 高温有利　B. 没有影响　C. 不能确定　D. 低温有利

66. 催化剂床层轴向温度分布情况是(C)。
A. 入口温度高　B. 中间温度高　C. 出口温度高　D. 相同

67. 溶剂发泡后，净化气体带液量(C)。
A. 减少　B. 不变　C. 增加　D. 不能确定

68. 溶剂发泡后，溶剂的表面张力(C)。
A. 减少　B. 不变　C. 增加　D. 不能确定

69. 富溶剂再生过程中，温度越高，贫溶剂中硫化氢含量(C)。
A. 越高　B. 不变　C. 越低　D. 不能确定

70. 配置脱硫系统胺液应该用(D)。
A. 碱液　B. 新鲜水　C. 脱硫净化水　D. 除盐水

71. 相同的装填条件下，三叶草型催化剂床层的压力降(A)球型催化剂床层的压力降。

A. 小于　B. 大于　C. 等于　D. 不能确定

72. 氢气在油品中的溶解度随温度的增加而(A)。

A. 增加　B. 降低　C. 不变　D. 没有影响

73. 加氢装置设置热高分流程，氢耗(A)。

A. 增加　B. 降低　C. 不变　D. 不能确定

74. 热高分空冷前注水的主要目的是(C)。

A. 降低系统压力　B. 溶解硫化氢

C. 防止铵盐结晶　D. 冷却降温

75. 装置停工吹扫过程中，符合环保要求的是(B)。

A. 污染物敞口排放　B. 污染物密闭排放

C. 蒸塔汽直接放大气　D. 含硫污水排至排水厂

76. 根据国家职业卫生标准，空气中硫化氢最高允许的浓度是(A)mg/m^3。

A. 10　B. 12　C. 15　D. 18

77. 对于催化剂未进行再生的反应器，催化剂撇头的作业环境是(B)。

A. 氧气环境　B. 氮气环境　C. 氢气环境　D. 空气环境

78. 为减少污油量，反应系统退油时，其油一般(D)。

A. 直接走污油线出装置　B. 直接排至地下罐出装置

C. 直接排至放空罐出装置　D. 排至分馏系统走不合格线出装置

79. 设备的氢脆性是(A)。

A. 可逆的　B. 不可逆的

C. 与设备材料有关　D. 没有危害的

80. 在同样的压力下，氢气在钢材中的溶解度随温度的升高而(B)。

A. 降低　B. 增加　C. 不变　D. 不能确定

81. 催化剂撇头过程中，拆出的反应器内构件运至地面后立刻进行碱洗的目的是(D)。

A. 防氧化开裂　B. 防硫化亚铁自燃

C. 防应力开裂　D. 防连多硫酸腐蚀开裂

82. 设备硫化亚铁钝化操作时，最经济、高效的方法是(B)。

A. 钝化剂浸泡法　B. 钝化剂循环钝化法

C. 钝化剂一次性冲洗法　D. 以上都是

83. 装置停工后，为保证检修安全，边界进出管线的隔离方法是(A)。

A. 盲板隔离　B. 单阀隔离　C. 三阀组隔离　D. 敞口隔离

84. 正常停工过程中，装置切断进料时反应温度应(C)。

A. 降低到 50℃以下　B. 控制在 200℃左右

C. 控制在热氢带油的温度左右　D. 不能确定

85. 为更换催化剂，装置停工过程中，停循环氢压缩机的时机是(D)。

A. 切断进料时　B. 反应温度小于 200℃时

C. 系统泄压后　D. 催化剂床层最高点温度小于 50℃时

86. 催化剂撇头过程中，反应器内应保持(A)。

A. 微正压　B. 微负压　C. 常压　D. 高负压

87. 水蒸气-空气再生法与氮气-空气再生法相比较，再生催化剂活性(B)。
A. 前者高　B. 后者高　C. 差不多　D. 不能确定

88. 钢材的初始氢浓度(C)安全氢浓度时，就要进行解氢操作。
A. 等于　B. 小于　C. 大于　D. 不等于

89. 热管式空气预热器工作时，高温烟气应与热管(D)接触。
A. 中间部位　B. 整个管子　C. 高端　D. 低端

90. 一般来说，高温、高压介质应走(B)。
A. 壳程　B. 管程
C. 对于U形换热器宜走壳程　D. 无所谓

91. 最理想的炉管排列形式是(B)。
A. 多排卧管双面辐射　B. 单排卧管双面辐射
C. 单排卧管单面辐射　D. 双排卧管单面辐射

92. 循环氢脱硫塔的操作温度不宜过高，原因是(C)。
A. 防溶剂降解　B. 防腐蚀
C. 防止循环氢带液　D. 防溶剂发泡

93. 下面最适合的溢流形式中，塔板上液层厚度最均匀的是(B)。
A. 单溢流　B. 阶梯式流　C. 双溢流　D. U形流

94. 一般来说填料塔与板式塔相比，阻力降(C)。
A. 后者小　B. 一样　C. 前者小　D. 不能确定

95. 对于脱硫化氢汽提塔，宜选用填料塔，主要原因是(C)。
A. 降低压降　B. 减少雾沫夹带
C. 减少塔内件腐蚀　D. 减小塔径

96. 拉西环填料属于(D)。
A. 规整填料　B. 普通填料　C. 半规整填料　D. 乱堆填料

97. 一般冷换设备热紧的温度是(C)℃。
A. 100　B. 150　C. 250　D. 350

98. 易燃或有毒介质的低压分离容器和换热容器属于(A)。
A. 一类压力容器　B. 二类压力容器　C. 三类压力容器　D. 四类压力容器

99. 剧毒介质的低压容器属于(B)。
A. 一类压力容器　B. 二类压力容器
C. 三类压力容器　D. 四类压力容器

100. 中压废热锅炉或内径大于1m的低压废热锅炉属于(C)。
A. 一类压力容器　B. 二类压力容器
C. 三类压力容器　D. 四类压力容器

101. 氢气对钢材的腐蚀易发生在(C)条件下。
A. 高温低压　B. 低温低压　C. 高温高压　D. 低温高压

102. 在钢材中添加(B)元素可以提高钢材的抗氢蚀能力。
A. Mo　B. Ti　C. Si　D. P

103. 二次应力增加，钢材的氢腐蚀会(A)。

A. 增强　B. 减弱　C. 下降　D. 不能确定

104. 加氢装置紧急泄压后，高压空冷冷却效果变差的原因是(A)。

A. 翘片脱落　B. 管束结晶　C. 偏流　D. 气阻

105. 分馏塔底带水，对塔底泵的影响是(B)。

A. 易发生气蚀　B. 易发生抽空　C. 易发生振动　D. 密封易泄漏

106. 机泵挡油环的作用是(A)。

A. 防止润滑油外漏　B. 防止泵体内介质外漏

C. 防止轴承箱进水　D. 防止润滑油与介质互窜

107. 两台相同的离心泵串联时，工作的扬程(C)每台泵单台工作时的扬程。

A. 小于　B. 等于　C. 大于　D. 不能确定

108. 两台相同的离心泵并联时，工作的扬程(C)每台泵单台工作时的扬程。

A. 小于　B. 等于　C. 大于　D. 不能确定

109. 不锈钢中加入钛，可以提高其(A)。

A. 抗腐蚀性　B. 强度　C. 密度　D. 熔点

110. 设备动火的置换标准、爆炸下限>4%的甲类可燃气体，浓度(C)(体积分数)为合格。

A. <1.5%　B. <1.0%　C. <0.5%　D. <2.0%

111. 泵发生气蚀时，其入口处具有的能量(D)液体汽化压强能。

A. 超过　B. 等于　C. 大于等于　D. 小于

112. 离心泵内介质结焦、结晶或杂质沉积使(D)失去浮动作用。

A. 密封圈　B. 转子　C. 静环　D. 动环

113. 正常运转条件下机械密封的闭合力(A)开启力。

A. 等于　B. 大于　C. 小于　D. 不能确定

114. 往复式压缩机切换方法是(B)。

A. 备用压缩机满负荷开起后，再逐渐降负荷停运原运行机组

B. 原运行机组减负荷停运的同时开启备用压缩机同步增负荷

C. 一台停运后，再开一台

D. 无所谓

115. 汽轮机建立抽真空应该在(A)。

A. 转子冲转前　B. 转子冲转过程中

C. 转子冲转稳定后　D. 无所谓

116. 汽轮机轴封汽应该在(A)投用。

A. 真空度建立前　B. 真空度建立过程中

C. 真空度建立平稳后　D. 无所谓

117. 危急遮断器是汽轮机的(D)保护设备。

A. 流量　B. 轴振动　C. 轴位移　D. 转速

118. 背压式汽轮机启动时，要先开启汽封抽气器的原因是(A)。

A. 防止背压蒸汽串入其他系统　B. 增加背压蒸汽温度

C. 暖管　　D. 防止不凝气积聚

119. 汽轮机开机前暖管的目的是(B)。

A. 提升蒸汽温度　　B. 消除管件的热应力

C. 提升蒸汽压力　　D. 密封作用

120. 汽轮机主汽阀的开关是通过(B)来实现的。

A. 弹簧力　　B. 高压油　　C. 仪表风　　D. 低压油

121. 机泵的挡水环与泵轴是(B)。

A. 一体的　　B. 分离的　　C. 半固定的　　D. 不能确定

122. 滴流床反应器中，顶部分配盘位于积垢篮(C)。

A. 下部　　B. 同一水平面　　C. 上部　　D. 不能确定

123. 加氢反应器中，分配盘的作用是(A)。

A. 改善物流分配　　B. 增加床层空隙率

C. 控制反应温升　　D. 降低床层压降

124. 空冷风机型号为 G-SF36B4-e22，其电机功率是(B)kW。

A. 360　　B. 22　　C. 36　　D. 220

125. 空冷管束的翅片与管束本体正常情况下是(B)。

A. 保持一定间距　　B. 紧密结合在一起

C. 部分分离部分结合　　D. 不一定

126. 正常情况下，空气是(C)通过空冷管束的。

A. 由上自下　　B. 水平通过　　C. 由下至上　　D. 没有固定流向

127. 当反应流出物高温换热器发生轻微外漏时，为快速检测出换热器的外漏点，最常用的方法是(D)。

A. 听声音　　B. 观测压力降　　C. 肥皂水气密　　D. 用可燃气体报警仪检测

128. 当换热器管束发生泄漏后，采用水压试验来查找漏点，一般选用(D)的方式。

A. 管程打压　　B. 管壳程同时打压

C. 半管程打压　　D. 壳程打压

129. 下列关于备用机泵防冻防凝做法错误的是(C)。

A. 泵体内加防冻油　　B. 排净泵体内残留水

C. 用蒸汽加热泵体　　D. 保持冷却水流动

130. 压力容器出厂前，要进行压力试验，其目的是为了测量(A)。

A. 强度　　B. 刚度　　C. 密封性　　D. 耐久性

131. 发生韧性破裂的容器，破裂前(A)。

A. 发生较大的变形　　B. 没有变形

C. 稍有变形　　D. 不能确定

132. 往复机的十字头是连接(C)的部件。

A. 活塞杆和曲轴　　B. 曲轴和连杆　　C. 活塞杆和连杆　　D. 活塞杆和活塞杆

133. 冷换设备吹扫，一程吹扫，另一程应(A)。

A. 打开放空阀　　B. 关闭放空阀　　C. 充压　　D. 进水冷却

134. 分馏塔底泵抽空，易造成分馏塔(B)。

A. 冲塔　B. 淹塔　C. 液泛　D. 雾沫夹带

135. 正常情况下汽轮机的高位油箱(A)。

A. 保持有回油　B. 没有回油　C. 没有油位　D. 油位可有可无

136. 汽轮机提速过程，汽缸上(C)。

A. 间断疏水　B. 没有疏水　C. 应该连续疏水　D. 无所谓

137. 压缩机处于临界转速时，机组将发生(D)。

A. 喘振　B. 喘振与共振　C. 不能确定　D. 共振

138. 下列不属于离心式压缩机叶轮部件的是(D)。

A. 轮盖　B. 轮盘　C. 叶片　D. 弯道

139. 汽轮机停机过程盘车的目的是(B)。

A. 防止轴瓦干磨　B. 防止内件变形　C. 为开车做准备　D. 防止润滑油进水

140. 当机泵的流量增加后，电机的电流(D)。

A. 下降　B. 保持不变　C. 忽高忽低　D. 上升

141. 下列不是加热炉联锁熄炉的现象的是(C)。

A. 出口温度下降　B. 炉膛温度下降

C. 炉膛氧含量下降　D. 瓦斯流量回零

142. 加热炉正常停炉后，往炉膛吹入蒸汽的目的是(D)。

A. 降温　B. 置换烟气

C. 吹扫空气预热器　D. 防止闪爆

143. 脱硫后瓦斯硫化氢超标，最有效的措施是(D)。

A. 提高贫溶剂温度　B. 提高塔压

C. 拉低液位　D. 提高贫溶剂量

144. 装置循环氢中断后，如果反应器床层超温，可采取的措施是(A)。

A. 启动紧急泄压阀　B. 打冷氢

C. 床层通氮气　D. 降低进料量

145. 下列关于发生硫化氢泄漏时，错误的处理方法是(A)。

A. 泄漏较小时，应立刻切断漏点

B. 发现泄漏，任何时候都要佩戴好气防用具

C. 人员应站在上风向

D. 现场至少要两人以上作业

146. 反应系统超压的处理方法错误的是(B)。

A. 打开紧急泄压阀　B. 停循环氢压缩机

C. 降低新氢补入量　D. 开大排废氢控制阀

147. 加热炉因结焦发生炉管偏流后，从(A)可以判断偏流已经消除。

A. 分支出口温度　B. 炉子进出口温差

C. 炉管壁温　D. 循环氢量

148. 装置停蒸汽后，分馏系统应(C)。

A. 停工　B. 降低操作压力

C. 改分馏循环　　D. 降低汽提塔进料量

149. 原料油过滤器走短路后，对反应器的影响是(C)。
A. 温升增加　　B. 内构件损坏
C. 催化剂床层压降增加　　D. 催化剂破碎

150. 往复式压缩机的排量与(C)无关。
A. 压缩机的负荷　　B. 活塞的行程　　C. 出口背压　　D. 气阀的种类

151. 加氢装置高压空冷注水量偏低的主要危害是(B)。
A. 偏流　　B. 空冷管束堵塞
C. 硫化氢腐蚀加剧　　D. 冷后温度超高

152. 对于冷油泵，当油中带水严重时，电机的工作电流会(B)。
A. 降低　　B. 增加　　C. 没有变化　　D. 不能确定

153. 高压进料泵停，反应加热炉应(B)。
A. 保持正常运行　　B. 停炉
C. 视情况而定是否停　　D. 不能确定

154. 高压进料泵停，循环氢压缩机(A)。
A. 保持正常运行　　B. 手动停
C. 视情况而定是否停　　D. 联锁停炉

155. 下列措施对降低循环氢脱硫塔跑胺没有效果的是(D)。
A. 降低贫溶剂温度　　B. 防止雾沫夹带
C. 降低循环氢温度　　D. 降低塔压

156. 燃料气硫化氢含量超高，加热炉排烟温度应(C)。
A. 降低　　B. 保持不变　　C. 提高　　D. 无所谓

157. 以下关于上硫量和上硫率的说法，正确的是(A)。
A. 催化剂的上硫率是催化剂的上硫量与催化剂的装填量的百分比
B. 催化剂的上硫量大，则其上硫率也必然大
C. 催化剂的上硫率大，则其上硫量必然很大
D. 催化剂的上硫量等于注入的硫化剂量与硫化剂分子中硫元素的含量的乘积

158. 以下选项中，关于加热炉热负荷说法正确的是(D)。
A. 加热炉的热负荷越大，则其热效率越大
B. 加热炉的热效率越大，则其热负荷越大
C. 加热炉的辐射管热负荷越大，则辐射管的表面热强度越大
D. 加热炉全炉热负荷等于其对流段热负荷与其辐射段热负荷之和

159. 以下选项中，符合加热炉过剩空气系数概念的是(A)。
A. 实际入炉空气量与理论空气量的比值
B. 理论空气量与实际入炉空气量的比值
C. 实际入炉空气量与理论空气量之差再与理论空气量的比值
D. 实际入炉空气量与理论空气量之差再与实际空气量的比值

160. 加热炉过剩空气系数通过分析计算结果过小，则加热炉的效率(B)。
A. 提高　　B. 降低　　C. 不变　　D. 变化不定

161. 在计算物料平衡的过程中，进料总量与出料总量的差称为(B)。

A. 物料损失　　B. 加工损失　　C. 加工余量　　D. 加工消耗

162. 一般来说，到装置生产周期末期，一般采取(B)的方法来提高反应深度。

A. 提高压力　　B. 提高反应温度

C. 提高循环氢纯度　　D. 提高循环氢量

多选题

1. 下面关于装置“四不开工”原则的说法正确的有(A，B，C，D)。

A. 检查质量不合格不开工　　B. 安全防护设施不齐全不开工

C. 设备堵漏不彻底不开工　　D. 环境卫生不符合要求不开工

2. 一切新建、改建、扩建工程项目的三同时是指(B，C，D)。

A. 同时验收　　B. 同时设计　　C. 同时施工　　D. 同时投产

3. 清洁生产是工业企业防治污染的方向，清洁生产的内容可概括为(A，B，C)。

A. 清洁的原料　　B. 清洁的生产过程

C. 清洁的产品　　D. 清洁的能源

4. 蒸汽吹扫过程中，下列管线不宜用蒸汽吹扫的有(A，C，D)。

A. 埋地管线　　B. 瓦斯管线　　C. 净化风管线　　D. 氮气管线

5. 加氢装置催化剂预硫化一般选取的硫化剂是(A，B)。

A. CS_2　　B. DMDS　　C. SO_2　　D. C_2H_6S

6. 临氢系统气密前，防止高压窜低压的措施有(B，C，D)。

A. 降低气密压力　　B. 加隔离盲板

C. 关闭高低压之间的阀门　　D. 打开低压系统放空阀

7. 临氢系统氢气置换流程中包括的设备有(A，C，D)。

A. 高压分离器　　B. 低压分离器

C. 循环氢脱硫塔　　D. 反应加热炉

8. 下列关于催化剂装填的说法正确的有(A，D)。

A. 装填时要在晴天进行

B. 为保证装填质量，装填速度要快

C. 反应器内热偶要在催化剂全部装完后再安装

D. 多段床层的反应器内，床层之间的下料管内一般装填惰性的瓷球或瓷柱

9. 下列选项中关于加热炉烘炉说法正确的有(A，B)。

A. 对称增点火嘴　　B. 采用多火嘴，短火焰

C. 不宜勤切换火嘴　　D. 炉膛保持微正压

10. 下列管线可以用本身介质试压的有(B，C，D)。

A. 瓦斯线　　B. 新鲜水线　　C. 循环水线　　D. 蒸汽线

11. 下列措施中能够提高空气预热器换热效率的有(B，C)。

A. 烟囱加高　　B. 烟气侧设置翅片

C. 空气侧增设扰流子　　D. 提高风量

12. 下面关于催化剂干燥说法正确的有(B，D)。

A. 为了能使反应系统中水分能在较低温度下释放出来，系统压力应控制得高些

B. 在压缩机能达到的情况下，气剂比应尽量大些

C. 为使水分脱除得彻底，反应器床层温差越大越好

D. 催化剂在干燥过程中，升温速度不可过快，250℃恒温时间不小于 6h

13. 气密合格的标准是(A，C)。
A. 肥皂水检查，无泄漏点　B. 各点压力平衡
C. 恒压过程中系统静压降在规定范围内　D. 升压过程中系统静压降在规定范围内

14. 反应器催化剂床层的结构形式有(A，B，C，D)。
A. 移动床　B. 流化床　C. 固定床　D. 沸腾床

15. 造成汽提塔底油带水严重的原因有(A，B，C)。
A. 进料温度偏低　B. 汽提蒸汽温度偏低
C. 进料带水　D. 塔压偏低

16. 柴油加氢装置催化剂预硫化阶段一般分析项目有(A，D)。
A. 循环氢中硫化氢　B. 循环氢中水　C. 循环氢中氨　D. 循环氢氢纯度

17. 催化剂预硫化过程中，控制循环氢中硫化氢浓度的手段有(A，C)。
A. 控制注硫量　B. 控制硫化温度
C. 排尾氢　D. 控制循环氢循环量

18. 催化剂器内预硫化的方法有(A，B)。
A. 干法　B. 湿法　C. 全混合法　D. 半混合法

19. 催化剂湿法预硫化时，硫化油应具备的条件是(A，B，C)。
A. 直馏油　B. 适宜的干点　C. 杂质含量低　D. 与硫化剂不互溶

20. 装置空速的选择，一般要考虑到(A，B，C，D)。
A. 装置投资　B. 催化剂的活性　C. 原料性质　D. 产品要求

21. 氢分压决定于(A，B，C，D)。
A. 原料的汽化率　B. 操作压力　C. 氢油比　D. 循环氢纯度

22. 装置新氢用量主要包括(A，B，C，D)。
A. 反应耗氢　B. 装置漏损　C. 尾氢　D. 溶解损失

23. 下列选项中，属于可能产生加热炉回火原因有(A，B，D)。
A. 瓦斯带油　B. 炉前瓦斯压力低
C. 氧含量偏低　D. 烟道挡板开度过小

24. 下面关于催化剂预硫化的说法正确的有(A，C，D)。
A. 为防止催化剂发生氢还原，引氢进装置时床层最高点温度应低于 150℃
B. 硫化反应是吸热反应
C. 硫化温度大于 230℃后，循环氢中硫化氢含量大于 1%(体积分数)时，适当减少硫化剂注入量
D. 在 H_2S 未穿透催化剂床层前，床层最高点温度不应超过 230℃

25. 联锁的作用是(B，C，D)。
A. 保证仪表正常运行　B. 保护设备不超压
C. 保证安全生产　D. 保护设备不超温

26. 分馏塔液面波动的原因有(A，B，C，D)。
A. 塔压波动　B. 进料量波动　C. 液控阀失灵　D. 塔底泵抽空

27. 补充新氢纯度高，其优点是(C，D)。

A. 增加氢耗　B. 降低温升　C. 降低操作费用　D. 降低氢耗

28. 以下选项中，影响加氢装置氢耗的主要因素有(A，C，D)。

A. 原料组成　B. 循环氢量　C. 反应温度　D. 反应深度

29. 影响反应器压降的因素有(A，C，D)。

A. 进料流速　B. 进料温度　C. 循环氢量　D. 床层空隙率

30. 引起高分液面波动的原因有(A，B，C，D)。

A. 循环氢量波动　B. 高分压力波动

C. 进料量大幅波动　D. 控制阀失灵

31. 影响雾沫夹带的因素有(B，D)。

A. 塔径　B. 空塔气速　C. 塔温　D. 塔板间距

32. 下列措施中，可以防止循环氢带液的有(A，B，D)。

A. 控制好循环氢温度　B. 防止循环氢脱硫塔冲塔

C. 提高贫溶剂量　D. 定时分液

33. 影响加氢反应深度的因素有(A，B，C，D)。

A. 反应温度　B. 操作压力　C. 空速　D. 氢油比

34. 炉管结焦的现象有(A，C，D)。

A. 炉管外壁出现亮斑　B. 炉膛氧含量下降

C. 炉管压降增加　D. 炉出口温度发生波动

35. 下列可以降低床层温升的措施有(A，B，C，D)。

A. 降低反应器入口温度　B. 降低原料中烯烃含量

C. 注冷氢　D. 提高循环氢量

36. 反应器可接受的催化剂床层径向温差取决于(B，C)。

A. 催化剂的种类　B. 反应器的直径

C. 反应器的类型　D. 循环氢量

37. 随着装置运转周期的延长，反应系统压降上升的原因是(A，B，C，D)。

A. 催化剂床层压降上升　B. 炉管结焦

C. 高压换热器结垢　D. 系统胺盐结晶

38. 引起贫溶剂硫化氢含量超标的原因有(A，B，C，D)。

A. 再生温度低　B. 富液中硫化氢含量过高

C. 溶剂带烃　D. 溶剂发泡

39. 发生高压窜低压后，应采取的有效措施是(B，C)。

A. 降低系统压力　B. 立刻关闭高低分之间的阀组

C. 低分泄压　D. 切断装置进料

40. 硫化物在油品中存在的种类有(A，B，C)。

A. 硫醇　B. 二硫化物　C. 噻吩类　D. 喹啉类

41. 影响脱硫后气体硫化氢含量的因素有(A，B，C，D)。

A. 脱前气体的组成　B. 操作温度

C. 贫溶剂的浓度　D. 贫溶剂量

42. 新氢纯度高，对加氢反应的影响是(A，B，D)。

A. 循环氢纯度高　B. 氢分压高

C. 反应器温度分布均匀　　D. 氢耗低

43. 汽提塔进料被汽提后，硫化氢主要转移到(B，D)中。

A. 塔底油　　B. 塔顶气　　C. 塔顶汽油　　D. 含硫污水

44. 新氢机采用压力递推控制的优点是(A，C，D)。

A. 系统压力控制平稳　　B. 新氢用量减少

C. 操作弹性大　　D. 设备运行平稳

45. 硫化亚铁钝化的原理是(B，C)。

A. 硫化亚铁生成单质铁

B. 在设备内表面形成保护膜

C. 钝化剂与硫化亚铁反应生成稳定的盐类

D. 形成稳定的硫酸铁

46. 下列关于硫化亚铁钝化原理说法正确的是(A，B)。

A. 钝化过程就是使硫化亚铁生成稳定的盐

B. 钝化过程中，钝化剂可在金属表面形成保护膜

C. 钝化是物理过程

D. 钝化过程将增加设备的腐蚀

47. 装置降温降量过程中，下面说法中正确的是(A，D)。

A. 先降温后降量　　B. 装置切断进料后应马上停循环氢压缩机

C. 进料量降为零后再停原料泵　　D. 降温降量过程中系统压力略为下降

48. 下列属于活塞式压缩机的流量调节方法是(B，C，D)。

A. 转数调节　　B. 余隙调节　　C. 变负荷调节　　D. 旁路调节

49. 磁力断路油门是(A，B，D)超过允许值时紧急停机进行处理。

A. 转子轴向位移　　B. 冷凝器真空度　　C. 轴承振动　　D. 轴承温度

50. 影响活塞式压缩机流量的因素有(B，C，D)。

A. 汽缸温度偏高　　B. 气阀损坏　　C. 过滤器堵塞　　D. 活塞环破损

51. 催化剂采用氮气—空气法再生时，反应器出口注氨的作用有(A，B，C)。

A. 中和 SO_2　　B. 中和 SO_3　　C. 中和 CO_2　　D. 中和 H_2S

52. 装置降温降量过程中，控制高分液面稳定的必要性是(B，C)。

A. 保证循环氢纯度　　B. 防止液面过低发生串压

C. 防止液面过高，循环氢压缩机带液　　D. 保证生成油质量合格

53. 拆装盲板作业下列表述正确的是(B，D)。

A. 拆盲板时要快速拧开螺栓，排净内部残气

B. 对于可能发生有毒物质泄漏的部位需气防监护

C. 盲板的材质没有规定

D. 盲板加在有物料来源的阀门后部法兰处

54. 下面关于安全动火的说法正确的是(A，C)。

A. 正常生产的区域，可动可不动的火一律不动

B. 一级动火时间不能超过 16h

C. 动火监护人有权停止违章动火

D. 装置区内用铁榔头砸地面不属于动火项目

55. 以水为工作介质的热管式空气预热器正常工作过程中，其水在热管内的变化过程有(B，C)。

A. 凝固　B. 蒸发　C. 冷凝　D. 挥发

56. 加热炉炉管材质的选择一般主要考虑(A，C)。

A. 抗腐蚀性　B. 硬度　C. 强度　D. 密度

57. 加热炉炉管排列形式有(A，B，C，D)。

A. 单排直立　B. 多排直立　C. 单排卧式　D. 多排卧式

58. 下列关于两台相同的离心泵并联的说法正确的是(A，B，C)。

A. 并联后的扬程大于单台泵的扬程　B. 每台泵的流量小于单台泵的流量

C. 并联后的流量大于单台泵的流量　D. 并联后的流量等于单台泵的流量的两倍

59. 下列部件可以切断汽轮机主汽阀高压油的是(A，C)。

A. 电磁阀　B. 调节汽阀　C. 手动停机手柄　D. 油动机

60. 一般位于反应器顶部的内构件有(A，C)。

A. 分配盘　B. 隔栅　C. 积垢篮　D. 下料管

61. 压力容器进行水压试验时，合格的标准是无(A，B，C，D)。

A. 异常响声　B. 压力下降　C. 渗漏现象　D. 可见的变形

62. 压力容器发生韧性破裂时要经历的阶段有(A，B，C，D)。

A. 弹性阶段　B. 屈服阶段　C. 强化阶段　D. 最后的断裂

63. 下列属于压力容器破坏形式的是(A，B，C，D)。

A. 韧性破裂　B. 脆性破裂　C. 疲劳破裂　D. 蠕变破裂

64. 下列选项中，属于局部腐蚀的是(A，C，D)。

A. 晶间腐蚀　B. 均匀腐蚀　C. 应力腐蚀　D. 区域腐蚀

65. 离心泵带负荷验收时，应重点检查的内容有(A，B，C，D)。

A. 出口压力、流量　B. 润滑油系统　C. 运转平稳性　D. 密封情况

66. 十字头与活塞杆的连接形式主要有(A，B，C)。

A. 螺纹　B. 法兰　C. 连接器　D. 销子

67. 新氢压缩机日常维护保养内容包括(A，B，C，D)。

A. 电机的温度、电流　B. 汽缸运转情况

C. 润滑油系统的情况　D. 轴承的情况

68. 汽轮机停机过程中，防止机组喘振的措施有(A，B)。

A. 打开旁路阀　B. 先降压后降速　C. 先降速后降压　D. 关小出口阀

69. 下列关于加热炉炉管结焦说法正确的是(A，B，D)。

A. 易导致反应器压降增加　B. 炉分支出口温度不一致

C. 系统压降下降　D. 炉管内介质发生偏流

70. 以下选项中，加热炉炉管发生偏流的危害是(B，C)。

A. 炉子排烟温度上升　B. 炉管易结焦

C. 炉管壁温易超温　D. 炉子超负荷

71. 汽轮机组停润滑油必定会发生的现象有(A，C，D)。

A. 机组联锁停机　　B. 轴瓦温度瞬间大幅上升
C. 润滑油总管压力低报　　D. 高位油箱油位开始下降

72. 装置停仪表风后会发生的现象有(A，B，C，D)。
A. 风关阀全开　　B. 加热炉联锁熄炉
C. 循环氢压缩机停机　　D. 风开阀全关

73. 容器的液位玻璃板选择时，要考虑的因素有(A，B，C)。
A. 容器的操作压力　　B. 介质的性质
C. 容器的操作温度　　D. 容器的容积

74. 压缩机润滑油压力下降的原因有(A，C，D)。
A. 润滑油温度高　　B. 润滑油温度低
C. 泵入口过滤器堵塞　　D. 润滑油带水

75. 加氢装置检修时，容器内可能含有的有毒有害气体有(A，B，C)。
A. 硫化氢　　B. 氨气　　C. 轻烃　　D. 氯化氢

76. 高压瓦斯中硫化氢含量增加，其危害有(A，D)。
A. 加热炉露点腐蚀增加　　B. 炉出口温度波动
C. 炉管超温　　D. 烟气污染环境

77. 循环氢带液的处理方法有(A，B，C，D)。
A. 降低循环氢进脱硫塔温度　　B. 降低脱硫塔贫溶剂温度
C. 防止雾沫夹带　　D. 加强分液

简答题

1. 反应器入口扩散器的作用是什么?

答：①将进入反应器的油气介质扩散到反应器的整个截面上；②消除气、液介质对顶分配盘的垂直冲击，为分配盘的稳定工作创造条件；③通过扰动促使气液两相混合。

2. 新建加热炉为什么要进行烘炉?

答：①新建的炉子因耐火材料里含水很多；②为防止因温度突然上升，炉子耐火材料里水分急剧汽化体积膨胀；③耐火衬里和耐火材料产生龟裂、脱落，影响开工周期和正常生产，所以，必须要先烘炉，将其水分逐渐蒸发干。

3. 原料油用气体保护的目的是什么?

答：①原料油中的芳香硫醇、烯烃与空气接触后氧化可形成沉渣；②沉渣是结焦的前驱物，它们容易在下游设备的高温部位进一步缩合；③容易引起反应器及系统压降上升，换热器换热效率下降。

4. 原料带水的危害是什么?

答：①引起加热炉操作波动，反应温度波动，影响产品质量；②原料大量带水汽化后引起装置压力变化，恶化各操作回路的运行；③容易引起催化剂表面活性金属组分老化凝结，活性下降，强度下降，催化剂颗粒发生粉化现象，堵塞反应器。

5. 加氢催化剂干燥需要注意哪些问题?

答：①在催化剂升温干燥过程中，应合理控制系统压力，不宜过高；②温度以床层最高温度为准，要求床层温度各点基本接近；③干燥各阶段温度控制要严格按照方案进行；④循环气体量应尽量大。

6. 在固定床加氢反应器中催化剂采用密相装填的优点是什么?

答:①催化剂堆比大,不增加反应器投资就可以提高加工能力或延长运转周期;②在处理量相同的条件下,密相装填的反应空速小;③催化剂紧密一致,可避免床层塌陷、沟流的发生;④催化剂床层径向温度均匀,可以延长装置运行周期。

7. 催化剂预硫化结束后催化剂初活稳定选用直馏油的原因是什么?

答:①催化剂预硫化结束时,初期活性和酸性功能最强;②如果此时与劣质原料,特别是二次加工馏分油如催化柴油、焦化柴油接触,将发生剧烈加氢反应,甚至发生裂化反应,易引起超温;③另外催化剂表面的积炭速度特别快,使催化剂迅速失活,并影响催化剂活性稳定期的正常活性水平。所以要选用直馏油。

8. 反应压力对柴油加氢精制有什么影响?

答:①反应压力的影响是通过氢分压来体现的,系统中氢分压决定于操作压力、氢油比、循环氢纯度以及原料油的汽化率;②反应压力一般在 3.9~7.9MPa ,柴油加氢精制可以达到很好的精制效果,但是压力对柴油加氢精制的深度的影响,与汽油、煤油加氢精制相比要复杂些,因为柴油在加氢精制条件下,可能是气相,也可能是气、液混合相。处于气相时,提高反应压力,导致反应时间延长,从而增加加氢精制的深度;③当加氢精制压力逐渐提高到反应系统出现液相时,再继续提高压力,则加氢精制的效果反而变坏,这是由于催化剂表面扩散速度控制了反应速度,因为增加操作压力提高氢分压,同时也使催化剂表面上的液膜加厚,由于扩散困难而降低了反应速度,如果采用提高氢油比率提高氢分压,则加氢精制的效果会好些。

9. 氢油比对加氢精制有什么影响?

答:①在加氢精制过程中,维持较高的氢分压,有利于抑制缩合反应,为此,加氢过程中所用的氢油比远远超过化学反应所需的数值;②大量的循环氢和冷氢,可以提高反应的热容量,从而减少反应温度变化的幅度,以及把大量的反应热带出反应器,缓和反应器催化剂床层的温升,从而增加催化剂使用的温度范围;③增大氢油比虽然有多方面的有利条件,但是却增加了动力消耗和操作费用。

10. 防止和减轻加热炉低温露点腐蚀有哪些措施?

答:①提高空气预热器入口的空气温度或在设计中控制换热面的壁温;②采用耐腐蚀的材料;③采用低氧燃烧,控制燃烧过剩空气量,减少 SO_3 的生成量;④使用低硫燃料,降低烟气露点温度,减少低温腐蚀。

11. 引起炉管结焦的原因是什么?

答:①炉管受热不均匀,火焰扑炉管,炉管局部受热;②进料量过小,在炉管内停留时间太长;③炉膛温度过高,引起油品结焦;④炉管内有残焦,起诱导作用,促使新焦生成。

12. 引起反应器顶部催化剂结垢的原因有哪些?

答:①上游装置的原料性质不稳定,如含有二烯烃等发生结焦后,焦粉带入反应器;②原料没有隔离空气,氧化形成胶质,在反应器顶部结焦;③原料中携带金属离子,沉积在催化剂表面,使催化剂颗粒黏结,催化剂床层发生“结盖”;④原料油携带机械杂质,如焦粉、铁锈等带入催化剂床层。

13. 引起反应器催化剂床层径向温差增大的原因有哪些?

答:①催化剂床层发生塌陷;②催化剂床层顶部发生“结盖”;③顶部分配盘严重积垢;

④床层支撑结构损坏；⑤进料量及循环氢量等工艺参数大幅变化。

14. 装置停工过程中为什么要进行反应器“解氢”操作？

答：①正常操作过程中反应器的钢材内部溶解了大量氢原子；②氢气在钢材中的溶解度随温度的降低而降低，随压力的降低而降低；③在装置停工过程中如果降温速度过快，氢气来不及从钢材内部扩散出来，而出现过饱和状态，超过钢材的安全氢浓度；④就会导致机械性能下降，甚至开裂；⑤为此在装置停工过程中，要在一定的温度下进行“解氢”操作，防止设备出现氢脆。

15. “三不动火”的原则是什么？

答：①没有批准有效的用火作业许可证不动火；②动火安全措施不落实不动火；③没有用火监护人或用火监护人不在现场不动火。

16. 背压汽轮机启动前为什么要先开启汽封抽气器？

答：①背压汽轮机因排汽压力高，启动前如不先开启汽封抽气器，全使大量蒸汽由轴端漏出机外；②另外有部分蒸汽窜入轴承润滑油内，使润滑油带水而乳化；③因此必须先开启汽封抽气器造成一定的真空度，将蒸汽引出。

17. 压力容器的蠕变破裂是怎样发生的？

答：①金属材料在长期的高温下受到拉应力的作用，尽管拉应力小于材料的屈服极限，材料也会产生缓慢的塑性变形，这种变形称为蠕变；②不过，要发生蠕变必须同时具备三个条件：高温、长时间与受拉应力作用；③发生蠕变的容器体积变大，器壁明显减薄。最后导致容器的破裂。

18. 什么叫做压缩机的临界转速？

答：①压缩机启动后，转子总会有些横向振动，起先振幅不大，当转速升高到接近某一转速时，振幅迅速增大，运转很不稳定，这时要很快升速，待超过这一特定转速后，振幅又迅速降下来，转子运转又趋稳定；②在降速过程中也会出现类似的现象，即在通过这一转速时振幅同样迅速增大，而在其他转速下运转振幅较小，变化不大；③机组的固有频率与转速频率相同或倍数关系时，工程上把这个现象叫临界转速现象，这一特定转速叫临界转速。

19. 原料油过滤器短路的危害是什么？

答：①原料油过滤器的作用是为了过滤油中的颗粒杂质，尤其是对加工二次加工油的装置，原料中颗粒杂质较多；②当原料油过滤器短路后，原料将在高压换热器处结焦，堵塞换热器，降低换热效率；③另外，颗粒性杂质进入反应器后，将沉积在床层内部，增加了反应器压降；④为保证装置平稳、高效运行，要防止原料油过滤器短路。

计算题

1. 已知某氧化态催化剂含氧量为 12%，反应器内共装有 50t 此氧化态催化剂，在预硫化过程中，硫化剂纯硫损失量为 0.8t，求催化剂全部预硫化所需的最低硫化剂量？（硫化剂硫含量 60%）

解：所需硫化剂量 $=(50\times0.12\times32/16+0.8)\div0.6=21.3$t

答：催化剂全部预硫化所需的最低硫化剂量 21.3t。

2. 加氢进料量 240t/h，其中原料中硫含量为 10000ppm，氮含量 1000ppm，氧含量 500ppm，烯烃 1300ppm，已知脱除各种杂质的耗氢量为 5Nm^3/kg 硫，3Nm^3/kg 氮，3Nm^3/kg

氧，7Nm³/kg 烯烃，若将原料中全部杂质脱除，求每小时的反应耗氢量是多少？

解：每小时原料的反应耗氢量=(240×1%×5+240×0.1%×3+240×0.05%×3+240×0.13%×7)×1000=15264Nm³/t

答：每小时原料的实际反应耗氢量是 15264Nm³/t。

3. 加氢进料量214t/h，密度为880kg/m³；循环氢流量为110000Nm³/h，氢纯度为85%；新氢补充量为20000Nm³/h，氢纯度为95%。求氢油体积比是多少？

解：氢油比=(110000×85%+20000×95%)/(214/0.88)=462.6

答：氢油体积比是462.6。

4. 加氢进料量357t/h，密度为0.8437t/m³，加氢反应器装催化剂240t，催化剂堆比为1.15g/cm³，求体积空速是多少？

解：体积空速=进料体积/催化剂体积

=(357/0.8437)/(240/1.15)=2.0h^{-1}

答：该装置体积空速是2.0h^{-1}。

5. 加氢装置热低分油流量为326.238t/h，冷低分油流量为10.221t/h，脱硫化氢塔汽提蒸汽流量为4.5t/h，求脱硫化氢塔吹汽比是多少？

解：吹汽比=4.5/(326.238+10.221)×100%=1.3%

答：脱硫化氢塔吹汽比是1.3%。

6. 已知 MDEA 富液胺浓度为25g/100mL，进入溶剂再生塔的再生富溶剂量为50m³/h，富溶剂的酸性气负荷为0.35molH_2S/1molMDEA，再生塔内每小时有5000kcal/h 的热量用于溶剂再生，每生成1molH_2S 需要的热量为0.15kcal，求再生后贫溶剂的酸性气负荷是多少(MDEA 相对分子质量为105)？

解：每小时进入再生塔的 MDEA 量=25×10000×50/105=119048mol

每小时进入再生塔的 MDEA 携带的硫化氢量为119048×0.35=41667mol

每小时可以再生的硫化氢量为5000/0.15=33333mol

贫溶剂的酸性气负荷=(41667-33333)/119048=0.07

答：再生后贫溶剂的酸性气负荷0.07molH_2S/1molMDEA。

7. 已知循环氢压缩机入口压力为4.8MPa(G)，反应系统总压降为0.9MPa，求循环氢压缩机的压缩比是多少？

解：$\varepsilon=P_{出}/P_{入}$=(4.8+0.9+0.1)/(4.8+0.1)=1.18

答：循环氢压缩机的压缩比是1.18。

8. 加氢反应器内径为3.6m，床层高度8m，要求催化剂装填密度至少要达到0.9t/m³，求至少需要准备多少吨催化剂？

解：所需催化剂量=3.14×1.8×1.8×8×0.9=73.25t

答：至少需要准备73.25t 催化剂。

9. 某加氢反应器出口压力5.2MPa，反应器流出物中H_2O为6.2kmol/h，H_2S为83.9kmol/h，NH_3为1.0kmol/h，H_2为2073.9kmol/h，油气共1768.7kmol/h，求反应器出口的氢分压是多少？

解：氢分压=2073.9/(6.2+83.9+1.0+2073.9+1768.7)×(5.2+0.1)=2.79MPa

答：反应器出口的氢分压是2.79 MPa。

10. 已知往复式压缩机二级入口压力为2.5MPa，二级出口压力为5.5MPa，求往复式压缩机二级压比是多少？

解： $\varepsilon=P_{出}/P_{入}=(5.5+0.1)/(2.5+0.1)=2.15$

答： 往复式压缩机二级压比是2.15。

11. 如果换热器热流进口温度为120℃，出口温度为70℃，冷流进口温度为30℃，出口温度为50℃，试比较换热器采用并流和逆流时的平均温度差。已知 $\Delta t_m=(\Delta t_1-\Delta t_2)/\ln(\Delta t_1/\Delta t_2)$。

解： 并流时

$$\Delta t_1=120-30=90℃$$
$$\Delta t_2=70-50=20℃$$
$$\Delta t_m=(\Delta t_1-\Delta t_2)/\ln(\Delta t_1/\Delta t_2)=(90-20)/\ln(90/20)=46.5℃$$

逆流时

$$\Delta t_1=120-50=70℃$$
$$\Delta t_2=70-30=40℃$$
$$\Delta t_m=(\Delta t_1-\Delta t_2)/\ln(\Delta t_1/\Delta t_2)=(70-40)/\ln(70/40)=53.6℃$$

逆流平均温差比并流平均温差提高

$$53.6-46.5=7.1℃$$

答： 换热器逆流平均温差比并流平均温差提高7.1℃。

12. 已知某换热器，入口油品热焓为123.5kcal/kg，出口油品热焓为64.5kcal/kg，该油品流量为39t/h，求换热器交换的热量。

解： $Q_{放}=F\times\Delta G=39\times103\times(123.5-64.5)=2.30\times106\text{kcal}$

答： 换热器放出的热量为2.30×106kcal。

13. 已知：某加热炉燃料消耗为43.3t/h，过剩空气系数为1.38，已知火嘴的过剩空气系数为1.15，理论上每千克燃料燃烧所需空气为11.6m^3，请估算该加热炉的漏风量是多少？

解： 理论空气量=43.3×103×11.6=5.02×105m^3/h

实际空气量=5.02×105×1.38=6.93×105m^3/h

火嘴用空气量=5.02×105×1.15=5.77×105m^3/h

漏入的空气量=(6.93−5.77)×105=1.16×105m^3/h

答： 漏入的空气量为11.6×104m^3/h。

14. 已知，有5台加热炉的热负荷参数和相对过剩空气系数如下表，计算这5台加热炉的平均过剩空气系数。

加热炉编号	热负荷参数	相对过剩空气系数	加热炉编号	热负荷参数	相对过剩空气系数
F1	8.27×106	1.16	F4	12.47×106	1.38
F2	4.05×106	1.13	F5	6.11×106	1.42
F3	15.34×106	1.17			

解： 平均过剩空气系数：

$$\alpha=\frac{(8.27\times1.16+4.05\times1.13+15.34\times1.17+12.47\times1.38+6.11\times1.42)\times10^6}{(8.27+4.05+15.34+12.47+6.11)\times10^6}$$

$=1.254$

答： 平均过剩空气系数为1.254。

15. 用泵将大型敞口贮槽内密度为1200kg/m³的介质送到操作压力为0.02MPa(G)的分馏塔上部。贮槽液面维持恒定，分馏塔进料口比贮槽液面高15m，输送管道直径为50mm，流量为20m³/h，已知介质流经全部管道的能量损失为120J/kg，求泵的有效功率。(伯努利方程为 $gZ_1+u_1^2/2+P_1/\rho+W_e=gZ_2+u_2^2/2+P_2/\rho+\sum hf$)

解：以贮槽液面为基准平面1-1，以管路出口为下游截面2-2，列出伯努利方程为

$$gZ_1+u_1^2/2+P_1/\rho+W_e=gZ_2+u_2^2/2+P_2/\rho+\sum h_f$$

根据题意，$Z_1=0$　$P_1=0(G)$　$u_1=0$

$$P_2=0.02\times1.0133\times106=2.0266\times104\text{Pa}$$

$$u_2=20/(3.14\times0.0252\times3600)=2.83\text{m/s}$$

$$\sum h_f=120\text{J/kg}$$

将上述数据代入伯努利方程，得

$$W_e=15\times9.81+2.832/2+2.0266\times104/12000+120=272.84\text{J/kg}$$

$$\text{流体的质量流量}=20\times1200/3600=6.67\text{kg/s}$$

$$\text{泵的有效功率 }N_e=272.84\times6.67=1819.84\text{W}=1.82\text{kW}$$

答：泵的有效功率是1.82kW。

16. 某脱硫塔进料气流量为1500Nm³/h，H_2S含量12%(体积分数)，贫液胺浓度为20g/100mL，含H_2S1.4g/L，如果要求富液的酸性气负荷不大于0.35，脱硫后气体硫化氢含量为0%，求胺液的最小循环量。(H_2S相对分子质量为34，MDEA相对分子质量为105，胺液密度约为1000kg/m³)

解：燃料气中H_2S物质的量=1500×12%/22.4=8.04kmolH_2S/h

贫液的酸气负荷=(1.4/34)/(20×10/105)=0.0216molH_2S/mol胺

溶剂能增加的酸气负荷=0.35-0.0216=0.328molH_2S/mol胺

最小贫液循环量=(8.04/0.328×105)/(20×10)=12.87m³/h≈12.87t/h

答：最小贫液循环量为12.87t/h。

17. 已知某脱硫系统胺液储量为70m³，胺液浓度为20g/100mL，欲将其浓度提高到30g/100mL，请计算需补入新鲜胺液(纯度按100%计)多少吨?

解：1g/100mL=0.01t/m³

$$\text{新鲜胺液量}=(30-20)\times0.01\times70=7\text{t}$$

答：需补充新鲜胺液7t。

18. 某装置处理量200t/h，由于工艺上要求将加热炉出口温度由140℃提至200℃，试问每小时加热炉需供给多少热量?(已知油品比热0.5kcal/kg·℃)

解：$Q=Cmt=0.5\times200\times103\times(200-140)=6\times106\text{kcal/h}$

答：加热炉需供给6×106kcal/h热量。

19. 某加氢装置催化剂装填量为239.560t，硫化注入二硫化碳量为29.282t，催化剂硫化过程系统泄漏硫量2930kg，系统气相和酸水中共含硫量为446kg，求该催化剂硫化的上硫率(二硫化碳相对分子质量76)。

解：上硫量=注入硫化剂量×硫化剂分子中的硫含量-硫损失-酸气和酸水中的硫量

$$=29.282\times\frac{64}{76}-2.930-0.446$$

$$=21.28\text{t}$$

$$\text{上硫率}=\frac{\text{催化剂上硫量}}{\text{催化剂装填量}}\times100\%$$

$$=\frac{21.28}{239.56}\times100\%=8.88\%$$

答：催化剂硫化的上硫率 8.88%。

20. 某液体缓冲罐规格为 ϕ2200mm×11980mm×44mm 的圆柱形容器，液体处理量为 60m^3/h，且占 50%的有效容积，求液体在该缓冲罐内的停留时间是多少分钟？

解：停留时间=液体有效体积/流量

$$=[(2200-44\times2)/2\times1000]\times3.14\times11.98\times50\%/60=0.33\text{h}=20\text{min}$$

答：液体在该容器内的停留时间为 20min。

21. 某精馏塔进料量为 90t/h，塔顶回流罐排出酸气量为 772m^3/h，塔顶出料量为 2.2t/h，求该塔塔底排出量为多少？（已知塔顶酸气的密度为 0.65kg/m^3）

解：根据质量守恒原理：

塔底排出量=进料量-（塔顶排出量+塔顶出料量）

$$=90-(772\times0.65\times10-3+2.2)=87.3\text{t/h}$$

答：该塔塔底排出量为 87.3t/h。

22. 已知在 25℃时 A 物质的饱和蒸汽压为 92mmHg，B 物质的饱和蒸汽压为 28mmHg，假设 25℃时 A 和 B 的混合物为理想溶液，当 A 物质的物质的量浓度为 0.2 时，求混合物的总压是多少？（已知塔顶酸气的密度为 0.65kg/m^3）

解：根据道尔顿定律

$$P_{\text{总}}=P_A+P_B=92\times0.2+28\times(1-0.2)=40.8\text{mmHg}$$

答：混合物的总压是 40.8mmHg。

四、技能操作鉴定要素细目表

鉴定范围						鉴定点	
一级		二级		三级		代码	名称
代码	名称	代码	名称	代码	名称		
A	技能要求	A	工艺操作	A	开车准备	001	临氢系统循环流程的改通操作
						002	临氢系统的气密操作
						003	加热炉烘炉升温操作
						004	分馏系统的蒸汽吹扫操作
				B	开车操作	001	硫化升温过程中各阶段的操作
						002	分馏系统引油建立冷油循环的操作
						003	反应系统引进硫化油的操作
						004	硫化油置换的操作
						005	反应系统和分馏系统的衔接

续表

鉴定范围						鉴定点	
一级		二级		三级		代码	名称
代码	名称	代码	名称	代码	名称		
				C	正常操作	001	分馏塔顶压力波动的操作
						002	调节循环氢循环量的操作
						003	精制柴油闪点不合格的操作
						004	加热炉出口温度的调节操作
						005	装置提负荷的操作
						006	加热炉火嘴燃烧的控制操作
						007	机组润滑油压力的调整操作
						008	高压空冷注水的操作
						009	提高加热炉热效率的操作
				D	停车操作	001	反应系统降温的操作
						002	分馏塔循环降温的操作
						003	脱硫化氢汽提塔的钝化操作
						004	分馏系统停工步骤
						005	原料油泵的正常停运操作
		B	设备使用与维护	A	使用设备	001	循环压缩机开机前的常规检查操作
						002	循环氢压缩机工艺系统的投用操作
						003	新氢压缩机开机前的常规检查操作
						004	新氢压缩机冷却水系统的投用操作
						005	原料油泵润滑油系统的准备操作
						006	新氢压缩机的正常停机操作
				B	维护设备	001	原料油泵的正常维护操作
						002	新氢压缩机的正常维护操作
						003	加热炉炉管的防腐处理
						004	加热炉鼓风机的正常维护操作
						005	润滑油螺杆泵的正常维护操作
						006	普通离心泵的正常维护操作
		C	事故判断与处理	A	判断事故	001	分馏塔重沸炉泵抽空的判断
						002	脱硫化氢汽提塔塔底液控阀失灵的判断
						003	分馏塔塔顶回流带水的事故判断
						004	泵轴承严重磨损的判断
				B	处理事故	001	高分液控失灵的处理
						002	高分窜压至低分的处理
						003	热油管线法兰泄漏着火的事故处理
						004	反应器床层飞温的事故处理

续表

鉴定范围						鉴定点	
一级		二级		三级		代码	名称
代码	名称	代码	名称	代码	名称		
						005	原料油中断的事故处理
						006	新氢中断的事故处理
						007	高压换热器发生内部泄漏的事故处理
						008	原料油泵停的事故处理
						009	分馏塔冲塔的处理
		D	绘图与计算	A	绘图	001	分馏系统带控制点的流程图
						002	干气密封系统的工艺流程图
						003	低分液控阀组的工艺流程图

五、技能操作试题

试题1：临氢系统循环流程的改通操作(现场模拟)

(考核时间：20min)

序号	考核内容	考核要点	配分	评分标准	检测结果	扣分	得分	备注
1	准备工作	穿戴劳保用品	3	未穿戴整齐扣3分				
		工具、用具准备	2	工具选择不正确扣2分				
2	操作程序	确认高压部位与低压部位的隔离工作	10	未对高压部位与低压部位的隔离工作进行确认扣10分				
3		确认与低瓦系统相连的阀门已关闭	10	未确认与低瓦系统相连阀门的状态扣10分				
4		确认临氢系统循环流程的流程走向、阀门开关情况	30	未对临氢系统循环流程的走向进行确认扣20分				
				未对流程的阀门开关情况进行确认扣10分				
5		改通临氢系统循环流程	30	未将循环流程改通扣15分				
				未将该关的阀门关闭扣10分				
				未进行三级确认扣5分				
6		投用各容器安全阀(循序提前在改流程之前)	10	未投用相关安全阀扣10分				
7	使用工具	正确使用工具	2	工具使用不正确扣2分				
		正确维护工具	3	工具乱摆乱放扣3分				
8	安全及其他	按国家法规或企业规定		违规一次总分扣5分；严重违规停止操作			—	
		在规定时间内完成操作		每超时1min总分扣5分，超时3min停止操作			—	
合计			100					

试题2：加热炉烘炉升温操作(现场模拟)

(考核时间：20min)

序号	考核内容	考核要点	配分	评分标准	检测结果	扣分	得分	备注
1	准备工作	穿戴劳保用品	3	未穿戴整齐扣3分				
		工具、用具准备	2	工具选择不正确扣2分				
2	操作程序	加热炉瓦斯、公用工程介质的引用情况	10	未对瓦斯严格脱液、置换扣5分				
				未对蒸汽介质脱水扣5分				
3		检查加热炉附属设备、自控仪表的安装调试情况	20	未检查加热炉本体、附属设备的完整情况扣10分				
				未联系明确加热炉自控联锁情况的扣10分				
4		点火前确认人孔、防爆门、看火窗关闭，调整烟道挡板	20	未检查人孔、防爆门等关闭情况，扣10分				
				未能保证加热炉点火前负压，扣10分				
5		按照升温方案进行加热炉升温	40	未按照加热炉点火步骤进行操作扣10分				
				升温速度过快，扣10分				
				不能按顺序引烟气入预热器、开启鼓风机、引风机等，扣10分				
				未能根据加热炉出口温度调整操作，扣5分				
				烘炉记录未按规定进行记录扣5分				
6	使用工具	正确使用工具	2	工具使用不正确扣2分				
		正确维护工具	3	工具乱摆乱放扣3分				
7	安全及其他	按国家法规或企业规定		违规一次总分扣5分；严重违规停止操作			—	
		在规定时间内完成操作		每超时1min总分扣5分，超时3min停止操作			—	
	合计		100					

试题3：分馏系统的蒸汽吹扫操作(现场模拟)

(考核时间：20min)

序号	考核内容	考核要点	配分	评分标准	检测结果	扣分	得分	备注
1	准备工作	穿戴劳保用品	3	未穿戴整齐扣3分				
		工具、用具准备	2	工具选择不正确扣2分				

续表

序号	考核内容	考核要点	配分	评分标准	检测结果	扣分	得分	备注
2	操作程序	所有设备、管线水洗结束、退液完毕，不允许就地排放，及时投用清污分流设施；吹扫前所有压力表、孔板、调节阀均应拆下。泵入口、控制阀、拆开法兰处放置白铁皮，防止脏物吹入	20	未水洗、退液干净就开始吹扫扣5分				
				将水随地排放扣5分				
				未投用清污分流设施扣5分				
				未将压力表、孔板、调节阀等拆下，未进行有效防护每项扣5分				
3		冷换设备一程吹扫，另一程打开放空阀	5	未将放空阀打开扣5分				
4		引蒸汽要缓慢，严防打水击，并且必须先脱尽冷凝水	10	引蒸汽开阀门过快扣5分				
				未脱尽冷凝水扣5分				
5		要按先扫主线，再扫次线，从上到下、从里向外的吹扫原则进行，吹扫面不要铺得太开，以免蒸汽供应不足	15	不清楚和执行吹扫原则扣10分				
				吹扫面铺得太大扣5分				
6		设备、管线蒸汽憋压压力不得超过其最高工作压力	5	蒸汽憋压压力超过最高工作压力扣10分				
7		泵体原则上不参加吹扫，从泵入口拆法兰拆开排污，靠近泵的法兰处盖上铁皮	10	对泵体强制进行吹扫扣5分				
				未拆泵入口法兰扣5分				
8		首次给蒸汽吹扫，或突然提汽吹扫时，在设备管线排空拆开处要有人现场监护	5	未安排人员在设备管线排空拆开处进行现场监护扣10分				
9		吹扫完毕后，必须打开各低点导淋、塔顶放空阀	10	未打开底部导淋扣5分				
				未打开塔顶放空扣5分				
10		吹扫结束进行确认	10	未组织确认扣10分				
11	使用工具	正确使用工具	2	工具使用不正确扣2分				
		正确维护工具	3	工具乱摆乱放扣3分				
12	安全及其他	按国家法规或企业规定		违规一次总分扣5分；严重违规停止操作			—	
		在规定时间内完成操作		每超时1min总分扣5分，超时3min停止操作			—	
合计			100					

否定项说明：若出现发生水击等情况该题为零分。

试题4：硫化升温过程中各阶段的操作(现场模拟)

(考核时间：20min)

序号	考核内容	考核要点	配分	评分标准	检测结果	扣分	得分	备注
1	准备工作	穿戴劳保用品	3	未穿戴整齐扣3分				
		工具、用具准备	2	工具选择不正确扣2分				
2	操作程序	反应系统引氢气升压，启动新氢机、循环机，反应加热炉点火升温，引硫化油建立反应循环	20	未建立反应循环，循环流程设置不当，循环条件设置不当各扣5分				
				未确认引氢条件扣5分				
				硫化油介质错误扣5分				
				开机、点火过程出现错误扣5分				
3		硫化剂系统流程准备和硫化剂准备	5	未进行扣5分，有错误扣1分				
4		进料量稳定的前提下，在150℃时先润湿2h，润湿阶段结束后，开始向硫化油中注入硫化剂，恒温3h，循环氢中H_2S浓度控制在0.1%～0.3%(体积分数)	15	未安排先润湿2h扣10分				
				150℃恒温时间不够扣5分				
				H_2S浓度未联系分析，未进行控制扣5分				
5		反应炉以10～15℃/h速度升温至230℃，循环氢中H_2S浓度控制在0.3%～0.8%(体积分数)，控制床层温升不大于25℃，若温升大于25℃，则应适当降低注硫速度	20	升温速度过快扣5分				
				H_2S浓度未进行分析控制扣5分				
				床层温升过大未调节扣5分				
				硫化氢未穿透时床层温度超过230℃扣10分				
6		在230℃时恒温8h，循环氢中H_2S浓度控制在0.5%～1.0%(体积分数)	10	未达到规定的恒温时间扣5分				
				H_2S浓度未进行分析控制扣5分				
7		反应炉以10～15℃/h速度升温至290℃，升温期间注硫速度不变，循环氢中H_2S浓度控制在1.0%(体积分数)	10	升温速度过快扣5分				
				H_2S浓度未进行分析控制扣5分				
8		反应炉以10～15℃/h速度升温至320℃，升温期间注硫速度不变，恒温硫化至硫化结束(约6h)	10	未达到规定的恒温时间扣5分				
				H_2S浓度未进行分析控制扣5分				
				升温速度过快扣5分				
9	使用工具	正确使用工具	2	工具使用不正确扣2分				
		正确维护工具	3	工具乱摆乱放扣3分				
10	安全及其他	按国家法规或企业规定		违规一次总分扣5分；严重违规停止操作			—	
		在规定时间内完成操作		每超时1min总分扣5分，超时3min停止操作			—	
合计			100					

否定项说明：若出现硫化时超温等情况，该题为零分。

试题5：分馏系统引油建立冷油循环的操作(现场模拟)

(考核时间：20min)

序号	考核内容	考核要点	配分	评分标准	检测结果	扣分	得分	备注
1	准备工作	穿戴劳保用品	3	未穿戴整齐扣3分				
		工具、用具准备	2	工具选择不正确扣2分				
2	操作程序	联系调度、油品，引原料油，并投用原料油过滤器	10	未确认边界至垫油管排流程，扣5分				
				未联系调度、油品告知进行原料收油操作扣5分				
				未投用原料油过滤器、原料油罐压控扣5分				
3		确认分馏系统垫油流程和分馏系统流程，走分馏垫油线向脱硫化氢汽提塔垫油	10	未确认流程扣5分				
				未打通汽提塔垫油流程扣5分				
4		当脱硫化氢汽提塔液面达40%～60%，通过塔顶回流罐补N_2线将脱硫化氢汽提塔充压至一定压力	10	未用氮气对汽提塔进行充压扣10分。根据各厂实际情况，引其他介质(如氢气)进行充压也可				
5		当脱硫化氢汽提塔液面达60%～80%，向分馏塔垫油	10	未达到规定液面开始向分馏塔垫油扣5分				
				将脱硫化氢汽提塔液面压空扣5分				
6		当分馏塔液面达50%～60%，启动塔底循环泵建立塔底冷油循环	10	未达到规定液面启动塔底循环泵扣10分				
7		当分馏塔液面达60%～80%，启动精柴泵建立分馏系统冷油循环，当脱硫化氢汽提塔、分馏塔液面均控制在60%～80%时，通知油品、调度，停止收油	20	未达到规定液面启动精柴泵扣10分				
				两塔达到规定液面未通知调度停止收油扣10分				
8		投用各热油泵的预热线，在各低点脱水	10	未投用预热线扣5分				
				未进行脱水操作扣5分				
9		注意流量、压力的稳定，避免换热器泄漏	10	过程不稳造成换热器泄漏扣10分				
10	使用工具	正确使用工具	2	工具使用不正确扣2分				
		正确维护工具	3	工具乱摆乱放扣3分				
11	安全及其他	按国家法规或企业规定		违规一次总分扣5分；严重违规停止操作			—	
		在规定时间内完成操作		每超时1min总分扣5分，超时3min停止操作			—	
	合　计		100					

否定项说明：若出现建立不起冷油循环流程等情况，该题为零分。

试题 6：硫化油置换的操作(现场模拟)

(考核时间：20min)

序号	考核内容	考核要点	配分	评分标准	检测结果	扣分	得分	备注
1	准备工作	穿戴劳保用品	3	未穿戴整齐扣 3 分				
		工具、用具准备	2	工具选择不正确扣 2 分				
2	操作程序	加氢催化剂预硫化结束后，反应温度降至 280℃，继续用硫化油循环 2h，期间各项指标达到进油条件	30	未降低反应温度扣 10 分				
				硫化油未继续循环扣 10 分				
				继续循环时间未到规定要求扣 10 分				
3		向原料油罐供直馏柴油(或煤油、石脑油等)，液面控制在 60%~80%，同时关闭反应循环线，改去不合格线	25	未联系调度供直馏柴油(或煤油、石脑油等)扣 10 分				
				置换流程改动错误扣 10 分				
				液面波动大扣 5 分				
4		切换原料油后，注意反应器床层温升和控制反应炉出口温度平稳	20	床层温升波动大扣 10 分				
				反应炉出口温度波动大扣 10 分				
5		用直馏柴油(或煤油、石脑油等)置换硫化油 4h，并进行采样分析	15	置换时间未到规定要求扣 10 分				
				未联系化验进行采样分析扣 5 分				
6	使用工具	正确使用工具	2	工具使用不正确扣 2 分				
		正确维护工具	3	工具乱摆乱放扣 3 分				
7	安全及其他	按国家法规或企业规定		违规一次总分扣 5 分；严重违规停止操作			—	
		在规定时间内完成操作		每超时 1min 总分扣 5 分，超时 3min 停止操作			—	
合　计			100					

否定项说明：若出现硫化油置换不彻底等情况，该题为零分。

试题 7：分馏塔顶压力波动的操作(现场模拟)

(考核时间：20min)

序号	考核内容	考核要点	配分	评分标准	检测结果	扣分	得分	备注
1	准备工作	穿戴劳保用品	3	未穿戴整齐扣 3 分				
		工具、用具准备	2	工具选择不正确扣 2 分				
2	操作程序	稳定进料量或视进料量的变化，调整塔顶热负荷分配及增减排放气量，必要时可用控制阀副线阀操作	30	未稳定进料量扣 10 分				
				未及时调整塔顶热负荷扣 10 分				
				未及时增减排气量扣 10 分				
3		调节回流量，稳定塔顶温度	20	未及时调节回流量扣 10 分				
				未及时稳定塔顶温度扣 10 分				

续表

序号	考核内容	考核要点	配分	评分标准	检测结果	扣分	得分	备注
4		检查排放气管线是否堵塞或火嘴堵，如管线堵无法处理，则将排放气改至火炬线	10	未检查排放气管线扣5分				
				未及时将排放气放低瓦扣5分				
5		稳定瓦斯分液罐的压力	10	未稳定瓦斯压力扣10分				
6		稳定重沸炉的操作	10	未及时调整重沸炉操作扣10分				
7		加强回流罐的脱水	10	未加强回流罐脱水扣10分				
8	使用工具	正确使用工具	2	工具使用不正确扣2分				
		正确维护工具	3	工具乱摆乱放扣3分				
9	安全及其他	按国家法规或企业规定		违规一次总分扣5分；严重违规停止操作			—	
		在规定时间内完成操作		每超时1min总分扣5分，超时3min停止操作			—	
		合　计	100					

否定项说明：若出现回流带水等情况，该题为零分。

试题8：调节循环氢循环量的操作

（考核时间：20min）

序号	考核内容	考核要点	配分	评分标准	检测结果	扣分	得分	备注
1	准备工作	穿戴劳保用品	3	未穿戴整齐扣3分				
		工具、用具准备	2	工具选择不正确扣2分				
2	操作程序	检查循环氢流程及流量	20	未确认循环氢的流程扣10分				
				未确认循环氢流量扣10分				
3		核实循环氢化验分析数据及反应系统氢油比	20	未核实循环氢纯度和氢油比每项扣10分				
4		通知内操进行循环机转速的调节	20	未通知内操进行提或降速操作扣20分				
5		确认循环压缩机运转工况	20	提、降速后未进行循环氢压缩机的运转情况确认扣10分				
				提、降速后造成进料量、进料温度大幅波动扣10分				
6		与内操确认循环氢的流量	10	未与内操进行循环氢确认一致扣10分				
7	使用工具	正确使用工具	2	工具使用不正确扣2分				
		正确维护工具	3	工具乱摆乱放扣3分				

续表

序号	考核内容	考核要点	配分	评分标准	检测结果	扣分	得分	备注
8	安全及其他	按国家法规或企业规定		违规一次总分扣5分；严重违规停止操作			—	
		在规定时间内完成操作		每超时1min总分扣5分，超时3min停止操作			—	
合计			100					

试题9：精制柴油闪点不合格的操作(现场模拟)

(考核时间：20min)

序号	考核内容	考核要点	配分	评分标准	检测结果	扣分	得分	备注
1	准备工作	穿戴劳保用品	3	未穿戴整齐扣3分				
		工具、用具准备	2	工具选择不正确扣2分				
2	操作程序	稳定分馏塔的操作，同时稳定重沸炉的出口温度	20	未稳定分馏塔的操作扣10分				
				未稳定重沸炉的出口温度扣10分				
3		调节重沸炉的出口温度	15	未调节炉出口温度扣15分				
4		严格控制分馏塔顶压力	15	塔顶压力波动大扣15分				
5		向调度了解原料组分的变化情况，并调整操作，使汽油能充分分离	10	未向调度了解原料情况扣10分				
6		加强分馏塔回流罐的脱水，适当调节回流量	30	未加强回流罐的脱水扣15分				
				未正确调节回流量扣15分				
7	使用工具	正确使用工具	2	工具使用不正确扣2分				
		正确维护工具	3	工具乱摆乱放扣3分				
8	安全及其他	按国家法规或企业规定		违规一次总分扣5分；严重违规停止操作			—	
		在规定时间内完成操作		每超时1min总分扣5分，超时3min停止操作			—	
合计			100					

否定项说明：若出现操作调整使产品质量更差，该题为零分。

试题10：加热炉出口温度的调节操作(现场模拟)

(考核时间：20min)

序号	考核内容	考核要点	配分	评分标准	检测结果	扣分	得分	备注
1	准备工作	穿戴劳保用品	3	未穿戴整齐扣3分				
		工具、用具准备	2	工具选择不正确扣2分				

续表

序号	考核内容	考核要点	配分	评分标准	检测结果	扣分	得分	备注
2	操作程序	加强与调度的联系，保证瓦斯压力的平稳，同时加强加热炉瓦斯压力的调节	10	未加强与调度的联系扣5分				
				未及时调节瓦斯的压力扣5分				
3		根据炉膛温度的变化增加或减少瓦斯量	10	未及时调整瓦斯量扣10分				
4		调节供风量和烟道挡板，控稳负压	5	负压波动大扣5分				
5		如是燃料燃烧不充分，增大供风量	5	未增大供风量扣5分				
6		火嘴堵塞则拆下火嘴进行清洗	10	未对火嘴进行清洗扣10分				
7		瓦斯带油则加强燃料气分液罐的脱液排凝，严重时可降量处理	10	未加强分液罐的脱液扣10分				
8		仪表失灵则联系仪表处理	10	未联系仪表处理扣10分				
9		进料量波动，查明流量不稳原因，用出口控制阀调整泵出口流量，同时调节瓦斯量	10	未及时稳定进料量的波动扣10分				
10		进料温度发生变化，则稳定进料温度，同时调节瓦斯量	10	未及时稳定进料温度扣10分				
11		进料组分发生变化，则依据进料组分的轻重，调节瓦斯量	10	未及时调节瓦斯量扣10分				
12	使用工具	正确使用工具	2	工具使用不正确扣2分				
		正确维护工具	3	工具乱摆乱放扣3分				
13	安全及其他	按国家法规或企业规定		违规一次总分扣5分；严重违规停止操作			—	
		在规定时间内完成操作		每超时1min总分扣5分，超时3min停止操作			—	
合计			100					

否定项说明：若出现炉出口温度大幅波动等情况，该题为零分。

试题 11：加热炉火嘴燃烧的控制操作(现场模拟)

(考核时间：20min)

序号	考核内容	考核要点	配分	评分标准	检测结果	扣分	得分	备注
1	准备工作	穿戴劳保用品	3	未穿戴整齐扣 3 分				
		工具、用具准备	2	工具选择不正确扣 2 分				
2	操作程序	火焰不应触及管壁和炉墙	20	火焰触及管壁扣 10 分				
				火焰触及炉墙扣 10 分				
3		火嘴的瓦斯压力和组分应适当	15	未发现瓦斯压力波动大扣 10 分				
				未发现瓦斯的组分变化大扣 5 分				
4		按照加热炉火嘴燃烧控制具体要求调节风门和烟道挡板	20	未按要求调节风门扣 10 分				
				未按要求调节烟道挡板扣 10 分				
5		应通过风门和烟道挡板调节适当的氧含量，以保证最佳燃烧	10	氧含量波动大扣 10 分				
6		火嘴口不得积焦和堵塞，如有积焦和堵塞，则要清理干净	10	未对火嘴进行清理扣 10 分				
7		若燃料气带凝缩油，则要加强燃料气分液罐的排凝和加热炉的平稳操作	15	未进行燃料气分液罐的排凝扣 5 分				
				加热炉的操作波动大扣 10 分				
8	使用工具	正确使用工具	2	工具使用不正确扣 2 分				
		正确维护工具	3	工具乱摆乱放扣 3 分				
9	安全及其他	按国家法规或企业规定		违规一次总分扣 5 分；严重违规停止操作			—	
		在规定时间内完成操作		每超时 1min 总分扣 5 分，超时 3min 停止操作			—	
合　计			100					

否定项说明：若出现炉膛温度或炉出口温度波动大等情况，该题为零分。

试题 12：高压空冷注水的操作(现场模拟)

(考核时间：20min)

序号	考核内容	考核要点	配分	评分标准	检测结果	扣分	得分	备注
1	准备工作	穿戴劳保用品	3	未穿戴整齐扣 3 分				
		工具、用具准备	2	工具选择不正确扣 2 分				
2	操作程序	引除盐水至除盐水罐，控制除盐水罐液位 60%～80%，压力 0.2MPa	20	对引除盐水流程不熟悉扣 10 分				
				未控制好液面扣 5 分				
				未控制好压力扣 5 分				

续表

序号	考核内容	考核要点	配分	评分标准	检测结果	扣分	得分	备注
3		做好高压注水泵启动前的检查准备工作	10	未进行泵启动前检查准备扣10分				
4		打开高压注水泵入口阀进行灌泵、排气	10	未按规定进行灌泵、排气操作扣10分				
5		改通高压空冷注水的流程	10	未改通流程扣10分				
6		打开高压注水泵最小流量线，按操作规程启动高压注水泵	15	未按操作规程启动注水泵扣5分				
				未打开最小流量线扣5分				
				未通知内操扣5分				
7		缓慢打开高压注水泵出口阀，关最小流量线阀，直至关死	10	出口阀打开过快扣5分				
				未关最小流量线阀扣5分				
8		通知内操打开注水控制阀，调整注水量	5	未通知内操扣5分				
9		改通含硫污水至含硫污水罐流程，控制冷高分界位40%~60%	10	未改通流程扣5分				
				界位控制过低扣5分				
10	使用工具	正确使用工具	2	工具使用不正确扣2分				
		正确维护工具	3	工具乱摆乱放扣3分				
11	安全及其他	按国家法规或企业规定		违规一次总分扣5分；严重违规停止操作			—	
		在规定时间内完成操作		每超时1min总分扣5分，超时3min停止操作			—	
合计			100					

否定项说明：若出现泵憋压等情况，该题为零分。

试题13：提高加热炉热效率的操作(现场模拟)

（考核时间：20min）

序号	考核内容	考核要点	配分	评分标准	检测结果	扣分	得分	备注
1	准备工作	穿戴劳保用品	3	未穿戴整齐扣3分				
		工具、用具准备	2	工具选择不正确扣2分				
2	操作程序	保证加热炉完全燃烧	10	未保证加热炉完全燃烧扣10分				
3		在保证加热炉完全燃烧的情况下，降低过剩空气系数，将“三门一板”调节恰当	20	未降低过剩空气系数扣10分				
				未调节“三门一板”扣10分				
4		增加烟气余热回收和采取空气预热等	10	有余热回收系统未进行余热回收扣5分				
				有空气预热系统未采取空气预热扣5分				

续表

序号	考核内容	考核要点	配分	评分标准	检测结果	扣分	得分	备注
5		加强设备管理，炉体严密，减少从回弯头箱及人孔、看火孔等处漏进空气	20	未对炉体进行严密性检查扣10分				
				未做好保温工作扣10分				
6		防止炉管结焦	10	导致炉管结焦扣10分				
7		对流室加强吹灰	10	有对流室吹灰系统而未进行吹灰操作扣10分				
8		炉管大检修时烧焦或洗除盐垢，提高传热效率	10	未按规定进行处理扣10分				
9	使用工具	正确使用工具	2	工具使用不正确扣2分				
		正确维护工具	3	工具乱摆乱放扣3分				
10	安全及其他	按国家法规或企业规定		违规一次总分扣5分；严重违规停止操作			—	
		在规定时间内完成操作		每超时1min总分扣5分，超时3min停止操作			—	
合计			100					

试题14：反应系统降温的操作(现场模拟)

(考核时间：20min)

序号	考核内容	考核要点	配分	评分标准	检测结果	扣分	得分	备注
1	准备工作	穿戴劳保用品	3	未穿戴整齐扣3分				
		工具、用具准备	2	工具选择不正确扣2分				
2	操作程序	反应系统以15~20℃/h的降温速度降低反应炉出口温度，同时以20~30t/h降低反应进料量，注意反应器床层温升，调节床层间的冷氢量，控制每个床层的入口温度	15	未按规定进行降温操作扣5分				
				未按规定进行降量操作扣5分				
				未控制好床层温升扣5分				
3		为保护设备，降温时先降压	10	未按规定进行操作扣10分				
4		降量前应适当降低反应炉出口温度	10	未按规定进行操作扣10分				
5		反应温度降至280℃时，分馏部分改循环操作，反应生成油走不合格线，关闭冷氢阀	20	未达到规定要求扣5分				
				分馏系统未改循环扣5分				
				未将反应生产油改走不合格线扣5分				
				未关闭冷氢阀扣5分，无冷氢系统则无此项				

续表

序号	考核内容	考核要点	配分	评分标准	检测结果	扣分	得分	备注
6		反应系统切断进料，反应炉提温，循环机提转速，进行反应系统热氢带油	10	未按规定进行热氢带油操作扣10分				
7		反应系统热氢带油结束后，再进行恒温解氢24h	10	未按规定进行恒温解氢操作扣10分				
8		反应系统降温降压，反应炉出口温度降至150℃时熄炉，停空气预热器	5	未达到规定要求进行熄炉扣5分				
9		当反应器床层温度降至65℃时，按规程停循环机、反应空冷，离心机要有专人盘车	10	未达到规定要求停相关机泵扣10分				
10	使用工具	正确使用工具	2	工具使用不正确扣2分				
		正确维护工具	3	工具乱摆乱放扣3分				
11	安全及其他	按国家法规或企业规定		违规一次总分扣5分；严重违规停止操作			—	
		在规定时间内完成操作		每超时1min总分扣5分，超时3min停止操作			—	
合计			100					

否定项说明：若出现降温时引起床层超温等情况，该题为零分。

试题15：分馏塔循环降温的操作

（考核时间：20min）

序号	考核内容	考核要点	配分	评分标准	检测结果	扣分	得分	备注
1	准备工作	穿戴劳保用品	3	未穿戴整齐扣3分				
		工具、用具准备	2	工具选择不正确扣2分				
2	操作程序	核实反应系统工况	10	未联系内操确认反应工况扣10分				
3		反应生成油改不合格线，分馏建立循环	20	未及时调整反应生成油至不合格线扣10分				
				未在改分馏循环前与内操进行操作参数情况确认扣10分				
4		逐步降低重沸炉出口温度	20	关闭加热炉瓦斯量过快扣10分				
				未联系内操确认汽提塔进料温度扣10分				

续表

序号	考核内容	考核要点	配分	评分标准	检测结果	扣分	得分	备注
5		根据循环温度，停汽提塔汽提蒸汽	20	汽提塔进料温度未到规定停汽提蒸汽扣10分				
				停蒸汽造成塔压力降低未充氮气补压扣10分				
6		根据回流罐液位，停两塔回流	10	未及时停泵，造成回流泵抽空扣10分				
7		根据加热炉出口工况，停加热炉瓦斯	10	加热炉出口温度还偏高时关闭加热炉瓦斯扣10分				
8	使用工具	正确使用工具	2	工具使用不正确扣2分				
		正确维护工具	3	工具乱摆乱放扣3分				
9	安全及其他	按国家法规或企业规定		违规一次总分扣5分；严重违规停止操作			—	
		在规定时间内完成操作		每超时1min总分扣5分，超时3min停止操作			—	
		合　计	100					

试题16：分馏系统停工步骤

（考核时间：20min）

序号	考核内容	考核要点	配分	评分标准	检测结果	扣分	得分	备注
1	准备工作	穿戴劳保用品	3	未穿戴整齐扣3分				
		工具、用具准备	2	工具选择不正确扣2分				
2	操作程序	熟悉停工网络安排及停工步骤	10	对停工网络安排不熟悉扣10分				
3		根据反应系统情况，维持各设备塔器的液面、压力，降低装置负荷	20	未按照要求逐渐降低分馏系统负荷扣10分				
				在降负荷过程中未维持塔器设备液面、压力的平稳扣10分				
4		反应生成油改不合格线，分馏系统改循环	20	未及时调整反应生成油至不合格线扣10分				
				未在改分馏循环前与内操进行操作参数情况确认扣10分				
5		分馏塔塔底重沸炉逐步降温，汽提塔汽提蒸汽停用	20	未逐步降低炉温，直接操作降低加热炉温度幅度大扣10分				
				汽提塔液位已经降低，未及时停汽提蒸汽扣10分				

续表

序号	考核内容	考核要点	配分	评分标准	检测结果	扣分	得分	备注
6		根据液面，适时停塔的回流	10	停回流泵不及时，造成抽空的扣10分				
7		反应系统热氢带油，分馏退油	10	未联系内操确认后路，退油出现后路堵的情况扣10分				
8	使用工具	正确使用工具	2	工具使用不正确扣2分				
		正确维护工具	3	工具乱摆乱放扣3分				
9	安全及其他	按国家法规或企业规定		违规一次总分扣5分；严重违规停止操作			—	
		在规定时间内完成操作		每超时1min总分扣5分，超时3min停止操作			—	
合　计			100					

试题17：原料油泵的正常停运操作(现场模拟)

（考核时间：20min）

序号	考核内容	考核要点	配分	评分标准	检测结果	扣分	得分	备注
1	准备工作	穿戴劳保用品	3	未穿戴整齐扣3分				
		工具、用具准备	2	工具选择不正确扣2分				
2	操作程序	联系各有关人员做好停泵准备工作	5	未做好停泵准备扣5分				
3		关闭泵的出口阀，当泵出口流量接近最小流量时，缓慢打开最小流量线阀	20	关出口阀的速度过快扣10分				
				开最小流量线阀的速度过快扣10分				
4		按停泵按钮停泵，待主电机停止运转后，关闭最小流量线阀	20	未及时停泵扣10分				
				未关闭最小流量线阀扣10分				
5		若该泵停下来后作备用，可保持泵组的润滑油系统、冷却水系统运行	10	未做好备用泵的备用工作扣10分				
6		有润滑油系统的，若该泵要检修，则待泵和电机轴承回油温度小于45℃后，停润滑油泵，关闭入口阀，打开泵体排污阀排光残留介质，联系电工停电后交付检修	35	有润滑油系统的，未按规定停润滑油泵扣10分				
				未关闭入口阀扣10分				
				未进行泵体排污操作和排尽介质每项扣5分				
				未安排停电扣10分				

续表

序号	考核内容	考核要点	配分	评分标准	检测结果	扣分	得分	备注
7	使用工具	正确使用工具	2	工具使用不正确扣2分				
		正确维护工具	3	工具乱摆乱放扣3分				
8	安全及其他	按国家法规或企业规定		违规一次总分扣5分；严重违规停止操作			—	
		在规定时间内完成操作		每超时1min总分扣5分，超时3min停止操作			—	
		合计	100					

否定项说明：若出现按错停泵按钮等情况，该题为零分。

试题18：循环压缩机开机前的常规检查操作(现场模拟)

(考核时间：20min)

序号	考核内容	考核要点	配分	评分标准	检测结果	扣分	得分	备注
1	准备工作	穿戴劳保用品	3	未穿戴整齐扣3分				
		工具、用具准备	2	工具选择不正确扣2分				
2	操作程序	准备好开车工具，全面检查系统内的设备、管线、阀门连接是否正确可靠，有无泄漏，阀门开关是否灵活	15	未准备好开车工具扣5分				
				未全面检查系统内设备、管线、阀门等情况扣5分				
				未确认阀门开关是否灵活扣5分				
3		现场环境整洁，照明及消防器材齐全，机组保温完好	10	现场环境不整洁扣5分				
				相关器材不齐全未联系处理扣5分				
4		检查管线阀门，排凝点的通畅情况和开关状态	15	未检查阀门的开关情况扣10分				
				未检查排凝点的通畅情况扣5分				
5		联系仪表调校各仪表设备、自保联锁处于完好状态	15	未联系仪表进行联锁试验扣5分				
				自保联锁未处于完好状态扣10分				
6		联系电气调校各电气设备、自保联锁处于完好状态	10	未联系电气调校扣5分				
				自保联锁未处于完好状态扣5分				
7		主机盘车灵活	5	未对主机进行盘车扣5分				
8		联系调度，引进仪表风、蒸汽、电、循环水、氮气等，而且各项指标达要求	5	未联系调度进行相关作业扣5分				
9		打开系统上各压力开关、压力表、压力变送器、液位计及所有通向仪表的阀门	5	未确认仪表的投用情况扣5分				
10		机、电、仪及有关人员到现场	5	未对到场人员进行确认扣5分				
11		润滑油、封油或密封气系统运转正常	5	未对润滑油、封油或密封气系统进行确认扣5分				

续表

序号	考核内容	考核要点	配分	评分标准	检测结果	扣分	得分	备注
12	使用工具	正确使用工具	2	工具使用不正确扣 2 分				
		正确维护工具	3	工具乱摆乱放扣 3 分				
13	安全及其他	按国家法规或企业规定		违规一次总分扣 5 分；严重违规停止操作			—	
		在规定时间内完成操作		每超时 1min 总分扣 5 分，超时 3min 停止操作			—	
		合　计	100					

否定项说明：若出现检查工作不到位导致不能开机等情况，该题为零分。

试题 19：新氢压缩机开机前的常规检查操作(现场模拟)

(考核时间：20min)

序号	考核内容	考核要点	配分	评分标准	检测结果	扣分	得分	备注
1	准备工作	穿戴劳保用品	3	未穿戴整齐扣 3 分				
		工具、用具准备	2	工具选择不正确扣 2 分				
2	操作程序	确认新安装或大修后的机组是否经单机试运合格	10	未进行确认是否单机试运合格扣 10 分				
3		准备好开车工具，检查机组地脚螺栓、对轮螺栓是否紧固，气路、水路、油路系统参数是否正常，有无泄漏，阀门开关是否灵活	15	未准备好开车工具扣 5 分				
				未全面检查系统内设备、管线、阀门等情况扣 5 分				
				未确认阀门开关是否灵活扣 5 分				
4		现场环境整洁，照明及消防器材齐全，高温部位(设备)保温完好	15	现场环境不整洁扣 5 分				
				器材不齐全未联系处理扣 5 分				
				未检查保温情况扣 5 分				
5		联系仪表，调校各仪表设备，自保联锁处于完好状态	15	未联系仪表调校扣 5 分				
				自保联锁未处于完好状态扣 10 分				
6		联系电气，调校各电气设备，自保联锁处于完好状态	15	未联系电气调校扣 5 分				
				自保联锁未处于完好状态扣 10 分				
7		联系调度等外联单位，引进仪表风、电、循环水、软化水、N_2 等，且各项指标达要求，检查级间冷却器是否投用	10	未联系调度进行相关左右扣 5 分				
				未检查级间冷却器是否投用扣 5 分				
8		打开系统上各压力开关、压力表、压力变送器、液位计及所有通向仪表的阀门	10	未确认仪表的投用情况扣 10 分				

续表

序号	考核内容	考核要点	配分	评分标准	检测结果	扣分	得分	备注
9	使用工具	正确使用工具	2	工具使用不正确扣2分				
		正确维护工具	3	工具乱摆乱放扣3分				
10	安全及其他	按国家法规或企业规定		违规一次总分扣5分；严重违规停止操作			—	
		在规定时间内完成操作		每超时1min总分扣5分，超时3min停止操作			—	
合计			100					

试题20：原料油泵润滑油系统的准备操作(现场模拟)

(考核时间：20min)

序号	考核内容	考核要点	配分	评分标准	检测结果	扣分	得分	备注
1	准备工作	穿戴劳保用品	3	未穿戴整齐扣3分				
		工具、用具准备	2	工具选择不正确扣2分				
2	操作程序	根据油箱油温情况，投用油箱加热器，使油达到30℃左右	5	未检查油箱油温情况扣2分				
				未控制好油温扣3分				
3		打开主辅油泵的出、入口阀；打开润滑油至进油总管的进油阀门	5	未打开出入口阀扣2分				
				未打开进油阀门扣3分				
4		关闭高位油箱的三阀组中的截止阀	5	未关闭高位油箱截止阀扣5分				
5		对油泵盘车，然后启动主油泵	10	未对油泵盘车扣5分				
				未启动主油泵扣5分				
6		关闭泵出口去油箱跨线阀，打开油冷器的旁通阀、放空阀和过滤器的放空阀，排掉空气后再关上旁通阀和放空阀；投用油冷器和一组过滤器	15	未关闭跨线阀扣5分				
				未进行排气操作扣5分				
				未投用油冷器和过滤器扣5分				
7		稍开去高位油箱的截止阀，待溢流管线上的回油视镜有油通过为止，然后迅速关闭截止阀	5	未投用高位油箱扣5分				
8		调节润滑油压力控制阀，控制润滑油总管压力	5	未控制好润滑油总管压力扣5分				
9		调节运行泵组各润滑点的进油压力，通过回油视镜检查各轴承回用量是否正常	10	未调节各润滑油点的进油压力扣5分				
				未检查各轴承回用量是否正常扣5分				

续表

序号	考核内容	考核要点	配分	评分标准	检测结果	扣分	得分	备注
10		将备用泵电机选择开关转到“自动位置”，作自启动性能试验	5	未进行备泵自启动性能试验扣5分				
11		改变主、辅油泵设置，做另一台泵的自启动性能试验	10	未改变主、辅油泵设置扣5分				
				未进行备泵自启动性能试验扣5分				
12		试验完毕后，恢复正常，将备用油泵电机投“自动”	2	未将备用油泵投“自动”扣2分				
13		检查油箱液位，若不足则补充至正常液位	3	未检查油箱液位扣3分				
14		检查润滑油系统是否正常，如过滤器压差，如压差高，则切换工作过滤器，更换滤芯	5	未检查润滑油系统是否正常扣3分				
				未检查过滤器压差扣2分				
15		检查油路有无泄漏	5	未检查油路有无泄漏扣5分				
16	使用工具	正确使用工具	2	工具使用不正确扣2分				
		正确维护工具	3	工具乱摆乱放扣3分				
17	安全及其他	按国家法规或企业规定		违规一次总分扣5分；严重违规停止操作			—	
		在规定时间内完成操作		每超时1min总分扣5分，超时3min停止操作			—	
合计			100					

否定项说明：若出现由于润滑油系统问题导致不能正常开机等情况，该题为零分。

试题21：新氢压缩机的正常停机操作（现场模拟）

（考核时间：20min）

序号	考核内容	考核要点	配分	评分标准	检测结果	扣分	得分	备注
1	准备工作	穿戴劳保用品	3	未穿戴整齐扣3分				
		工具、用具准备	2	工具选择不正确扣2分				
2	操作程序	停机前做好必要的记录和检查，并通知有关岗位和相关单位	10	未做好必要的记录和检查扣5分				
				未做好联系工作扣5分				
3		压缩机负荷开关拨至“0”位	10	未进行降负荷操作扣10分				
4		按停机按钮停主机	10	停机按钮按错扣10分				
5		关出入口阀，打开旁路阀；打开放空（火炬）阀；停注油器	25	未关出入口阀扣5分				
				未打开旁路阀扣5分				
				未打开放空阀扣5分				
				未停注油器扣10分				

续表

序号	考核内容	考核要点	配分	评分标准	检测结果	扣分	得分	备注
6		各级间分液罐排凝	10	未进行排凝操作扣10分				
7		停主机后，待油温冷却至常温后停润滑油泵(备用状态下可不停)	5	未安排停润滑油泵扣5分(需检修时)				
8		待汽缸冷却后，停冷却水及软化水(备用状态下可不停)	5	未安排停冷却水扣5分(需检修时)				
9		关闭放空阀	5	未关闭放空阀扣5分				
10		如长时间停车，应关闭冷却水、软化水，如在冬季应将汽缸内水排尽	10	未将冷却水、软化水停用扣10分(长时间停车)				
11	使用工具	正确使用工具	2	工具使用不正确扣2分				
		正确维护工具	3	工具乱摆乱放扣3分				
12	安全及其他	按国家法规或企业规定		违规一次总分扣5分；严重违规停止操作			—	
		在规定时间内完成操作		每超时1min总分扣5分，超时3min停止操作			—	
合　计			100					

试题22：原料油泵的正常维护操作(现场模拟)

(考核时间：20min)

序号	考核内容	考核要点	配分	评分标准	检测结果	扣分	得分	备注
1	准备工作	穿戴劳保用品	3	未穿戴整齐扣3分				
		工具、用具准备	2	工具选择不正确扣2分				
2	操作程序	保持泵体及附属设备的清洁卫生、规格化	10	未确认泵体的清洁卫生扣5分				
				未做好规格化工作扣5分				
3		检查泵的出口压力，机械密封冲洗液压力、温度，润滑油压力、温度，油箱液位等，并做好记录	25	未检查泵的出口压力扣5分				
				未检查密封冲洗液压力、温度扣5分				
				未检查润滑油压力、温度扣5分				
				未检查润滑油液位扣5分				
				未做记录扣5分				
4		检查油箱油质，油箱底部脱水	10	未检查润滑油油质情况扣5分				
				未对油箱底部进行脱水扣5分，无单独润滑油箱无此项				
5		检查各部声音是否正常，有无泄漏点，轴承振动是否超标	15	未检查各部声音是否正常扣5分				
				未检查有无泄漏点扣5分				
				未检查轴承振动是否超标扣5分				

续表

序号	考核内容	考核要点	配分	评分标准	检测结果	扣分	得分	备注
6		检查各处冷却水是否畅通，回水温度是否合适	10	未检查各处冷却水是否畅通扣5分				
				未检查回水温度是否合适扣5分				
7		检查电机冷却水有无泄漏	10	未检查电机冷却水有无泄漏扣10分				
8		备用泵盘车180℃，冬季做好防冻防凝工作	10	未对备用泵盘车180℃扣5分				
				冬季未做好防冻防凝工作扣5分				
9	使用工具	正确使用工具	2	工具使用不正确扣2分				
		正确维护工具	3	工具乱摆乱放扣3分				
10	安全及其他	按国家法规或企业规定		违规一次总分扣5分；严重违规停止操作			—	
		在规定时间内完成操作		每超时1min总分扣5分，超时3min停止操作			—	
合　计			100					

试题23：新氢压缩机的正常维护操作(现场模拟)

（考核时间：20min）

序号	考核内容	考核要点	配分	评分标准	检测结果	扣分	得分	备注
1	准备工作	穿戴劳保用品	3	未穿戴整齐扣3分				
		工具、用具准备	2	工具选择不正确扣2分				
2	操作程序	做好机组的设备规格化	5	未做好机组的规格化工作扣5分				
3		检查管线各连接部位有无泄漏，检查安全阀是否内漏，检查机体管线是否异常振动	10	未检查连接部位有无泄漏扣3分				
				未检查安全阀是否内漏扣2分				
				未检查机体管线是否异常振动扣5分				
4		检查、测听机体各部有无异常声响、振动是否加剧等，找出故障原因并排除	5	未检查机体各部是否有异常声响扣3分				
				未测听机体各部振动情况扣2分				
5		检查压缩机的运行情况，检查油温、油压、冷却水压力、回水温度等	10	未检查压缩机的运行情况扣5分				
				未检查油、水的温度、压力等扣5分				
6		检查吸气压力、温度，排气压力、温度，润滑油压力，主轴承温度等各项指标，并确认这些条件符合工艺指标	5	未检查机组的各项指标扣5分				
7		检查注油器液位以及各点的注油量是否正常，油位低时应及时补充	5	未检查注油器的液位扣3分				
				未检查注油器的注油量是否正常扣2分				
8		检查润滑油过滤器前后压差，压差大则切换过滤器清洗或更换滤芯	5	未检查润滑油过滤器前后压差扣5分				

续表

序号	考核内容	考核要点	配分	评分标准	检测结果	扣分	得分	备注
9		检查曲轴箱油位，低点需脱水，检查油质	10	未检查润滑油油位扣5分				
				未进行低点脱水扣5分				
10		检查电机轴承箱，保持电机润滑油量及合格的润滑油	5	未检查电机轴承箱扣5分				
11		检查各级填料温度及泄漏情况	5	未检查各级填料温度及泄漏情况扣5分				
12		对入口缓冲罐、分液罐、集液罐进行脱液	5	未对各罐进行脱液扣5分				
13		检查各级进气过滤器前后压差	5	未检查进气过滤器前后压差扣5分				
14		做好油泵、油冷器的定期切换工作，检查各辅泵的备用状态，盘车180℃	10	未做好油泵、油冷器的定期切换工作扣5分				
				未对辅泵进行盘车扣5分				
15		做好备用机组的各项正常维护保养工作，确认机组可随时启动	5	未做好备用机组的保养工作扣5分				
16	使用工具	正确使用工具	2	工具使用不正确扣2分				
		正确维护工具	3	工具乱摆乱放扣3分				
17	安全及其他	按国家法规或企业规定		违规一次总分扣5分；严重违规停止操作			—	
		在规定时间内完成操作		每超时1min总分扣5分，超时3min停止操作			—	
合　计			100					

试题24：润滑油螺杆泵的正常维护操作(现场模拟)

(考核时间：20min)

序号	考核内容	考核要点	配分	评分标准	检测结果	扣分	得分	备注
1	准备工作	穿戴劳保用品	3	未穿戴整齐扣3分				
		工具、用具准备	2	工具选择不正确扣2分				
2	操作程序	检查泵出口压力、电流值是否正常	10	未检查泵出口压力是否正常扣5分				
				未检查泵电流值是否正常扣5分				
3		检查泵体、油箱温度和各轴承温度	15	未检查泵体温度扣5分				
				未检查油箱温度扣5分				
				未检查各轴承温度扣5分				

续表

序号	考核内容	考核要点	配分	评分标准	检测结果	扣分	得分	备注
4		检查泵各部的振动和声音情况，各部零件和地脚螺栓是否松动	20	未检查泵各部的振动扣5分				
				未检查泵各部的声音扣5分				
				未检查各部零件是否松动扣5分				
				未检查地脚螺栓是否松动扣5分				
5		检查油箱内润滑油的用油情况，油质和油量是否正常，检查润滑油的三级过滤制度	20	未检查润滑油箱内润滑油的用油情况扣5分				
				未检查油质是否正常扣5分				
				未检查油量是否正常扣5分				
				未执行润滑油的三级过滤制度扣5分				
6		轴封处泄漏量大量增加时，对软填料应压紧填料压盖，对机械密封应停泵检修	10	不清楚如何处理轴封处泄漏量大量增加扣10分				
7		做好备用泵的备用工作，按规定对备用泵进行定期盘车，检查备用泵启动旋钮是否在“自动”位置	15	未做好备用泵的备用工作扣5分				
				未对备用泵进行定期盘车扣5分				
				未检查备用泵启动按钮的位置扣5分				
8	使用工具	正确使用工具	2	工具使用不正确扣2分				
		正确维护工具	3	工具乱摆乱放扣3分				
9	安全及其他	按国家法规或企业规定		违规一次总分扣5分；严重违规停止操作			—	
		在规定时间内完成操作		每超时1min总分扣5分，超时3min停止操作			—	
合计			100					

试题25：普通离心泵的正常维护操作（现场模拟）

（考核时间：20min）

序号	考核内容	考核要点	配分	评分标准	检测结果	扣分	得分	备注
1	准备工作	穿戴劳保用品	3	未穿戴整齐扣3分				
		工具、用具准备	2	工具选择不正确扣2分				
2	操作程序	检查泵出口压力、电流值是否正常	10	未检查泵出口压力扣5分				
				未检查泵电流值是否正常扣5分				
3		检查泵体、油箱温度和各轴承温度	15	未检查泵体温度扣5分				
				未检查油箱温度扣5分				
				未检查各轴承温度扣5分				

续表

序号	考核内容	考核要点	配分	评分标准	检测结果	扣分	得分	备注
4		检查泵各部零件和地脚螺栓是否松动	10	未检查泵各部零件是否松动扣5分				
				未检查地脚螺栓是否松动扣5分				
5		检查冷却水的流量和温度	5	未检查冷却水的流量扣2分				
				未检查冷却水的冷后温度扣3分				
6		检查密封冲洗油的压力、温度和流量	5	未检查冲洗油的各项指标扣5分，无密封冲洗油系统则无此项				
7		检查泵机械密封的泄漏情况	5	未检查泵机械密封的泄漏情况扣5分				
8		检查泵的振动情况	5	未检查泵的振动情况扣5分				
9		检查油箱内润滑油的甩油情况，油质和油量是否正常，坚持润滑油的三级过滤保养制度	15	未检查油箱内润滑油的甩油情况扣5分				
				未检查油质和油量是否正常扣5分				
				未执行润滑油的三级过滤制度扣5分				
10		做好备用泵的备用工作，按规定对备用泵进行定期盘车，每次180℃，要做到可随时启动	10	未做好备用泵的备用工作扣5分				
				未按规定进行定期盘车扣5分				
11		做好设备卫生和规格化工作，做好冬季的防冻防凝工作	10	未做好设备卫生和规格化工作扣5分				
				未做好冬季防冻防凝工作扣5分				
12	使用工具	正确使用工具	2	工具使用不正确扣2分				
		正确维护工具	3	工具乱摆乱放扣3分				
13	安全及其他	按国家法规或企业规定		违规一次总分扣5分；严重违规停止操作			—	
		在规定时间内完成操作		每超时1min总分扣5分，超时3min停止操作			—	
合计			100					

试题26：分馏塔重沸炉泵抽空的判断(现场模拟)

(考核时间：20min)

序号	考核内容	考核要点	配分	评分标准	检测结果	扣分	得分	备注
1	准备工作	穿戴劳保用品	3	未穿戴整齐扣3分				
		工具、用具准备	2	工具选择不正确扣2分				
2	操作程序	重沸炉进料指示回零或大幅下降	15	不会判断扣15分				
3		重沸炉出口温度上升	15	不会判断扣15分				

续表

序号	考核内容	考核要点	配分	评分标准	检测结果	扣分	得分	备注
4		重沸炉联锁熄炉	10	不会判断扣 10 分				
5		重沸炉泵电流指示回零或大幅波动	15	不会判断扣 15 分				
6		重沸炉泵出口压力回零或大幅波动	15	不会判断扣 15 分				
7		重沸炉泵响声大	10	不会判断扣 10 分				
8		重沸炉泵振动大	10	不会判断扣 10 分				
9	使用工具	正确使用工具	2	工具使用不正确扣 2 分				
		正确维护工具	3	工具乱摆乱放扣 3 分				
10	安全及其他	按国家法规或企业规定		违规一次总分扣 5 分；严重违规停止操作			—	
		在规定时间内完成操作		每超时 1min 总分扣 5 分，超时 3min 停止操作			—	
合　计			100					

试题 27：分馏塔塔顶回流带水的事故判断(现场模拟)

(考核时间：20min)

序号	考核内容	考核要点	配分	评分标准	检测结果	扣分	得分	备注
1	准备工作	穿戴劳保用品	3	未穿戴整齐扣 3 分				
		工具、用具准备	2	工具选择不正确扣 2 分				
2	操作程序	塔顶回流罐油水界面满	15	不会判断扣 15 分				
3		塔顶压力突升	20	不会判断扣 20 分				
4		塔顶回流量下降	20	不会判断扣 20 分				
5		塔顶油采样处外观检查明显含水	15	不会判断扣 15 分				
6		严重时塔顶安全阀起跳	20	不会判断扣 20 分				
7	使用工具	正确使用工具	2	工具使用不正确扣 2 分				
		正确维护工具	3	工具乱摆乱放扣 3 分				
8	安全及其他	按国家法规或企业规定		违规一次总分扣 5 分；严重违规停止操作			—	
		在规定时间内完成操作		每超时 1min 总分扣 5 分，超时 3min 停止操作			—	
合　计			100					

试题 28：泵轴承严重磨损的判断(现场模拟)

(考核时间：20min)

序号	考核内容	考核要点	配分	评分标准	检测结果	扣分	得分	备注
1	准备工作	穿戴劳保用品	3	未穿戴整齐扣 3 分				
		工具、用具准备	2	工具选择不正确扣 2 分				
2	操作程序	轴承温度高	15	不会判断扣 15 分				
3		轴承杂音大	15	不会判断扣 15 分				
4		轴承箱振动大	15	不会判断扣 15 分				
5		润滑油变黑	15	不会判断扣 15 分				
6		轴承箱有雾状气体	10	不会判断扣 10 分				
7		轴承箱油镜变形	10	不会判断扣 10 分				
8		磁抱轴电机跳闸	10	不会判断扣 10 分				
9	使用工具	正确使用工具	2	工具使用不正确扣 2 分				
		正确维护工具	3	工具乱摆乱放扣 3 分				
10	安全及其他	按国家法规或企业规定		违规一次总分扣 5 分；严重违规停止操作			—	
		在规定时间内完成操作		每超时 1min 总分扣 5 分，超时 3min 停止操作			—	
合计			100					

试题 29：高分窜压至低分的处理(现场模拟)

(考核时间：20min)

序号	考核内容	考核要点	配分	评分标准	检测结果	扣分	得分	备注
1	准备工作	穿戴劳保用品	3	未穿戴整齐扣 3 分				
		工具、用具准备	2	工具选择不正确扣 2 分				
2	操作程序	能根据现象做出正确判断，采取措施	20	高分液面下降未正确判断扣 5 分				
				低分液面上升未正确判断扣 5 分				
				低分压力突然上升未正确判断扣 5 分				
				不能采取正确措施扣 5 分				
3		立即将高分液控改手动操作，联系外操关截止阀，切断向低分的进料，待高分液位上来后控制在正常范围内	25	高分液控未改手动操作扣 10 分				
				未关液控阀截止阀扣 10 分				
				高分液面未控制在正常范围内扣 5 分				
4		立即将低分的压力降至正常操作压力，可打开低分压控副线阀，低分后路改至低瓦，压力正常后改回正常流程	25	未将低分压力降至正常值扣 10 分				
				紧急时未将压控阀副线阀打开泄压扣 5 分				
				低分气后路未改至低瓦扣 5 分				
				压力正常后未改回正常流程扣 5 分				

续表

序号	考核内容	考核要点	配分	评分标准	检测结果	扣分	得分	备注
5		联系仪表检查液控阀故障并修复	10	未联系仪表进行液控阀故障检查扣10分				
6		稳定分馏系统的操作	10	分馏系统的正常运行被破坏扣10				
7	使用工具	正确使用工具	2	工具使用不正确扣2分				
		正确维护工具	3	工具乱摆乱放扣3分				
8	安全及其他	按国家法规或企业规定		违规一次总分扣5分；严重违规停止操作			—	
		在规定时间内完成操作		每超时1min总分扣5分，超时3min停止操作			—	
合计			100					

否定项说明：若出现低分压力长时间超设计值等情况，该题为零分。

试题30：热油管线法兰泄漏着火的事故处理(现场模拟)

（考核时间：20min）

序号	考核内容	考核要点	配分	评分标准	检测结果	扣分	得分	备注
1	准备工作	穿戴劳保用品	3	未穿戴整齐扣3分				
		工具、用具准备	2	工具选择不正确扣2分				
2	操作程序	立即向调度、领导汇报着火情况	10	未向调度、领导汇报着火情况扣10分				
3		视具体部位及当时条件决定处理方案，原则是“管线着火卡两头，容器着火抽下头”	10	对处理的原则不清楚扣10分				
4		着火不大，组织人力扑灭，并做好汇报	10	未组织人力进行扑火扣10分				
5		火势未被控制，视具体情况作降量循环、停汽处理	10	未进行降量循环处理扣10分				
6		漏油着火范围扩大，按紧急停工处理，分馏系统的油退入不合格线	20	未按紧急停工处理扣10分				
				未将油退入不合格线扣10分				
7		通知消防队及调度，要求岗位人员做好配合，把事故损失降低到最低限度，同时配合消防队扑火	20	未及时通知消防队扣10分				
				未配合消防队灭火扣10分				
8		火灾扑灭后要了解发生泄漏的原因	10	未了解发生泄漏原因扣10分				

续表

序号	考核内容	考核要点	配分	评分标准	检测结果	扣分	得分	备注
9	使用工具	正确使用工具	2	工具使用不正确扣2分				
		正确维护工具	3	工具乱摆乱放扣3分				
10	安全及其他	按国家法规或企业规定		违规一次总分扣5分；严重违规停止操作			—	
		在规定时间内完成操作		每超时1min总分扣5分，超时3min停止操作			—	
合　计			100					

否定项说明：若出现处理不当使事故扩大等情况，该题为零分。

试题31：反应器床层飞温的事故处理(现场模拟)

(考核时间：20min)

序号	考核内容	考核要点	配分	评分标准	检测结果	扣分	得分	备注
1	准备工作	穿戴劳保用品	3	未穿戴整齐扣3分				
		工具、用具准备	2	工具选择不正确扣2分				
2	操作程序	发现反应器床层温度有异常现象，及时向领导汇报	20	未注意观察床层温度变化，造成床层超温扣10分				
				未及时向领导汇报扣10分				
3		立即降低反应进料加热炉炉出口温度，提高急冷氢流量，控制床层温度	30	未安排降低炉出口温度扣15分				
				未提高床层冷氢量扣15分，无急冷氢系统则无此项				
4		采取以上措施后，反应器床层温度继续上升，仍超温，装置紧急降量或切断进料，加热炉熄火	20	未安排紧急降量或切断进料扣10分				
				未将加热炉熄炉扣10分				
5		情况紧急时请示领导同意并告知调度，进行紧急泄压，装置按紧急停工处理	20	未经请示同意进行紧急泄压扣10分				
				装置未按紧急停工处理扣10分				
6	使用工具	正确使用工具	2	工具使用不正确扣2分				
		正确维护工具	3	工具乱摆乱放扣3分				
7	安全及其他	按国家法规或企业规定		违规一次总分扣5分；严重违规停止操作			—	
		在规定时间内完成操作		每超时1min总分扣5分，超时3min停止操作			—	
合　计			100					

试题 32：原料油中断的事故处理（现场模拟）

（考核时间：20min）

序号	考核内容	考核要点	配分	评分标准	检测结果	扣分	得分	备注
1	准备工作	穿戴劳保用品	3	未穿戴整齐扣 3 分				
		工具、用具准备	2	工具选择不正确扣 2 分				
2	操作程序	现象：进装置流量表指示部分或全部指示为零；原料过滤器故障；原料罐液位下降	10	不能从现象判断原料油中断扣 5 分				
				对原料缓冲罐现场液位未核对的扣 5 分				
3		如果为原料油过滤器故障，一时无法处理好，请示领导同意后，走跨线操作，装置降量处理；过滤器修复后正常投用	20	未联系检修单位处理过滤器扣 10 分				
				装置未降量处理扣 5 分				
				过滤器修复后未正常投用扣 5 分				
4		如为外系统原因，联系调度查明原料中断原因，汇报领导，要求调度尽快恢复进料	15	未联系调度确认原料中断的原因扣 5 分				
				未向领导汇报扣 5 分				
				未要求调度尽快恢复进料扣 5 分				
5		迅速适当降低反应温度，降低装置进料量，如果长时间不能恢复，请示调度同意后，改闭路循环操作，分馏系统根据情况可适当改不合格线	35	未迅速降低反应温度扣 10 分				
				未降低装置进料量扣 5 分				
				未经调度同意改闭路循环操作扣 5 分				
				未安排改闭路循环扣 10 分				
				液位超高时未安排改不合格线扣 5 分				
6		原料油恢复进料后，调整操作，产品分析合格后改出装置	10	未及时调整装置操作扣 5 分				
				产品合格未及时改合格线出装置扣 5 分				
7	使用工具	正确使用工具	2	工具使用不正确扣 2 分				
		正确维护工具	3	工具乱摆乱放扣 3 分				
8	安全及其他	按国家法规或企业规定		违规一次总分扣 5 分；严重违规停止操作			—	
		在规定时间内完成操作		每超时 1min 总分扣 5 分，超时 3min 停止操作			—	
合计			100					

否定项说明：若出现反应进料泵抽空等情况，该题为零分。

试题33：新氢中断的事故处理(现场模拟)

(考核时间：20min)

序号	考核内容	考核要点	配分	评分标准	检测结果	扣分	得分	备注
1	准备工作	穿戴劳保用品	3	未穿戴整齐扣3分				
		工具、用具准备	2	工具选择不正确扣2分				
2	操作程序	新氢缓冲罐压力突然大幅下降；高分压力下降；压缩机温度等可能报警	15	未对新氢缓冲罐压力突然大幅下降进行判断扣5分				
				未对高分压力下降进行判断扣5分				
				未对压缩机出口温度报警进行判断扣5分				
3		联系调度询问新氢中断的原因，并向相关领导报告	10	未联系调度询问新氢中断的原因扣5分				
				未及时汇报扣5分				
4		将递推系统的自动改为手动控制，降低新氢用量，维持氢气管网的压力，注意机组的各点温度	20	未将自动改为手动控制扣5分				
				降低新氢用量扣5分				
				影响新氢系统管网压力大幅波动扣5分				
				未注意机组的各点温度扣5分				
5		如新氢无法迅速恢复，立即降低入口温度5~10℃，降进料量10~20t	10	未安排降低入口温度扣5分				
				未安排降低进料量扣5分				
6		如仍维持不住系统压力，则请示调度同意，装置切断进料降低反应温度至适当温度，装置改闭路循环操作	20	未请示调度同意切断进料扣5分				
				未降低反应温度扣5分				
				未安排装置改闭路循环操作扣10分				
7		停循环氢脱硫系统，防止催化剂被氢气还原	10	未停循环氢脱硫系统扣10分，无循环氢脱硫系统不扣				
8		氢气供应恢复正常后，调整操作至正常	5	调整过程引发其他问题扣5分				
9	使用工具	正确使用工具	2	工具使用不正确扣2分				
		正确维护工具	3	工具乱摆乱放扣3分				
10	安全及其他	按国家法规或企业规定		违规一次总分扣5分；严重违规停止操作			—	
		在规定时间内完成操作		每超时1min总分扣5分，超时3min停止操作			—	
合计			100					

否定项说明：若出现催化剂床层温度超温等情况，该题为零分。

试题 34：高压换热器发生内部泄漏的事故处理(现场模拟)

(考核时间：20min)

序号	考核内容	考核要点	配分	评分标准	检测结果	扣分	得分	备注
1	准备工作	穿戴劳保用品	3	未穿戴整齐扣 3 分				
		工具、用具准备	2	工具选择不正确扣 2 分				
2	操作程序	内部泄漏，生成油颜色变深，杂质含量上升，产品质量下降	40	未发现生成油颜色变化扣 10 分				
				未发现生成油杂质含量上升扣 10 分				
				未对产品质量下降进行分析扣 10 分				
				未对生成油和低分油进行采样分析扣 10 分				
3		反应温升下降	15	未对反应温升下降进行分析扣 15 分				
4		如生成油质量合格，维持生产	15	未维持生产扣 15 分				
5		如生成油质量不合格，降低空速后仍无效，则按停工处理	20	未降低空速扣 10 分				
				未按停工处理扣 10 分				
6	使用工具	正确使用工具	2	工具使用不正确扣 2 分				
		正确维护工具	3	工具乱摆乱放扣 3 分				
7	安全及其他	按国家法规或企业规定		违规一次总分扣 5 分；严重违规停止操作			—	
		在规定时间内完成操作		每超时 1min 总分扣 5 分，超时 3min 停止操作			—	
合　计			100					

试题 35：绘制分馏系统带控制点的工艺流程图

(考核时间：25min)

序号	考核内容	考核要点	配分	评分标准	检测结果	扣分	得分	备注
1	准备工作	穿戴劳保用品	3	未穿戴整齐扣 3 分				
		工具、用具准备	2	工具选择不正确扣 2 分				
2	操作程序	排布合理，卷面清晰	10	不合理、清晰扣 10 分				
3		塔类设备齐全	10	漏一项扣 5 分				
4		容器类设备齐全	10	漏一项扣 5 分				
5		主要冷换设备齐全	15	漏一项扣 5 分				
6		主要泵齐全	10	漏一项扣 5 分				
7		主要阀门齐全(包括调节阀)，主要流量计齐全	15	漏一项扣 5 分				
8		主要控制系统齐全	10	漏一项扣 5 分				
9		控制系统位号准确	10	位号不准确每项扣 5 分				

续表

序号	考核内容	考核要点	配分	评分标准	检测结果	扣分	得分	备注
10	使用工具	正确使用工具	2	工具使用不正确扣2分				
		正确维护工具	3	工具乱摆乱放扣3分				
11	安全及其他	按国家法规或企业规定		违规一次总分扣5分；严重违规停止操作			—	
		在规定时间内完成操作		每超时1min总分扣5分，超时3min停止操作			—	
合计			100					

试题36：绘制低分液控阀组的工艺流程图

（考核时间：25min）

序号	考核内容	考核要点	配分	评分标准	检测结果	扣分	得分	备注
1	准备工作	穿戴劳保用品	3	未穿戴整齐扣3分				
		工具、用具准备	2	工具选择不正确扣2分				
2	操作程序	排布合理，卷面清晰	20	排布不合理、卷面不清晰每项扣10分				
3		容器类设备齐全	10	漏一项扣10分				
4		阀门绘制正确	10	阀门绘制不正确扣10分				
5		主要控制阀齐全	10	漏一项扣10分				
6		主要阀门齐全，主要流量计齐全	30	漏一项扣5分				
7		阀门位号准确	10	位号错误每一项扣5分				
8	使用工具	正确使用工具	2	工具使用不正确扣2分				
		正确维护工具	3	工具乱摆乱放扣3分				
9	安全及其他	按国家法规或企业规定		违规一次总分扣5分；严重违规停止操作			—	
		在规定时间内完成操作		每超时1min总分扣5分，超时3min停止操作			—	
合计			100					

第四部分

技师/高级技师

一、国家职业标准(技师工作要求)

职业功能	工作内容	技能要求	相关知识
工艺操作	(一)开车准备	1. 能完成开车流程的确认工作 2. 能完成开车化工原材料的准备工作 3. 能按进度组织完成开车盲板的拆装操作 4. 能组织做好装置开车介质的引入工作 5. 能组织完成装置自修项目的验收 6. 能按开车网络计划要求，组织完成装置吹扫、试漏工作 7. 能参与装置开车条件的确认工作	1. 流程确认要求 2. 安全环保的有关制度
	(二)开车操作	1. 能预防高压临氢设备和管线氢腐蚀的产生 2. 能优化操作，延长催化剂的使用寿命	1. 氢腐蚀的产生机理 2. 催化剂中毒机理
	(三)正常操作	1. 能优化操作工况，降低装置物耗、能耗 2. 能指导装置的日常操作 3. 能独立处理和解决技术难题 4. 能根据上下游装置重大工况变化提出本装置的处理方案	1. 装置历年主要技术改造情况 2. 工艺指标、产品质量指标的制定依据
	(四)停车操作	1. 能组织完成装置停车吹扫工作 2. 能按进度组织完成停车盲板的拆装工作 3. 能组织完成装置自修项目的验收 4. 能控制并降低停车过程中的物耗、能耗	自修项目验收标准
设备使用与维护	(一)使用设备	1. 能处理复杂的设备故障 2. 能组织设备的验收工作 3. 能提出设备大修和改进意见 4. 能落实设备的防冻防凝、防腐蚀等技术措施 5. 能检查确认高压反应器内构件安装情况 6. 能协助技术人员完成循环氢压缩机的状态检测工作 7. 能预防高压临氢设备和管线连多硫酸腐蚀的产生	1. 设备验收标准 2. 设备检修内容、技术要求 3. 高压反应器的内部结构 4. 连多硫酸腐蚀的产生机理
	(二)维护设备	1. 能根据装置特点提出设备防腐措施 2. 能根据设备运行中存在的问题提出大、中修项目及改进措施，并参与编制设备大修计划 3. 能参与制定设备维护保养制度 4. 能组织完成硫化亚铁钝化技术的实施工作 5. 能检查确认紧急停车系统运行状况	1. 设备大、中修规范 2. 设备防腐知识 3. 硫化亚铁钝化技术 4. 紧急停车系统原理及操作法
事故判断与处理	(一)判断事故	1. 能判断复杂事故 2. 能组织复杂事故应急预案的演练	反事故演习方案

续表

职业功能	工作内容	技能要求	相关知识
	(二)处理事故	1. 能针对装置发生的各类事故，分析原因，提出预防措施 2. 能在紧急情况下采取果断措施，防止事故扩大 3. 处理高压部位的泄漏、着火等复杂事故	高压部位事故处理要点
绘图与计算	(一)绘图	1. 能绘制技术改进简图 2. 能识读一般零件图	1. 装置设计资料 2. 零件图知识
	(二)计算	能完成一般的热量平衡和传质计算	
管理	(一)质量管理	1. 能组织 QC 小组开展质量攻关活动 2. 能按质量管理体系要求指导生产	1. 全面质量管理方法 2. 质量管理体系运行要求
	(二)生产管理	1. 能组织、指导班组进行经济核算和经济活动分析 2. 能应用统计技术对生产工况进行分析 3. 能参与装置的标定工作	1. 工艺技术管理规定 2. 统计基础知识
	(三)编写技术文件	1. 能撰写生产技术总结 2. 能参与编写装置开、停车方案	1. 技术总结撰写方法 2. 装置开、停车方案编写方法
	(四)技术改进	能参与技措、技改项目的实施	国内同类装置常用技术应用信息
培训与指导	培训与指导	1. 能培训初、中、高级操作人员 2. 能传授特有的操作经验和技能	教案编写方法

二、国家职业标准(高级技师工作要求)

职业功能	工作内容	技能要求	相关知识
工艺操作	(一)开车准备	1. 能编写、审核开车方案及网络计划 2. 能组织确认装置开车条件	开、停车网络计划及方案的编写、审核要求
	(二)开车操作	1. 能指挥新装置开车 2. 能指导同类装置的试车、投产工作	
	(三)正常操作	1. 能解决同类装置的工艺技术难题 2. 能对生产工况进行指导优化	
	(四)停车操作	能指导同类装置的停车检修工作	
设备使用与维护	(一)使用设备	1. 能分析各类设备的使用情况并提出操作改进意见 2. 能对设备的安装、调试提出建议	1. 设备安装、调试的有关知识 2. 各类设备腐蚀机理及防腐措施
	(二)维护设备	1. 能根据原料和工艺条件的变化提出装置防腐措施 2. 能完成重要设备、管线等工况安全的确认工作	
事故判断与处理	事故判断与处理	1. 能判断并处理工艺、设备等疑难故障 2. 能对国内外同类装置的事故原因进行分析	同类装置事故典型案例

续表

职业功能	工作内容	技能要求	相关知识
绘图与计算	（一）绘图	能参与审定技术改造图	工艺设计规范
	（二）计算	能完成较复杂的热量平衡和传质传热计算	
管理	（一）质量管理	能提出产品质量的改进方案并组织实施	质量管理知识
	（二）生产管理	1. 能组织实施节能降耗措施 2. 能参与装置经济活动分析	经济活动分析方法
	（三）编写技术文件	1. 能撰写技术论文 2. 能参与制定各类生产方案 3. 能参与制定岗位操作法和工艺技术规程 4. 能参与编制装置标定方案 5. 能参与编制重大、复杂的事故处理预案	1. 技术论文撰写方法 2. 标定报告、技术规程等编写格式
	（四）技术改进	1. 能组织技术改造和技术革新 2. 能参与重大技术改造方案的审定	国内外同类装置工艺、设备、自动化控制等方面的技术发展信息
培训与指导	培训与指导	1. 能系统讲授本职业相应模块的基本知识，并能指导学员的实际操作 2. 能制订本职业相应模块的培训班教学计划、大纲 3. 能合理安排教学内容，选择适当的教学方式	培训计划、大纲的编写方法

三、理论知识鉴定要素细目表

行业通用理论知识鉴定要素细目表

鉴定范围						鉴定点		
一级		二级		三级		代码	名称	重要程度
代码	名称	代码	名称	代码	名称			
A	基本要求	B	基础知识	B	识图基础知识	001	设备布置图基础知识	X
						002	管道布置图基础知识	X
						003	化工设备图尺寸标注方法	X
						004	装配图内容	X
				D	质量基础知识	001	ISO 9000 族标准质量管理审核的依据	X
						002	ISO 9001 标准质量管理体系的总体思路	X
				E	计算机基础知识	001	数据库的概念	X
						002	数据表的建立	X
						003	PowerPoint 课件的制作	X

续表

鉴定范围						鉴定点		
一级		二级		三级		代码	名称	重要程度
代码	名称	代码	名称	代码	名称			
B	相关知识	E	管理知识	A	生产管理	001	生产的管理	X
						002	设备的管理	X
						003	现场的管理	X
				B	编写技术文件	001	生产总结报告的常用格式	X
						002	技术论文的结构内容	X
						003	技术论文标题拟订的基本原则	X
						004	技术论文摘要拟订的基本原则	X
						005	技术论文编写的基本要素	X
						006	装置标定报告主要内容	X
						007	装置验收报告主要内容	X
						008	工艺技术规程主要内容	X
						009	岗位操作法的主要内容	X
						010	检修方案的主要内容	X
						011	开工方案的主要内容	X
						012	停工方案的主要内容	X
				C	技术改进	001	技术改造的目的	X
						002	技术改造的程序	X
						003	技术改造方案的主要内容	X
						004	技术改造的有关步骤	X
						005	技术改造申请书的编写格式	X
						006	技术革新成果的鉴定知识	X
						007	技术改造的注意事项	X
						008	技术革新成果报告的主要内容	X
		F	培训与指导	A	培训与指导	001	专项培训方案制定的要求	X
						002	培训教学常用方法	X
						003	培训教案编写的要求	X
						004	培训教学的组织实施	X
						005	评估培训效果的意义	X

职业通用理论知识鉴定要素细目表(《燃料油生产工》)

鉴定范围						鉴定点		
一级		二级		三级		代码	名称	重要程度
代码	名称	代码	名称	代码	名称			
A	基本要求	B	基础知识	G	化学基础知识	001	化学平衡的分析	X
						002	化学反应速率的分析	X
				H	石油及油品基础知识	001	石油馏分焓值的求定	X
						002	石油馏分质量热容的计算	X
						003	石油馏分蒸汽的黏度	Y
				I	化工基础知识	001	换热器总传热系数的影响因素	Z
						002	换热器的简单标定	X
						003	蒸馏塔物料平衡的计算	X
				J	计量基础知识	001	消除误差的方法	Y
				K	炼油机械与设备	001	离心泵性能曲线的意义	X
						002	离心泵功率的计算	Y
						003	离心泵扬程的计算	Y
						004	常用故障诊断技术概念	X
						005	机械密封失效的原因	X
						006	塔检修方案的主要内容	X
						007	换热器检修的主要内容	X
						008	离心泵检修的主要内容	X
						009	压缩机检修的验收标准	X
						010	塔检修的验收标准	Z
						011	设备可靠性的概念	Y
						012	常用腐蚀调查的方法	Y
						013	常见的腐蚀环境类型	Y
						014	特种设备的分类	X
				L	电工基础知识	001	欧姆定律的定义	X
						002	电磁感应的常识	X
						003	同步电动机的工作原理	Y
						004	电功率及功率因数计算方法	Y
						005	简单三相交流电路计算方法	Z
				M	仪表基础知识	001	ESD 系统的基本概念	X
						002	三冲量控制的概念	Y
						003	先进控制的概念	Y
						004	PLC 系统的基本概念	X
						005	复杂控制回路 PID 参数整定	Y

工种理论知识鉴定要素细目表

鉴定范围						鉴定点		
一级		二级		三级		代码	名称	重要程度
代码	名称	代码	名称	代码	名称			
B	相关知识	A	工艺操作	A	开车准备	001	工艺联锁投用的步骤	Y
						002	加氢工艺联锁的内容	X
						003	加热炉烘炉的注意事项	X
						004	催化剂装填的步骤	X
						005	催化剂装填的注意事项	X
						006	试压出现问题的处理原则	Y
						007	加氢催化剂的物理特性	Y
						008	加氢催化剂的化学特性	Y
						009	加氢技术发展的难点	Y
						010	深度脱硫技术的开发	Y
						011	加氢催化剂的硫化过程的影响因素	X
						012	加氢硫化过程的注意事项	X
						013	加氢催化剂失活的原因	X
						014	催化剂干燥的注意事项	X
						015	催化剂预硫化曲线	X
						016	蒸汽管线打靶合格的标准	Y
						017	胺液脱硫的原理	X
						018	影响胺液脱硫效果的主要因素	X
						019	酸性气负荷的定义	X
						020	分馏塔塔板的作用	X
						021	影响分馏塔操作的主要因素	X
						022	影响汽提塔操作的主要因素	Y
						023	硫化剂的选择方法	X
						024	盲板拆装的要求	X
				B	开车操作	001	催化剂干燥条件的确定	X
						002	催化剂干燥结果的影响因素	X
						003	催化剂硫化基本条件的确定	X
						004	催化剂硫化过程工艺条件的控制	X
						005	硫化油的选择	X
						006	硫化油性质对硫化结果的影响	X
						007	建立溶剂循环的注意事项	X
						008	脱硫系统的开工注意事项	X
						009	影响加氢反应深度的因素	X
						010	初活稳定的作用	X

续表

鉴定范围						鉴定点		
一级		二级		三级		代码	名称	重要程度
代码	名称	代码	名称	代码	名称			
				C	正常操作	001	加氢脱硫反应动力学的基本规律	Y
						002	加氢脱氮反应动力学的基本规律	Y
						003	各类加氢反应的动力学规律比较	Y
						004	深度脱硫的基本规律	Y
						005	循环氢脱硫的基本规律	Y
						006	加氢反应的热力学的基本规律	X
						007	芳烃加氢反应的基本规律	Y
						008	原料油性质变化对加氢过程的影响	X
						009	原料油中金属对加氢过程的影响	X
						010	原料油中氮化物对加氢过程的影响	X
						011	反应器压降的影响因素	X
						012	清洁汽油生产技术	X
						013	航空煤油生产技术	X
						014	清洁柴油生产技术	X
						015	急冷氢的作用	X
						016	催化剂床层径向温度差的概念	X
						017	催化剂的结焦机理	X
						018	催化剂结焦的影响因素	X
						019	催化剂中毒的因素分析	X
						020	砷硅对催化剂活性的影响	Y
						021	加工苛刻度提高后对装置的影响	Y
						022	精制柴油硫含量超标的原因分析	X
						023	压缩机工况的理论分析	X
						024	润滑油性质对机组的影响	X
						025	压缩机进排气条件对机组的影响	X
						026	影响脱硫效果的因素	X
						027	脱硫系统异常的操作分析	X
						028	溶剂再生塔的异常因素分析	X
						029	分馏系统塔顶温度的波动原因分析	Y
						030	分馏塔冲塔的原因	X
						031	脱硫系统的防腐措施	X
						032	脱硫塔中部排烃的原因	X
						033	溶剂再生塔压力升高的调节办法	X
						034	胺液冲塔的调整方法	X
						035	加热炉余热回收的途径	X
						036	汽轮机真空度下降的处理方法	X
						037	催化剂失活的判断标准	X
						038	加氢催化剂表面上的加氢反应步骤	X

续表

鉴定范围						鉴定点		
一级		二级		三级		代码	名称	重要程度
代码	名称	代码	名称	代码	名称			
				D	停工操作	001	再生催化剂性能的评定标准	X
						002	加氢停车过程对反应器的损伤理论	Y
						003	停车过程催化剂卸剂时的注意事项	X
						004	停车过程循环压缩机保护的注意事项	X
						005	装置停车检修安全环保的要求	Z
						006	装置停工吹扫的注意事项	X
						007	交付检修前的确认要求	X
						008	装置检修期间作业的管理要求	Y
						009	装置检修期间作业的安全要求	X
						010	装置检修后的检查验收标准	Y
						011	脱硫系统的停工特殊处理方法	X
						012	紧急停工的注意事项	X
						013	停工前的统筹安排内容	X
						014	进塔入罐注意事项	X
						015	加氢停车过程对反应器的保护理论	Y
		B	设备使用与维护	A	使用设备	001	反应加热炉加热炉管内结焦的机理	X
						002	炉管温度的控制	X
						003	炉管流速高低的影响	X
						004	反应加热炉加热炉管高温性能	X
						005	空冷式真空凝气系统的原理	Y
						006	空冷式真空凝气系统各部件作用	Y
						007	高压空冷器的结构型式	X
						008	高压空冷器使用注意要点	X
						009	加氢装置常用的高压换热器型式	X
						010	螺纹锁紧环高压换热器的结构	Y
						011	螺纹锁紧环式换热器的优点	Y
						012	工业管道试压使用标准	Y
						013	反应器内构件的安装技术要点	X
						014	反应器内构件的中和清洗	Y
						015	压力容器的失效形式	Z
						016	氢脆现象的特征	Z
						017	氢致开裂机理	Z
						018	氢脆现象的防护要点	Y
						019	高温氢腐蚀的影响因素	Y

续表

鉴定范围						鉴定点		
一级		二级		三级		代码	名称	重要程度
代码	名称	代码	名称	代码	名称			
						020	应力腐蚀的机理	X
						021	离心泵验收注意事项	Y
						022	干气密封的操作要点	X
						023	蒸汽透平的工作原理	X
						024	汽轮机的调速原理	Y
						025	汽轮机保安系统的作用	X
						026	错油门的工作原理	X
						027	差胀与轴向位移的关系	Y
						028	汽轮机调节系统的功能	X
						029	活塞式压缩机异常声音的原因分析	Y
						030	油动机的工作原理	X
						031	液力透平的作用	X
						032	液力透平的原理	X
				B	维护设备	001	降低烟气露点腐蚀的方法	X
						002	加热炉检修后的验收标准	X
						003	加热炉检修的主要内容	X
						004	塔设备完好的标准	Y
						005	管壳式换热器完好的内容	Y
						006	固定床反应器完好的内容	X
						007	硫化氢腐蚀的机理	X
						008	连多硫酸对奥氏体不锈钢设备腐蚀的预防方法	Y
						009	离心式风机完好的标准	Y
						010	离心压缩机大修的主要内容	X
						011	离心压缩机的喘振处理方法	X
		C	事故判断与处理	A	判断事故	001	加热炉炉管破裂的现象	X
						002	加热炉炉管弯曲的现象	X
						003	分馏塔冲塔的危害	X
						004	高压窜低压的原因	X
						005	加热炉炉管结焦的判断方法	X
						006	加热炉炉管偏流的判断方法	X
						007	高压空冷泄漏的现象	X
						008	流淌式火灾现象	X
						009	电机烧毁的原因	X
						010	压缩机活塞杆断裂的原因	X

续表

鉴定范围						鉴定点		
一级		二级		三级		代码	名称	重要程度
代码	名称	代码	名称	代码	名称			
						011	空冷偏流的危害	Y
						012	溶剂再生塔冲塔的原因	X
						013	反应器床层飞温的现象	X
						014	DCS 失电的现象	X
						015	装置紧急泄压阀误开的现象	X
				B	处理事故	001	紧急泄压阀误动作处理要点	X
						002	装置停仪表风的处理要点	X
						003	装置停电的处理要点	X
						004	DCS 失电的处理要点	X
						005	加热炉炉墙坍塌的处理方法	X
						006	分馏塔冲塔的处理方法	X
						007	重要操作前的危害分析评价要点	Y
						008	流淌式火灾的处理方法	Y
						009	反应器床层飞温的处理方法	X
						010	压缩机活塞杆断裂的处理方法	X
						011	高压临氢系统泄漏着火的处理方法	X
						012	高压窜低压事故处理方法	X
						013	溶剂再生塔冲塔处理方法	X
						014	紧急放空启动的原则	X
						015	紧急停工处理方法	X
						016	联锁动作处理方法	X
		D	绘图与计算	B	计算	001	换热器的传热系数计算	X
						002	烟囱高度计算	X
						003	硫化剂加入量的计算	X
						004	泵轴功率的计算	X
						005	新建鉴定点	X

四、理论知识试题

行业通用理论知识试题

判断题

1. 设备布置图是构思建筑图的前提，建筑图又是设备布置图的依据。（√）

2. 化工设备图中，如图管道立面图，其平面图为。（×）

正确答案： 化工设备图中，如图管道立面图，其平面图为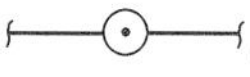。

3. 在化工设备图中，由于零件的制造精度不高，故允许在图上将同方向(轴向)的尺寸注成封闭形式。 (√)

4. 装配图中，当序号的指引线通过剖面线时，指引线的方向必须与剖面线平行。 (×)

正确答案：装配图中当序号的指引线通过剖面线时，指引线的方向必须与剖面线不平行。

5. 只有 ISO 9000 质量保证模式的标准才能作为质量审核的依据。 (×)

正确答案：除 ISO 9000 族质量标准以外，还有其他一些国际标准可以作为质量审核的依据。

6. ISO 9000：2000 版标准减少了过多强制性文件化要求，使组织更能结合自己的实际，控制体系过程，发挥组织的自我能力。 (√)

7. 数据库就是存储和管理数据的仓库。 (×)

正确答案：数据库就是按一定结构存储和管理数据的仓库。

8. 在计算机应用软件中 VFP 数据表中日期字段的宽度一般为 10 个字符。 (×)

正确答案：在计算机应用软件中 VFP 数据表中日期字段的宽度一般为 8 个字符。

9. 在应用软件 PowerPoint 中可以插入 WAV 文件、AVI 影片，但不能插入 CD 音乐。 (×)

正确答案：在 PowerPoint 中可以插入 WAV 文件、AVI 影片，也能够插入 CD 音乐。

10. 在应用软件 PowerPoint 中播放演示文稿的同时，单击鼠标右键，选择“指针选项”中的“画笔”选项，此时指针会自动的变成一支画笔的形状，按住鼠标左键，就可以随意书写文字了。 (√)

11. 基本生产过程在企业的全部生产活动中居主导地位。 (√)

12. 企业的生产性质、生产结构、生产规模、设备工装条件、专业化协作和生产类型等因素都会影响企业的生产过程组织，其中影响最大的是生产规模。 (×)

正确答案：企业的生产性质、生产结构、生产规模、设备工装条件、专业化协作和生产类型等因素都会影响企业的生产过程组织，其中影响最大的是生产类型。

13. 日常设备检查是指专职维修人员每天对设备进行的检查。 (×)

正确答案：日常设备检查是指操作者每天对设备进行的检查。

14. 现场管理是综合性、全面性、全员性的管理。 (√)

15. 通过对工艺指标分析和对比可以找出设备运行中存在的不足和问题，指导有目的地加以优化和改进。 (√)

16. 关键词是为了文献标引工作，从论文中选取出来，用以表示全文主要内容信息款目的单词或术语，一般选用 3~8 个词作为关键词。 (√)

17. 技术论文的摘要是对各部分内容的高度浓缩，可以用图表和化学结构式说明复杂的问题，并要求对论文进行自我评价。 (×)

正确答案：技术论文的摘要是对各部分内容的高度浓缩，在摘要中不可以用图表和化学结构式，不要对论文进行自我评价。

18. 理论性是技术论文的生命，是检验论文价值的基本尺度。 (×)

正确答案：创见性是技术论文的生命，是检验论文价值的基本尺度。

19. 生产准备应包括：组织机构(附组织机构图)、人员准备及培训、技术准备及编制

《投料试车总体方案》(附投料试车统筹网络图)、物资准备、资金准备、外部条件准备和营销准备。(√)

20. 工艺技术规程侧重于主要规定设备如何操作。(×)

正确答案:工艺技术规程侧重于主要规定设备为何如此操作。

21. 岗位操作法应由车间技术人员根据现场实际情况编写,经车间主管审定,并组织有关专家进行审查后,由企业主管批准后执行。(√)

22. 技术改造的过程中竣工验收时应以基础设计为依据。(×)

正确答案:技术改造的过程中竣工验收的依据是批准的项目建议书、可行性研究报告、基础设计(初步设计)、有关修改文件及专业验收确认的文件。

23. 技术改造项目正式验收后要按照对技术经济指标进行考核标定,编写运行标定报告。(×)

正确答案:技术改造项目正式验收前要按照对技术经济指标进行考核标定,编写运行标定报告。

24. 培训需求分析是培训方案设计和制定的基础和指南。(√)

25. 案例教学因受到案例数量的限制,并不能满足每个问题都有相应案例的需求。(√)

26. 主题是培训教案的灵魂,提纲是教案的血脉,素材是培训教案的血肉。(√)

27. 在培训活动中,学员不仅是学习资料的摄取者,同时也是一种可以开发利用的宝贵的学习资源。(√)

28. 对内容、讲师、方法、材料、设施、场地、报名的程序等方面的评价属于结果层面的评价。(×)

正确答案:对内容、讲师、方法、材料、设施、场地、报名的程序等方面的评价属于反应层面的评价。

单选题

1. 设备布置图中,用(B)线来表示设备安装基础。

A. 细实　　B. 粗实　　C. 虚　　D. 点划

2. 如图 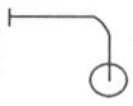 为一根管道空间走向的平面图,它的左视图是(B)。

A. 　　B. 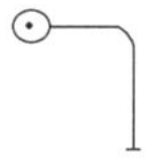　　C. 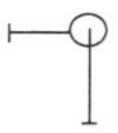　　D. 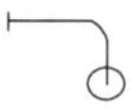

3. 在储罐的化工设备图中,储罐的筒体内径尺寸 $\phi2000$ 表示的是(A)尺寸。

A. 特性　　B. 装配　　C. 安装　　D. 总体

4. 关于零件图和装配图,下列说法不正确的是(C)。

A. 零件图表达零件的大小、形状及技术要求

B. 装配图是表示装配及其组成部分的连接、装配关系的图样

C. 零件图和装配图都用于指导零件的加工制造和检验

D. 零件图和装配图都是生产上的重要技术资料

5. 在 ISO 9000 族标准中,可以作为质量管理体系审核的依据是(A)。

A. GB/T 19001　　B. GB/T 19000　　C. GB/T 19021　　D. GB/T 19011

6. 按 ISO 9001：2000 标准建立质量管理体系，鼓励组织采用(A)方法。

A. 过程 B. 管理的系统 C. 基于事实的决策 D. 全员参与

7. 目前，比较流行的数据模型有三种，下列不属于这三种的是(D)结构模型。

A. 层次 B. 网状 C. 关系 D. 星形

8. 在计算机应用软件中 VFP 数据库中浏览数据表的命令是(A)。

A. BROWS B. SET C. USE D. APPEND

9. 在应用软件 PowerPoint 中演示文稿的后缀名是(C)。

A. doc B. xls C. ppt D. ppl

10. 在生产过程中，由于操作不当造成原材料、半成品或产品损失的，属于(A)事故。

A. 生产 B. 质量 C. 破坏 D. 操作

11. 对设备进行清洗、润滑、紧固易松动的螺丝、检查零部件的状况，这属于设备的(C)保养。

A. 一级 B. 二级 C. 例行 D. 三级

12. 分层管理是现场 5S 管理中(C)常用的方法。

A. 常清洁 B. 常整顿 C. 常组织 D. 常规范

13. 目视管理是现场 5S 管理中(D)常用的方法。

A. 常组织 B. 常整顿 C. 常自律 D. 常规范

14. 按规定中、小型建设项目应在投料试车正常后(D)内完成竣工验收。

A. 两个月 B. 一年 C. 三个月 D. 半年

15. 下列叙述中，(A)不是岗位操作法中必须包含的部分。

A. 生产原理 B. 事故处理 C. 投、停运方法 D. 运行参数

16. 下列选项中，不属于标准改造项目的是(A)。

A. 重要的技术改造项目 B. 全面检查、清扫、修理

C. 消除设备缺陷，更换易损件 D. 进行定期试验和鉴定

17. 在停车操作阶段不是技师所必须具备的是(D)。

A. 组织完成装置停车吹扫工作

B. 按进度组织完成停车盲板的拆装工作

C. 控制并降低停车过程中物耗、能耗

D. 指导同类型的装置停车检修

18. 下列选项中，属于技术改造的是(C)。

A. 原设计系统的恢复的项目 B. 旧设备更新的项目

C. 工艺系统流程变化的项目 D. 新设备的更新项目

19. 为使培训计划富有成效，一个重要的方法是(A)。

A. 建立集体目标

B. 编成训练班次讲授所需的技术和知识

C. 把关于雇员的作茧自缚情况的主要评价反馈给本人

D. 在实施培训计划后公布成绩

20. 在培训教学中，案例法有利于参加者(D)。

A. 提高创新意识　　B. 系统接受新知识

C. 获得感性知识　　D. 培养分析解决实际问题能力

21. 课程设计过程的实质性阶段是(C)。

A. 课程规划　　B. 课程安排　　C. 课程实施　　D. 课程评价

22. 正确评估培训效果要坚持一个原则，即培训效果应在(B)中得到检验。

A. 培训过程　　B. 实际工作　　C. 培训教学　　D. 培训评价

多选题

1. 设备布置图必须具有的内容是(A，B，D)。

A. 一组视图　　B. 尺寸及标注　　C. 技术要求　　D. 标题栏

2. 在化工设备图中，当控制元件位置与任一直角坐标轴平行时，可用(A，C，D)表示。

A. 　B. 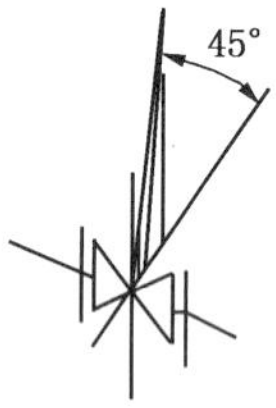　C. 　D. 

3. 在化工设备图中，可以作为尺寸基准的有(A，B，C，D)。

A. 设备筒体和封头的中心线　　B. 设备筒体和封头时的环焊缝

C. 设备法兰的密封面　　D. 设备支座的底面

4. 在化工设备图中，可以作为尺寸基准的有(A，B，D)。

A. 设备筒体和封头的中心线　　B. 设备筒体和封头时的环焊缝

C. 设备人孔的中心线　　D. 管口的轴线和壳体表面的交线

5. 下列叙述中，不正确的是(A，B，D)。

A. 根据零件加工、测量的要求而选定的基准为工艺基准。从工艺基准出发标注尺寸，能把尺寸标注与零件的加工制造联系起来，使零件便于制造、加工和测量

B. 装配图中，相邻零件的剖面线方向必须相反

C. 零件的每一个方向的定向尺寸一律从该方向主要基准出发标注

D. 零件图和装配图都用于指导零件的加工制造和检验

6. 在 ISO 9000 族标准中，内部质量体系审核的依据是(A，B，C，D)。

A. 合同要素　　B. 质量文件

C. ISO 9000 族标准　　D. 法律、法规要求

7. ISO 9001 标准具有广泛的适用性，适用于(B，D)。

A. 大中型企业　　B. 各种类型规模及所有产品的生产组织

C. 制造业　　D. 各种类型规模及所有产品的服务的组织

8. 在计算机应用软件中 VFP 能用来建立索引的字段是(C，D)字段。

A. 通用型(图文型)　B. 备注(文本型)　C. 日期　D. 逻辑

9. 关于幻灯片的背景，说法不正确的是(A，C，D)。

A. 只有一种背景　　B. 可以是图片　　C. 不能更改　　D. 以上都错

10. 企业在安排产品生产进度计划时，对市场需求量大，而且比较稳定的产品，其全年任务可采取(A，B)。

A. 平均分配的方式　　B. 分期递增方法

C. 抛物线形递增方式　　D. 集中轮番方式

11. 设备的一级维护保养的主要内容是(A，B，C)。

A. 彻底清洗、擦拭外表　　B. 检查设备的内脏

C. 检查油箱油质、油量　　D. 局部解体检查

12. 现场目视管理的基本要求是(A，B，C，D)。

A. 统一　　B. 简约　　C. 鲜明　　D. 实用

13. 在月度生产总结报告中对工艺指标完成情况的分析应包括(A，B，C，D)。

A. 去年同期工艺指标完成情况　　B. 本月工艺指标完成情况

C. 计划本月工艺指标情况　　D. 未达到工艺指标要求的原因

14. 技术论文标题拟订的基本要求是(B，C，D)。

A. 标新立异　　B. 简短精练　　C. 准确得体　　D. 醒目

15. 技术论文摘要的内容有(A，C，D)。

A. 研究的主要内容　　B. 研究的目的和自我评价

C. 获得的基本结论和研究成果　　D. 结论或结果的意义

16. 技术论文的写作要求是(A，B，D)。

A. 选题恰当　　B. 主旨突出　　C. 叙述全面　　D. 语言准确

17. 装置标定报告的目的是(A，B，D)。

A. 进行重大工艺改造前为改造设计提供技术依据

B. 技术改造后考核改造结果，总结经验

C. 完成定期工作

D. 了解装置运行状况，获得一手资料，及时发现问题，有针对性地加以解决

18. 下列选项中，属于竣工验收报告的内容有(A，B，C，D)。

A. 工程设计　　B. 竣工决算与审计　　C. 环境保护　　D. 建设项目综合评价

19. "三级验收"是指(B，C，D)验收。

A. 个人　　B. 班组　　C. 车间　　D. 厂部

20. 在技术改造过程中(A，B，C)的项目应该优先申报。

A. 解决重大安全隐患　　B. 生产急需项目

C. 效益明显项目　　D. 技术成熟项目

21. 在技术改造方案中(A，C，D)设施应按设计要求与主体工程同时建成使用。

A. 环境保护　　B. 交通　　C. 消防　　D. 劳动安全卫生

22. 技术改造申请书应包括(A，B，C，D)。

A. 项目名称和立项依据　　B. 项目内容和改造方案

C. 项目投资预算及进度安排　　D. 预计经济效益分析

23. 进行技术革新成果鉴定必要的条件是(A，B，C，D)。

A. 技术革新确实取得了良好的效果

B. 申报单位编制好技术革新成果汇报

C. 确定鉴定小组人员、资格

D. 确定鉴定的时间、地点和参加人员，提供鉴定时所需各种要求

24. 培训方案应包括(A，B，C，D)等内容。

A. 培训目标　B. 培训内容　C. 培训指导者　D. 培训方法

25. 在职工培训活动中，培训的指导者可以是(A，B，C，D)。

A. 组织的领导　B. 具备特殊知识和技能的员工

C. 专业培训人员　D. 学术讲座

26. 在职工培训中，案例教学具有(A，B，C)等优点。

A. 提供了一个系统的思考模式

B. 有利于使受培训者参与企业实际问题的解决

C. 可得到有关管理方面的知识与原则

D. 有利于获得感性知识，加深对所学内容的印象

27. 在职工培训中，讲授法的缺点是(A，B，D)。

A. 讲授内容具有强制性　B. 学习效果易受教师讲授水平的影响

C. 适用的范围有限　D. 没有反馈

28. 培训教案一般包括(A，B，C，D)等内容。

A. 培训目标　B. 教学设计　C. 培训目的　D. 重点、难点

29. 编写培训教案的基本技巧是(A，B，C，D)。

A. 确立培训的主题　B. 构思培训提纲　C. 搜集素材　D. 整理素材

30. 培训项目即将实施之前需做好的准备工作包括(A，B，C，D)。

A. 通知学员　B. 后勤准备　C. 确认时间　D. 准备教材

31. 生产管理或计划部门对培训组织实施的(A，B)是否得当具有发言权。

A. 培训时机的选择　B. 培训目标的确定

C. 培训计划设计　D. 培训过程控制

32. 在评估培训效果时，行为层面的评估，主要包括(B，C，D)等内容。

A. 投资回报率　B. 客户的评价　C. 同事的评价　D. 主管的评价

33. 培训评估的作用主要有(B，D)等几个方面。

A. 提高员工的绩效和有利于实现组织的目标

B. 保证培训活动按照计划进行

C. 有利于提高员工的专业技能

D. 培训执行情况的反馈和培训计划的调整

简答题

1. 在 ISO 9000 族标准中质量体系审核的依据包括哪些内容?

答：①相关的质量保证模式标准(一般是 ISO 9001、9002、9003)；②质量手册或质量管理手册或质量保证手册；③程序文件；④质量计划；⑤合同或协议；⑥有关的法律、法规。

2. 简述生产过程的基本内容。

答：①生产准备过程；②基本生产过程；③辅助生产过程；④生产服务过程。

3. 什么是设备检查？设备检查的目的是什么？

答：①设备检查是指对设备的运行状况、工作性能、磨损腐蚀程度等方面进行检查和校验；②设备检查能够及时查明和清除设备隐患，针对发现的问题提出解决的措施，有目的地做好维修前的准备工作，以缩短维修时间，提高维修质量。

4. 现场管理有哪些具体要求？

答：①组织均衡生产；②实现物流有序化；③设备状况良好；④纪律严明；⑤管理信息准确；⑥环境整洁，文明生产；⑦组织好安全生产，减少各种事故。

5. 经济指标分析时应注意什么？

答：①指标的准确性。指标的采集汇总必须准确，错误的数据缺乏参照和分析性，甚至产生错误的结论。②指标的可比性。在进行指标分析时通常要在相同运行的状况下进行比较，通常要参照上个月和去年同期的指标。如果运行的状况发生变化要对指标进行相应的修正，否则就失去了指标的可比性。③突出指标分析指导的作用。通过指标分析和对比要找出设备运行中存在的不足和问题，指导有目的地加以优化和改进。

6. 国家标准技术论文应该包括哪些内容？

答：技术论文应包括题目、作者、摘要、关键词、引言、正文、结论、致谢、参考文献、附录等十个部分。

7. 通常情况下技术论文的结构是怎样的？

答：在通常情况下技术论文的正文结构应该是按提出问题——分析问题——提供对策来布置的。①要概括情况、阐述背景、说明意义、提出问题。②在分析问题时必须观点明确，既要抓住矛盾的主要方面，又不能忽视次要方面，析因探源，寻求出路。③要概括前文，肯定中心论点，提出工作对策。提供的对策要有针对性和必要的论证。

8. 技术论文摘要的要求是什么？

答：摘要文字必须十分简练，篇幅大小一般限制字数不超过论文字数的5%。论文摘要不要列举例证，不讲研究过程，不用图表，不给化学结构式，也不要做自我评价。

9. 简述技术论文的写作步骤。

答：①选题，确定论文的主攻方向和阐述或解决的问题。选题时一般要选择自己感兴趣的和人们关心的“焦点”问题；②搜集材料，要坚持少而精的原则，做到必要、可靠、新颖，同时必须充分；③研究资料，确定论点，选出可供论文作依据的材料，支持论点；④列出详细的提纲，使想法和观点文字化、明晰化、系统化，从而可以确定论文的主调和重点。提纲拟订好后，可以遵循论文写作的规范和通常格式动笔拟初稿。

10. 在竣工验收报告中关于工程建设应包括哪些内容？

答：①工程建设概况；②工程建设组织及总体统筹计划；③工程进度控制；④工程质量控制；⑤工程安全控制；⑥工程投资控制；⑦未完工程安排；⑧工程建设体会。

11. 工艺技术规程应包括哪些内容？

答：①总则；②原料、中间产品、产品的物、化性质以及产品单耗；③工艺流程；④生产原理；⑤设备状况及设备规范；⑥操作方法；⑦分析标准；⑧安全计划要求。

12. 岗位操作法应包括哪些内容?

答:①名称;②岗位职责和权限;③本岗位与上、下游的联系;④设备规范和技术特性,原料产品的物、化性质;⑤开工准备;⑥开工操作步骤;⑦典型状况下投、停运方法和步骤;⑧事故预防、判断及处理;⑨系统流程图;⑩运行参数正常范围和各种试验。

13. 检修方案应包括哪些内容?

答:①设备运行情况;②检修组织机构;③检修工期;④检修内容;⑤检修进度图;⑥检修的技术要求;⑦检修任务落实情况;⑧安全防范措施;⑨检修备品、备件;⑩检修验收内容和标准。

14. 在开车准备阶段技师应具备哪些技能要求?

答:①能完成开车流程的确认工作;②能完成开车化工原材料的准备工作;③ 能按进度组织完成开车盲板的拆装操作;④能组织做好装置开车介质的引入工作;⑤能组织完成装置自修项目的验收;⑥能按开车网络图计划要求,组织完成装置吹扫、试漏工作;⑦能参与装置开车条件的确认工作。

15. 开工方案应包括哪些内容?

答:①开工组织机构;②开工的条件确认;③开工前的准备条件;④开工的步骤及应注意的问题;⑤开工过程中事故预防和处理;⑥开工过程中安全分析及防范措施;⑦附录,重要的参数和控制点、网络图。

16. 停工方案应包括哪些内容?

答:①设备运行情况;②停工组织机构;③停工的条件确认;④停工前的准备条件;⑤停工的步骤及应注意的问题;⑥停工后的隔绝措施;⑦停工过程中事故预防和处理;⑧停工过程中安全分析及防范措施;⑨附录,重要的参数和控制点。

17. 技术改造的目的是什么?

答:通过采用新技术、新工艺,解决制约系统安、稳、优生产运行的问题,推动技术进步和技术创新,更好地提高企业经济效益。

18. 技术改造的前期准备是什么?

答:通过选题和论证确定技术改造的项目和内容,提出立项申请和改造方案。经领导和专家批准后,进行改造设计和设计审查。改造项目确定后,需及时落实资金,完成设备、材料的采购,落实施工单位,组织设计交底。

19. 技术改造方案的主要内容是什么?

答:①项目名称;②项目负责单位;③项目负责人;④建设立项理由和依据,包括原始状况、存在问题和改造依据;⑤改造主要内容,需要写明改造涉及装置设备及详细改造内容;⑥改造技术方案,需写明技术分析、技术要求、方案选择、设备选型及详细的技术方案,并注明动力消耗指标及公用工程配套情况;⑦预计改造效果及经济效益,包括改造后主要经济、技术指标及取得效果;经济效益(附计算式)及技术经济分析;⑧投资计划,包括主要设备材料清单和费用安排(设备询价、材料费用、安装施工费用等);⑨计划进度安排;⑩安全环保措施。

20. 技术改造的步骤是什么?

答:①前期准备,确定技术改造的项目和内容,经领导和专家批准后,进行改造设计和设计审查。改造项目确定后,需及时落实资金,完成设备、材料的采购,落实施工单位,组织设计交底。②实施阶段,根据改造设计的要求,施工单位应在规定工期内保质保量地完成改造的各项内容。在此过程中应对工程进度、工程质量、工程安全、工程投资进行重点控制。③验收阶段，改造项目完成后，应及时组织投用试车，进行性能考核，检验是否达到设计要求，在运行正常后组织进行竣工验收，并填写竣工验收报告。④后评估阶段，在设备稳定运行一段时间后，应组织对技术改造进行后评估，总结技术改造的效果和经验，根据生产运行实际情况提出建议。

21. 技术革新成果鉴定小组主要程序和主要内容是什么？

答：①听取申报单位技术革新成果汇报情况；②实地查验技术革新成果完成情况，审阅技术革新成果申报资料；③讨论对技术革新成果验收意见，签署技术革新成果验收证书；④颁发技术革新成果验收证书。

22. 在技术改造过程中施工管理时应注意什么？

答：①对改造工程施工全过程应进行组织和管理，及时发现并解决施工存在的问题，严格按照技术检修规程及施工图纸进行施工，确保工程质量和施工进度。②在施工过程中，应加强质量监督并进行实施阶段的设计协调工作，对检查发现的工程质量问题有权责令其停止施工并限期整改。③在施工过程中，应加强对施工现场安全、人身安全的监督，禁止“三违”现象的出现，对不符合要求的有权责令其停止施工并限期整改。④在施工过程中，应加强对施工周围环境的影响的监管，对施工过程中产生的废物要及时妥善处理。

23. 技术革新成果的主要内容是什么？

答：技术革新成果的主要内容是：①项目编号、成果名称、完成单位、申报日期、项目负责人、主要完成人、工作起止时间；②系统原始状况和技术难点；③实施报告，包括方案、措施、完成时间、取得成果(附图纸、资料、技术说明)；④社会、经济效益；⑤申报车间审核意见、技术主管部门审核意见、专业评审小组意见和企业主管领导意见。

24. 培训方案有哪些要素组成？

答：培训方案主要有培训目标、培训内容、培训指导者、受训者、培训日期和时间、培训场所与设备以及培训方法等要素组成。

25. 培训需求分析包括哪些内容？

答：培训需求分析需从多维度来进行，包括组织、工作、个人三个方面。①组织分析指确定组织范围内的培训需求，以保证培训计划符合组织的整体目标与战略要求；②工作分析指员工达到理想的工作绩效所必须掌握的技能和知识；③个人分析是将员工现有的水平与预期未来对员工技能的要求进行比照，发现两者之间是否存在差距。

26. 什么是培训方案？

答：培训方案是培训目标、培训内容、培训指导者、受训者、培训日期和时间、培训场所与设备以及培训方法的有机结合。

27. 什么是演示教学法？在教学中演示教学法具有哪些优点？

答：演示法是运用一定的实物和教具，通过实地示范，使受训者明白某种事务是如何完成的。演示法优点为：①有助于激发受训者的学习兴趣；②可利用多种感官，做到看、听、想、问相结合；③有利于获得感性知识，加深对所学内容的印象。

28. 如何准备教案？

答：准备教案要从以下几个方面着手：

①做好培训需求分析。②教案的编写：确定教案的核心内容与结构；选择合适的教案模

式。③培训方式的选择与应用。

29. 在培训教学的组织实施与管理的前期准备阶段，主要的工作有哪些？

答：①确认和通知参加培训的学员；②培训后勤准备；③确认培训时间；④教材的准备；⑤确认理想的讲师。

30. 培训评估具有什么意义？

答：①能为决策提供有关培训项目的系统信息，从而做出正确的判断。②可以促进培训管理水平的提升。③可使培训管理资源得到更广泛的推广和共享。

31. 应从哪些方面评价培训效果？

答：主要应从以下四个层面评估培训效果的：①反应，即课程刚结束时，了解学员对培训项目的主观感觉；②学习，即学员在知识、技能或态度等方面学到了什么；③行为，即学员的工作行为方式有多大程度的改变；④结果，即通过诸如质量、数量、安全、销售额、成本、利润、投资回报率等可以量度的指标来考查，看最终产生了什么结果。

职业通用理论知识试题(《燃料油生产工》)

判断题

1. 不同的反应，其化学反应速度是不同的，但对于相同的反应，其化学反应速度是相同的。 (×)

正确答案：不同的反应，其化学反应速度是不同的，即使是相同的反应，条件不同时，其化学反应速度也会不相同。

2. 石油馏分的焓值可用查图法或计算法求取，但是，相对而言，在热平衡计算中若采用质量热容则更为准确。 (×)

正确答案：石油馏分的质量热容可用查图法或计算法求取，但是，相对而言，在热平衡计算中若采用焓值则相对更为准确。

3. 就不同族的烃类而言，当相对分子质量接近时，芳香烃的质量热容最大，环烷烃的次之，烷烃的最小。 (×)

正确答案：就不同族的烃类而言，当相对分子质量接近时，烷烃的质量热容最大，环烷烃的次之，芳香烃的最小。

4. 石油气体的黏度是随着温度的升高而减少的。 (×)

正确答案：与液体相反，石油气体的黏度是随着温度的升高而增大的。

5. 要提高换热器的总传热系数 K，就必须减少各项热阻。 (√)

6. 加修正值法是消除误差的方法之一，它预先将测量器具的系统误差检定出来，然后取与此误差绝对值相等符号相反的值作为修正值，将实际测得值加上相应的修正值即可得到不包括系统误差的测量结果。 (√)

7. 离心泵的 N-Q(轴功率与流量)曲线为二次抛物线，单调上升段表明流量增大时，扬程虽下降，但轴功率仍增大，单调下降段表明流量增大时，扬程急剧下降，轴功率下降。 (√)

8. 故障诊断技术就是不需要对设备进行解体，而对设备的应力、劣化、故障、强度、功能等进行定量评价的一种方法。 (√)

9. 转子发生油膜振荡的原因是轴承间隙减小。 (×)

正确答案：转子发生油膜振荡的主要原因有轴承稳定性差、轴承严重磨损、润滑油黏度或压力不符合要求、转子不平衡。

10. 检查校验安全附件是塔检修的内容之一。 (√)

11. 检查修理塔体和内衬的腐蚀、变形和各部焊缝都不是塔检修的内容。 (×)

正确答案：检查修理塔体和内衬的腐蚀、变形和各部焊缝都是塔检修的内容之一。

12. 管束焊口、胀口处理及单管更换不是换热器检修的内容。 (×)

正确答案：管束焊口、胀口处理及单管更换是换热器检修的内容之一。

13. 更换管束或壳体是换热器检修的内容之一。 (√)

14. 固有可靠性是设备在设计、制造之后所具有的可靠性。 (√)

15. 冲击腐蚀是流体的冲击与腐蚀介质同时作用的结果。 (×)

正确答案：冲击腐蚀是流体的湍流和冲击与腐蚀介质同时作用的结果。

16. 由于绝大多数的设备是在大气条件下操作，因而都要受到大气的腐蚀。 (√)

17. 蒸汽锅炉不是特种设备。 (×)

正确答案：蒸汽锅炉是特种设备。

18. 根据欧姆定律，当电阻是常数时，则流经该电阻的电流越大，该电阻两端的电压就越低。 (×)

正确答案：根据欧姆定律，当电阻是常数时，则流经该电阻的电流越大，该电阻两端的电压就越高。

19. 闭合导体在磁场中运动产生电流的现象就是电磁感应现象。 (√)

20. 同步电动机是依据异性磁极相吸的原理，由旋转磁极吸引转子磁极并带动转子同步运转的。 (√)

21. 单相电气设备的额定视在功率是额定电压和额定电流的乘积。 (√)

22. 星形联接时，线电压等于相电压。 (×)

正确答案：星形联接时，线电压不等于相电压。

23. ESD 系统和 DCS 系统之间可以任意互相操作。 (×)

正确答案：ESD 系统和 DCS 系统之间不可以任意互相操作。

24. PLC 系统是以扫描方式循环、连续、顺序地逐条执行程序。 (√)

单选题

1. 可逆反应 $2NO_2 \rightleftharpoons N_2O_4+Q$，50℃时平衡常数 K_1，0℃时平衡常数 K_2，100℃时平衡常数 K_3，则 K_1，K_2，K_3 之间的数量关系是(D)。

A. $K_1<K_2<K_3$　　B. $K_1=K_2=K_3$　　C. $K_3>K_2>K_1$　　D. $K_2>K_1>K_3$

2. 机械密封使用在液态烃离心泵中因工艺和操作造成失效的主要原因有(C)。

A. 未使用外冲洗液　　B. 安装尺寸误差

C. 泵抽空　　D. 辅助密封圈切断

3. 不是塔检修的内容是(A)。

A. 清扫管束和壳体

B. 检查修理塔体和内衬的腐蚀、变形和各部焊缝

C. 检查修理或更换塔盘板和鼓泡元件

D. 检查校验安全附件

4. 不属于换热器检修内容的是(D)。

A. 清扫管束和壳体

B. 管束焊口、胀口处理及单管更换

C. 检查修复管箱、前后盖、大小浮头、接管及其密封面，更换垫片并试压

D. 检查修理或更换塔内构件

5. 应力腐蚀是指腐蚀介质和(A)同时作用下的腐蚀。

A. 拉应力　　B. 交变应力　　C. 机械应力　　D. 压应力

6. 不是石油化工生产装置中使用的特种设备有(D)。

A. 锅炉　　B. 压力容器　　C. 压力管道　　D. 离心泵

7. 下列属于电磁感应现象的是(D)。

A. 通电导体周围产生磁场

B. 磁场对感应电流发生作用，阻碍导体运动

C. 由于导体自身电流发生变化，导体周围磁场发生变化

D. 穿过闭合线圈的磁感应线条数发生变化，一定能产生感应电流

8. SOE 是(C)的简称。

A. 紧急停车系统　　B. 分散控制系统

C. 事件顺序记录　　D. 可编程控制系统

9. 三冲量控制实际上是(C)系统。

A. 分程控制　　B. 比值控制

C. 前馈加反馈控制　　D. 选择控制

10. 下列控制方案不属于先进控制的有(B)。

A. 自适应控制　　B. 超驰控制

C. 预测控制　　D. 神经元网络控制

11. PLC 系统是(D)的简称。

A. 紧急停车系统　　B. 分散控制系统

C. 事件顺序记录　　D. 可编程控制器

12. 用经验凑试法整定 PID 参数，在整定中观察到曲线最大偏差大且趋于非周期过程，需要把比例度(B)。

A. 增大　　B. 减小　　C. 增加到最大　　D. 减小到最小

多选题

1. 当某密闭容器中建立了化学平衡 $SO_2+NO_2 \rightleftharpoons SO_3+NO$ 后，若往容器中通入少量氧气时，将会发生的变化是(A，D)。

A. 化学平衡向正反应方向移动

B. 化学平衡向逆反应方向移动

C. 化学平衡不移动

D. 容器内反应速度加快(正、逆速度均加快)

2. 在 2 升的密闭容器中进行反应：N_2(气)+$3H_2$(气)$\rightleftharpoons$$2NH_3$(气)，30s 内有 0.6mol 氨生成，正确表示这 30s 内的反应速度的是(A，B，C)。

A. $V_{N_2}=0.005mol/(L \cdot s)$　　B. $V_{H_2}=0.015mol/(L \cdot s)$

C. $V_{NH_3}=0.01mol/(L\cdot s)$　　D. $V_{NH_3}=0.02mol/(L\cdot s)$

3. 液相石油馏分的质量定压热容，可以根据其（ A，B，D ）从有关的图表中查得。
   A. 温度　B. 相对密度　C. 临界压力　D. 特性因数
4. 换热器的总传热系数 K 的大小与下列（ A，B，C，D ）因素有关。
   A. 流体的物性　B. 换热器类型　C. 操作条件　D. 污垢层厚度
5. 消除误差的方法是（ A，B，C，D ）。
   A. 消除误差源　B. 加修正值法　C. 替代法　D. 抵消法
6. 离心泵的 $H-Q$（扬程与流量）曲线有（ A，B，C ）曲线。
   A. 单调下降形扬程　B. 平坦形扬程
   C. 驼峰形扬程　D. 单调上升形扬程
7. 离心泵的总效率包括（ A，B，C ）。
   A. 水力效率　B. 机械效率　C. 容积效率　D. 密封效率
8. 转子发生工频振动的原因有（ A，C，D ）。
   A. 转子不平衡　B. 油膜振荡　C. 轴承无紧力　D. 对中不良
9. 机械密封材料选择不当造成失效的主要原因有（ A，B，C ）。
   A. 密封面材料配合不当　B. 耐压性能差
   C. 耐蚀性能差　D. 耐振性能差
10. 机械密封因装配原因造成失效的主要原因有（ A，B，C ）。
    A. 弹簧压缩量过大或过小　B. 辅助密封圈装配时切断
    C. 动环机构传动销未固紧　D. 密封腔与轴偏心
11. 离心泵大修的内容有（ A，B，C，D ）。
    A. 包括小修内容　B. 泵全解体
    C. 检查转子跳动值　D. 检查机械密封压缩量
12. 离心泵大修的内容有（ A，B，C，D ）。
    A. 包括小修内容　B. 泵全解体
    C. 检查转子轴颈磨损　D. 检查机械密封动静环磨损状况
13. 离心压缩机大修后试运的要求有（ B，C，D ）。
    A. 压缩机机械试运　B. 工艺气体试运
    C. 空气或氮气试运　D. 透平或电机试运
14. 可靠性的特性值主要有：（ A，B，C，D ）等。
    A. 可靠度　B. 不可靠度
    C. 故障率　D. 平均故障间隔期和平均寿命
15. 常用的腐蚀调查方法有（ A，B，C，D ）。
    A. 资料收集（包括内窥镜）　B. 测厚
    C. 金相检查　D. MT/PT/UT/RT
16. 常温下，碳钢在（ A，B，C ）的作用下会产生应力腐蚀开裂，在器壁内部形成鼓包。
    A. 硫化氢　B. 水　C. 拉应力　D. 交变应力
17. 下述公式中，属于欧姆定律的公式是（ A，B ）。
    A. $U=IR$　B. $I=\frac{U}{R}$　C. $I=UR$　D. $R=UI$

18. 关于电功率的概念，以下说法错误的是(C，D)。

A. 电功率是描述电流所做的功

B. 电功率是描述电能转化为导体内能的能力

C. 电功率是描述电流做功快慢的物理量

D. 电功率是描述电能转化为其他能量功率的物理量

19. 三相交流电路，相电压与线电压，相电流与线电流的关系，下列说法正确的是(B，C)。

A. 在 Δ 形联接时，负载上的线电流等于相电流

B. 在 Δ 形联接时，负载上的线电压等于相电压

C. 在褴形联接时，负载上的线电流等于相电流

D. 在褴形联接时，负载上的线电压等于相电压

20. 下面说法正确的是(B，C，D)。

A. 故障安全是指 ESD 系统发生故障时，装置不会停车

B. 故障安全是指 ESD 系统发生故障时，不会影响装置的安全运行

C. 冗余系统是指并行地使用多个系统部件，以提供错误检测和错误校正能力

D. 表决是指冗余系统中用多数原则将每个支路的数据进行比较和修正的一种机理

21. 锅炉汽包三冲量液位控制系统和单冲量、双冲量对比可以(B，C)。

A. 克服纯滞后　　B. 克服虚假水位

C. 克服给水干扰　　D. 克服蒸汽扰动

22. 下列选项中属于 PLC 系统中的硬件组成的有(A，B，C)。

A. 中央控制单元　B. 存储器　C. 输入输出单元　D. 编程器

简答题

1. 在 $N_2+3H_2 \rightleftharpoons 2NH_3$+热的平衡体系中，改变什么条件，能使反应速度增大且氨的产率增大?

答：增大氮气或氢气的浓度，使反应速度增大，并使平衡向正反应方向移动，提高合成氨的产率；加压使气态物质浓度增大，化学反应速度加大，加压使平衡向减小气体物质的量方向移动，即向正反应方向移动，提高合成氨的产率。

2. 判断和计算($T_r \leqslant 0.8$，$P_r \leqslant 1.0$)液相石油馏分的焓值的步骤都有哪些?

答：一般有如下步骤：

第一，用所得的数据求取石油馏分的假临界温度和假临界压力；

第二，求取石油馏分的偏心因子；

第三，计算其对比温度和对比压力；若该石油馏分处于气相状态，或虽然处于液相但其 $T_r \geqslant 0.8$，$P_r \geqslant 1.0$，则用别的方法步骤；

第四，用有关公式计算石油馏分液相的焓值。

3. 如何提高换热器的总传热系数 K?

答：要提高 K 值，就必须减少各项热阻，减少热阻的方法有：①增加湍流程度，可减少层流边界层厚度；②防止结垢和及时清除垢层，以减少垢层热阻。

4. 简述塔检修的主要内容。

答：塔检修的内容包括：清扫塔内壁和塔盘等内件。检查修理塔体和内衬的腐蚀、变形和各部焊缝。检查修理或更换塔盘板和鼓泡元件。检查修理或更换塔内构件。检查修理破沫

网、集油箱、喷淋装置和除沫器等部件。检查校验安全附件。检查修理塔基础裂纹、破损、倾斜和下沉。检查修理塔体油漆和保温。

5. 离心压缩机大修主要验收标准是什么？

答：①检修现场清扫干净。②水、电、风投用正常。③油系统、油箱清扫干净，油系统油运合格。④压缩机与驱动机同心度找正符合标准。⑤转子与隔板同心度符合标准。⑥轴承间隙和紧力符合标准。⑦电器、仪表联锁调试合格。⑧电机电阻测试合格/透平调速系统调试合格。⑨驱动机单机试运 8 小时合格。⑩压缩机试运 48h 合格。⑪机械密封/浮环密封装配合格，工作正常。⑫ 建立检修技术资料档案并归档。

6. 简述塔检修的验收标准。

答：塔检修的验收标准如下：试运行一周，各项指标达到技术要求或能满足生产需要。设备达到完好标准。提交下列技术资料。①设计变更及材料代用通知单、材质、零部件合格证。②隐蔽工程记录和封闭记录。③检修记录。④焊缝质量检验（包括外观、无损探伤等）报告。⑤试验记录。

7. 何谓可靠度？

答：所谓可靠度，是指设备、零部件等在规定的条件下和规定的时间内，完成规定功能的概率。通常用符合 $R(t)$ 表示。

8. 热交换器腐蚀调查的常用方法有哪些？

答：热交换器腐蚀调查的常用方法有：目视检查（内窥镜）；锤击检查；测厚；局部凹坑测量深度；内外径测量；MT、PT、UT、RT 检查；管内充水探头；有损检查（取样）；金相检查、气密性或水压试验。

9. 配管腐蚀调查的常用方法有哪些？

答：配管腐蚀调查的常用方法有：测厚；目视检查（内窥镜检查）；PT、MT、UT、RT 检查；硬度检查；金相检查；蠕变变形检查。

10. 何谓应力腐蚀开裂？

答：拉伸应力和腐蚀介质同时作用下的腐蚀，叫做应力腐蚀开裂，大部分的合金容易出现这种腐蚀。但是，某一种合金，只有在一定的介质中才产生应力腐蚀开裂。

11. 何谓腐蚀疲劳？

答：腐蚀疲劳是应力腐蚀开裂的特殊形式之一。在腐蚀介质和周期性交变应力的相互作用下导致金属材料的疲劳极限大大降低，因而过早地破裂。

12. 简述在《特种设备安全监察条例》中压力容器的含义。

答：压力容器，是指盛装气体或者液体，承载一定压力的密闭设备，其范围规定为最高工作压力大于或者等于 0.1MPa（表压），且压力与容积的乘积大于或者等于 2.5MPa · L 气体、液化气体和最高工作温度高于或者等于标准沸点的液体的固定式容器和移动式容器；盛装公称工作压力大于或者等于 0.2MPa（表压）且压力与容积的乘积大于或者等于 1.0MPa · L 的气体、液化气体和标准沸点等于或者低于 60℃液体的气瓶；氧舱等。

13. 简述在《特种设备安全监察条例》中压力管道的含义。

答：压力管道，是指利用一定的压力，用于输送气体或者液体的管状设备，其范围规定为最高工作压力大于或者等于 0.1MPa（表压）的气体、液化气体、蒸汽介质或者可燃、易爆、有毒、有腐蚀性、最高工作温度高于或者等于标准沸点的液体

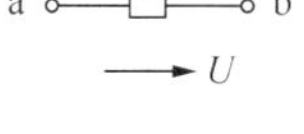

介质，且公称直径大于25mm的管道。

14. 根据下图，简述欧姆定律的作用。

答：在图中a、b两端间接有电阻R，R上的电压U和电流I的方向如图所示，欧姆定律的作用是阐明了电阻上电流与电压的关系，其数学表达式为：$U=IR$

15. 请阐述同步电动机的起动过程。

答：同步电动机定子上通入三相交流电后形成定子旋转磁场，定子旋转磁场在转子上感应电流后使转子异步启动。当转子启动后转子转速接近定子旋转磁场转速时通入直流电，使同步电动机的转子拉入同步运行。

16. 什么叫做功率因数？提高功率因数有什么意义？

答：有功功率与视在功率的比值称为功率因数$\cos\phi=P/S$。提高功率因数，可降低电源负担，减少线路损耗，对国民经济有重大意义。

17. 什么叫对称三相负载？

答：如果各相负载相同，即它们的复数阻抗相等，$Z_A=Z_B=Z_C$，其中，$R_A=R_B=R_C$和$X_A=X_B=X_C$，这种三相负载叫做对称三相负载，如三相电动机就属三相对称负载。

18. 锅炉汽包三冲量液位控制系统的特点是什么？

答：①锅炉汽包三冲量液位控制系统是在双冲量液位控制的基础上引入了给水量信号，由水位、蒸汽流量和给水流量组成了三冲量液位控制系统。②在这个系统中，汽包水位是被控变量，是主冲量信号，蒸汽流量、给水流量是两个辅助冲量信号，实质上三冲量系统控制系统是前馈加反馈控制系统。

19. 最有代表性的预测控制算法是什么？

答：①预测控制系统实质上是指预测控制算法在工业过程控制上的成功应用。预测控制算法是一类特定的计算机控制算法的总称；②最有代表性的预测控制算法，是一种基于模型的预测控制算法，这种算法的基本思想是先预测后控制，即首先利用模型预测对象未来的输出状态，然后据此以某种优化指标来计算出当前应施加于过程的控制作用。

计算题

1. 将N_2和H_2按一定比例混合，反应达到平衡状态后，测得NH_3占26%。求：平衡时混和气体的体积是开始时混合气体体积的百分之几？（假设压强不变）

解：设N_2和H_2按$1:x$物质的量比混合后放入反应器，反应后NH_3有$y$mol。则

	N_2	+ $3H_2$	$\rightleftharpoons$ $2NH_3$
反应前(mol)：	1	x	y
反应时(mol)：	$-\dfrac{y}{2}$	$-\dfrac{3y}{2}$	$+y$
平衡时(mol)：	$1-\dfrac{y}{2}$	$x-\dfrac{3y}{2}$	$y \Rightarrow$ 总量$=1+x-y$

已知　$y:(1+x-y)=26:100$

即

$$y=\frac{26(1+x)}{126}$$

$$V_{平衡时}:V_{初始}=(1+x-y):(1+x)$$

$$=\left(1+x-\frac{26(1+x)}{126}\right):(1+x)$$

$$=\left(1-\frac{26}{126}\right)=100:126\approx 79.36\%$$

答： 平衡时混合气体的体积是开始时混合气体体积的 79.36%。

2. 在列管换热器中，两流体进行换热。若已知管内、外流体的平均温度分别为 170℃和 135℃；管内、外流体的对流传热系数分别为 $12000W/(m^2\cdot℃)$ 及 $1100W/(m^2\cdot℃)$，管内、外侧污垢热阻分别为 0.0002 及 $0.0005m^2\cdot℃/W$。试估算管壁平均温度。（假设管壁热传导热阻可以忽略）

解： 管壁的平均温度由下列式子进行计算

$$\frac{t_0-t_w}{\frac{1}{\alpha_0}+R_{so}}=\frac{t_w-t_i}{\frac{1}{\alpha_i}+R_{si}}$$

$$\frac{135-t_w}{\frac{1}{1100}+0.0005}=\frac{t_w-170}{\frac{1}{12000}+0.0002}$$

$$t_w=164℃$$

答： 管壁平均温度是 164℃。

3. 用一常压操作的连续精馏塔，分离含苯 0.44（摩尔分数，以下同）的苯-甲苯混合液 15000/h，塔顶馏出液中含苯为 0.975，塔底釜残液含苯 0.235。试求馏出液和釜残液的流量，以摩尔流量表示。（苯相对分子质量 78，甲苯相对分子质量 92）

解： 原料液的相对分子质量 $M_F=0.44\times78+0.56\times92=85.8$

原料液流量：　$F=15000/85.8=175.0kmol/h$

全塔物料衡算：　$D+W=F=175$

$$DX_D+WX_W=FX_F$$

或　$0.975D+0.0235W=175\times0.44$

求得 $D=76.7kmol/h$　$W=98.3kmol/h$

答： $D=76.7kmol/h$　$W=98.3\ kmol/h$。

4. 某台柴油离心泵的扬程为 68m，流量为 $180m^3/h$，柴油密度为 $860kg/m^3$，效率为 73%，试求该台柴油离心泵的轴功率？

解： 已知 $H=68m$，$Q=180m^3/h=0.5m^3/s$，$\rho=860kg/m^3$，$\eta^{mec}=73\%$，求 N。

根据离心泵的轴功率公式：

（1）求水力功率：$N^i=(\rho)/102=(860\times68\times0.5)/102=286kW$

（2）求轴功率 N：$N=N^i/\eta^{mec}=393kW$

答： 该台柴油离心泵的轴功率为 393kW。

5. 某台离心泵，其吸入口径为 0.1m，排出管口径为 0.075m，流量为 $0.025\ m^3/s$，出口压力表读数为 0.33MPa（表压），进口真空表读数为 0.04MPa，两表位差为 $0.8mH_2O$，输送介质为水。电机出力功率为 12.5kW，电机效率 0.95，大气压力为 0.1MPa，泵与电机直联，问此泵的扬程为多少？

解： 已知 $D=0.1m$，$\rho=1000kg/m^3$，$\eta'=0.95$，$N'=12.5kW$

$P_s=(0.1-0.04)=0.06\text{MPa}$，$P_d=(0.33+0.1)=0.43\text{MPa}$

$Z=0.8\text{mH}_2\text{O}$，$D=0.075\text{m}$，$Q=0.025\text{m}^3/\text{s}$

根据离心泵液体能量平衡式得：

$$H=\Delta Z+(P_d-P_s)/\rho g+(C_d^2-C_s^2)/2g$$
$$=0.8+[(4.3-0.6)\times105]/(1000\times9.81)+$$
$$[(0.025\times4/3.14\times0.075^2)^2-(0.025\times4/3.14\times0.1^2)^2]/(2\times9.81)$$
$$=40.163\ \text{mH}_2\text{O}$$

答：该台离心泵的扬程为 40.163 mH_2O。

6. 某换热器壳程最高工作压力为 0.8MPa，操作温度下材料的许用压力为$[\sigma]_{200}=116\text{MPa}$，试验温度下材料的许用应力为$[\sigma]=133\text{MPa}$。求气压试压值。

解： $[\sigma]/[\sigma]_{200}=133/116\approx1.15$

$PT=1.15\times0.8\times1.15=1.06\text{MPa}$

$PT=0.8+0.1=0.9\text{MPa}$

取大值 $PT=1.06\text{MPa}$

答：该换热器的气压试验压力值为 1.06MPa。

7. 有 1000 只电灯泡，点燃到 200h 后，有 800 只仍在使用，求该种电灯泡的可靠度。

解： $R(t)=(800/1000)\times100\%=80\%$

答：该种电灯泡的可靠度为 80%。

8. 已知一直线导体以每秒 10m 的速度在 1 特斯拉的匀强磁场中运动，直线导体的长度为 1m，其运动方向跟导体垂直，又跟磁感线方向垂直，则直线导体感应电动势 $E=$？

解： $E=BLV=1\times1\times10=10\text{V}$

答：导体感应的电动势 $E=10\text{V}$。

9. 某串级控制系统采用两步整定法整定调节器参数，测得 4∶1 衰减过程得参数为 $\delta_{1S}=8\%$，$T_{1S}=100\text{s}$；$\delta_{2S}=40\%$，$T_{2S}=10\text{s}$。若已知主调节器选用 PID 规律，副调节器选用 P 规律，试求主、副调节器的参数值为多少？

解：按简单控制系统中 4∶1 衰减曲线法整定参数的计算表，可计算出主调节器的参数值为 $\delta_1=0.8\times\delta_{1S}=0.8\times8\%=6.4\%$；$T_{\text{I}1}=0.3\times T_{1S}=0.3\times100\text{s}=30\text{s}$；$T_{\text{II}1}=0.1\times T_{1S}=0.1\times100\text{s}=10\text{s}$；副调节器的参数值为 $\delta_2=\delta_{2S}=40\%$。

答：主、副调节器的参数值分别为 6.4%、40%。

工种理论知识试题

判断题

1. 报警联锁除按程序批准切除外，必须全部投用。 （√）

2. 对于加氢催化剂，元素周期表ⅧA 族元素及其化合物氮、磷、砷、锑和ⅥA 族元素及其化合物硒、碲都可以是催化剂的毒物。 （√）

3. 催化剂预硫化曲线应该有两条曲线，一条为根据硫化方案制定的升温曲线，一条为根据实际操作情况绘制的实际升温恒温曲线。 （√）

4. 为防止在装置开停工阶段发生盲板安装和拆除错误，盲板实行专人管理并建立专门的盲板台账。 （√）

5. 加氢催化剂干燥用氮气或氢气均可作干燥介质，无什么区别。 （×）

正确答案：加氢催化剂干燥只能用氮气作为干燥介质，用氢气会导致部分催化剂还原。

6. 加氢催化剂干燥时，系统压力越高，压缩机排量越大，干燥效果越好。 (×)

正确答案：加氢催化剂干燥时，系统压力越低越有利于水分汽化，压缩机排量越大越有利于水分的带出。

7. 加氢催化剂250℃恒温干燥时间应严格按规定时间执行，超时对干燥结果产生负面影响。 (×)

正确答案：加氢催化剂在250℃恒温干燥时，稍微延长干燥时间不会对催化剂的干燥效果产生影响。

8. 对于强制通风加热炉，为使空气预热器风道衬里得到有效烘干，当入口烟气温度达到260℃时，应启用预热系统引风机，保证预热器内有空气流通。 (√)

9. 在实际催化剂预硫化操作过程中，注硫速度取决于催化剂床层温升和循环氢中H_2S的浓度。 (√)

10. 硫化油除了要控制烯烃含量外，还应严格控制硫化油中的氮化物。 (√)

11. 催化剂装填工作与加氢反应深度之间没有什么必然的联系，加氢反应深度只与开工后的四大控制参数有关。 (×)

正确答案：催化剂装填的均匀性、装填密度、级配分布、内件安装等均影响日后的反应深度。

12. 杂环氮化物的加氢脱氮过程可能受到化学平衡的影响。 (√)

13. 芳烃加氢饱和是高放热反应，平衡常数K_a值随着反应温度的升高而增加，芳烃的平衡浓度随温度的上升而下降。 (×)

正确答案：芳烃加氢饱和是高放热反应，平衡常数K_a值随着反应温度的升高而下降，芳烃的平衡浓度随温度的上升而增加。

14. 解决生产清洁汽油时，深度脱硫的同时辛烷值不下降的技术措施有选择性加氢脱硫和加氢脱硫后进行改质两条不同的加工路线。 (√)

15. 对于航煤加氢，反应深度越高，航煤质量越好。 (×)

正确答案：航煤只需要浅度加氢，深度加氢将天然抗氧剂、抗磨剂脱除，油品的抗氧化性，安定性等变差。

16. 使催化剂中毒的金属主要是镍、钒、铜、铅等重金属，衡量重金属的存在也会导致催化剂永久失活，缩短装置运行周期。 (√)

17. 砷对催化剂的毒害非常强，轻、重石脑油中含量最高。催化剂上沉积0.1%~0.5%的砷，催化剂的活性损失30%~50%。 (√)

18. 加氢精制柴油产品含硫量偏高的原因主要是汽提塔没有操作好。 (×)

正确答案：加氢精制柴油产品含硫量偏高的原因主要是反应系统脱硫率低或设备内漏引起，汽提塔只能脱除H_2S，H_2S不包含在产品硫含量中。

19. 凝汽式汽轮机凝汽器真空度高低会影响汽轮机的耗汽量。 (√)

20. 一般未溶解的重质烃类积聚在脱硫塔塔底液面上，通过中部排烃，可有效减轻脱硫系统被烃类污染的后果，减少溶剂再生塔的波动。 (√)

21. 溶剂再生塔操作压力低，有利于再生效果的提高，所以溶剂再生塔压力越低越好。 (×)

正确答案：溶剂再生塔操作压力太低，易发生冲塔，所以不是越低越好。

22. 对于再生催化剂的性能评定，一般可通过用新鲜催化剂作参比剂在实验室进行小试来评价其活性恢复程度。(√)

23. 离心压缩机润滑油系统停运后，干气密封系统二次密封气才停用。(√)

24. 停工吹扫前，为避免环境污染，需要更改好清污分流流程。(√)

25. 装置交付检修前，蒸汽系统不需要进行盲板隔离，蒸汽要用于紧急情况下的灭火。(×)

正确答案：装置交付检修前，蒸汽系统需要盲板隔离，防止烫伤和窒息。

26. 加氢装置停工检修，由生产调度进行确认。(×)

正确答案：加氢装置停工检修，由生产、机动、安环等部门联合确认。

27. 生产单位及承包商完成对重点检修项目的检修方案及危害识别工作。(√)

28. 施工作业必须做到“三净”、“二清”，三净：动火吹扫置换要净，检修安装设备机件要净，使用润滑油脂要净；二清：当班施工当班清、工完料净场地清。(√)

29. 大检修安全教育考试成绩不合格或未经教育者，禁止参加检修，也不发给大修劳保用品。(√)

30. 凝汽式汽轮机直接空冷系统的压力越低，汽轮机的功率就越大。(×)

正确答案：凝汽式汽轮机直接空冷系统的压力越低，在相同蒸汽耗量情况下汽轮机的输出功率相对较大。

31. 高压空冷采用管箱式结构或集合管式结构对空冷的运行无任何影响。(×)

正确答案：高压空冷采用管箱式结构在防止冲刷腐蚀方面比集合管式结构好。

32. 螺纹锁紧环高压换热器在运转中如果发现管壳程间泄漏时，利用露在外部的辅助紧固螺栓进行再紧就可以克服泄漏。(√)

33. 任何时候反应器内构件的金属表面必须有碱液保护，避免同空气直接接触。(√)

34. 往复压缩机气阀发出的啸叫声是气阀关闭不到位所致。(√)

35. 炉膛衬里的挂钩和保温钉容易受到露点腐蚀的危害。(√)

36. 检查、测量、修理或更换径向轴承、止推轴承和推力盘是离心压缩机大修的主要内容之一。(√)

37. 装置发生停电，必然伴随 DCS 停电。(×)

正确答案：装置发生停电，DCS 电源尚有 UPS 供电，所以 DCS 不一定停电。

38. 如果发生 DCS 失电，目前的总线控制系统可以做到保持现场阀位不变。(√)

39. 为降低装置开工期间排放系统瓦斯量，降低低压气柜或火炬系统压力，减少环境污染，在开工的各个阶段均可提前将脱硫气体引入脱硫系统脱硫。(×)

正确答案：为降低装置开工期间排放系统瓦斯量，降低低压气柜或火炬系统压力，在开工的各个阶段均不能提前将脱硫气体引入脱硫系统，因为溶剂可能被污染。

40. 一般柴油加氢反应器发生床层飞温后对分馏系统影响不大。(×)

正确答案：如果是热高分流程，汽提塔温度升高。由于裂解加剧，分馏系统轻组分和轻烃含量大幅上升，将导致压力上升，产品闪点降低，液收降低。

41. 只要空冷冷后温度可以控制在工艺指标的范围内，空冷偏不偏流没什么大的关系。(×)

正确答案：一旦发生某空冷偏流，因管束内流速不一样，流速低的部位会发生污垢沉积，产生垢下腐蚀。流速高的部位会因流速过高，产生冲刷腐蚀，影响空冷的安全和运行寿命。

42. 一旦发生某空冷偏流，因管束内流速不一样，流速低的部位会发生污垢沉积，产生垢下腐蚀。流速高的部位会因流速过高，产生冲刷腐蚀，影响空冷的安全和运行寿命。 (√)

43. 装置电机均为防爆电机，电机周围有瓦斯泄漏一般关系不大。 (×)

正确答案：装置电机均为防爆电机，电机周围仍不允许有瓦斯泄漏。

44. 一般加氢加热炉炉管破裂主要发生在分馏重沸炉对流室。 (√)

45. 加热炉炉管弯曲一般是由于炉管自由膨胀受限引起的。 (√)

46. 分馏塔冲塔只是影响产品质量，调整过来就行了，不会产生大的生产影响。 (×)

正确答案：除了严重影响产品质量，还可能冲坏塔盘，打乱物料平衡，引起超压满罐，塔底泵抽空等恶劣影响。

47. 生产清洁柴油的主要技术难题包括超深度脱硫，脱除具有空间位阻效应的4、6位含取代基的二苯并噻吩，以及芳烃加氢饱和提高十六烷值。 (√)

48. 液力透平既可以通过联轴器和泵直接相连又可以通过直连电机将能量传递给机泵。 (×)

正确答案：液力透平可以通过联轴器和泵直接相连，不可以通过直连电机将能量传递给机泵。

单选择

1. 液力透平同电机间的离合器是(B)的，可以实现透平带动电机。

A. 双向　B. 单向　C. 可单可双　D. 多向

2. 液力透平除了在检修时外，运行时和备用时出口阀均处于(A)状态。

A. 全开　B. 全关　C. 自由决定　D. 无技术要求

3. 停工检修时对反应加热炉不锈钢炉管进行中和清洗是为了防止(D)。

A. 氢脆　B. 应力腐蚀　C. 硫化氢腐蚀　D. 连多硫酸腐蚀

4. 加氢原料在炉管内流速(A)，原料停留时间长，易在炉管内结焦。

A. 太低　B. 太高　C. 太大　D. 快

5. 循环压缩机停运后，待各轴承回油温度小于(A)℃后，停运润滑油系统。

A. 40　B. 60　C. 80　D. 100

6. 加热炉烘炉时，(A)炉管壁温度不得超过450℃。

A. 合金钢　B. 碳钢　C. 所有材料炉管　D. 20#钢

7. 加热炉炉管弯曲主要发生在(A)段炉管。

A. 辐射　B. 对流室　C. 预热器　D. 蒸汽管

8. 装置开工前的工艺联锁调试通过(B)进行联锁调试。

A. 直接引进工艺介质

B. 由于系统无工艺介质，所以工艺联锁试验由仪表工给虚拟信号或使用氮气、水等介质

C. 开工正常后，调试工艺指标，达到联锁值后

D. 阀门开关，检查阀位

9. 检修后的生产装置(系统)、新装置、新增回路的报警联锁，必须在开工前或投运前进行现场试验，确认(D)。

A. 联锁设定的合理性

B. 联锁设定的完整性

C. 岗位人员掌握的熟悉程度

D. 报警联锁设定值的准确性、联锁动作的正确性、可靠性、灵活性

10. 烘炉过程中，应保持炉膛受热均匀，应选择对称点火，对称增点火嘴，采用多火嘴，短火焰，齐火苗，(D)的原则。

A. 方便操作，就近　　B. 先点四周再点中心

C. 只要分布均匀即可　　D. 先点中心后向外增点

11. 烘炉曲线温度以(C)温度为准。

A. 炉入口　　B. 炉出口

C. 辐射室顶或炉膛　　D. 对流室

12. 催化剂密相装填的密度高低与密相装填器风压的关系为(C)。

A. 密相装填器风压大，装填速度慢，装填密度低

B. 密相装填器风压大，装填速度快，装填密度大

C. 密相装填器风压小，装填速度慢，装填密度大

D. 密相装填器风压小，装填速度快，装填密度大

13. 催化剂顶部瓷球和入口分配盘之间的高度一般要求(C)。

A. 大于 100mm　　B. 装满　　C. 150~200mm　　D. 无要求

14. 铁、镁、钙、钠等金属对催化剂的活性影响比较小，主要沉积在(D)引起压降上升，需要增加保护剂床层进行保护。

A. 中下床层　　B. 催化剂活性中心上

C. 沿床层迁移　　D. 催化剂床层表面

15. 分馏塔冲塔后，以下操作方法正确的是(C)。

A. 将回流量提高到回流泵可提供的最大量操作

B. 将重沸炉熄灭

C. 加强回流罐脱水

D. 停止汽提塔汽提蒸汽

16. 在紧急情况下，内操处理高分窜压至低分事故首先要做的是(A)。

A. 迅速关闭液位控制阀　　B. 联系外操现场切断风源

C. 低分泄压　　D. 启动紧急泄压系统

17. 溶剂再生塔冲塔后，下述处理方法错误的是(C)。

A. 立即降低塔底热源，加大塔顶回流和空冷，控制住塔顶压力，联系调度酸性气改火炬

B. 塔底液位手动控制，防止泵抽空

C. 富液闪蒸罐尽量降低温度，提高压力

D. 整个系统排烃，加消泡剂

18. 砷在催化剂床层内会发生(B)，不均匀分布，沿床层轴向从上到下，依次减少。

A. 平均分布　　B. 迁移　　C. 无规则分布　　D. 沿轴向反分布

19. 在加氢装置试压气密时，一般微漏，可不降压，直接上紧法兰，实际工作中往往需要使用液压扳手进行螺栓紧固，液压扳手紧固时(C)。

A. 一直紧到紧不动为止

B. 根据液压扳手规定的使用力矩上限确定螺栓的最高紧固力矩

C. 应注意上紧力矩不能超过螺栓设计规定值

D. 无严格要求，随便紧

20. 在加氢装置试压气密时发现泄漏大，上紧螺栓后仍有大量泄漏，则须(C)。

A. 换螺栓　B. 不处理，等待升温热膨胀后再说

C. 包盒子(或包焊)　D. 泄压处理

21. 在加氢装置试压气密时发现泄漏大，上紧螺栓后仍有大泄漏，须泄压处理，泄压处理时错误的是(B)。

A. 氢气气密时，系统泄压必须向火炬系统排放

B. 哪里能打开阀门哪里尽快泄压

C. 只要未出现超压事故，按正常步骤泄压

D. 氮气介质直接向大气泄压，泄压时注意顺流程方向泄压，不要逆床层泄压

22. 下列形状催化剂，采用密相装填方法与普通布袋法比较，装填密度上升最多的是(C)。

A. 球状　B. 片状　C. 三叶草条　D. 圆拄形

23. 加氢脱氮过程中对催化剂性能的要求，正确的是(C)。

A. 一般的加氢功能即可　B. 和脱硫要求一样

C. 需要很强的加氢功能和裂解功能　D. 脱氮很容易，无特别要求

24. 加氢保护剂中加入钾、镁等金属的目的是(D)。

A. 降低催化剂的酸性　B. 加快脱铁

C. 加快脱垢　D. 减少结焦

25. 根据清洁汽油质量指标要求，提高汽油质量的加氢精制催化剂，要解决的主要难点是(D)。

A. 提高辛烷值

B. 降低烯烃

C. 脱硫

D. 降低烯烃含量，深度脱硫的同时，尽量减少辛烷值损失

26. 根据清洁柴油质量指标要求，提高柴油质量的加氢精制催化剂，最难解决的问题是(D)。

A. 降凝超　B. 脱氮　C. 提高十六烷值　D. 深度脱硫脱芳烃

27. 螺纹锁紧环高压换热器管箱的密封主要是通过垫片，密封盘、压环、(D)，顶销，螺栓及管箱盖板来实现的。

A. 四合环　B. 垫片　C. 密封盘　D. 螺纹锁紧环

28. 适当扩大催化剂的孔径可以降低对催化剂表面上加氢反应的影响的是(B)。

A. 外扩散　B. 内扩散　C. 吸附　D. 解吸

29. 螺纹锁紧环高压换热器信号孔的作用是(A)。

A. 检查螺纹锁紧环高压换热器在运转中发生外密封圈向外泄漏
B. 检查螺纹锁紧环高压换热器在运转中发生管程和壳程间泄漏
C. 检查密封圈的变形
D. 内漏、外漏均可检查

30. 高压空冷发生泄漏后，查漏最简单可行的途径为(A)。
A. 检测 H_2S 气体气味　　B. 检测氢气
C. 检测瓦斯　　D. 其他

31. 装置发生流淌式火灾后，用消防水或泡沫灭火器进行灭火，会发现(A)。
A. 火灾的扩散速度越来越大　　B. 火灾迅速扑灭
C. 无明显变化　　D. 变小

32. 高压瓦斯带油进入加热炉后会发生的现象是(D)。
A. 烟囱冒白烟
B. 主火嘴燃料气压力急剧下降
C. 炉膛温度急剧降低、炉出口温度急剧升高
D. 由看火孔可看出有油滴，炉膛正压，看火窗向外喷火，喷黑烟，严重时有将炉体烧坏的可能

33. 下述关于溶剂再生塔冲塔后的现象正确的是(A)。
A. 溶剂再生塔冲塔后压力突然大幅下降
B. 溶剂再生塔冲塔后压力突然大幅升高
C. 溶剂再生塔冲塔后塔顶温度突然大幅下降
D. 酸性气流量居高不下

34. 下述判断一定准确的是(D)。
A. 在装置设计负荷和操作条件内，炉管阻力降大，各路进料入口压力升高，此时肯定发生炉管结焦
B. 在装置设计负荷和操作条件内，炉管表面温度很高，加热炉负荷提不上去，此时肯定发生炉管结焦
C. 在装置设计负荷和操作条件内，分支炉管出口温差大，此时肯定发生炉管结焦
D. 在炉膛燃烧均匀、仪表测量良好，炉管对称布置、油气混合均匀、系统确保无脏物的情况下，发现与某根炉管相关的炉管表面温度，炉管出口介质温度特别高，可判断该炉管有结焦的可能

35. 螺纹锁紧环换热器同普通管壳换热器相比静密封点(B)。
A. 多　　B. 少
C. 相同　　D. 具体情况具体分析，各不相同

36. 被还原后的催化剂再进行预硫化，结果为(B)。
A. 可以达到完全硫化程度，不会损害硫化后催化剂的加氢性能
B. 被还原后的催化剂很难再硫化，催化剂的加氢性能受到很大的损害
C. 硫化速度稍微慢一点，时间稍微延长可以达到完全硫化
D. 即使再次氧化后也不能硫化

37. 影响加氢催化剂硫化效果的条件主要有温度、时间、H_2S 分压和硫化剂的含硫量及

种类，其中影响最大的是(B)。

A. 时间　　B. 温度　　C. H_2S 分压　　D. 硫化剂的含硫量

38. 催化剂硫化的完全程度取决于硫化反应的最终温度，而上硫量取决于硫化的(D)。

A. 氢油比　　B. 恒温压力　　C. 空速　　D. 恒温时间

39. 碱性氮化物与(D)相互作用是生炭的主要途径。

A. 碱金属　　B. Bronsted 酸　　C. 环烷酸　　D. Lewis 酸

40. 新装置开工，3.5MPa 中压蒸汽投运前要进行打靶，以清除管道内的机械杂质。为提高打靶质量，可采取的措施有(B)。

A. 大幅延长蒸汽吹扫的时间

B. 反复进行给汽停汽，使管子不断的周期性加热和冷却，促使管壁上的铁锈和垢物脱落

C. 提高吹扫蒸汽的压力

D. 通过爆破的方式进行吹扫

41. 影响循环氢脱硫效果的因素仅包括(D)。

A. 溶剂浓度、循环量　　B. 温度、压力、溶剂浓度

C. 压力、溶剂浓度、循环量　　D. 温度、压力、溶剂浓度、溶剂循环量

42. 一般加氢装置胺液脱硫时，富液中酸性气负荷最高控制在(C)。

A. 不大于 0.4mol 酸性气/mol 胺　　B. 不大于 0.3mol 酸性气/mol 胺

C. 不大于 0.5mol 酸性气/mol 胺　　D. 不大于 0.6mol 酸性气/mol 胺

43. 下述(B)情况不会导致精制柴油闪点偏低。

A. 分馏塔塔底温度控制低　　B. 塔顶压力低

C. 进料中轻质组分增多　　D. 原料油/精柴换热器泄漏

44. 分馏塔塔顶压力波动时处理方法不正确的是(D)。

A. 稳定进料量或者视进料量的变化，调整塔顶热负荷分配及增减排放气量，必要时可用控制阀副线操作

B. 调节回流量，稳定塔顶温度

C. 稳定重沸炉和进料温控操作

D. 提高压力设定值，避免过度汽化

45. 下列关于汽提塔顶压力控制的说法，错误的是(D)。

A. 汽提塔压力越低越有利于汽提 H_2S 和 NH_3 等杂质

B. 汽提塔的压力要考虑保持与分馏塔之间的差压稳定，从而达到稳定分馏塔进料的目的

C. 汽提塔的压力要考虑保持后路富气压力和含硫污水的后路压力，保证后路畅通

D. 汽提塔塔顶回流罐中的油气分压和塔盘上的油气分压相同

46. 一般加氢开工投料时，需要（ A)后才能拆除边界盲板。

A. 开工验收通过后(可燃介质管线和相关设备氧含量置换合格)

B. 动火结束

C. 吹扫试压结束

D. 技术人员安排

47. 在加氢装置停工检修期间，边界需要加盲板隔离。现有一根柴油原料管线需要隔离，加盲板的位置应加在(B)法兰处，盲板两侧均应有垫片，并把紧螺栓，以保持严密性。

A. 边界来第一道切断阀的前部　B. 边界来第一道切断阀的后部

C. 边界来第二道切断阀的前部　D. 边界来第二道切断阀的后部

48. 加氢催化剂干燥时，一般高分压力控制在1.5MPa左右，压力与脱水的关系是(D)。

A. 压力变化，脱水效果变化不大　B. 压力越低，脱水越困难

C. 压力与脱水无关系　D. 压力越高，脱水就越困难

49. 加氢催化剂干燥合格标准以(C)为准。

A. 高循环气中水含量不再上升

B. 循环气中水含量不再上升

C. 高分水位不再上升和循环气中水含量不再上升

D. 恒温时间达到干燥方案所规定的时间

50. 加氢精制催化剂进行液相强化硫化时，初始硫化温度控制在120~175℃较低温度的原因是(B)。

A. 由于在较低的温度下硫化剂就可分解释放出硫化氢，因而硫化进行得彻底

B. 防止催化剂在氢气环境下被还原

C. 初始阶段升温困难

D. 稳步开工，防止意外

51. 一般加氢催化剂预硫化，控制催化剂床层最高温升在(B)以下。

A. 25℃

B. 42℃，但最高点温度不得超过下一阶段的硫化温度

C. 50℃

D. 10℃

52. 柴油加氢硫化油的选择原则不必要的是(D)。

A. 硫化油的馏分范围应接近或略轻于被加氢原料

B. 硫化油中不应含有大量烯烃

C. 硫化油一般不希望含有大量的氮化物

D. 选轻质汽油

53. 目前用真空泵进行真空卸剂的主要弊端是(D)。

A. 设备复杂　B. 速度慢　C. 费用高　D. 催化剂磨损率高

54. 经过加氢催化剂初活稳定后，催化剂的活性(B)。

A. 受到大幅损伤

B. 催化剂上硫化后由过量硫阴离子空穴构成的活性中心逐步消失，恢复正常稳定的过程，催化剂的活性未受到大幅损伤

C. 增强

D. 无什么区别

55. 加氢处理催化剂进行初活稳定的目的是(D)。

A. 提高催化剂的活性　B. 一种保守的开工方法

C. 降低催化剂的活性　D. 避免催化剂初活阶段发生超温和快速失活

56. 加氢脱硫反应的加氢和氢解反应在催化剂的(D)活性中心进行。

A. 依据催化剂类型不同而异　　B. 相同

C. 无法判别　　D. 不同

57. 噻吩加氢脱硫反应通过加氢和氢解两条平行的途径进行，硫化氢对(D)有强抑制作用，而对(D)影响不大。

A. 加氢脱氮、芳烃饱和　　B. 加氢，C—S 键氢解

C. 加氢裂化、加氢脱硫　　D. C—S 键氢解，加氢

58. 在加氢脱氮反应中含氮的芳环饱和是快速反应，而涉及到脱氮的 C—N 键断裂则比较缓慢，所以加氢脱氮反应是(D)的。

A. 依据催化剂不同而不同　　B. 选择性

C. 无规律性　　D. 非选择性

59. 杂环氮化物加氢脱氮需要杂环或芳环(C)，然后才能发生 C—N 键断裂。

A. 脱氢　　B. 开环　　C. 加氢饱和　　D. 支链裂解

60. 各类加氢反应由易到难的程度顺序如下：(D)；环烯>烯烃>芳烃；多环>双环>单环。

A. 脱氮>脱硫>脱氧　　B. 脱氧>脱硫>脱氮

C. 脱氮>脱氧>脱硫　　D. 脱硫>脱氧>脱氮

61. 各种芳烃加氢转化率大小顺序是(C)。

A. 三环≥四环≥单环≥双环　　B. 四环≤三环≤双环≤单环

C. 四环≥三环≥双环≥单环　　D. 无规律

62. 在四氢噻吩、噻吩、硫醇和二硫化物等四种含硫化合物中，(C)的加氢反应速率最大。

A. 四氢噻吩　　B. 噻吩　　C. 硫醇　　D. 二硫化物

63. 研究表明，当加氢柴油产品中硫含量降低到 0.02%时，剩余的硫化物绝大部分是(D)，以及少量 4-甲基二苯并噻吩。

A. 硫醇　　B. 硫醚

C. 苯并噻吩　　D. 4,6-二取代基二苯并噻吩

64. 下列关于循环氢脱硫错误的说法是(B)。

A. 通过循环氢脱硫，降低了循环氢中 H_2S 浓度，即降低了反应混合物中 H_2S 的浓度，有利于脱硫反应化学平衡向正反应方向移动，提高脱硫深度

B. 循环氢脱硫脱得越干净越好

C. 循环氢脱硫后，加快了脱硫反应速度

D. 循环氢脱硫后，循环氢中 H_2S 不是脱干净最好，最好保持在 0.03%~0.05%左右的 H_2S，避免反应顶层催化剂被还原

65. 关于下列加氢反应的反应热，最小的是(D)。

A. 加氢脱硫　　B. 加氢脱氮　　C. 芳烃饱和　　D. 环烷烃加氢开环

66. 原料油性质对催化剂寿命的影响是(B)。

A. 初馏点降低，黏度小，杂质和非理想组分多，催化剂容易结焦，寿命缩短

B. 金属化合物(主要是 Fe、V 和 Ni 化合物)含量升高时，催化剂床层的压降加速上升，寿命缩短

C. 残炭含量升高，表明其易结焦物少，从而对催化剂活性发挥有利

D. 钠含量的升高，不会使床层结盖

67. 柴油原料带水的危害不会发生的是(D)。

A. 引起机泵抽空，进料流量不稳，加热炉操作波动，炉出口温度随之波动

B. 引起系统压力波动，各控制回路控制不平稳

C. 对催化剂造成危害。高温操作的催化剂长期和水接触，容易引起催化剂表面活性金属组分的老化聚集，活性下降，强度下降，催化剂崩裂粉碎，造成反应器床层压降增大

D. 带走催化剂上的活性金属

68. 加氢处理时原料油中的铁基本上以硫化亚铁形式存在，沉积在催化剂表面，起(B)作用，助长生焦，从而加剧压降的上升。

A. 自沉淀　　B. 自催化　　C. 堵塞　　D. 氧化

69. 硫化亚铁在催化剂上的沉积规律不正确的是(D)。

A. 硫化铁主要沉积在催化剂之间或环状分布在催化剂表面，呈薄层状

B. 不在催化剂上移动，只增加铁在催化剂表面的沉积厚度，并没有渗透到催化剂内部，其影响多在表面，对催化剂孔容影响较小

C. 沉积量达到一定程度会使催化剂粘结在一起，在催化剂表面形成一层硬壳，导致床层压降增加和催化剂利用率降低

D. 向床层下部迁移

70. 钢材产生氢腐蚀，其严重程度与氢分压有关，存在一个氢分压的分界线，此分界线为(C)MPa(绝压)。

A. 3.0　　B. 6.0　　C. 8.0　　D. 10.0

71. 压力试验应以液体为试验介质，当管道的设计压力小于或等于(B)MPa 时也可采用气体为试验介质，但应采取有效的安全措施。

A. 0.4　　B. 0.6　　C. 1.0　　D. 2.0

72. 加氢反应器内堆焊不锈钢层的目的是(A)。

A. 加强抗 H_2S 腐蚀能力　　B. 提高抗氢腐蚀性能

C. 耐压　　D. 耐高温

73. 氢致开裂多发生于延展性(A)的低、中强度的管线用钢材和容器用钢材，在 25～150℃之间开裂。

A. 较好　　B. 较差　　C. 一般　　D. 特差

74. 催化汽油在加氢生产清洁汽油时，主要要解决的技术难题是(D)，要避免辛烷值损失。

A. 深度脱硫的同时，提高烯烃浓度　　B. 深度脱硫

C. 降低烯烃加氢深度　　D. 深度脱硫的同时，降低烯烃浓度

75. 伴随芳烃饱和，产物的沸点降低，十六烷值提高，其中多环芳烃饱和可以大幅度降低油品沸点，(D)对提高产品十六烷值贡献最大。

A. 烯烃饱和　　B. 单环芳烃饱和

C. 芳烃饱和　　D. 饱和的多环芳烃开环

76. 以下关于加氢装置设置冷氢的说法，正确的是(C)。

A. 提高中下床层催化剂的氢油比

B. 补充中下床层反应的氢气

C. 控制中下床层温度，防止催化剂超温过热结焦同时，可以提高上床层温度，使床层温度分布均匀，提高催化剂的利用效率

D. 仅用于防止飞温

77. 一般加氢催化剂积炭结焦的过程呈现初期积炭快速上升，中间经过相当长时间的稳定期，在催化剂运行末期又(D)的特点。

A. 缓慢下降 B. 快速下降 C. 缓慢上升 D. 快速上升

78. 一般加氢催化剂上含有 P、F 等助剂，可以显著提高催化剂的 HDN(加氢脱氮)活性和(D)，其原因是助剂上未配对电子能够贡献给 L 酸中心，防止碱性氮吸附在 L 酸中心上，导致结焦。

A. 机械强度 B. 活性 C. 再生性 D. 稳定性

79. 下列材质最适合用作加氢反应加热炉炉管的是(D)

A. 20#钢 B. Cr_5Mo 钢 C. Cr_9Mo 钢 D. TP321H 不锈钢

80. 下述关于超深度加氢脱硫时对催化剂性能的要求，正确的是(C)。

A. 只需加氢功能

B. 只需脱硫功能

C. 从加氢脱硫反应机理看，既需要脱硫功能，也需要一定的加氢功能

D. 脱硫很容易，无特别要求

81. 螺纹锁紧环换热器同普通管壳换热器相比具有密封可靠性好、拆装方便、金属耗量(A)等特点。

A. 少 B. 多 C. 贵 D. 大

82. 加氢精制柴油产品含硫量偏高处理不正确的是(C)。

A. 调整好原料比例，适当提高反应温度，满足产品含硫量要求

B. 增加循环氢压缩机负荷来提高气油比

C. 适当提高空速

D. 催化剂再生或更换新催化剂

83. 管路系统的阻力与流量的关系曲线称为(B)。

A. 管路阻力曲线 B. 管路特性曲线 C. 管网流量曲线 D. 管路曲线

84. 离心压缩机在转速和容积流量不变的情况下，下述错误的是(A)。

A. 进气温度和质量流量成正比 B. 进气温度降低，压比将升高

C. 进气温度与功率成反比 D. 以上全不对

85. 以下会使离心压缩机发生喘振现象的工况是(A)。

A. 流量减少 B. 进气温度降低 C. 流量增加 D. 以上全会

86. 润滑油温度控制的高低对机组的影响错误的是(D)。

A. 油温低时黏度大，油膜厚、承载能力强

B. 油温太高、黏度小、承载能力低

C. 油温太低，流动性能差，可能造成轴承的半干摩擦而出事故

D. 油温越低越好

87. 脱硫后气体中的 H_2S 超高的原因正确的是(D)。

A. 脱硫塔的压力高　　B. 胺液浓度偏高

C. 进料温度低　　D. 胺液循环量小

88. 溶剂再生塔发生冲塔的原因中，最严重的是(D)。

A. 重沸器加热蒸汽量过大，导致塔底温度超高，气相负荷过大

B. 塔底液面波动大

C. 压控失灵，波动过大

D. 溶剂发泡

89. 当分馏塔进料轻组分增多(注：非组分变更轻，而是轻组分负荷增多)时，一般塔顶温度表现为(C)。

A. 不变　　B. 下降　　C. 上升　　D. 看情况

90. 分馏塔顶温度波动的原因中影响最密切的是(D)。

A. 回流温度的变化、回流量的变化　　B. 进料温度变化

C. 塔底重沸炉出口温度、循环量变化　　D. 塔顶汽相组分量出现大幅度变化

91. 由于汽相负荷过大，流体充满了整个降液管，使上下塔板的液体连成一体，分离效果完全遭到破坏，这种现象称(C)。

A. 雾沫夹带　　B. 气泡夹带　　C. 液泛　　D. 以上都不对

92. 检修施工作业期间，装置盲板由(A)专人管理，防止发生误操作，导致安全事故。

A. 安全员　　B. 设备员　　C. 工艺员　　D. 不限

93. 开工时加热炉点火前炉子内要处理至测爆合格，燃料气中氧气含量小于(A)时才能拆盲板点炉子长明灯。

A. 0.5%　　B. 1.0%　　C. 2.0%　　D. 5.0%

94. 装置在开工前，(D)职能处科室牵头组织有关职能部门、相关单位进行开工前的检查确认。各开工单位生产负责人按开工方案组织全面检查，并做好系统开车准备工作。

A. 安全环保　　B. 行政　　C. 机动　　D. 生产

95. 富液进溶剂再生塔的温度大于90℃，对塔的腐蚀(A)。

A. 加剧　　B. 减轻　　C. 缓解　　D. 无影响

96. 一般加氢工业炉为提高加热炉效率，采用了扰流子空气预热器回收烟气余热，烟气侧通过加装翅片提高外膜传热系数，空气侧通过管内(B)提高内膜传热系数。

A. 钉子管　　B. 扰流子　　C. 弹簧　　D. 折流板

97. 装置停工吹扫后，要清理塔内杂质时，塔体人孔应(A)打开。

A. 从上往下　　B. 从下往上　　C. 随意，随方便　　D. 从中部

98. 溶剂再生塔压力升高，调节不正确的是(C)。

A. 改副线操作并联系仪表处理控制阀

B. 各脱硫塔适当排烃，调整各塔的操作，尽量消除富液带烃

C. 提高溶剂再生塔的再生蒸汽，加大回流

D. 酸性气管线排凝液

99. 应力腐蚀是在受到(B)情况下产生。

A. 拉应力和压应力　　B. 拉应力

C. 压应力　　D. 其他应力

100. 泵在运转无气蚀的情况下，在轴承体上测得的 Y_{ms}（均方根振动速度）值不应超过（ C ）mm/s。

A. 1.8　　B. 2.8　　C. 4.5　　D. 6

101. 在投用机组润滑油系统前，为保护干气密封应（ A ）。

A. 先投用密封和轴承箱间的隔离气　　B. 先不投用密封和轴承箱间的隔离气

C. 无规定　　D. 最后投隔离气

102. 错油门是通过调节（ B ）来调节汽轮机汽量的。

A. 速关阀行程　　B. 油动机行程　　C. 电磁阀　　D. 汽阀

多选择

1. 加氢装置原料油中的金属危害有（ A，B，C ）。

A. 原料中的重金属，特别是 Ni 和 V，和催化剂有强烈的亲和力，并会使催化剂中毒，能很快使催化剂失活

B. 原料中的铁也是有危害的污染物，它不但会使催化剂失活，而且会堵塞催化剂之间的空隙，形成过大的床层压力降

C. 催化剂颗粒布满许多微孔，金属不能通过这些孔道而只能沉积于催化剂表面，这不但使催化剂表面的活性区失效，而且也阻止了油分子进入催化剂的微孔内，从而降低了加氢反应的转化率

D. 使催化剂粉碎

2. 下列关于脱硫塔窜气的说法正确的有（ A，B，C ）。

A. 脱硫塔的液面压空时，气体窜到压力较低的富胺闪蒸罐，导致超压，严重时会发生爆炸

B. 脱硫塔液面控制失灵或误操作会导致脱硫塔窜气

C. 塔压波动过大，会导致脱硫塔窜气

D. 胺液发泡和脱硫塔窜气之间没有什么关系

3. 脱硫系统跑胺的原因有（ B，C，D ）。

A. 液面看不清或仪表失灵导致实际液面超高

B. 脱硫塔塔压或循环量波动较大，导致液面波动大

C. 气体进料超负荷(线速度过大)

D. 胺液浓度高

4. 凝汽式汽轮机真空度下降后调节方法有（ B，C，D ）。

A. 检查并调节空冷电机变频系统，降低变频转速，停开空冷，对换热效率下降的空冷进行管束清洗，日常要尽量避免热风循环

B. 检查抽气器是否工作正常，蒸汽压力和流量，以及后路是否通畅

C. 检查系统的密封性，消除泄漏点

D. 对机组本身进行检查，设法消除过大的振动、检查、更换损坏的轴承，检查透平、压缩机转子及密封等部位，找出泄漏原因并消除

5. 加氢催化剂失活的判断标准包括（ A，B，C，D ）。

A. 在满负荷操作时，不存在设备缺陷问题的前提下，在催化剂的允许提温范围内，

提温对提高催化剂的反应活性已无明显影响，产品质量难以达到要求

B. 催化剂床层压降很高，已达到设计极限

C. 即使对于符合装置设计条件的二次加工原料，反应温升很小，耗氢量很小

D. 如果是预加氢催化剂，还有精制油中的硫、氮、重金属含量等难以达到重整原料要求

6. 在再生催化剂投入运行后，可通过(A，B，C，D)等参数来衡量其性能水平。

A. 床层压降　　B. 初活反应温度　　C. 脱硫率　　D. 脱氮率

7. 在加氢装置停工期间，降温速度过快，反应器将发生(A，B)损伤。

A. 回火脆化　　B. 奥氏体不锈钢堆焊层剥落

C. 连多硫酸腐蚀　　D. H_2S 氢导致开裂腐蚀

8. 目前柴油深度脱硫催化剂开发的方法主要有(A，B，C，D)。

A. 开发加氢能力强的催化剂

B. 含分子筛，具有部分甲基裂解功能的催化剂消除 4,6-二甲基苯并噻吩两个甲基影响

C. 活性金属突出的层状Ⅱ型催化剂

D. 开发贵金属催化剂

9. 在加氢开停工阶段进行的盲板拆装作业主要有(A，B，C，D)。

A. 交付检修前，除新鲜水、循环水和工业风、仪表风外，其他介质全部实行盲板隔离

B. 在进设备作业前，确保该设备和其他系统彻底隔离

C. 装置气密干燥时，反应系统实施隔离

D. 当催化剂不再生检修时，反应器和其他系彻底隔离

10. 对于超深度脱硫，除了需要在工艺条件和催化剂的设计选择上考虑深度脱硫的反应特征外，还需要(A，B，C，D)。

A. 分析 H_2S、NH_3 等对反应的影响　　B. 重视反应器内物料的均匀分配

C. 避免产品受到污染　　D. 配置连续的产品监测系统

11. 催化剂顶部瓷球和分配盘之间留有一定的空间，该高度主要考虑的因素有(A，B)。

A. 床层沉降高度　　B. 物流的均匀分配，避免偏流

C. 便于安装分配盘　　D. 反应器容积的有效利用

12. 在加氢装置停工过程期间，反应器可能发生的主要损伤形式包括(A，B，C)。

A. 回火脆化　　B. 奥氏体不锈钢堆焊层剥落

C. 连多硫酸腐蚀　　D. H_2S 氢致开裂腐蚀

13. 催化剂预硫化时预湿的目的是(A，B，C)。

A. 使催化剂颗粒均处于润湿状态，防止催化剂床层中“干区”的存在。而“干区”的存在将降低催化剂的总活性

B. 使含硫油中的硫化物吸附在催化剂上，防止活性金属氧化物被氢气还原，给硫化带来困难，有利于提高硫化催化剂的活性

C. 预湿还可避免水对催化剂质量的影响

D. 进行初步硫化

14. 下列关于停工期间压缩机的操作中正确的是(A，B，D)。

A. 循环压缩机停机后需要记录惰走时间，看其是否正常

B. 机组完全停机后关闭压缩机出入口阀，打开排凝阀排凝后，再用 N_2 置换压缩机内循环氢，泄压后，停一次气封气

C. 对于凝汽式汽轮机，抽气系统的停用顺序为：停抽气器，先关闭二级抽气器的真空侧抽气阀，关闭其进汽阀再关闭一级抽气器的真空侧抽气阀，关闭其进汽阀

D. 对于凝汽式汽轮机，停汽封蒸汽的时间为：待系统真空度降至零时，停供汽封蒸汽，关主蒸汽入口第一道隔离阀

15. 停工吹扫时要制定装置停工吹扫表，做好吹扫记录，严格把好吹扫质量关，要认真执行三级检查、确认，其中三级确认包含(A，B，C)。

A. 装置主管技术人员确认　　B. 班组长确认

C. 操作员确认　　D. 处室相关人员确认

16. 一般加氢装置停工交付检修前，需要确认(A，B，C，D)。

A. 装置边界盲板隔离情况　　B. 设备置换通风分析情况

C. 环保清污分流流程更改情况　　D. 消防设施配置和地下污水井隔离等情况

17. 加氢装置如发现紧急情况需要紧急停车，正确的处理思路是(A，B，C)。

A. 反应系统和分馏系统能维持循环的尽量维持循环

B. 反应系统紧急停车尽量实施降温降量后，再实施切断进料和停压缩机

C. 停车前，先和调度以及上下游装置联系好进出物料的后路安排

D. 脱硫系统等辅助系统可先放一边，不用去管

18. 为做好装置停工吹扫工作，加氢装置停工前需要准备的蒸汽吹扫技术资料包括(A，B，C，D)。

A. 根据装置现场流程绘制的详细吹扫方案和吹扫流程

B. 蒸汽吹扫二级确认表

C. 法兰、盲板、临时短节拆装等明细工作表

D. 装置停工吹扫环境识别和评价表

19. 以下关于进入受限空间作业的说法正确的是(A，B，D)。

A. 进入受限空间作业前，应对受限空间的客观状况及作业内容进行危害识别，不同的作业内容，应分别制定相应的作业程序及安全措施

B. 停工大检修装置的塔、容器、油罐等受限空间，与系统之间采取了有效的隔离措施，受限空间内介质首次应经化验分析，合格后，每间隔 4h 一次的分析方法可采用便携式检测仪进行检测

C. 在停工检修期间，办理“进入受限空间作业许可证”后，中间施工是否中断不影响其有效期

D. 在作业中如发现情况异常或感到不适和呼吸困难时，应立即向安全监护人发出信号，迅速撤离现场，严禁在有毒、窒息环境中摘下防护面罩

20. 在一般加氢装置停车过程中，下列措施可以起到保护反应器的有(A，B，C)。

A. 控制降温降压速度　　B. 先降压后降温，恒温氢解

C. 碱洗中和　　D. 酸洗中和

21. 在加氢停工过程，为保护反应器，主要采取措施有(A，B，C，D)。

A. 超过 8.0MPa 设备进行恒温解氢

B. 先降压后降温

C. 反应器打开后进行中和酸洗，防止连多硫酸腐蚀

D. 不打开的设备进行氮气保护

22. 对于炉前混氢的加氢反应炉，为防止出现偏流，导致炉管超温、结焦、甚至烧穿炉管，在工程上一般采取(B，C)措施。

A. 分支流量控制　　B. 对称布置

C. 各辐射室由炉墙和火墙隔开　　D. 每炉设置单独的出口温控

23. 以下关于炉管表面最高热强度的说法正确的是 (A，B，C)。

A. 其限制因素主要是炉管金属的允许使用温度

B. 被加热介质开始发生结焦的临界温度

C. 加氢加热炉的炉管材质都比较好，允许使用温度高，炉管壁温一般不会成为限制条件

D. 被加热介质开始发生结焦的临界温度越高，炉管可允许的炉管最高热强度越低

24. 气液两相流炉管内介质流动的流型除波状流、泡沫流外，还有(A，B，C，D)流型。

A. 液节流　　B. 长泡流　　C. 环雾流　　D. 雾状流

25. 凝汽式汽轮机凝汽系统的作用是(A，B，C)。

A. 在汽轮机排汽口建立并保持规定的真空度

B. 供应锅炉洁净的凝结水作为锅炉给水

C. 提高蒸汽能量利用效率

D. 仅仅为了保护环境，避免乏汽大量排放

26. 日常操作中，调节空气冷却器出口温度的方法有(A、B、C、D)。

A. 通过调节风机的叶片角度来调节风量

B. 通过调节百叶窗的开度来调节风量

C. 通过停运其中一台或几台来调节

D. 采用变频风机的空气冷却器改变风机转速调节风量

27. 日常对运行高压空冷器进行检查，应检查的内容有(A，B，C，D)。

A. 风机运行情况　　B. 管箱及换热管与管箱接合部泄漏情况

C. 管箱各部温度差　　D. 并联的各台管束相同部位的温度差

28. 加氢装置使用的高压换热器通常采用(A，D)等形式。

A. 普通 U 形管式换热器　　B. 板式换热器

C. 喷淋式换热器　　D. 螺纹锁紧环式换热器

29. 加氢装置所用的催化剂，许多具有三叶草等异型形状，选择这种形状的目的主要是(B，C)。

A. 外观新颖，好看，符合市场商业化要求

B. 空隙率大，降低床层压降

C. 提高外表面面积，降低内扩散阻力的影响，提高催化剂活性

D. 便于制造成模

30. 当一次装入硫化剂缓冲罐的硫化剂不能满足预硫化过程的需要，需再次补充硫化剂时，应(A，B，C)。

A. 暂停注硫

B. 适当降低反应器入口温度

C. 待重新装入硫化剂后，再升温继续硫化

D. 维持硫化，继续升温，同时补充硫化剂

31. 钢制压力容器失效形式有、(A，B，C，D)、爆炸等。

A. 泄漏 B. 腐蚀减薄 C. 材料劣化 D. 变形

32. 影响氢致开裂的因素有(A，B，C)。

A. 水的 pH 值降低 B. 钢中硫含量增加

C. 有氰化物存在 D. 钢中硫含量降低

33. 影响氢脆的因素有(A，B，C，D)。

A. 介质的温度压力 B. 介质中的氢分压

C. 介质中硫化氢含量 D. 金属材料的抗氢性能

34. 氢脆现象的防护要点包括(A，B，C)。

A. 使用缺陷少的纯净抗氢钢

B. 停工过程中缓慢降温降压，以便使溶解在钢材中的氢析出

C. 采用含铬钼合金钢

D. 开工过程先升压再升温

35. 氢蚀的预防措施有(A，B，C，D)。

A. 根据设计条件(温度、氢分压)合理选用合适的抗氢钢种

B. 用不锈钢或其他非铁合金

C. 使用抗氢蚀的合金衬里

D. 使用耐火衬里或其他措施降低设备的使用壁温

36. 加氢装置中设备和管材遇到的主要腐蚀形式有高温氢腐蚀、(A，B，C)。

A. 氢脆 B. 高温硫化氢腐蚀

C. 低温(湿)硫化氢腐蚀和连多硫酸腐蚀 D. 氯腐蚀

37. 汽轮机保安系统由(A，B，C，D)等几部分组成。

A. 危急遮断器及危急遮断油门 B. 磁力断路油门

C. 轴向位移保护装置 D. 低油压保护装置

38. 差胀变化大与下列(A，B，C，D)因素有关。

A. 暖机不当

B. 增减负荷速度过快

C. 空负荷或低负荷运行时间过长(尤其是由满负荷降至空负荷时，差胀向负方向显著增大)

D. 蒸汽温度、真空度短时突变

39. Woodward505 调节器的操作功能有(A，B，C，D)。

A. 控制参数 B. 显示/调整 C. 报警 D. 动态调整

40. 往复压缩机汽缸发出撞缸的声音，同时伴随机体剧烈振动的原因为(B，D)。
A. 汽缸带液　B. 活塞杆断裂　C. 气阀内漏　D. 缸体内有异物
41. 反馈系统的作用是使油动机的动作过程稳定，它通过(A，B，C，D)构成反馈环节。
A. 弯角杠杆　B. 杠杆　C. 活塞杆　D. 错油门滑阀
42. 需进行烘炉处理的情况包括(A，C)。
A. 更换了部分炉膛衬里　B. 炉膛内进行了清扫工作
C. 炉膛衬里内侧喷涂了增强辐射涂料　D. 更换了部分炉管
43. 喘振现象对机组的危害有 (A，B，C，D)。
A. 密封损坏　B. 引起动静零部件碰撞
C. 破坏轴承油膜稳定，损坏轴承　D. 引起机器振动加剧
44. 引起高压窜低压的原因包括(B，C，D)。
A. 高分液位指示偏低
B. 高分低液位低低联锁失灵
C. 高温液位控制阀和紧急切断阀存在内漏，阀门关不严
D. 误操作
45. 如炉管发生偏流，会出现的现象有(A，B，C)。
A. 分支炉管进出口压差偏差大
B. 个别炉管表面温度偏高
C. 炉膛火焰无法调整整齐，个别部位只能关小火嘴，才不会超温
D. 进料泵出口流量波动
46. 汽柴油加氢催化剂硫化时，硫化油中不应含有大量(A，C，D)，以防止硫化时在催化剂上发生聚合结焦，影响催化剂活性。
A. 烯烃　B. 饱和烃　C. 氮化物　D. 硫化物
47. 脱硫系统建立溶剂冷循环前的主要工作包括(A，B，C，D)。
A. 脱硫系统吹扫和贯通试压　B. 系统隔离后氮气置换
C. 溶剂装填和配置　D. 各设备隔离后单独氮气充压
48. 脱硫系统溶剂循环需要防范的问题有(A，B，C，D)。
A. 系统含氧，导致溶剂氧化
B. 物料不平衡，导致液位抽空，窜气，低压系统发生超压
C. 系统未完全隔离，上游带烃原料气窜入溶剂系统，污染溶剂
D. 系统压力下降，自压困难，系统循环不畅
49. 导致加氢催化剂失活的原因有(A，B，C，D)。
A. 催化剂表面生焦积炭　B. 催化剂上金属与灰分沉积
C. 活性金属聚集，大小形态变化　D. 催化剂被还原
50. 加氢催化剂干燥时，需要先对系统进行彻底的氮气置换，氮气置换的目的是(A，B，C，D)。
A. 要置换氧气，防止氧气和系统内的轻烃等形成爆炸性气体
B. 主要是置换氢+烃，防止其引起催化剂还原或结焦，影响催化剂活性

C. 为预硫化做好准备

D. 防止高温氧气对系统产生氧化腐蚀

51. 脱硫系统投用溶剂再生塔塔底重沸器时，需要进行的工作包括（ A，B，C，D ）。

A. 塔底液位正常，塔底开工线打开，对重沸器壳程进行充液

B. 对蒸汽系统进行脱水，投用减温减压器，控制好蒸汽温度

C. 凝结水系统后路通畅

D. 塔顶空冷，回流泵处于备用状态

52. 催化剂开工阶段影响加氢反应深度的因素有（ A，B，C ）。

A. 催化剂装填不均匀，产生沟流偏流

B. 催化剂干燥不彻底引起催化剂破碎

C. 硫化不完全，催化剂活性不高

D. 经过初活稳定，催化剂活性快速下降

53. 一般二苯并噻吩（DBT）的加氢脱硫反应动力学反应速率方程可表示为：$r_{HDS}=k\times K_{DBT}/(1+k_{DBT}\times P_{DBT}+K_{H_2S}P_{H_2S})^2\times K_H\times P_H/(1+K_HP_H)$，$k$ 为速率常数，K 为吸附平衡常数，P 为分压，此方程式说明（ A，B，C，D ）。

A. DBT 的加氢催化反应分别在加氢和氢解两个活性中心进行

B. 在氢解活性中心上，存在 H_2S 与 DBT 的竞争吸附，H_2S 对氢解反应存在抑制

C. H_2S 对加氢反应无影响

D. 加氢活性高的催化剂可以提高脱硫速度

54. 下述关于紧急泄压阀联锁手动打开按钮误动作后处理操作的说法错误的是（ B，C，D ）。

A. 迅速进行联锁复位后，关闭该阀，新氢压缩机递推系统手动操作，新氢量逐步提高

B. 将新氢机负荷打到 100%，启动备机，全量补氢气

C. 装置紧急停工，关闭进料泵出口阀、关闭反应加热炉入口阀

D. 紧急停机，避免机组损坏

55. 对于一个给定的塔，以下说法正确的是（ C，D ）。

A. 如果生产中发现该塔分馏能力存在欠缺，可以通过大幅提高回流比，弥补分馏塔分馏能力的不够

B. 如果生产中发现该塔分馏能力存在较大的富余能力，可以通过大幅降低回流比，降低操作费用

C. 如果生产中发现该塔分馏能力存在欠缺，可以在低于该塔负荷性能图所确定的液相负荷上限范围之下，通过适当提高回流比，弥补分馏塔分馏能力的不够

D. 如果生产中发现该塔分馏能力存在较大的富余能力，可以在高于该塔负荷性能图所确定的液相负荷下限范围之上，通过适当降低回流比，降低操作费用

56. 下列关于脱硫化氢汽提塔吹汽量说法正确的是（ C，D ）。

A. 汽提塔汽提蒸汽的作用是通过提高塔底油气温度，从而达到保证进料中夹带的 H_2S 完全脱除

B. 汽提蒸汽的品质无特别要求，温度高低对汽提塔操作无大的影响

C. 正常生产时吹汽量为塔进料量的 1%～3%(体积分数)，当进料组分中汽油含量很大时，或进料温度比较高时，可以适当降低蒸汽量，避免发生冲塔满罐事故

D. 吹汽量并不是越大越好，过高的吹汽将导致塔盘吹翻，浮阀脱落

57. 作为加氢催化剂预硫化的硫化剂，一般要求（ A，B，C，D ）。

A. 容易分解　　B. 硫含量高　　C. 不易挥发　　D. 安全性高

58. 溶剂再生塔冲塔后处理，与一般分馏塔冲塔后处理的区别在于(A，B，C)。

A. 溶剂再生塔冲塔后处理时的热源和回流的操作幅度大，小幅度调节不起作用

B. 溶剂再生塔冲塔后压力会下降，需要提高压力，一般分馏塔压力憋高，需要降低压力

C. 溶剂再生塔冲塔更多地需要从溶剂系统的排烃消泡等进行考虑，普通分馏塔主要考虑带水及组分变轻

D. 降低负荷

59. 下述关于产品分馏塔塔底液面控制错误的是(A，B，D)。

A. 开工垫油时，考虑到升温后塔板上需要一定的藏量，最好将塔底液面灌满

B. 控制高液位，可避免塔底泵抽空，尽量维持高液位操作

C. 液面太低，则易使塔底泵抽空

D. 液位控制只关系装置物料的平衡，不会影响装置其他部分的操作

60. 加氢进料加热燃料气压力低低联锁熄炉后，处理步骤错误的是(A，B，C)

A. 迅速停止进料，关闭高分液位，排放废氢

B. 关闭长明灯，炉膛吹扫

C. 直接点炉

D. 先关闭入炉阀，提高瓦斯罐压力，排除故障后，联锁复位，如处理快，可在维持进料的情况下，紧急点火升温，恢复正常

61. 加氢进料泵流量低低停泵后，下述处理步骤正确的是(B，C，D)。

A. 立即关闭高分液位控制阀

B. 先将反应加热炉入炉瓦斯阀和进料泵出口阀关闭，外操关闭相应的截止阀

C. 联锁复位后，反应加热炉先点上火嘴

D. 导致流量低低的因素排除后启动进料泵重新进料

62. 富液闪蒸的目的是(A，B)。

A. 富液中烃类含量可以大大降低，以便制取优质硫磺产品

B. 避免溶剂发泡

C. 回收液态烃

D. 降低再生塔压力

63. 加氢装置设循环氢脱硫的主要目的是(A，B)。

A. 循环氢中如果有较多的 H_2S，就会腐蚀管道设备，造成铁锈积累在催化剂床层上引起压降增加

B. 从化学平衡来看，循环氢中高浓度 H_2S 抑制脱硫反应向正方向移动，降低了达

到平衡时产品的脱硫深度，脱除 H_2S 有利于提高脱硫深度

C. 提高循环氢纯度

D. 降低加工损失

64. 导致胺液降解的因素有(A，B，C)。

A. 热降解，溶剂再生时，再生蒸汽和重沸器温度过高

B. 化学降解，原料气中的 CO_2，有机硫化物如 COS、CS_2 等与醇胺反应生成难以再生的碱性化合物

C. 氧化降解，原料气中的氧或其他杂质与醇胺反应生成一系列的酸性盐

D. 光照分解

65. 一般浮阀塔的操作性能图包括极限雾沫夹带线、液泛线、液相负荷上限线以及(B，C)。

A. 冲塔线　　B. 液相负荷下限线

C. 泄漏线(漏液线)　　D. 热负荷线

66. 下列关于硫化时间和硫化温度的说法正确的是(A，B，C，D)。

A. 一般来说，硫化速度随温度升高而增加，最后达到一个临界值，即再升高温度时硫化速度基本恒定

B. 催化剂达到完全硫化的时间，随硫化温度升高而缩减

C. 在每个硫化温度下，存在一个硫化的饱和极值，即使再延长硫化时间，上硫量也不会明显增加

D. 不同催化剂活性中心对应的硫化温度不同

67. 加氢原料中烯烃含量上升，会产生的现象有(A，B，C，D)。

A. 反应温升大幅上升

B. 系统耗氢量增大

C. 加速催化剂结焦

D. 循环氢纯度下降、在不提高转速的情况下，循环机出口流量上升

68. 下列操作中，可能导致催化剂快速结焦的是(A，B)。

A. 硫化油选用非直馏原料　　B. 硫化结束即直接用设计原料进油

C. 先提量再提温　　D. 节约氢气，少排废氢

69. 工艺联锁试验的目的是(A，B，C)。

A. 检验联锁逻辑回路的准确性　　B. 检验联锁参数的准确性

C. 检验联锁机构的灵活性与准确性　　D. 让操作人员得到感性认识

70. 焦化汽油加氢时，主要需要解决的技术问题包括反应器压降及反应系统压降大和(B，C，D)等问题。

A. 脱硫脱氮困难　　B. 催化剂硅中毒

C. 温升大，床层超温　　D. 耗氢量大，系统氢气平衡困难

71. 下列关于石油中的含氮化合物加氢脱氮反应的共同特点是(A，B)。

A. 氮杂环首先加氢饱和，然后 C—N 键发生氢解反应生成胺类，最后再加氢脱氮生成烃类和氨

B. 加氢脱氮总反应速率的控制因素是加氢饱和反应的化学平衡

C. 和脱硫一样，有直接氢解和先加氢再氢解两条路线

D. 和脱芳一样，受到热力学限制

72. 下列关于原料中氮化物大幅增加后产生的问题，描述正确的是(B，D)。

A. 往往意味着原料变轻，变劣

B. 稠环化合物，芳烃含量相应增加，其他杂质含量上升

C. 使催化剂失活速度减慢

D. 低温部位铵盐结晶加剧

73. 催化剂预硫化升温曲线主要标示出(A，B，C)等预硫化操作信息。

A. 升温速度

B. 恒温时间和恒温阶段

C. 预硫化总体的时间网络

D. 各硫化阶段循环氢中 H_2S 浓度

简答题

1. 压力试验前应具备什么条件?

答：试验范围内的管道安装工程除涂漆、绝热外，已按设计图纸全部完成，安装质量符合有关规定。

2. 使用高压空冷时应注意的事项有哪些?

答：首先应缓慢将介质引入，尤其温度较高的介质，让管束均匀受热，避免局部换热管因受热不均造成变形和损坏，在调节空冷温度时应避免同时停用相邻的风机。

3. 金属材质的劣化指的是什么?

答：金属材质的劣化是指：金属材料在腐蚀介质、交变应力等因素的作用下发生的材质强度、硬度、组分、抗冲击性能等的变化，从而降低了使用寿命的过程。

4. 为何在硫化氢环境中也会发生氢脆?

答：由于铁会和硫化氢发生反应，生成硫化亚铁和氢气；由于有氢气的产生，在压力、温度的作用下，就会发生氢脆。

5. 干气密封的基本原理是什么?

答：干气密封工作原理：干气密封主要是由一对动环和静环配合组成，动环上开有螺旋槽，通过旋转气体由进口泵入螺旋槽的根部，在此，环形面形成密封隔墙，该密封墙对气流产生阻力，气体被压缩，压力增高，产生的压力使静环从动环表面被推开，这样，密封面间始终保持一层极薄的气膜，使动环和静环之间存在间隙，密封始终工作在非接触状态，动环和静环的正常间隙为 3~5μm 左右。

6. 汽轮机有什么优点?

答：它的优点是：功率大、效率高、结构简单、易损件少，运行安全可靠，调速方便、振动小、防爆等。

7. 凝汽式与背压式汽轮机热力过程有什么不同?

答：凝汽式汽轮机排出的蒸汽都进入凝汽器，因凝汽器真空度高，蒸汽在汽轮机中充分膨胀多做功。

背压式汽轮机排出的蒸汽压力远高于大气压，可供装置使用，背压式汽轮机的经济性差，但无需凝汽设备。

8. 调节系统的作用原理是怎样?

答：Woodward 505 调节器同时接收二个转速传感器(MPU)变送的汽轮机转速信号，并

将接收到的转速信号与调节器内部转速设定值比较后输出执行信号(4～20mA 电流)，经电液转换器转换成二次油压，二次油压通过油动机操纵调节汽阀，使汽轮机转速保持稳定。

9. 危急遮断器及危急遮断油门的作用是什么?

答: 危急遮断器装在汽轮机主轴上，当转速超过额定值的 9%～11%时，重锤离心力超过弹簧力而甩出，撞向危急遮断油门的拉钩，使之脱扣，从而关闭主汽门，当危急遮断器使危急遮断油门的拉钩和滑阀脱扣后，在弹簧作用下滑阀上移，使高压油被堵，主汽门迅速关闭。

10. 汽轮机危急保安装置动作的途径有哪些?

答: 危急保安装置可以通过以下途径动作：①手动：将危急保安装置手柄向下压；②转子轴向位移：拉钩被转子上凸肩抬起而脱扣；③危急遮断器动作：拉钩被克服弹簧力而飞出的飞锤击打而脱扣；④以上动作均是切断压力油，同时泄掉速关油，使速关阀关闭，切断进入汽轮机的汽源。

11. 引起催化剂床层径向温差的原因和后果分别是什么?

答: 催化剂床层内除了沿反应器轴向存在温度梯度外，床层某一截面上不同位置的温度也可能不同。将同一截面上最高点温度与最低点温度之差称为催化剂床层径向温差。催化剂床层入口分配器设计不好，催化剂装填不均匀，催化剂部分床层塌陷，床层支撑结构损坏等情况下，将直接引发催化剂床层径向温差。反应器入口分配不均、积垢、床层顶部结盖，催化剂经过长期运转，装置紧急停工后重新投运，有大的工艺条件变动(如进料量、循环气量等大幅变化)等情况下，催化剂床层也有可能出现径向温差。径向温差的大小反映了反应物流在催化剂床层分布均匀性的好坏。一旦出现催化剂床层较大的径向温差，其对催化剂的影响几乎与轴向温升相同，对产品质量、选择性方面所造成的影响则远远大于轴向温升。

12. 在加氢生产过程中，导致催化剂结焦的影响因素有哪些?

答: ①催化剂干燥阶段，干燥介质含烃，或发生窜油窜气等事故，导致催化剂结焦。②催化剂硫化阶段，硫化油选择不当，烯烃等易结焦介质含量高，升温注硫速度过快，床层发生超温。③硫化结束后未经过初活稳定，直接进原料油，因催化剂初期活性太高，导致催化剂快速结焦。④在正常生产过程中，发生超温、飞温现象，循环氢纯度偏低、氢油比偏低、氢分压、低空速操作等异常操作，导致催化剂结焦。⑤装置原料中硫、氮、残炭、烯烃、稠环芳烃等杂质含量超出指标，易导致催化剂结焦。⑥装置发生异常停电、停机及进料中断等事故，床层温度来不及降低，导致催化剂快速结焦。⑦原料保护不当，导致氧化结焦。

13. 错油门、油动机是怎样工作的?

答: 它们的工作原理是：二次油压的变化使错油门滑阀产生上下运动。当二次油压升高时，滑阀上移，由接口通入的压力油进入油缸活塞上腔，而下腔与回油口相通，于是活塞向下移动，并通过调节汽阀杠杆系统使调节汽阀开度增大，与此同时，反馈导板，弯角杠杆将活塞的运动传递给杠杆，杠杆便产生与滑阀反向的运动使反馈弹簧力增加，于是错油门滑阀返回到中间位置。通过活塞杆上调节螺栓调整反馈导板的斜度可改变二次油压与活塞杆行程之间的比例关系。反馈系统的作用是使油动机的动作过程稳定，它通过弯角杠杆、杠杆、活塞杆及错油门滑阀构成反馈环节。

14. 什么是汽轮机组的差胀?

答: 汽缸与转子之间的相对膨胀之差叫差胀。正差胀大说明汽缸胀得慢，转子胀得快；

负差胀大说明汽缸未收缩转子已经收缩了或汽缸胀得快转子胀得慢。

15. 汽轮机调节系统的功能是什么?

答: 调节系统用于驱动压缩机的汽轮机，它接收来自外部的控制信号，对汽轮机的转速进行控制，从而自动调节压缩机的出口压力。

16. 加氢装置苛刻度提高后对装置的影响?

答: ①对于催化剂，提高反应温度、降低空速，将导致催化剂快速结焦，催化剂活性下降，压降上升，运行周期缩短；提高氢油比和氢气分压，既可提高操作苛刻度，又可保护催化剂，在压缩机和系统氢气平衡允许的范围内，提高氢油比和氢气分压是更可靠的手段。②对于装置的腐蚀，操作苛刻度提高后，硫氮等杂质的脱除率大幅提高，特别是反应流出物中 H_2S 和 NH_3 等含量大幅提高，在高压空冷前的200℃以下低温部位换热器和管线、空冷容易出现铵盐结晶，堵塞设备和管线；在这些铵盐结晶部位，经常发生垢下腐蚀；系统中 H_2S 含量提高后，在含水的湿硫化氢环境中，湿硫化氢腐蚀将变得更加突出。③加工苛刻度提高后，氢气消耗，装置能耗将大幅上升，产品收率将出现一定程度的下降。④脱硫系统的负荷加大，因轻质烃类增多，溶剂系统容易出现不稳定，发泡冲塔。

17. 进汽压力过高或过低对汽轮机运行有什么影响?

答: 汽轮机在设计时是根据额定主蒸汽压力来考虑各部件的强度的，因此在主蒸汽压力高于额定值时，使主蒸汽管及管道上的阀门，调节汽门的蒸汽室和叶片等过负荷，甚至会引起各部件的损坏。另外，汽压超过额定值，使汽轮机末几级蒸汽工作温度增加，造成末几级叶片工作条件恶化。汽压低于设计值时，将使汽轮机的效率降低，在同一负荷下所需的蒸汽量增加，引起轴向推力增加，同时使后面几级叶片所承受的应力增加，严重时会使叶片变形。另外，汽压过低将使喷嘴达到阻塞状态，使汽轮机功率达不到额定数值。

18. 离心压缩机进气条件的变化对性能的影响如何?

答: 压缩机进气条件指进气温度、进气压力和进气相对分子质量三个条件，对压缩机的性能有较大影响:

①进气温度的影响。在转速不变和质量流量不变的情况下，进气温度和质量流量成反比，温度降低，压比将升高，反之则相反。进气温度与功率成反比，温度升高，功率下降，反之，则相反。②进气相对分子质量的影响，对容积流量一定时，相对分子质量增加，压缩比升高，反之，压缩比降低。压缩机功率和相对分子质量成正比。③进气压力的影响。和进气相对分子质量一样，进气压力和质量流量成正比，进气压力不影响压缩比，因而排气压力和进气压力成正比。压缩机功率和进气压力成正比。

19. 影响汽柴油加氢过程的原料油性质有哪些?

答: ①原料油馏程；②硫、氮、芳烃、烯烃等杂质含量及其族组成，金属化合物及其含量；③进料中固体粒子的含量；④原料油中的盐含量；⑤原料油的残炭含量；⑥原料油的黏度。

20. 简述炉管结焦的现象?

答: ①系统总体阻力降加大，炉管阻力大，各路进料压力升高；②炉膛温度上升，炉管表面温度很高，但加热炉负荷提不上去；③分支炉管出口温差大；④炉出口温度下降；⑤严重时炉管发生剥皮，出现纹路，变为粉红色；⑥如局部结焦，会出现与某根炉管相关的炉管表面温度，炉管出口介质温度超高。

21. 日常生产中，电机烧毁的原因有哪些？

答：①机泵超负荷，导致电机超电流；②机泵运行介质密度远大于设计介质，导致电机超电流；③电机定子冷却效果差，导致定子超温；④机泵启动未盘车，机泵轴弯曲，轴承发热等原因，导致泵轴咬死，摩擦力矩太大等，导致机泵超电流；⑤压缩机等励磁柜未调整好，导致同步失调；⑥可燃气体进入机体；⑦电机进水；⑧线圈老化。

22. 简述新氢压缩机活塞杆断裂的原因？

答：①断裂形式有疲劳断裂和脆性破坏断裂；②活塞杆实际热处理工艺和参数选择不当，不符合原设计要求，使得材料处于低强度状态；③制造质量差、质量把关不严，产品为不合格品；④如果操作偏离设计工况较大，原材料有缺陷，制造过程有缺陷，都有可能发生断裂；⑤原材料把关不严；⑥分液罐严重带液。

23. 对板式塔完好有何要求？

答：各层塔盘的水平度必须能满足足够的塔盘液相高度；集油箱除平衡孔外无其他漏点；塔盘上各浮阀、固定卡等配件齐全，塔内无杂物，各升降液管按技术文件要求安装到位；各液位计，压力表完好并投用。

24. 对填料塔完好有何要求？

答：各层填料支撑盘牢固；填料装填规整；除沫器等内件齐全完好；各液位计，压力表完好并投用。

25. 对管壳式换热器完好有何要求？

答：①各静密封点无泄漏；②管束无内漏；③管束结垢程度未影响设备使用性能；④各液位计，压力表完好并投用。

26. 请简述脱硫系统检修防 FeS 自燃方案？

答：①获得脱硫系统的除臭剂，根据除臭剂的使用说明先洗一遍。②各塔蒸塔时，从塔底给汽，给汽要缓慢，汽量由小到大，蒸塔时间充足，符合安全规定。装置停汽后，不能立即打开人孔，必须经过充分冷却后才能打开人孔。打开人孔前，各层人孔处应配置好新鲜水管线，并保证正常供水，然后可以将新鲜水喷入塔内，使塔充分进行冷却。在打开人孔时，可以继续打水冷却。冷却水可以直接从塔底由导淋排在地下漏斗内。③绝对禁止在塔内温度高于 40℃时打开人孔。④打开人孔前，应将与塔相连的阀门关闭，将塔切出。⑤打开人孔后，应加强巡检，加强监盘盯表，严防死守，防止烧坏设备。⑥需更换填料时，在卸填料前，应从塔顶往塔内喷水，使填料充分湿润，防止自燃。⑦检修过程中，为防意外发生，每天白天、晚上安排人员向塔内洒水，关好塔的人孔，以保持塔内的湿润，防止发生自燃。打开人孔后，定时安排人员观察各塔的各部温度，如发现温度有上升迹象，立即从塔顶往塔内喷水，杜绝着火的发生。如检修时发现塔人孔冒烟，立即通知塔内检修人员出来，从塔顶注水灭火。

27. 作为压力容器的固定床反应器承压部分完好标准是什么？

答：①压力容器安全等级为Ⅰ、Ⅱ级；②各安全附件齐全好用；③无泄漏；④无超温超压现象。

28. 高温硫化氢腐蚀机理是什么？

答：高温硫化氢腐蚀为均匀腐蚀，反映为铁同硫化氢反应生成硫化亚铁和氢气，腐蚀速率受温度高低、硫化氢浓度等因素的影响。

29. 如何防止硫化氢腐蚀?

答:防止办法有:①降低循环氢中的 H_2S 浓度;②采用抗 H_2S 腐蚀的钢材,如用不锈钢;③选用不锈钢衬里或钢材表面渗铝;④加注缓蚀剂。

30. 如何防止连多硫酸对奥氏体不锈钢设备的腐蚀?

答:防止奥氏体不锈钢连多硫酸腐蚀的措施,有以下几点:①氮气封闭:即在装置停工后,对不需检修的奥氏体不锈钢设备或管线专用阀门或盲板封死,内充微正压氮气进行保护;②保温:使其保持干燥,避免液态水的产生;③中和冲洗:对于需要拆开检修的奥氏体不锈钢设备、管线等应尽快将它们浸泡在碱性中和水溶液中 4h 以上,然后用干净水清洗,洗后干燥,以免碱液留在设备表面上。

31. 离心风机完好标准有哪些内容?

答:①风机能达到设备送风能力;②风机振动在规定范围内;③风机轴承箱各密封点无泄漏,轴承箱温度正常;④油视镜完好清洁;⑤进出风口短接完好不漏风,风量调节(入口碟阀或变频风机)灵活。

32. 什么是离心式压缩机的喘振(飞动)现象?

答:当离心式气压机的流量减少到某一最小值,气流的分离区扩大到整个叶道,就是使叶片通道内无法流过气体,这时叶轮没有气量甩出,压力便突然下降,具有较高压力的背压气体就会倒流回叶轮里来。瞬间倒流来的气流使叶轮暂时弥补了气体流量的不足,而使叶轮恢复正常工作,重新又把倒流回的气流压出去,但这样又使叶轮流量减小,气流分离重新发生,压力又突然下降,背压气体重又倒流回来,再一次重复上述过程。如此周而复始地进行,就使压缩机和其他连接的管线、设备中产生一种低频率高振幅的压力脉冲,声音如吼叫喘气,所以称"喘振"现象,又称"飞动"现象。喘振时,噪音严重,机器强烈振动,操作很不稳定。

33. 喘振现象有什么特征?

答:喘振现象的特征有:①压缩机工作极不稳定。压缩机正常运转时,排气压力、流量等参数脉动值小,频率高;②减少流量到出现喘振时,气动参数会出现周期性的波动,振幅大,频率低,同时平均排气压强值下降;③喘振有强烈的周期性气流噪音,出现气流吼叫声。正常运转时气流的声音为哨声,到喘振前气流声音变化不大;④喘振时突然出现周期性的爆音,再减少流量,会出现轰隆隆声;⑤机器强烈振动。机体、轴承等振幅急剧增加。

34. 凝汽式汽轮机凝汽器热井的作用?

答:热井的作用是集中凝结水,以便较稳定地控制凝结水水位,有利于凝结水泵正常运行。如无热井、凝汽器内的水位就会不稳定,使部分冷却铜管浸入水内造成凝结水过冷却,影响运行经济性。

35. 循环氢脱硫塔发生循环氢带液严重,如何处理?

答:一旦发生循环氢脱硫塔带液严重,将威胁压缩机的运行安全和富液低压系统的安全,必须采取果断的措施进行处理:①立即对循环压缩机入口分液罐进行脱液,防止满罐,或液位超过联锁值跳车;②内操立即手动控制脱硫塔塔底液位,防止液位抽空。此时塔底紧急切断阀联锁必须投用;③立即将脱硫塔跨线打开,降低进入脱硫塔气体量,减轻带液程度。如果跨线打开速度较慢,需要先降低压缩机转速,待正常后恢复;④必要时停止贫液进料,关闭贫液和富液进出阀门,暂时停止脱硫;⑤溶剂再生系统根据循环氢脱硫塔的操作变动情况，平衡好物料和蒸汽量，保持平稳操作。

36. 加氢装置规定的升温速度和降温速度各是多少？为什么要这样规定？

答：升温速度不大于 30℃/h，降温速度 200℃以上不大于 30℃/h。

从工艺上考虑，温度升得快，不仅对催化剂活性有影响，而且容易引起催化剂床层超温，对催化剂不利。

从设备材质考虑，因加氢系统均为厚壁容器的设备，应避免设备器壁内形成过大的温度梯度和应力梯度。升温和降温速度过快会导致不锈钢堆焊和母体材质的剥离。降温速度过快还会导致铬钼钢的回火脆化。缓慢降温可使氢气有充足的时间从金属内扩散出来，同时也可避免热胀冷缩引起的设备法兰面的泄漏，所以升温降温速度不能太快。

37. 反应加热炉管内结焦危害是什么？

答：①结焦会使炉管内流道变窄，内壁变粗糙增加流动阻力；②结焦会严重影响炉管向管内介质的传热，导致炉管表面温度升高，增加能耗，缩短炉管寿命；③在内部结焦层和高温的共同影响会使炉管内壁形成渗碳层，使炉管材质劣化，缩短使用寿命。

38. 为何在启动凝结水泵前要向热井补水？

答：凝结水泵入口侧是在高度真空下工作的，为了保证水泵的正常运行，在入口侧要求保持一定高度的水位，当水位降低，会引起水泵发生气蚀。一旦发生气蚀，水泵就会发出异常噪音，长时间在此状态下运行会损坏机泵。

39. 简述为何加氢高压空冷要采用 2 片，并采用对称布置？

答：①高压空冷内部介质为高压的气体(或气液混相体)，并且含有高腐蚀性的硫化氢和水，对空冷管束会产生腐蚀，并且在高流速情况下腐蚀速率很大。②为了控制腐蚀，就要控制空冷管束内介质流速。③如果空冷管束发生偏流，部分管束内的流速就会大幅增加，因此采用严格对称布置的方式来防止由于流道特性的差异导致的偏流发生。

40. 在密封性能方面螺纹锁紧环换热器的优点是如何体现的？

答：因它本身结构的特点，由内压引起的轴向力通过管箱盖和螺纹锁紧环而由管箱本体来承受，这样加给密封垫片的压力就小，使螺栓变小，便与拧紧，很容易发挥密封效果。在运转中如果发现管壳程间泄漏时，利用露在外部的辅助紧固螺栓进行再紧就可以克服泄漏。

41. 工业上对脱硫溶剂有什么要求？

答：①较大的溶解度；②较高的选择性；③溶解度对温度十分敏感；④挥发性要小；⑤不易发泡，稳定性要好。

42. 反应器在正常运行和开停工中应注意些什么？

答：①在正常运行中，要注意反应器床层的压降和温度，来判断设备的运行情况，严禁超温超压，以保护设备和催化剂；②在开停工时应严格控制升降温、升降压速度，尽量避免本体和构件形成不均匀的温度分布而引起较大的热应力；③为防止奥氏体不锈钢内件产生硫化物应力腐蚀开裂，在停工时应抑制连多硫酸的形成，或在这种腐蚀产物产生前采用碱性溶液进行中和；④停工时应采取使操作状态下吸藏的氢能充分释放出去的方案，如先降压，后降温；⑤开停工时，应尽量避免反应器中有液相水和氧气在存在。

43. 为何要进行反应器内构件的中和清洗？

答：因为反应器内构件材质为不锈钢，反应器内部介质环境含 SO_2，当装置停工后与空气接触，奥氏体不锈钢内件会产生连多硫酸应力腐蚀，为防止连多硫酸应力腐蚀，需对反应器内构件中和清洗。

44. 应力腐蚀机理是什么?

答：材料在腐蚀与拉应力的同时作用下产生破裂，称为应力腐蚀破裂(SCC)。影响应力腐蚀破裂的重要变量是温度、介质成分、材料成分和组织结构、应力。破裂方向一般与作用应力垂直。应力增大，则发生破裂的时间缩短。应力来源于外加应力、焊接和冷加工等产生的残余应力、热应力等。

45. 液力透平的原理是什么?

答：液力透平的原理是高压液体经过透平转子到低压段，在泄压的过程中势能转化为动能，高速液体带动透平转子旋转，输出扭矩。

46. 检修后验收的内容有哪些?

答：检查各项检修工作是否按检修规程进行并达到完好标准；验收有关检修资料是否齐全准确；对检修的炉管需进行压力试验；对更换的设备需进行试运；对检修更换过炉膛衬里要进行烘干处理等。

47. 加热炉炉管破裂有哪些现象?

答：加热炉一旦发现炉管破裂，最直观的现象在于加热炉本身会出现一系列的异常；出现正压，氧含量急剧下降；炉管表面温度偏高，炉膛温度高；炉出口温度上升，燃料气消耗出现下降；炉膛观察，管壁着火，有油火下滴；除加热炉外，其他方面，会出现或多或少的物料不平衡。

48. 热高分窜压至热低分如何处理?

答：①立即将热高分液控改为手动操作，关闭截止阀，切断向热低分进料量，待热高分液位上来后控制在正常范围内；②立即将冷低分压力降至正常操作压力，压控排放后路打开去低压瓦斯流程，低分气脱硫塔后路直接改去低瓦，压力正常后改回正常流程；③联系仪表检查液控阀故障原因并修复；④稳定平衡好分馏系统操作。

49. 溶剂再生塔冲塔有哪些原因?

答：①重沸器加热蒸汽量过大，导致塔底温度超高，气相负荷过大；②塔底液面波动大；③压控失灵，波动过大；④塔顶回流过大后中断或回流泵故障；⑤富液闪蒸罐闪蒸效果不好，溶剂带烃，降解，发泡；⑥富液中酸气比过高，溶剂再生塔负荷超出设计。

50. 紧急泄压联锁系统的启动原则是什么?

答：①一般加氢处理装置的裂解反应不是很剧烈，系统出现非正常飞温超压的情况并不多见，紧急泄压联锁系统一般不设置自动启动，按手动控制设置，启动原则如下：加氢装置是高压临氢系统，危险性大。当班班长在下列情况下，应立即向主管领导汇报，联系不上时，有权在通知调度获得同意后按下紧急泄压按扭。②反应器任何一点温度超过设备最高允许温度。③装置大面积失火，危及装置安全。④临氢系统管线发生大面积的泄漏。⑤反应系统压力超过设计值。⑥临近装置发生大面积着火、爆炸危及装置安全时。⑦发生严重的高压窜低压事故。

51. 引起反应器顶部结垢的原因是什么?

答：引起顶部结垢的原因有：①上游装置来的原料不稳定，原料罐没有隔离氧气等原因，导致在炉管内更高温区快速结焦形成炭粉等颗粒沉积在床层顶部；②原料中含铁，进入反应器快速与 H_2S 反应生成硫化亚铁，沉积在催化剂表面，形成硬壳；③原料中含硅、钠、钙等金属杂质及无机盐，沉积在催化剂表面，堵塞催化剂孔道，并使催化剂颗粒黏结，形成结盖；④原料油中带有机械杂质；⑤原料油或氢气带氯，产生腐蚀，铁离子带入反应器；氯离子和高温的作用，使原料中的某些化合物在炉管表面缩合结焦，炭粉颗粒进入反应器，沉积在催化剂顶部。

52. 影响脱硫吸收效果的主要因素有哪些?

答：①压力的影响：压力高，气相中 H_2S 分压大，吸收推动增大，反应向右移动，有利吸收；压力低则不利吸收，但过高的压力会导致原料气中的重组分液化。再生解吸时则要求压力低，酸气容易从富液中解吸出来，能得到低酸气负荷的再生贫液。②温度的影响：吸收需在低温下进行，解吸则在高温下进行，但温度过高不仅蒸汽耗量大，能耗高，同时胺液容易分解而失效。在正常生产中通常保持溶剂的温度比气体进料温度高 5~6℃。③溶剂浓度和酸气负荷的影响：溶剂浓度高对吸收有利，但过高会导致溶剂发泡，影响生产正常运转。贫溶剂的酸气负荷直接影响脱硫效果，贫溶剂的酸气负荷越低，脱硫效果越好。④溶剂的循环量：溶剂的循环量不足会导致吸收效果差，循环量过大会导致动力消耗大，所以循环量应控制在刚好能满足化学吸附所需量为好。

53. 未再生加氢催化剂卸剂时有哪些主要的注意事项?

答：①在卸剂前应确认新鲜水管线内有水，在反应器上下出口的新鲜水管线接好胶皮管，以便有足够的水量来处理意外事情的发生，并且准备好足够的干冰和灭火器。②反应器内要通有氮气，并保持微正压，以隔绝空气。③卸剂前，催化剂床层的温度尽可能降下来。如卸剂时卸出的催化剂发生着火，可以用干冰进行灭火或用灭火器打，实在不行的话，用新鲜水灭火。④卸剂工作是在催化剂未经再生的工况下进行的，一旦空气进入反应器内将立即发生自燃。因此卸剂过程应十分注意这个问题，必须确保反应器有良好的氮封，对氮气系统必须有专人负责。⑤为加快卸剂速度，底部装桶人员及工具要配备衔接好，车辆调度必须有序、高效。⑥卸剂工作量大，涉及施工单位及人员多，因此各相关单位要相互协调，积极配合，确保安全。⑦新鲜水、消防水供水正常。

54. 引起催化剂床层塌陷的原因是什么?

答：引起床层塌陷的原因为：①进料中含有大量明水，带入反应器。由于水的汽化凝结使催化剂颗粒粉碎。②催化剂装填效果不好，床层疏密不均匀，长期运转后，床层逐渐压紧，空隙率下降，局部塌陷。③挤条催化剂的长度均匀性不好，经过多次升降压或循环氢急停急开后断裂成短条，引起床层空隙率的变化而塌陷。④催化剂压碎强度差，多次开停或事故处理后破裂，催化剂床层下部支撑物装填不合理，造成催化剂迁移，甚至进入冷氢箱等，造成塌陷。⑤催化剂支承盘出现问题，如筛网破裂，器壁缝隙大，存在漏洞，支撑梁断裂等。

55. 柴油加氢反应器发生床层飞温后的伴随现象有哪些?

答：①耗氢大幅增加，系统压力大幅下降；②床层温度呈指数级数上升；③因反应出口温度急剧上升，通过进出物料换热后，反馈到反应加热炉，导致炉出口温度大幅上升；④循环氢纯度急剧下降，循环氢排量急剧上升；⑤如飞温时间长，将出现反应裂解加剧，反过来出现压力上升甚至超压。因催化剂快速结焦，将出现床层压降快速上升，短期内产品杂质脱除率上升后，逐渐下降；⑥如控制不及时，将导致温度难以控制，最后只能熄灭加热炉，停止进料来处理；⑦因反应流出物温度急剧上升，高分温度将出现上升，导致循环压缩机带液，低分、汽提塔等瓦斯排量上升；⑧因裂解加剧，分馏系统的轻烃增多，导致汽提塔回流罐满罐，分馏塔柴油闪点偏低等后续反应。

56. 加氢催化剂积炭的机理及规律？

答：由于酸性中心的存在，在催化剂表面会逐渐形成积炭。积炭会使催化剂活性下降，原因是易生炭化合物在酸性中心上强烈吸附，覆盖了活性中心，并且由于焦炭积累，堵塞孔道，使反应物不能接近活性中心上发生强吸附，覆盖了活性中心，大大降低了催化剂的表面利用率。在反应初期，积炭量开始迅速增加，催化剂的活性下降也很迅速。随着时间的延长，积炭量接近稳定，催化剂活性也进入稳定期。反应后期，由于过多的积炭堵塞了催化剂的孔道，活性下降太多，需要提高温度来进行补偿。

57. 加氢装置固定床反应器在装填催化剂前的主要检查内容是什么？

答：一般加氢固定床反应器在装填催化剂前需要进行检查，检查的主要内容为：检查反应器内是否干燥，是否有杂物特别是金属杂物；检查出口物料收集器是否完好，金属丝网的规格是否符合要求，固定情况是否完好；反应器内是否有裂缝；反应器卸料管是否已用陶纤塞满；检查底部瓷球等的装填高度控制线是否划好，标识是否正确；检查热电偶套管、冷氢格栅、分配盘、冷氢管等内构件是否完好。

58. 脱硫系统溶剂循环的主要注意事项是什么？

答：①脱硫系统在建立溶剂循环前，必须和其他系统一样，认真组织蒸汽吹扫试压工作，循环氢脱硫塔参与反应系统的气密工作；②在引进溶剂前，整个系统要进行反复的氮气置换，防止溶剂被氧化降解；③引进溶剂前严格进行流程三级检查，防止物料互窜，跑损溶剂或污染溶剂；④引溶剂前，各设备的安全阀需要投用，压控投用，后路去低压瓦斯；⑤严格控制好进出物料平衡，防止液位抽空，发生窜气，低压系统超压；⑥配制溶剂时，要注意保护溶剂，装一桶开一桶，尽量避免和空气接触，配置用水要用除氧水；⑦溶剂循环时，富溶剂过滤器先投用，尽量将系统脏物滤出，同时做好对溶剂泵的检查。

59. 简述重要操作前的危害识别和评价要点？

答：①首先识别该重要操作的重要危险源，如有毒有害易燃易爆介质的泄漏、和氧形成混合气体，装置重要联锁误动作，工艺设备超温超压、液位空、流量为零等；②再评价其危害，如爆炸着火中毒等恶性事故，装置停机停炉停泵等联锁事故，设备泄漏、设备损坏等事故，最后分析其发生频率和严重性；③综合评定危害等级；④制定措施，进行防范。

60. 热油管线法兰泄漏发生着火的处理方法是什么？

答：处理办法：①应视具体部分及当时条件决定，原则是“管线着火卡两头，容器着火抽下头”；②如果着火不大，班长组织人力扑灭，并汇报车间；③若火势未被控制，应按紧急停工处理，通知消防队及厂调度，配合消防队灭火。

61. 反应器床层飞温如何处理？

答：①反应器床层飞温首先可采取提高冷氢量的办法；②适当降低炉入口温度，提高离心循环氢压缩机排量；③仍无法控制要立即联系切换原料，停止劣质油进装置；④事故严重时需要灭加热炉火嘴，开大热高分旁路等措施，高分系统要开大空冷，防止超温满液位，同时要防止高分液体起泡，形成假液位；⑤压缩机入口要加强脱液，循环氢脱硫塔最好切出，避免溶剂污染；⑥新氢压缩机手动控制，防止系统氢气管网被拉趴下。

62. 论述反应器催化剂床层温升波动的主要因素?

答: 影响反应器温升变化的主要因素：①原料油中溴价、硫、氮含量变化；②反应系统改循环时间太长；③氢纯度和循环氢流量变化；④系统压力变化；⑤反应器偏流或换热器走短路；⑥空速变化；⑦催化剂结焦或中毒、活性下降；⑧反应器入口温度波动；⑨急冷氢流量的波动。

63. 压缩机活塞杆断裂如何处理?

答: ①发生压缩机活塞杆断裂事故，装置现场压缩机附近一般伴随巨大的撞击声音，需要立即紧急停运压缩机，可通过内操紧急停机按钮或外操现场急停按钮紧急停机；②紧急停机后，外操先关闭机组进出口阀门进行泄压；③内操通知调度和装置负责人及技术人员；④紧急停机后再紧急启动备机，高分压力可手动控制，系统压力可控制稍微低一点，平稳后恢复系统压力。

64. 论述高压临氢系统泄漏着火的危险特点及分析?

答: ①高压临氢系统高温高压临氢含 H_2S 易燃易爆装置，装置规模大，危险度高，必须随时做好事故预想和准备；②加氢反应器系统、压缩机、加热炉为装置主要消防重点部位；③加氢反应系统一旦发生泄漏，将导致大量高压氢气、H_2S、高温柴油、汽油泄漏着火，严重时将形成爆炸性混合气体，事故危害极大；④高温法兰面在泄漏着火后，不能用冷水扑救灭火，以防止法兰面大面积呲开；⑤火灾扑灭后，如果泄漏没有得到处理，将导致大量的带 H_2S 的氢气泄漏，可能引起更大的火灾或中毒情况，因此，必须慎重采取安全措施，防止事故扩大。

65. 加氢催化剂干燥时的主要注意事项有哪些?

答: ①为了能使催化剂中的水分能在较低的温度下释放出来，催化剂干燥阶段反应系统压力应维持在 1.5MPa；②在压缩机能达到的情况下，气剂比应尽量大些，反应床层温波推进快，温度分布均匀，催化剂上水脱除得快；③升温和恒温阶段有专人对脱水量进行称重记录；④升温速度不可过快，在 250℃恒温阶段时间不小于 6h；⑤当床层温度高于催化剂供应商给定的进氢最高温度时，不能引氢；⑥当高压分离器释放不出水及循环气中水含量不变时，可以认为催化剂干燥结束，否则可适当延长催化剂恒温时间。

66. 反应器顶头盖大面积泄漏着火如何处理?

答: 工艺措施：①事故后，应立即启动紧急泄压按扭，反应系统按紧急停工处理。切断进料、熄灭炉子，泄压退送物料；②分馏系统改循环，熄炉；③立即通知调度、领导，装置根据总调和领导指示做进一步处理。

设备措施：立即停运新氢压缩机，按照领导要求停运循环压缩机，熄灭加热炉。

安全措施：①如泄漏点可以靠近，应立即打开消防蒸汽、高压氮气进行初期火灾的扑灭和掩护。救火人员应注意带好空气呼吸器和 H_2S 报警仪；②立即拨打消防和气防急救电话，通知消防大队抢救，气防站进行 H_2S 中毒防护；③注意事项：事故处理过程要防止事故扩大和 H_2S 中毒，注意不能用冷水直接喷淋高温反应器和高温高压换热器，只能用蒸汽和干粉灭火器扑救。

67. 论述加氢装置事故处理原则?

答: ①装置一旦发生事故，岗位人员必须立即通知主管领导、装置主管技术人员、值班、当班班长、调度、消防、气防，按照岗位操作法和事故处理预案，进行紧急初步抢救，控制事故状况，防止事故扩大；②当领导到现场后，在领导的统一指挥下，全力抢救；③无论是着火、爆炸、中毒事故，第一步必须想办法切断危险源，将受伤、中毒人员移至安全地带，进行急救；④抢救过程必须首先保证抢救人员本身的安全，避免事故扩大。装置停电、停机、停水等生产事故应按照“熄炉、停止进料、泄压、首先保设备、保催化剂”的处理原则，沉着冷静处理。

68. 简述装置停工前的准备内容？

答：①在装置停工前，技术人员编写好停工网络图，使停工各个步骤按时间表准点进行，同时要求岗位人员充分学习。②根据每次停工要求，详细制定停工措施，若进行催化剂更换或再生，则制订相应的卸剂方案和催化剂再生方案。③把装置停工的准确时间通知与装置有关的单位做好相应的停工准备。技术人员在停工前把制定好的停工方案发放到班组。岗位人员必须根据停工方案熟练掌握本岗位的停工步骤，充分做好停工准备。④在停工前按HSE要求，对主要检修项目进行安全危险性分析和风险评价，环境影响因素分析识别与评价并进行控制。⑤准备好停工所用的不同规格的隔离盲板和盲板明细清单。⑥联系生产调度、储运等有关单位确保柴油不合格线、汽油不合格线、污油线的畅通，蒸汽、氮气、工业风供应的稳定。根据停工计划估算好开停工所需要的蒸汽和氮气用量。⑦联系电气、仪表、化验等做好停工的各项准备工作。

69. 加氢装置停仪表风如何处理？

答：①一般净化风供风压力在0.50MPa左右，仪表风发生停风，因仪表用风量并不是很大，一套装置用风量只150Nm^3/h左右，一般可以维持10多分钟，当仪表风压力下降时，应及时联系调度，问清原因，要求尽快恢复正常供风，同时要求外操对装置现场仪表风压力低进行确认检查，如氮气系统压力高，可立即接胶皮管向净化风系统补氮，维持操作。②若是由于仪表风线破裂或阀门误开、法兰误松开而引起风压下降，则应安排外操将破损处切除，该供风区域按停工处理，其他部位尽量维持正常生产。③若由于供风系统问题，风压继续下降，导致液面、压力、流量控制失灵，则按紧急停工处理。风压低于仪表要求最低风压后，风开阀全关、风关阀全开，联锁动作后，发生停机、停泵、停炉，装置将处于停工状态，外操需要到现场关闭高压进料泵、注水泵、溶剂进料泵等出口阀，关闭反应加热炉和分馏加热炉入炉瓦斯阀，视反应器床层温度，现场稍打开废氢进行排放，保持系统介质流动，避免床层局部过热和飞温。如装置未设置联锁系统，可现场改副线控制，维持生产。④注意监控高分、循环氢脱硫塔等液位、压力，视液面情况关闭现场紧急切断阀和控制阀截止阀。⑤安排外操对装置各塔、容器的液位、压力进行全面检查，严防窜油、窜压。⑥联系值班、领导、调度，产品改线。

70. 加氢装置瞬间停电如何处理？

答：加氢装置发生瞬间停电，一般会出现高压电驱动的机泵停运，如高压进料泵、新氢压缩机等。进料泵停后发生联锁动作，导致反应加热炉熄灭主火嘴。低压电驱动的机泵一般会出现部分机泵运行，部分停运。发生瞬间停电后，按以下要求进行处理：①内操要密切注意反应器床层温度，高分液面严密监控，防止液面压空、满罐；内操联锁复位后，外操首先紧急启动循环氢压缩机、进料泵，恢复氢气循环，保护催化剂；②如长明灯未熄灭，加热炉重新点炉升温；③紧急启动新氢压缩机、泵、空冷和风机，将各控制点改手动；④及时调节各容器和塔的压力和液面；⑤将产品改走不合格线。

71. 开工阶段影响加氢反应深度的关键控制因素是什么?

答: 加氢装置的开工一般分为系统吹扫爆破、催化剂装填、气密、干燥、硫化和初活稳定、切换原料油几个阶段。各个阶段影响加氢反应深度的因素包括:①系统爆破吹扫不彻底,导致开工后系统压降偏高,压缩机排量受到限制,氢油比不能满足要求,换热设备换热效率差影响反应温度的提高。②催化剂装填不均匀,产生沟流偏流;反应器内构件安装不合要求,气液分布不均,产生偏流;催化剂的级配装填不合理,压降上升过快,影响压缩机排量和氢油比的提高;催化剂装填密度低,相同的体积空速下,重量空速偏低,催化剂有效活性有限。③催化剂干燥升温速度过快引起催化剂破碎,操作压力过高,恒温时间不够,导致脱水不完全。干燥介质夹带烃类,导致催化剂过早结焦。④硫化温度、恒温时间控制不当,硫化不完全,催化剂被还原;硫化油选择不当,注硫速度过快,温升太大,催化剂过早结焦。⑤未经过初活稳定,催化剂快速结焦。⑥开工阶段炉管介质中断,干烧后炉管结焦,导致炉管压差高,炉管表面温度超标,限制反应温度提高。

72. DCS 故障如何处理?

答: ①当 DCS 因各种原因造成操作工无法看到操作画面进行调节时,一方面要迅速联系仪表处理,另一方面要马上报告生产调度和装置领导,更重要的是各岗位要采取灵活有效的处理措施;②如果仅仅是几台 DCS 不能显示,可切换到其他屏幕操作;③外操加强重要参数的检查校对;④如果发生 DCS 死机,操作系统崩溃,控制阀失灵,应立即采取紧急停工处理,按紧急泄压阀,熄炉,停进料,停循环氢压缩机和新氢压缩机;⑤现场有专人监测高分的液面及压力,严防超压和反应器超温,要保持催化剂床层有气体流动。

73. 加热炉炉墙坍塌如何处理?

答: ①一旦发生加热炉炉墙坍塌事故,操作人员需要立即汇报装置相关技术人员和领导进行现场确认,确认炉墙坍塌的严重程度;②小面积的炉墙坍塌可通过调整火焰、配风等措施进行临时保护;③如发生大面积炉墙坍塌,必须进行紧急熄炉处理,防止钢结构被烧毁,发生炉体坍塌事故。熄炉时必须将瓦斯火嘴全部关闭,炉膛自然通风,开大烟道挡板,对炉膛进行降温;④停炉过程,反应分馏系统按停工方案进行停工处理;⑤事故处理过程,如发生火焰外漏,必须注意禁止周围进行瓦斯排放作业。

74. 什么是催化剂的平均孔径?孔径大小对反应有何影响?

答: 催化剂的平均孔径是催化剂孔体积与比表面的比值,以埃(Å)表示。($1Å=10^{-10}m$)催化剂的孔径大小不但影响催化剂活性,而且影响到催化剂的选择性。当比表面增大时,由于孔径相应变小,而反应物的分子直径大于孔径,则反应物不仅不容易扩散到孔内去,即使进去的分子反应后,中间产物也不易扩散出来,停留在孔内发生二次反应,结果会生成不希望的产物,使催化剂选择性降低。

75. 柴油加氢催化剂在预硫化过程需要注意的问题有哪些?

答: ①为防止催化剂发生氢还原,引氢气进装置时床层最高点温度应低于催化剂厂商提供的最高允许引氢温度。在 H_2S 未穿透催化剂床层前,床层最高点温度不应超过 230℃。避免高温氢气对催化剂金属组分的还原作用。②硫化过程中,一定要严格控制升温速度及各阶段硫化温度,硫化反应是放热反应,若升温太快或硫化剂注入过多,则反应剧烈,会导致床层超温。③当循环氢中硫化氢含量大于 1%(体积含量)时,适当减少硫化剂的注入量。如循环气中硫化氢浓度低于 0.5%(体积含量),可适当提高硫化剂的注入量。④在催化剂预硫化期间，各工艺参数每小时记录一次，脱水、称重必须有专人负责。⑤硫化剂注入点阀门需要在硫化剂储罐压力控制稳定后再打开，防止倒窜，对注硫管线需要在投用前用氮气吹扫干净。

76. 装置紧急泄压阀打开后，除临氢系统压力急剧下降外，还将发生哪些现象？

答：①因循环压缩机入口压力急剧下降，循环氢排量将会急剧下降。但因进料泵同时停运，系统阻力降下降，循环机出口流量可能不会出现大幅下降的现象，甚至可能上升；②因系统急速泄压，气流速度加快，反应器、换热器等内部的液体被高速带出，同时高分压力下降，高分等部位会出现瞬间的液位超高，随进料中断，后又逐渐下降；③高压空冷器出口温度因气流速度太快，无法及时冷却，循环机入口也因高分等部位停留时间短，液位高等原因，导致分液罐液位快速上升，甚至带液；④除反应系统外，和低压瓦斯管线相连的压力容器因后路压力急剧上升，将发生排气困难，甚至压力倒窜现象；⑤紧急泄压后路管线如不畅通，将发生憋压超压事故。在畅通的情况下，如果管线弯头过多，原管线存在积液现象，则将发生严重的液击现象，管线振动，异常噪音，管线移位等异常现象。

77. 紧急泄压阀误动作如何处理？

答：①立即通知调度，有关领导和技术人员。②装置紧急泄压阀误动作后处理，首要的工作是内操联锁复位后手动关闭该阀，如为现场误动作，外操现场关闭紧急泄压阀，避免压力进一步下降。③高分压力控制系统改手动控制，防止新氢量大幅上升后，导致供氢系统管网压力大幅下降，扩大事故范围。④如果发生机泵和加热炉联锁熄炉，要按规程先关闭进料控制阀和加热炉主瓦斯阀及现场泵出口阀和入炉切断阀，确认循环压缩机运行正常后紧急启动进料泵，并对加热炉进行点火，紧急恢复生产。⑤在外操恢复生产时，内操需要注意循环压缩机的运行工况，防止发生因入口压力急剧降低产生离心压缩机喘振。⑥高分等液位要手动控制，防止出现满罐或高压窜低压，冷高分等部位注意不要超温，离心压缩机不要带液，如转速太高，可适当降低转速。⑦分馏系统在反应系统恢复生产时可部分循环，等待高分正常后打通流程。一般这类事故处理很快，可视处理速度决定是否改循环。⑧如该阀放空时间长，需要注意防止各低压系统通过压控窜压憋压，注意低压瓦斯系统管线的振动情况，低压瓦斯缓冲罐有液位需要立即拉空。发现有液击现象要立即排凝。

计算题

1. 如果换热器热流进口温度为120℃，出口温度为70℃；冷流进口温度为30℃，出口温度为50℃，试比较换热器采用并流和逆流时的平均温度差。已知 $\Delta t_m = (\Delta t_1 - \Delta t_2)/\ln(\Delta t_1/\Delta t_2)$

解：并流时

$$\Delta t_1 = 120 - 30 = 90$$

$$\Delta t_2 = 70 - 50 = 20$$

$$\begin{aligned}\Delta t_m &= (\Delta t_1 - \Delta t_2)/\ln(\Delta t_1/\Delta t_2)\\ &= (90 - 20)/\ln(90/20)\\ &= 46.5\end{aligned}$$

$$\Delta t_m = 46.5℃$$

逆流时

$$\Delta t_1 = 120 - 50 = 70$$

$$\Delta t_2 = 70 - 30 = 40$$

$$\Delta t_m = (\Delta t_1 - \Delta t_2)/\ln(\Delta t_1/\Delta t_2)$$

$$= (70 - 40)/\ln(70/40)$$

$$= 53.6$$

$$\Delta t_m = 53.6℃$$

逆流平均温差比并流平均温差提高

$$53.6-46.5=7.1℃$$

答：换热器逆流平均温差比并流平均温差提高 7.1℃。

2. 已知某加氢装置反应流出物/进料换热器热负荷为 53164kW，换热面积为 2384m^2，对数平均温差为 60.6℃，请计算该换热器的总传热系数。

解：$K=q\div(F\times\Delta t_m)$

$$K=53164000\div(2384\times60.6)$$

$$K=368W/(m^2 \cdot K)$$

答：该换热器的总传热系数为 368W/(m^2·K)。

3. 已知：烟气入烟囱温度为：160℃，出口温度为 140℃，烟囱需要产生抽力为：10mmH_2O，计算烟囱高度。

解：烟囱高度计算公式：$\Sigma h = H \times (\rho_{空气} - \rho_{烟气})$

Σh：空气入炉和烟气流动的全部阻力损失，mmH_2O；

$\rho_{空气}$：空气在炉进口处与在烟囱顶部的平均密度，kg/m^3；

$\rho_{烟气}$：烟气在烟囱底部和顶部的平均密度，kg/m^3；

H：烟囱高度，m。

假设烟气在烟囱内有 20℃的温降，烟囱内的烟气平均温度为 $t_{烟气}=(160+140)/2=150℃$

该温度下烟气的密度：

$$\rho_{烟气}=1.293\times273/(t_{烟气}+273)=0.8345kg/m^3$$

$$H=\Delta h/(\rho_{空气}-\rho_{烟气})=10/(1.293-0.8345)=21.8m$$

答：需要的烟囱高度至少为 21.8m。

4. 已知某管式加热炉的烟囱高度为 21.8m，冷空气平均密度为 1.293kg/m^3，烟气平均温度为 150℃，请计算此时的炉膛负压值。

解：烟囱高度计算公式：$\Sigma h = H \times (\rho_a - \rho_g)$

Σh：空气入炉和烟气流动的全部阻力损失，mmH_2O；

ρ_a：空气在炉进口处与在烟囱顶部的平均密度，kg/m^3；

ρ_g：烟气在烟囱底部和顶部的平均密度，kg/m^3；

H：烟囱高度，m。

烟囱内的烟气平均温度为 $t_g=150℃$

该温度下烟气的密度：

$$\rho_g=1.293\times273/(t_g+273)=0.8345kg/m^3$$

$$H=\Delta h/(\rho_a-\rho_g)=\Delta h/(1.293-0.8345)=21.8m$$

$$\Delta h = 10mmH_2O$$

答：此时的炉膛负压值为 10mmH_2O。

5. 现有某加氢装置，高压临氢系统的体积为 $V=200m^3$，预硫化结束后，系统中 H_2S 浓度为 $Y_S=1.5\%$，系统加权平均温度为 $T=300℃$，系统操作压力为 $P=6.0MPa$，请计算此时系统残存的硫含量为多少？

解： $S_{残存} = 32 \times V \times 273.15/(273.15 + T) \times (10.332P + 1) \times Y_S/22.4$

$= 32 \times 2 \times 10^5 \times 273.15/(273.15 + 300) \times (10.3326 + 1) \times 0.015/22.4 \times 10^6$

$= 0.6433$

答：系统中残留的硫含量为 0.6433t。

6. 已知在加氢硫化过程中，催化剂上氧化钼硫化反应方程式如下，其中元素硫可以重复生成 H_2S。各元素的相对原子质量为 Mo 95.94，O 16，S 32

$$2MoO_3+6H_2S \longrightarrow MoS_2+MoS_3+6H_2O+S$$

现有 MoO_3 9.06t，请计算其完全硫化所需要的理论注硫量。

解：根据已知硫化化学反应式计量式，一个 MoO_3 分子硫化需要 2.5 个硫原子。

含 MoO_3 分子为：

$$9.06\times1000000/(95.94+3\times16)=62940mol$$

依据反应化学计量关系，硫化所需硫原子为：

$$62940\times2.5=157350mol$$

所需硫的质量为：

$$157350\times32/1000000=5.0352t$$

答：理论注硫量为 5.0352t。

7. 已知在加氢硫化过程中，催化剂上氧化态金属硫化反应方程式如下，其中单质硫可以重复生成 H_2S。各元素的相对原子质量为 Ni 58.70，W 183.8，Co 59，Mo 95.94，O 16，S 32

$$4NiO+3H_2S \longrightarrow NiS+Ni_3S_2+4H_2O$$

$$9CoO+9H_2O \longrightarrow Co_9S_8+9H_2O+S$$

$$WO_3+3H_2S \longrightarrow WS_2+3H_2O+S$$

$$2MoO_3+6H_2S \longrightarrow MoS_2+MoS_3+6H_2O+S$$

现有某催化剂组成如下，WO_3 19.19%，MoO_3 9.06%，NiO 4.41%，假设硫化剂量按120%设计，请计算 100t 催化剂完全硫化所需要的理论注硫量需要准备的二甲基二硫量。

解：根据已知硫化化学反应式计量式，一个 WO_3 分子硫化需要 2 个 S 原子，一个 MoO_3 分子硫化硫化需要 2.5 个硫原子，一个 NiO 分子硫化需要 3/4 个硫原子。

按照催化剂组成，100t 催化剂中，含 WO_3 分子为：

$$100\times1000000\times19.19\%/(183.8+3\times16)=82790mol$$

含 MoO_3 分子为：

$$100\times100000\times9.06\%/(95.94+3\times16)=62940mol$$

含 NiO 分子为：

$$100\times1000000\times4.41\%/(58.70+16)=59040mol$$

依据反应化学计量关系，硫化所需硫原子为：

$$82790\times2+62940\times2.5+59040\times3\div4=367210mol\ 原子硫$$

二甲基二硫的相对分子质量为：

$$2\times12+6+32\times2=94$$

一分子二甲基二硫含 2 个硫原子，按此计算所需的理论二甲基二硫量为：

$$367210\div2\times94\div1000000=17.26\text{t}$$

按 120%准备，所需准备的二甲基二硫量为：

$$17.26\times120\%=20.712\text{t}$$

答：理论注硫量为 17.26t，实际需要准备 20.71t 二甲基二硫量。

8. 已知某反应器直径 3.6m(内径)，催化剂装填高度 20m，装填密度 830kg/m^3，请在硫化前计算该反应器装了多少吨催化剂。

解：

$$V=\pi\div4\times d^2\times h$$

$$V=3.14\div4\times3.6^2\times20=203.472\text{m}^3$$

$$装填重量=体积\times密度=203.472\times0.83=168.88\text{t}$$

答：催化剂装填重量为 168.88t。

9. 某厂有旧催化剂 100t，催化剂上 $WS_3$15%，$Ni_3S_2$3%，送催化剂厂再生，假定全部硫化物 100%转化为氧化物，再生过程要筛出 5%粉尘及夹杂物，问返回厂再生好的催化剂重量是多少。已知相对原子质量 Ni 58.70，W 183.8，O 16，S 32。

解：

$$2WS_3+9O_2 \longrightarrow 2WO_3+6SO_2$$

$$2Ni_3S_2+7O_2 \longrightarrow 6NiO+4SO_2$$

WO_3 相对分子质量 231.8

WS_3 相对分子质量 279.8

NiO 相对分子质量 74.7

Ni_3S_2 相对分子质量 240.10

再生后 WO_3 重量 $=100\times15\%\times231.8\div279.8=12.4267$t

再生后 NiO 重量 $=100\times3\%\times3\times74.7\div240.10=2.80$t

再生后催化剂重量 $=100+12.4267+2.80-100\times(15\%+3\%)=97.2267$t

过筛后催化剂重量为 $=97.2267\times95\%=92.37$t。

答：返回厂再生催化剂重量为 92.37t。

10. 某加氢装置催化剂装填量为 239.560t，硫化注入二硫化碳量为 29.282t，催化剂硫化过程系统泄漏硫量 2930kg，系统气相和酸水中共含硫量为 0.446kg，求该催化剂硫化的上硫率，(注二硫化碳相对分子质量 76)。

解：上硫量=注入硫化剂量×硫化剂分子中的硫含量-硫损失-酸性气和酸水中的硫量

$=29.282\times64\div76-2.930-0.446=21.28$t

上流率=催化剂上硫量÷催化剂装填量×100%

$=21.28\div239.56\times100\%$

$=8.88\%$

答：催化剂硫化的上硫率 8.88%。

11. 现有某加氢装置预硫化，硫化油原料硫含量 0.5%，高压临氢系统的体积为 300m^3，催化剂重量为 100t，预硫化结束后，系统中 H_2S 浓度为 1.0%，硫化结束系统加权平均温度为 200℃，系统操作压力为 6.0MPa，硫化期间共注入 DMDS 20t，高分废氢排放总体积为

$5000Nm^3$，排放物 H_2S 平均浓度为 0.8%。系统总漏损压降损失为 0.5MPa，预硫化期间系统 H_2S 含量平均为 0.8%，高分生成水量约为催化剂总量的 6.5%，水中硫含量约为 1.0%，系统硫化油总量为 100t，硫化结束，硫化油中平均 H_2S 含量为 1.0%，请计算此次硫化催化剂上的实际上硫量。

解：① 总注硫量=DMDS 注入量×DMDS 中硫含量+硫化原料中带入硫含量

=20×(32×2)÷(32×2+12×2+1×6)+100×0.5%=14.12t

② 高分排放硫=废氢物质的量×H_2S 含量×硫相对原子质量÷1000000

=废氢排放标准状态体积÷22.4×H_2S 含量×硫相对原子质量÷1000000

=5000×1000÷22.4×0.8%×32÷1000000=0.05713t

③ 系统泄漏硫=系统漏损气体物质的量×系统气体中 H_2S 平均含量×硫相对原子质量÷1000000

=系统漏损标准状态体积÷22.4×系统气体中 H_2S 平均含量×硫相对原子质量÷1000000

=0.5×10×300÷22.4×1000×0.8%×32÷1000000=0.01714t

④ 系统残存 H_2S 含硫

=系统气体物质的量×系统中 H_2S 残存含量×硫相对原子质量÷1000000

=系统标准状态体积÷22.4×系统中 H_2S 残存含量×硫相对原子质量÷1000000

=300×1000×273.15/(273.15+200)×(6.0×10+1)×1.0%÷22.4×32÷1000000=0.2436t

⑤ 含硫污水中残存硫=含硫污水量×水中疏含量

=100×6.5%×1.0%=0.065t

⑥ 硫化油残存硫=硫化油质量×硫化油中硫含量=100×1%=1t

催化剂上的上硫量=系统注硫总量-高分排放硫损失-系统泄漏硫损失-系统气相残存硫损失-含硫污水硫损失-硫化油残存硫

=14.12-0.05713-0.01714-0.2436-0.065-1=12.7143t

答：催化剂实际上硫量为 12.7143t。

12. 用泵将大型敞口贮槽内密度为 $1200kg/m^3$ 的介质送到操作压力为 0.02MPa 的分馏塔上部。贮槽液面维持恒定，分馏塔进料口比贮槽液面高 15m，输送管道内径为 50mm，流量为 $20m^3/h$，已知介质流经全部管道的能量损失为 120J/kg，求泵的有效功率。

解：(伯努利方程为 $gZ_1 + u_1^2/2 + P_1/\rho + W_e = gZ_2 + u_2$)

以贮槽液面为基准平面 1-1，以管路出口为下游截面 2-2，列出伯努利方程为

$$gZ_1 + u_1^2/2 + P_1/\rho + W_e = gZ_2 + u_2^2/2 + P_2/\rho + \Sigma h_f$$

根据题意，

$$Z_1 = 0\ P_1 = 0 \because u_1 = 0$$

$$P_2 = 0.02 \times 1.0133 \times 10^6 = 2.0266 \times 10^4 Pa$$

$$u_2 = 20/(3.14 \times 0.025^2 \times 3600) = 2.83m/s$$

$$\Sigma h_f = 120J/kg$$

将上述数据代入伯努利方程，得

$$W_e = 15\times9.81+2.83^2/2+2.0266\times10^4/12000+120=288.04J/kg$$

$$液体质量流量=20\times1200/3600=6.67kg/s$$

泵的有效功率 $N_e = 288.04 \times 6.67 = 1921.23\text{W} = 1.92\text{kW}$

答：泵的有效功率是1.92kW。

13. 请计算某泵的轴功率。已知某泵的流量是7.5m³/h，扬程是340m，介质密度是1100kg/m³，效率是33%，$N_{轴} = QH\rho g/\eta$（其中 Q—流量，H—扬程，ρ—密度，η—效率，g=9.8N/kg）。

解：$N_{轴} = QH\rho g/\eta = (7.5 \times 340 \times 1100 \times 9.8)/(0.33 \times 3600) = 23.1\text{kW}$

答：该泵的轴功率为23.1kW。

14. 请计算某泵的轴功率。已知某泵的流量是29.55m³/h，扬程是87m，介质密度是666.2kg/m³，效率是42%，$N_{轴} = QH\rho g/\eta$（其中 Q—流量，H—扬程，ρ—密度，η—效率，g=9.8N/kg）。

解：$N_{轴} = QH\rho g/\eta = (29.55 \times 87 \times 666.2 \times 9.8)/(0.42 \times 3600) = 11.1\text{kW}$

答：该泵的轴功率为11.1kW。

15. 假设一台泵的吸入管线阻力为 $\Sigma h_1 = 0.5$m 油柱，此泵允许的气蚀余量为 $\Delta h = 4.4$m 油柱。油品的温度为50℃，其饱和蒸汽压为 $P_t = 120\text{kN/m}^2$（绝对压力），密度为640kg/m³，（假设吸入罐与大气相通）此泵应如何安装？

解：$H = P_0/\rho g - P_1/\rho g - \Delta h - \Sigma h_1 = (101.3 - 120) \times 103/(640 \times 9.81) - 4.4 - 0.5 = -7.88\text{m}$（油柱）

答：由于 H 为负数，说明油泵至少应安装在吸入罐下7.88m处。

16. 假设一台泵安装在吸入罐下10m的位置，此泵允许的气蚀余量为 $\Delta h = 4.4$m 油柱。油品的温度为50℃，其饱和蒸汽压为 $P_t = 120\text{kN/m}^2$（绝对压力），密度为640kg/m³，（假设吸入罐与大气相通）此泵的吸入管线阻力应控制在什么范围？

解：$Z = P_0/\rho g - P_1/\rho g - \Delta h - \Sigma h_1$

$\Sigma h_1 = P_0/\rho g - P_1/\rho g - \Delta h - Z = (101.3 - 120) \times 103/(640 \times 9.81) - 4.4 + 10 = 2.6\text{m}$（油柱）

答：此泵的吸入管线阻力应控制在2.6m油柱范围内。

17. 100Y60型号离心泵原来由转速为2950r/min的电机带动，现改为由1450r/min的电机带动，求转速降低后的流量 Q' 及扬程 H'。已知该泵原来规格为：$Q = 120\text{m}^3/\text{h}$，$H = 59\text{m}$。

解：

$$Q' = \frac{n'}{n} \cdot Q = \frac{1450}{2950} \times 120 = 59\text{m}^3/\text{h}$$

$$H' = \left(\frac{n'}{n}\right)^2 \cdot H = \left(\frac{1450}{2950}\right)^2 \times 59 = 14.3\text{m}$$

答：转速降低后的流量为59m³/h，扬程为14.3m

18. 已知加氢反应器的四个床层的上部，中部和下部的平均温度如下表：

部位\床层	一	二	三	四
上　部	378.5℃	379.3℃	381.9℃	372.3℃
中　部	384.7℃	384.3℃	382.6℃	388.1℃
下　部	385.5℃	385.5℃	385.7℃	387.6℃

计算该反应器床层的平均温度。

解：

$$t_{1平均} = \frac{378.5 + 384.7 + 385.5}{3} = 382.9℃$$

$$t_{2平均} = \frac{379.3 + 384.3 + 385.5}{3} = 383.0℃$$

$$t_{3平均} = \frac{381.9 + 382.6 + 385.7}{3} = 383.4℃$$

$$t_{4平均} = \frac{372.3 + 388.1 + 387.6}{3} = 382.7℃$$

$$t_{总平均} = \frac{t_1 + t_2 + t_3 + t_4}{4} = \frac{382.9 + 383.0 + 383.4 + 382.7}{4} = 383.0℃$$

答：反应器床层的平均温度为383.0℃。

19. 燃料燃烧需要足够的氧气，如以$C.H.S$表示燃料中的含碳，氧，硫的重量百分数，则燃烧1kg燃料需要的氧气量为：$\frac{(2.67C+8H+S)}{100}$kg，请计算燃烧1kg燃料所需的理论空气：

解：因为空气中的氧只占23.2%，所以

$$理论空气量 = \frac{100}{23.2} \times \frac{(2.67C + 8H + S)}{100} = 0.116C + 0.0348H + 0.0435S(\text{kg/kg 燃料})$$

答：1kg燃料燃烧所需的理论空气量为：$(0.116C+0.0348H+0.0435S)$kg。

20. 加热炉砖墙高度为3m，长度为5m，厚度为250mm，砖墙内壁温度为350℃，外壁温度为80℃，计算通过砖墙的热损失。(砖导热系数$\lambda=0.6$kJ/(m·h·℃)

解：已知：$\lambda=0.6$kJ/(m·h·℃)，$L=5$m，$h=3$m，$S=250$mm$=0.25$m，$t_1=350℃$，$t_2=80℃$，所以热损失Q为：

$$Q = \lambda.A\frac{t_1 - t_2}{S} = 0.6 \times 5 \times 3 \times \frac{350 - 80}{0.25} = 9720(\text{kJ/h})$$

答：通过砖墙的热损失为9720(kJ/h)。

21. 若入对流油品的热焓$I_1=104$kcal/kg，出对流油品的热焓$I_2=139.5$kcal/kg，对流量为50t/h，对流炉管的总面积为309m^2，试计算对流炉管表面热强度为多少?

解：$q = Q_{对流}/A_{对流} = 50000 \times (139.5 - 104)/309 = 5744\text{kJ}/(\text{m}^2 \cdot \text{h})$

答：对流炉管表面热强度为5744kJ/(m^2·h)。

五、技能操作鉴定要素细目表(技师)

鉴定范围						鉴定点	
一级		二级		三级		代码	名称
代码	名称	代码	名称	代码	名称		
A	技能要求	A	工艺操作	A	开车准备	001	换热器检修后的验收
						002	开车盲板的拆装
						003	烘炉前的检查
						004	新装置开工前的管线检查
						005	反应器内构件的检查
				B	开车操作	001	循环氢脱硫塔建立胺液循环的操作
						002	加氢反应系统的开工进油操作
						003	催化剂预硫化的操作

续表

鉴定范围						鉴定点	
一级		二级		三级		代码	名称
代码	名称	代码	名称	代码	名称		
						004	分馏系统热油循环的操作
						005	硫化结束后的切换原料油操作
						006	循环氢脱硫塔引原料气的操作
				C	正常操作	001	脱后循环氢中硫化氢含量超指标的调节
						002	加热炉烟囱冒黑烟的处理
						003	精制柴油硫含量高的调节操作
				D	停车操作	001	催化剂热氢带油的操作
						002	反应器降温冷却操作
		B	设备使用与维护	A	使用设备	001	新氢压缩机润滑油系统的准备操作
						002	循环氢压缩机蒸汽系统暖管操作
						003	循环氢压缩机正常停运操作
						004	立式高速离心泵启动前准备工作
						005	新氢压缩机紧急停车操作
						006	加氢原料泵的正常切换操作
				B	维护设备	001	反应器的清洗操作
						002	高温、高硫部位的防腐处理
		C	事故判断与处理	A	判断事故	001	反应进料加热炉炉管结焦的判断
						002	压力容器报废判断
				B	处理事故	001	停循环水事故处理
						002	装置停1.0MPa蒸汽事故的处理
		D	绘图与计算	A	绘图	001	装置蒸汽系统工艺流程图
						002	装置瓦斯系统工艺流程图
						003	装置氮气系统工艺流程图

六、技能操作试题（技师）

试题1：换热器检修后的验收（现场模拟）

（考核时间：30min）

序号	考核内容	考核要点	配分	评分标准	检测结果	扣分	得分	备注
1	准备工作	穿戴劳保用品	3	未穿戴整齐扣3分				
		工具、用具准备	2	工具选择不正确扣2分				
2	操作程序	检查换热器连接部位是否正常	10	未检查扣10分				
3		检查管壳程进出口是否加好盲板	10	未检查扣10分				

续表

序号	考核内容	考核要点	配分	评分标准	检测结果	扣分	得分	备注
4		试水压至设计压力的1.25~1.5倍	20	未按试压标准检查扣20分				
5		达到压力后恒压检查压力是否下降	20	未达到压力要求扣20分				
6		检查各连接部位及各焊口是否泄漏	10	未检查扣10分				
7		试压完毕后泄压	10	未泄压扣10分				
8		管壳程进出口按要求拆除盲板，装好垫片	10	未装好垫片扣10分				
9	使用工具	正确使用工具	2	工具使用不正确扣2分				
		正确维护工具	3	工具乱摆乱放扣3分				
10	安全及其他	按国家法规或企业规定		违规一次总分扣5分；严重违规停止操作			—	
		在规定时间内完成操作		每超时1min总分扣5分，超时3min停止操作			—	
		合　计	100					

否定项说明：若出现投用后换热器出现泄漏等情况，该题为零分。

试题2：开车盲板的拆装(现场模拟)

(考核时间：30min)

序号	考核内容	考核要点	配分	评分标准	检测结果	扣分	得分	备注
1	准备工作	穿戴劳保用品	3	未穿戴整齐扣3分				
		工具、用具准备	2	工具选择不正确扣2分				
2	操作程序	在开车方案中列出需加拆具体盲板的清单	15	未列出需拆装盲板清单扣10分				
				拆装盲板清单未明确盲板位置、规格等信息扣5分				
3		结合装置开工实际进程，按照盲板清单组织好盲板的拆装、确认	15	盲板拆装工作未按装置开工实际进程作业扣5分				
				盲板拆装未安排进行确认扣10分				
4		现场盲板要求设立明显可靠的标志	10	现场盲板未设立明显可靠的标志扣10分				
5		对盲板外侧的禁动阀门、管线及装置边界阀等设备，设置明显可靠的警示色、挂禁动牌	10	对盲板外侧的禁动设备，未设置明显可靠的标志扣10分				

续表

序号	考核内容	考核要点	配分	评分标准	检测结果	扣分	得分	备注
6		在盲板作业前，应先对设备或管线内介质进行处理	10	未对设备或管线内介质进行处理扣10分				
7		要合理安排盲板拆装作业时间，对盲板拆装作业做出预安排并交施工单位	10	盲板拆装作业时间安排不合理扣5分				
				未进行盲板拆装作业预安排并交施工单位扣5分				
8		做好盲板拆装前的现场条件确认与交底工作，并办理检修作业票	20	未进行现场条件确认与交底工作扣10分				
				未办理检修作业票扣10分				
9	使用工具	正确使用工具	2	工具使用不正确扣2分				
		正确维护工具	3	工具乱摆乱放扣3分				
10	安全及其他	按国家法规或企业规定		违规一次总分扣5分；严重违规停止操作			—	
		在规定时间内完成操作		每超时1min总分扣5分，超时3min停止操作			—	
合计			100					

否定项说明：若出现盲板拆装出错，物料互窜等情况，该题为零分。

试题3：反应器内构件的检查(现场模拟)

（考核时间：25min）

序号	考核内容	考核要点	配分	评分标准	检测结果	扣分	得分	备注
1	准备工作	穿戴劳保用品	3	未穿戴整齐扣3分				
		工具、用具准备	2	工具选择不正确扣2分				
2	操作程序	检查反应器内是否有存水、铁锈、其他杂质或废旧的催化剂颗粒物等	15	未对反应器内是否有杂物进行检查扣10分				
				未将检查发现的杂物清理干净扣5分				
3		检查反应器底部出口收集器上的不锈钢丝网与器壁之间安装应紧密，缝隙宽度应小于3mm	15	未检查反应器底部出口收集器上的不锈钢丝网与器壁之间的安装质量扣10分				
				缝隙宽度大于3mm未采取补救措施扣5分				
4		出口收集器上包裹的不锈钢丝网的网孔应无堵塞物，不锈钢丝网没有发生弯曲、断丝等破损现象	15	未检查出口收集器上不锈钢丝网的质量扣10分				
				发现有破损未安排修补扣5分				
5		反应器内壁、内构件上面没有催化剂、瓷球的碎片、颗粒及其他杂质	5	未检查内壁、内构件上是否有杂物扣5分				

续表

序号	考核内容	考核要点	配分	评分标准	检测结果	扣分	得分	备注
6		确认冷氢管及喷嘴畅通、方位正确，热电偶安装正确	10	未确认冷氢管及喷嘴是否通畅、方位是否正确，热电偶安装正确扣10分				
7		分配盘安装水平度符合设计要求	5	未检查分配盘安装水平度扣5分				
8		确认所有的O形环或石棉垫等密封材料都安装到位并符合设计要求	10	未确认密封材料是否安装到位扣10分				
9		对催化剂支承盘上覆盖的不锈钢丝网进行安装质量检查	5	未检查丝网的安装质量扣5分				
10		对冷氢箱的水平度和水密性进行检查	10	未检查冷氢箱的水平度和水密性扣10分				
11	使用工具	正确使用工具	2	工具使用不正确扣2分				
		正确维护工具	3	工具乱摆乱放扣3分				
12	安全及其他	按国家法规或企业规定		违规一次总分扣5分；严重违规停止操作			—	
		在规定时间内完成操作		每超时1min总分扣5分，超时3min停止操作			—	
合　计			100					

试题4：加氢反应系统的开工进油操作

（考核时间：20min）

序号	考核内容	考核要点	配分	评分标准	检测结果	扣分	得分	备注
1	准备工作	穿戴劳保用品	3	未穿戴整齐扣3分				
		工具、用具准备	2	工具选择不正确扣2分				
2	操作程序	检查反应系统的流程，相应管线、设备、自控、电气、安全等设施安装情况	20	未对反应系统流程进行三级检查确认扣10分				
				没有发现管线、设备等安装缺陷扣5分				
				对装置联锁不熟悉扣5分				
				未关闭检修后放空阀门扣5分				
3		联系内操通知调度，对公用工程介质的引进装置进行确认	10	内外操联系未到位扣5分				
				介质引进装置造成冲击或泄漏扣5分				
4		原料油取得合格的分析数据，相应化工原材料准备齐全	10	未联系化验取得原料数据扣5分				
				没有准备相应化工原材料扣5分				

续表

序号	考核内容	考核要点	配分	评分标准	检测结果	扣分	得分	备注
5		确认系统气密、置换合格。如催化剂为新剂或再生剂，需进行干燥及预硫化过程	10	未确认系统气密、置换合格扣5分				
				未按照要求对催化剂进行干燥及硫化扣5分				
6		联系内操通知调度系统供应原料油，投用控制阀组，注意缓冲罐液位，投用缓冲罐压控阀	10	未确认反应系统工况扣5分				
				反应器床层温度未到规定温度通知进油扣5分				
7		点炉升温，启动原料泵，向系统进油，注意泵的运行状况	15	未进行点炉升温操作扣5分				
				泵启动未按照规程进行扣5分				
				启动过程造成电流超负载扣5分				
8		维持系统操作工况的平稳，逐步建立各设备容器液位液面	15	进油后造成压力、温度大幅波动扣10分				
				未按照顺序建立液位扣5分				
9	使用工具	正确使用工具	2	工具使用不正确扣2分				
		正确维护工具	3	工具乱摆乱放扣3分				
10	安全及其他	按国家法规或企业规定		违规一次总分扣5分；严重违规停止操作			—	
		在规定时间内完成操作		每超时1min总分扣5分，超时3min停止操作			—	
合计			100					

试题5：催化剂预硫化的操作（现场模拟）

（考核时间：25min）

序号	考核内容	考核要点	配分	评分标准	检测结果	扣分	得分	备注
1	准备工作	穿戴劳保用品	3	未穿戴整齐扣3分				
		工具、用具准备	2	工具选择不正确扣2分				
2	操作程序	准备好硫化方案，包括催化剂预硫化升温曲线，确认催化剂预硫化流程	10	未确认预硫化流程扣5分				
				未准备好催化剂预硫化方案，包括硫化升温曲线扣5分				
3		催化剂干燥结束后，反应器床层最高点温度降至150℃以下，引氢气进入反应系统置换	5	床层最高点温度高于150℃引氢置换扣5分				
4		当压力充至1.0MPa时启用新氢压缩机，当压力达到循环氢压缩机启动压力，启动循环机循环，同时打开反应进料泵出口吹扫氢线	10	未按规定启用机组扣5分				
				未打开吹扫氢线扣5分				

续表

序号	考核内容	考核要点	配分	评分标准	检测结果	扣分	得分	备注
5		反应加热炉点火升温，同时启用反应空冷，按升温速度要求将炉出口温度升至150℃，在150℃时稳定炉出口温度引硫化油预湿催化剂，建立反应循环，投用各相关空冷，控制好高分、低分的液位和界位，操作稳定后，投用反应系统全部联锁回路	25	未启用高压空冷扣5分				
				未按升温要求升温扣5分				
				未对催化剂进行润湿扣5分				
				未建立反应循环扣5分				
				未控制好相关液位扣5分				
6		催化剂先恒温预湿2h，润湿阶段结束后，开始向硫化油中注入硫化剂，控制注硫速度，按催化剂预硫化升温曲线进行催化剂预硫化。在循环氢中H_2S未达到穿透浓度时，反应器床层任何一点温度都不超过230℃。控制床层温升不大于25℃，若温升大于25℃，则应适当降低注硫速度	20	未控制好硫化剂注入速度扣5分				
				未按升温曲线进行升温扣5分				
				在H_2S未达到穿透浓度时，反应器床层温度超230℃扣5分				
				不会调节床层温升扣5分				
7		预硫化过程有水生成，要定时切水，并计算各阶段切水量	5	未定时切水扣5分				
8		当预计的硫化剂量全部注完，高压分离器中切不出水，循环氢中硫化氢浓度大于1.0%且呈上升趋势时，表明预硫化结束，然后稍降反应炉出口温度，退硫化油，准备切换原料油	15	不清楚预硫化结束的标准扣5分				
				未降反应炉出口温度扣5分				
				未退硫化油扣5分				
9	使用工具	正确使用工具	2	工具使用不正确扣2分				
		正确维护工具	3	工具乱摆乱放扣3分				
10	安全及其他	按国家法规或企业规定		违规一次总分扣5分；严重违规停止操作			—	
		在规定时间内完成操作		每超时1min总分扣5分，超时3min停止操作			—	
合计			100					

否定项说明：若出现预硫化床层温度飞温等情况，该题为零分。

试题6：分馏系统热油循环的操作(现场模拟)

(考核时间：20min)

序号	考核内容	考核要点	配分	评分标准	检测结果	扣分	得分	备注
1	准备工作	穿戴劳保用品	3	未穿戴整齐扣3分				
		工具、用具准备	2	工具选择不正确扣2分				
2	操作程序	冷油循环正常后，分馏炉点火升温前，先要往1.0MPa过热蒸汽管线通系统1.0MPa蒸汽，然后高点放空	15	冷油循环未正常即进行热油循环扣5分				
				未往过热蒸汽管线通蒸汽扣5分(如没有过热段，则不扣分)				
				未进行高点放空扣5分(如没有过热段，则不扣分)				
3		分馏炉投上联锁后点火升温，启用各有关冷却设备，升温速度控制在15~20℃/h	15	分馏炉未按规程点炉扣5分				
				未启用有关冷却设备扣5分				
				升温速度未按规定要求扣5分				
4		分馏炉出口温度达到130℃，系统开始恒温脱水，分馏塔底油采样分析，无明显含水时方可继续升温，升温速度控制在20~25℃/h	15	未进行恒温脱水扣5分				
				未对塔底油进行采样分析扣5分				
				升温速度未按规定要求扣5分				
5		分馏炉出口温度达到250℃，分馏系统开始恒温热紧，热紧结束后系统再开始升温	10	未安排恒温热紧扣5分				
				升温次序有错扣5分				
6		在热油循环中，注意双塔液面的平衡，液面下降可收油补入	5	双塔液面波动大扣5分				
7		当脱硫化氢汽提塔入口温度达到190℃时，将过热蒸汽低点脱液后，向塔底吹入汽提蒸汽进行汽提，塔顶回流罐压力提至操作压力，回流罐见液面后，启动回流泵打全回流	10	未对过热蒸汽进行低点脱液扣2分				
				回流罐压力波动大扣3分				
				未及时启泵扣5分				
8		随着分馏炉的升温，分馏炉顶压力不断上升，启用压控阀控制压力在操作压力，待回流罐见液面后，启动回流泵打全回流	5	回流罐压力波动大扣2分				
				未及时启泵扣3分				
9		分馏系统建立热油循环后，要求分馏塔塔底温度控制在290℃左右，脱硫化氢汽提塔进料温度控制在190℃以上，注意换热器避免单程受热，各塔的液面控制在60%~80%，罐的液面控制在40%~60%	15	分馏塔塔底温度波动大扣3分				
				汽提塔进料温度偏低扣2分				
				换热器单程受热扣5分				
				各塔、容器液面大幅波动扣5分				

续表

序号	考核内容	考核要点	配分	评分标准	检测结果	扣分	得分	备注
10	使用工具	正确使用工具	2	工具使用不正确扣2分				
		正确维护工具	3	工具乱摆乱放扣3分				
11	安全及其他	按国家法规或企业规定		违规一次总分扣5分；严重违规停止操作			—	
		在规定时间内完成操作		每超时1min总分扣5分，超时3min停止操作			—	
合　计			100					

否定项说明：若出现吹入汽提蒸汽后引起泵抽空等情况，该题为零分。

试题7：循环氢脱硫塔引原料气的操作(现场模拟)

（考核时间：25min）

序号	考核内容	考核要点	配分	评分标准	检测结果	扣分	得分	备注
1	准备工作	穿戴劳保用品	3	未穿戴整齐扣3分				
		工具、用具准备	2	工具选择不正确扣2分				
2	操作程序	确认溶剂系统热循环已建立，胺液再生系统已投用正常	10	未确认溶剂系统热循环已建立扣5分				
				未确认胺液再生系统已正常扣5分				
3		缓慢打开循环氢脱硫塔的入口阀引入循环氢，并投用排废氢阀，将塔中的氮气排至火炬线	20	打开入口阀过快扣10分				
				未投用排废氢阀将氮气排至火炬扣10分				
4		循环氢脱硫塔的压力控制在正常操作压力，排废氢阀改手动控制	15	塔压波动较大扣10分				
				排废氢阀未改手动控制扣5分				
5		打开塔顶的阀门，同步切断跨线阀，将脱硫后的循环氢改回系统	30	未同步进行阀门操作扣10分				
				造成脱硫塔发生憋压扣10分				
				引起液面大幅波动扣10分				
6		联系化验对脱后循环氢进行采样分析，根据结果进行调整	10	未联系化验进行分析扣10分				
7		密切监控循环机前分液罐液位	5	未认真监控压缩机前分液罐液位扣5分				
8	使用工具	正确使用工具	2	工具使用不正确扣2分				
		正确维护工具	3	工具乱摆乱放扣3分				
9	安全及其他	按国家法规或企业规定		违规一次总分扣5分；严重违规停止操作			—	
		在规定时间内完成操作		每超时1min总分扣5分，超时3min停止操作			—	
合　计			100					

否定项说明：若出现引原料气时引起冲塔等情况，该题为零分。

试题8：脱后循环氢中硫化氢含量超指标的调节(现场模拟)

（考核时间：25min）

序号	考核内容	考核要点	配分	评分标准	检测结果	扣分	得分	备注
1	准备工作	穿戴劳保用品	3	未穿戴整齐扣3分				
		工具、用具准备	2	工具选择不正确扣2分				
2	操作程序	适当增大胺液循环量，同时要求再生部分平稳操作，确保胺液再生后的质量	25	未增大胺液循环量扣15分				
				未联系化验分析胺液扣10分				
3		控制好贫胺液的温度，避免由于温度波动影响胺液的吸收效果	10	未控制好贫胺液温度扣10分				
4		如胺液中降解产物多，则要求增加贫胺液去过滤的流量	10	未增加贫胺液过滤流量扣10分				
5		如由于溶剂发泡发生冲塔，则将原料气改出脱硫塔，同时要求往溶剂系统添加消泡剂	20	未将原料气改出扣10分				
				未添加消泡剂扣10分				
6		适当增加废氢的排放量，确保循环氢中硫化氢的浓度不超高	15	未增加废氢的排放量扣15分				
7		根据产品质量，调节反应温度，适当降低反应深度，或与调度联系，适当降低处理量，减少硫化氢的产生	10	未根据产品质量调节反应温度或未适当降低处理量扣10分				
8	使用工具	正确使用工具	2	工具使用不正确扣2分				
		正确维护工具	3	工具乱摆乱放扣3分				
9	安全及其他	按国家法规或企业规定		违规一次总分扣5分；严重违规停止操作			—	
		在规定时间内完成操作		每超时1min总分扣5分，超时3min停止操作			—	
合　计			100					

试题9：加热炉烟囱冒黑烟的处理(现场模拟)

（考核时间：20min）

序号	考核内容	考核要点	配分	评分标准	检测结果	扣分	得分	备注
1	准备工作	穿戴劳保用品	3	未穿戴整齐扣3分				
		工具、用具准备	2	工具选择不正确扣2分				
2	操作程序	适当开大风门，提高供风量	20	未提高鼓风机的转速扣10分				
				未开大风门扣5分				
				未提高风量扣5分				

续表

序号	考核内容	考核要点	配分	评分标准	检测结果	扣分	得分	备注
3		调节风道进炉子蝶阀开度	10	未调节风道蝶阀开度扣10分				
4		将烟道挡板调到适当位置，保持炉膛正常负压	20	未调节烟道挡板开度扣10分				
				炉膛负压控制异常扣10分				
5		稳定瓦斯压力及瓦斯流量	10	瓦斯压力波动较大扣5分				
				瓦斯流量波动较大扣5分				
6		加强瓦斯分液罐的排凝，开大伴热蒸汽量	15	未加强瓦斯分液罐脱液扣10分				
				未开大伴热蒸汽量扣5分				
7		检查炉管状况，若发现爆裂穿孔，则按紧急停炉处理	15	未检查炉管状况扣5分				
				爆管未按紧急停炉处理扣10分				
8	使用工具	正确使用工具	2	工具使用不正确扣2分				
		正确维护工具	3	工具乱摆乱放扣3分				
9	安全及其他	按国家法规或企业规定		违规一次总分扣5分；严重违规停止操作			—	
		在规定时间内完成操作		每超时1min总分扣5分，超时3min停止操作			—	
合　计			100					

否定项说明：若出现处理不当引起事故扩大等情况，该题为零分。

试题10：催化剂热氢带油的操作(现场模拟)

(考核时间：25min)

序号	考核内容	考核要点	配分	评分标准	检测结果	扣分	得分	备注
1	准备工作	穿戴劳保用品	3	未穿戴整齐扣3分				
		工具、用具准备	2	工具选择不正确扣2分				
2	操作程序	反应部分切断进料以后，提高反应炉出口温度至与油品干点相适应的适当温度，同时提循环氢压缩机转速，以最大量进行氢气循环达到热氢带油的目的	30	未提高反应炉出口温度扣10分				
				未达到规定的温度扣10分				
				未提循环氢压缩机的转速扣10分				
3		同时将循环氢脱硫塔切出，改走跨线	15	未将循环氢脱硫塔切出扣20分				
4		通过打通循环氢至进料泵出口吹扫线的阀门，将进料泵出口管线内的油赶尽	10	未打开相关阀门扣5分				
				未进行顶油操作扣5分				
5		联系化验分析循环氢中的硫化氢浓度	10	未联系化验进行分析扣10分				

续表

序号	考核内容	考核要点	配分	评分标准	检测结果	扣分	得分	备注
6		对高分进行减油操作	10	未进行减油操作扣 10 分				
7		密切监控高、低分液位，确认热高分液面不上涨之后，再恒温带油 8h	15	未认真监控、确认高低分液位扣 10 分				
				未按规定进行操作扣 5 分				
8	使用工具	正确使用工具	2	工具使用不正确扣 2 分				
		正确维护工具	3	工具乱摆乱放扣 3 分				
9	安全及其他	按国家法规或企业规定		违规一次总分扣 5 分；严重违规停止操作			—	
		在规定时间内完成操作		每超时 1min 总分扣 5 分，超时 3min 停止操作			—	
合计			100					

否定项说明：若出现热氢带油不彻底影响装置置换等情况，该题为零分。

试题 11：反应器降温冷却操作（现场模拟）

（考核时间：30min）

序号	考核内容	考核要点	配分	评分标准	检测结果	扣分	得分	备注
1	准备工作	穿戴劳保用品	3	未穿戴整齐扣 3 分				
		工具、用具准备	2	工具选择不正确扣 2 分				
2	操作程序	恒温热氢带油结束后，以 0.5MPa/h 左右速度将高分压力降至规定压力，稍降反应炉出口温度，使整个反应系统恒温解氢 24h	25	未降低高分压力扣 10 分				
				未降反应炉出口温度扣 5 分				
				未对系统进行恒温解氢扣 10 分				
3		恒温解氢结束后，以 20℃/h左右速度降反应炉出口温度，反应器入口温度降至 250℃恒温	15	未按规定降低反应炉出口温度扣 5 分				
				未进行恒温操作扣 10 分				
4		继续以 30℃/h 左右速度降反应炉出口温度至 150℃，反应炉熄炉，停空气预热器，在降温的同时反应系统以 0.5MPa/h 左右速度进行降压	20	未按规定熄炉扣 10 分				
				未按规定停空气预热器扣 5 分				
				未按规定进行降压扣 5 分				
5		当反应床层温度降至 205℃左右时，为防止羰基镍的形成，必须停留一段时间，控制循环氢中 CO 含量不超过 30ppm	10	未控制循环氢中 CO 含量扣 5 分				
				未联系化验分析扣 5 分				

续表

序号	考核内容	考核要点	配分	评分标准	检测结果	扣分	得分	备注
6		当反应器床层温度降至65℃以下时，按规程停循环机、反应空冷，循环压缩机要有专人盘车	15	未按规定停相关机泵扣5分				
				未安排专人盘车扣10分				
7		打开反应进料换热器的旁路	5	未打开换热器旁路扣5分				
8	使用工具	正确使用工具	2	工具使用不正确扣2分				
		正确维护工具	3	工具乱摆乱放扣3分				
9	安全及其他	按国家法规或企业规定		违规一次总分扣5分；严重违规停止操作			—	
		在规定时间内完成操作		每超时1min总分扣5分，超时3min停止操作			—	
合计			100					

否定项说明：若出现反应器温度降不下来等情况，该题为零分。

试题12：循环氢压缩机蒸汽系统暖管操作(现场模拟)

（考核时间：30min）

序号	考核内容	考核要点	配分	评分标准	检测结果	扣分	得分	备注
1	准备工作	穿戴劳保用品	3	未穿戴整齐扣3分				
		工具、用具准备	2	工具选择不正确扣2分				
2	操作程序	缓慢打开主蒸汽进汽管线上第一道隔离阀，将蒸汽引至第二道隔离阀前进行暖管	20	引汽前未进行排凝扣10分				
				第二道隔离阀未关严扣5分				
				引汽速度过快扣5分				
3		用放空阀和排凝阀来控制暖管升温速度	20	升温速度过快扣10分				
				未用放空阀开度控制升温速度扣5分				
				未用排凝阀开度控制升温速度扣5分				
4		1.0MPa蒸汽变成过热蒸汽(180℃以上)后，打开第二道隔离阀	15	蒸汽带水就引入扣10分				
				开第二道隔离阀速度过快扣5分				
5		将蒸汽引至速关阀前疏水、暖管	10	未进行疏水、暖管扣10分				
6		打开汽轮机轮室和平衡管等疏水阀排凝	10	未进行排凝扣10分				
7		手动盘车，检查机组转动有无异常情况	15	未进行盘车扣10分				
				未进行机组转动有无异常情况检查扣5分				

续表

序号	考核内容	考核要点	配分	评分标准	检测结果	扣分	得分	备注
8	使用工具	正确使用工具	2	工具使用不正确扣2分				
		正确维护工具	3	工具乱摆乱放扣3分				
9	安全及其他	按国家法规或企业规定		违规一次总分扣5分；严重违规停止操作			—	
		在规定时间内完成操作		每超时1min总分扣5分，超时3min停止操作			—	
		合　计	100					

否定项说明：若出现引汽发生水击等情况，该题为零分。

试题13：循环氢压缩机正常停运操作(现场模拟)

(考核时间：15min)

序号	考核内容	考核要点	配分	评分标准	检测结果	扣分	得分	备注
1	准备工作	穿戴劳保用品	3	未穿戴整齐扣3分				
		工具、用具准备	2	工具选择不正确扣2分				
2	操作程序	通知调度、班长等有关人员，做好停机准备	5	未通知调度等相关人员扣5分				
3		停机前先降机体压力，将干气密封的气封气切换成氮气，控制好气封气压力	5	未切换干气密封的气封气扣5分				
4		若机组转速遥控控制，则先切出遥控	5	未将机组转速切出遥控扣5分				
5		先用505(调速系统)降低转速，然后按505面板的STOP键，505自动操作汽轮机停机	10	未降低转速扣5分				
				未及时按停机按钮扣5分				
6		记录惰走时间，看其是否正常	5	未记录惰走时间扣5分				
7		正常停机后，505(调速系统)退出运行方式	5	未将505(调速系统)退出运行方式扣5分				
8		机组完全停机后关闭压缩机出入口阀，打开排凝阀排凝后关闭，用N_2置换压缩机内循环氢并卸压，停一次气封气	10	未及时关闭出入口阀门扣3分				
				未安排排凝操作扣2分				
				未用氮气置换机体扣5分				
9		全关入口主蒸汽第二道隔离阀	5	未关隔离阀扣5分				
10		停运凝汽系统	5	未停凝汽系统扣5分				

续表

序号	考核内容	考核要点	配分	评分标准	检测结果	扣分	得分	备注
11		待系统真空度降至零时，停供汽封蒸汽，关主蒸汽入口第一道隔离阀	5	未停汽封蒸汽扣2分				
				未关隔离阀扣3分				
12		打开机组所有排凝阀	5	未打开所有排凝阀扣5分				
13		机组完全停车后盘车，1h内每5min盘车一次。以后8h每30min盘车一次。待汽轮机机体温度低于100℃时可停止盘车	5	未按规定进行盘车操作扣5分				
14		待各轴承回油温度小于40℃后，可停运润滑油系统	5	未按规定停润滑油系统扣5分				
15		润滑油系统停运后，干气密封系统二次密封气停用	5	未及时停用干气密封系统扣5分				
16		停机期间每班盘车一次，每次180°	5	未按规定进行盘车扣5分				
17		冬季做好防冻防凝工作	5	未做好防冻防凝工作扣5分				
18	使用工具	正确使用工具	2	工具使用不正确扣2分				
		正确维护工具	3	工具乱摆乱放扣3分				
19	安全及其他	按国家法规或企业规定		违规一次总分扣5分；严重违规停止操作			—	
		在规定时间内完成操作		每超时1min总分扣5分，超时3min停止操作			—	
合计			100					

否定项说明：若出现非正常停机等情况，该题为零分。

试题14：新氢压缩机紧急停车操作(现场模拟)

(考核时间：20min)

序号	考核内容	考核要点	配分	评分标准	检测结果	扣分	得分	备注
1	准备工作	穿戴劳保用品	3	未穿戴整齐扣3分				
		工具、用具准备	2	工具选择不正确扣2分				
2	操作程序	联系内操、调度准备停机，确认机组可安全停运，按停车按钮，切断主电机电源	20	未经确认就按停车按钮扣10分				
				未及时将停机情况告知调度、内操扣10分				
3		关各余隙调节电磁阀，将压缩机负荷打至0	10	未将负荷打至0扣10分				
4		关闭出入口阀门	10	未关出入口阀门扣10分				

续表

序号	考核内容	考核要点	配分	评分标准	检测结果	扣分	得分	备注
5		打开放空阀	10	未打开放空阀扣10分				
6		停注油器	10	未停注油器扣10分				
7		打开各级分液罐排凝	10	未进行分液罐排凝扣10分				
8		停主机后，待油温冷却至常温后停油泵	10	未安排停油泵扣5分				
				油温未冷却至常温就停油泵扣5分				
9		待汽缸冷却后，停冷却水及软化水	10	未停冷却水扣5分				
				未停软化水扣5分				
10	使用工具	正确使用工具	2	工具使用不正确扣2分				
		正确维护工具	3	工具乱摆乱放扣3分				
11	安全及其他	按国家法规或企业规定		违规一次总分扣5分；严重违规停止操作			—	
		在规定时间内完成操作		每超时1min总分扣5分，超时3min停止操作			—	
合计			100					

否定项说明：若出现先降负荷再停机的情况，该题为零分。

试题15：反应器的清洗操作(现场模拟)

（考核时间：20min）

序号	考核内容	考核要点	配分	评分标准	检测结果	扣分	得分	备注
1	准备工作	穿戴劳保用品	3	未穿戴整齐扣3分				
		工具、用具准备	2	工具选择不正确扣2分				
2	操作程序	按要求配置好清洗需要的碱液	10	未按要求配置碱液扣10分				
3		空气置换完成后，戴着空气呼吸器的清洗人员进入反应器内部	20	器内未安排采样扣10分				
				未戴空气呼吸器扣10分				
4		拆下顶部分布板等，然后由卸料管将残留在反应器底部的催化剂和瓷球清除出来	10	未将器内的杂物清除干净扣10分				
5		拆下催化剂支承栅和急冷塔板等内件	15	未将器内件拆下扣5分				
				拆下的内构件未清洗扣10分				
6		将配置好的清洗液喷在反应器器壁上，从上到下清洗	10	反应器清洗不彻底扣10分				
7		清洗完后，将碱液排掉	10	器内碱液未排掉扣10分				
8		用除盐水对器壁进行清洗，直至器内干净为止	15	未用除盐水进行清洗扣10分				
				除盐水清洗不彻底扣5分				

续表

序号	考核内容	考核要点	配分	评分标准	检测结果	扣分	得分	备注
9	使用工具	正确使用工具	2	工具使用不正确扣2分				
		正确维护工具	3	工具乱摆乱放扣3分				
10	安全及其他	按国家法规或企业规定		违规一次总分扣5分；严重违规停止操作			—	
		在规定时间内完成操作		每超时1min总分扣5分，超时3min停止操作			—	
合　计			100					

试题16：高温、高硫部位的防腐处理(现场模拟)

(考核时间：20min)

序号	考核内容	考核要点	配分	评分标准	检测结果	扣分	得分	备注
1	准备工作	穿戴劳保用品	3	未穿戴整齐扣3分				
		工具、用具准备	2	工具选择不正确扣2分				
2	操作程序	高温部位的防腐	50	未控制好设备内介质的硫含量造成高温硫腐蚀扣10分				
				未将加热炉的氧含量控制在规定范围内扣10分				
				未采用相应的材质导致腐蚀严重扣10分				
				未采取焊后热处理等措施扣20分				
3		高硫部位的防腐	40	未采用缓蚀剂等防腐措施扣20分				
				未采用相应的材质导致腐蚀严重扣10分				
				未检查焊缝泄漏情况扣10分				
4	使用工具	正确使用工具	2	工具使用不正确扣2分				
		正确维护工具	3	工具乱摆乱放扣3分				
5	安全及其他	按国家法规或企业规定		违规一次总分扣5分；严重违规停止操作			—	
		在规定时间内完成操作		每超时1min总分扣5分，超时3min停止操作			—	
合　计			100					

否定项说明：若出现腐蚀加剧等情况，该题为零分。

试题 17：反应进料加热炉炉管结焦的判断（现场模拟）

（考核时间：20min）

序号	考核内容	考核要点	配分	评分标准	检测结果	扣分	得分	备注
1	准备工作	穿戴劳保用品	3	未穿戴整齐扣 3 分				
		工具、用具准备	2	工具选择不正确扣 2 分				
2	操作程序	出现暗红色花斑点或条纹	20	判断错误扣 20 分				
3		相同处理量下炉进料压力上升	10	判断错误扣 10 分				
4		相同处理量下炉膛温度升高	10	判断错误扣 10 分				
5		相同处理量下炉管外壁局部温度超高	10	判断错误扣 10 分				
6		相同处理量下燃料耗量升高	10	判断错误扣 10 分				
7		严重时炉管鼓泡、变弯、穿孔	10	判断错误扣 10 分				
8		相同处理量下炉管差压上升	10	判断错误扣 10 分				
9		循环氢压缩机的速开阀开度增大	10	判断错误扣 10 分				
10	使用工具	正确使用工具	2	工具使用不正确扣 2 分				
		正确维护工具	3	工具乱摆乱放扣 3 分				
11	安全及其他	按国家法规或企业规定		违规一次总分扣 5 分；严重违规停止操作			—	
		在规定时间内完成操作		每超时 1min 总分扣 5 分，超时 3min 停止操作			—	
合计			100					

试题 18：压力容器报废判断（现场模拟）

（考核时间：30min）

序号	考核内容	考核要点	配分	评分标准	检测结果	扣分	得分	备注
1	准备工作	穿戴劳保用品	3	未穿戴整齐扣 3 分				
		工具、用具准备	2	工具选择不正确扣 2 分				
2	操作程序	压力容器到年限	20	超过年限使用扣 10 分				
				未到年限报废扣 10 分				
3		压力容器材质不符合要求，或操作条件、工况变化导致材质不符合要求	20	材质不符合要求扣 10 分				
				材质用错未检查出扣 10 分				
4		压力容器有缺陷	20	设备有缺陷未查出扣 10 分				
				缺陷设备使用扣 10 分				

续表

序号	考核内容	考核要点	配分	评分标准	检测结果	扣分	得分	备注
5		压力容器损坏	20	误操作损坏容器扣 10 分				
				故意损坏容器扣 10 分				
6		没有压力容器合格证，不能使用	10	没有合格证扣 5 分				
				合格证与实物有误的扣 5 分				
7	使用工具	正确使用工具	2	工具使用不正确扣 2 分				
		正确维护工具	3	工具乱摆乱放扣 3 分				
8	安全及其他	按国家法规或企业规定		违规一次总分扣 5 分；严重违规停止操作			—	
		在规定时间内完成操作		每超时 1min 总分扣 5 分，超时 3min 停止操作			—	
合　计			100					

否定项说明：若出现判断错误等情况，该题为零分。

试题 19：停循环水事故处理(现场模拟)

(考核时间：25min)

序号	考核内容	考核要点	配分	评分标准	检测结果	扣分	得分	备注
1	准备工作	穿戴劳保用品	3	未穿戴整齐扣 3 分				
		工具、用具准备	2	工具选择不正确扣 2 分				
2	操作程序	联系调度、油品停送原料，并向装置领导汇报，装置紧急停工	20	未联系调度、油品停泵扣 5 分				
				未及时向车间领导汇报扣 5 分				
				内操未关原料罐液控阀(进料阀)扣 10 分				
3		切断进料，停原料泵、分馏炉循环、产品出装置泵及各回流泵，关出口阀	15	没有与内操联系扣 5 分				
				未及时停泵扣 10 分				
4		反应炉、分馏炉熄火，关闭主火嘴瓦斯阀门，停风机，打开烟道挡板及风门	20	未及时熄火扣 10 分				
				主火嘴阀瓦斯阀门未关扣 10 分				
5		停新氢压缩机、循环压缩机，临氢系统保压，(注意反应器床层温度超高)高分控制压力稳定	10	未及时停压机扣 5 分				
				反应器床层超温扣 5 分				
6		关闭产品出装置阀门，防止不合格产品窜线	10	未关产品出装置阀门扣 5 分				
				检查发现产品被污染不合格扣 5 分				
7		维持回液罐、高分、低分液面、界面和压力，必要时启动回流泵	15	发现有高压窜低压或超压的扣 10 分				
				发现回流罐液位、界位满扣 5 分				

续表

序号	考核内容	考核要点	配分	评分标准	检测结果	扣分	得分	备注
8	使用工具	正确使用工具	2	工具使用不正确扣2分				
		正确维护工具	3	工具乱摆乱放扣3分				
9	安全及其他	按国家法规或企业规定		违规一次总分扣5分；严重违规停止操作			—	
		在规定时间内完成操作		每超时1min总分扣5分，超时3min停止操作			—	
合　计			100					

否定项说明：若出现烧坏机泵等情况，该题为零分。

试题20：装置停1.0MPa蒸汽事故的处理(现场模拟)

（考核时间：20min）

序号	考核内容	考核要点	配分	评分标准	检测结果	扣分	得分	备注
1	准备工作	穿戴劳保用品	3	未穿戴整齐扣3分				
		工具、用具准备	2	工具选择不正确扣2分				
2	操作程序	立即将情况向调度、车间领导汇报，同时组织安排事故处理	10	未将情况及时通报扣5分				
				未及时组织事故处理扣5分				
3		1.0MPa蒸汽停后，循环氢压缩机发生停机，联系调度询问原因并做好开机准备	10	未询问停蒸汽的原因扣5分				
				未做好开机准备扣5分				
4		要求内操将各自控阀改手动控制，严防高压串低压	5	未安排自控改手控扣5分				
5		保持新氢压缩机正常运行，维持系统有氢气流动，打开排废氢的阀门	10	导致新氢压缩机停运扣5分				
				未打开排废氢阀扣5分				
6		要求外操有专人对循环氢压缩机进行盘车	5	未安排专人对循环氢压缩机进行盘车扣5分				
7		外操现场关炉子主火嘴、长明灯的阀门，进料泵的出口阀	10	未安排外操关炉子的各路阀门扣5分				
				未安排关进料泵的出口阀扣5分				
8		要求外操有专人负责高分现场的液面，及时进行内外液面校对	5	未安排专人盯看高分的现场液面扣5分				
9		停脱硫化氢汽提塔的汽提蒸汽，改就地放空	10	未安排停脱硫化氢汽提塔的汽提蒸汽扣5分				
				未将汽提蒸汽改就地放空扣5分				

续表

序号	考核内容	考核要点	配分	评分标准	检测结果	扣分	得分	备注
10		关精制柴油、汽油出装置阀门，改走不合格线出装置	10	未将精制柴油改不合格线扣5分				
				未将汽油改不合格线扣5分				
11		将脱前低分气、干气改走火炬，循环氢改走跨线	10	未将脱前气体改走火炬扣5分				
				未将循环氢改走跨线扣5分				
12		待1.0MPa蒸汽恢复后重新开机	5	蒸汽恢复后未及时安排开机扣5分				
13	使用工具	正确使用工具	2	工具使用不正确扣2分				
		正确维护工具	3	工具乱摆乱放扣3分				
14	安全及其他	按国家法规或企业规定		违规一次总分扣5分；严重违规停止操作			—	
		在规定时间内完成操作		每超时1min总分扣5分，超时3min停止操作			—	
合　计			100					

否定项说明：若出现催化剂床层温度超温等情况，该题为零分。

试题21：绘制装置蒸汽系统工艺流程图

（考核时间：30min）

序号	考核内容	考核要点	配分	评分标准	检测结果	扣分	得分	备注
1	准备工作	穿戴劳保用品	3	未穿戴整齐扣3分				
		工具、用具准备	2	工具选择不正确扣2分				
2	操作程序	排布合理，卷面清晰	5	不清晰视情况扣0~5分				
3		控制阀齐全	10	缺一个扣10分				
4		流量表齐全	5	缺一块扣2分				
5		换热器齐全	10	缺一台扣2分				
6		容器齐全	10	缺一台扣2分				
7		阀门齐全，位置准确	30	少一个扣5分				
8		测温点齐全	10	缺一点扣2分				
9		压力表齐全	10	缺一块扣2分				
10	使用工具	正确使用工具	2	工具使用不正确扣2分				
		正确维护工具	3	工具乱摆乱放扣3分				
11	安全及其他	按国家法规或企业规定		违规一次总分扣5分；严重违规停止操作			—	
		在规定时间内完成操作		每超时1min总分扣5分，超时3min停止操作			—	
合　计			100					

否定项说明：若出现流程不正确等情况，该题为零分。

试题 22：绘制装置氮气系统工艺流程图

（考核时间：30min）

序号	考核内容	考核要点	配分	评分标准	检测结果	扣分	得分	备注
1	准备工作	穿戴劳保用品	3	未穿戴整齐扣 3 分				
		工具、用具准备	2	工具选择不正确扣 2 分				
2	操作程序	排布合理，卷面清晰	10	不清楚，扣 0~10 分				
3		控制阀齐全	15	少一个扣 5 分				
4		管线齐全	20	少一条扣 5 分				
5		压力表齐全	15	错误一块扣 5 分				
6		流量表齐全	10	少一块扣 5 分				
7		阀门齐全，位置准确	20	少一个扣 5 分				
8	使用工具	正确使用工具	2	工具使用不正确扣 2 分				
		正确维护工具	3	工具乱摆乱放扣 3 分				
9	安全及其他	按国家法规或企业规定		违规一次总分扣 5 分；严重违规停止操作			—	
		在规定时间内完成操作		每超时 1min 总分扣 10 分，超时 2min 停止操作			—	
合计			100					

否定项说明：若出现流程不正确等情况，该题为零分。

七、技能操作鉴定要素细目表(高级技师)

鉴定范围						鉴定点	
一级		二级		三级		代码	名称
代码	名称	代码	名称	代码	名称		
A	技能要求	A	工艺操作	A	开车准备	001	反应系统紧急泄压试验
						002	反应器催化剂的装填操作
						003	新建装置的开车准备
						004	装置开车条件的确认操作
						005	试车方案的编制
				B	开车操作	001	烘炉后的检查
						002	机泵的安装调试验收
						003	烘炉方案的编制
				C	正常操作	001	装置开工方案的编制
						002	装置停工方案的编制
						003	硫化氢泄漏演习的组织
				D	停车操作	001	循环氢脱硫塔的停运操作
						002	脱硫化氢汽提塔预防硫化亚铁自燃的操作
						003	催化剂卸剂的操作
						004	装置停工的环保控制

续表

鉴定范围						鉴定点	
一级		二级		三级		代码	名称
代码	名称	代码	名称	代码	名称		
		B	设备使用与维护	A	使用设备	001	新氢压缩机的正常切换操作
						002	循环氢压缩机润滑油系统准备操作
						003	循环氢压缩机的开车操作
						004	循环氢压缩机紧急停车的操作
						005	循环氢压缩机润滑油泵备泵自启后的操作
				B	维护设备	001	循环氢压缩机的正常维护操作
		C	事故判断与处理	A	判断事故	001	脱硫系统跑胺的判断
						002	溶剂再生塔冲塔事故判断
				B	处理事故	001	装置发生重大火灾的事故处理
						002	循环氢压缩机停机事故处理
						003	新氢压缩机停机事故处理
						004	装置停电事故处理
						005	装置紧急停工事故的处理
		D	绘图与计算	A	绘图	001	绘制简单工艺管线施工图
						002	根据简单施工图开料

八、技能操作试题(高级技师)

试题1：反应系统紧急泄压试验(现场模拟)

(考核时间：30min)

序号	考核内容	考核要点	配分	评分标准	检测结果	扣分	得分	备注
1	准备工作	穿戴劳保用品	3	未穿戴整齐扣3分				
		工具、用具准备	2	工具选择不正确扣2分				
2	操作程序	反应系统气密结束，充压至操作压力，火炬系统正常投用	10	气密未结束进行泄压试验扣5分				
				火炬系统未正常投用扣5分				
3		调度已同意进行紧急泄压试验，确认火炬系统无存液，界区阀全开，各项准备工作就绪	20	未经调度同意进行泄压试验扣10分				
				未对火炬系统内存液进行确认扣5分				
				未对界区阀的开度情况进行确认扣5分				
4		联系内操，启动紧急泄压按钮，做好泄压速度的记录	10	相关人员未到位启动泄压按钮扣5分				
				未做好泄压速度的记录工作扣5分				

续表

序号	考核内容	考核要点	配分	评分标准	检测结果	扣分	得分	备注
5		检查火炬线的振动情况	20	发现异常未及时停止泄压扣10分				
				未检查火炬线的振动情况扣10分				
6		记录最大泄压速度、系统压降和反应器压降	5	记录工作不详细扣5分				
7		反应系统压力泄压至一定压力停止泄压，记录泄压时间	10	停止泄压时压力过低扣5分				
				未记录泄压时间扣5分				
8		在泄压过程中必须保证反应器压降小于工艺卡片控制值	10	泄压时反应器压降超卡片扣10分				
9		泄压试验结束通知调度	5	泄压试验结束未通知调度扣5分				
10	使用工具	正确使用工具	2	工具使用不正确扣2分				
		正确维护工具	3	工具乱摆乱放扣3分				
11	安全及其他	按国家法规或企业规定		违规一次总分扣5分；严重违规停止操作			—	
		在规定时间内完成操作		每超时1min总分扣5分，超时3min停止操作			—	
合计			100					

否定项说明：若出现在泄压时火炬线脱落、火炬线带液等情况，该题为零分。

试题2：反应器催化剂的装填操作(现场模拟)

(考核时间：30min)

序号	考核内容	考核要点	配分	评分标准	检测结果	扣分	得分	备注
1	准备工作	穿戴劳保用品	3	未穿戴整齐扣3分				
		工具、用具准备	2	工具选择不正确扣2分				
2	操作程序	确认装剂前所有的准备工作已就绪	10	卸料管的出口法兰盖未复位扣5分				
				未确认现场催化剂和瓷球的到货情况扣5分				
				进入器内人员操作的工具和安全防护用品未到位扣5分				
3		在装填催化剂前，再次核对瓷球和催化剂的装填尺寸	5	未进行瓷球和催化剂装填尺寸的核对扣5分				
4		先在反应器底部覆盖一层石棉布，然后用瓷球填充卸料口的其余空间	5	未按要求进行卸料口瓷球的装填扣5分				
5		将反应器底部的瓷球按规格及标好的尺寸从下往上逐层加入，每加完一种规格的瓷球均要进人耙平	10	未按规格及尺寸装填扣5分				
				未加完一种瓷球进行耙平扣5分				

续表

序号	考核内容	考核要点	配分	评分标准	检测结果	扣分	得分	备注
6		记录好加入各种瓷球的数量和反应器内的实际装填位置	5	未记录瓷球的量和装填的实际高度扣5分				
7		装完底部的瓷球后，按装填图要求加入催化剂	5	未按尺寸装填催化剂扣5分				
8		催化剂加入到为装上部瓷球所留出的高度，按要求规格装入床层上部瓷球	5	催化剂加入的高度不符合要求扣5分				
9		及时安装热电偶、分配盘、冷氢箱、冷氢管、支撑格栅等该层反应器的内构件	10	未确认内构件的安装情况扣5分				
				未清理冷氢箱扣5分				
10		内构件装填完毕后，及时清除杂物	5	未清除杂物扣5分				
11		在床层之间的卸料管内装填瓷球	5	卸料管内未按要求装瓷球扣5分				
12		进行上床层瓷球、催化剂的装填，直至反应器顶部	5	未按装填图装填扣5分				
13		按装填图在预定高度处装入各种规格的保护剂、积垢篮、顶部覆盖的瓷球等	5	未按装填图装填扣5分				
14		装好反应器顶部分配盘和头盖	5	未对分配盘和头盖的复位进行确认扣5分				
15		整理好各种催化剂和各种规格瓷球的装入量，核对记录好加入催化剂的总量，并与现场剩余的各种催化剂及瓷球进行数量核对	10	未对瓷球和催化剂的装入量进行核对扣5分				
				未与现场剩余的催化剂和瓷球进行数量核对扣5分				
16	使用工具	正确使用工具	2	工具使用不正确扣2分				
		正确维护工具	3	工具乱摆乱放扣3分				
17	安全及其他	按国家法规或企业规定		违规一次总分扣5分；严重违规停止操作			—	
		在规定时间内完成操作		每超时1min总分扣5分，超时3min停止操作			—	
合计			100					

试题 3：新建装置的开车准备(现场模拟)

(考核时间：25min)

序号	考核内容	考核要点	配分	评分标准	检测结果	扣分	得分	备注
1	准备工作	穿戴劳保用品	3	未穿戴整齐扣 3 分				
		工具、用具准备	2	工具选择不正确扣 2 分				
2	操作程序	检查工艺流程、设备是否安装正确；单机试运结束，电气、仪表调试合格	20	未检查工艺流程和公用工程流程扣 5 分				
				未对设备进行检查扣 5 分				
				未确认电气、仪表是否调试完成扣 5 分				
				未确认单机试运是否结束扣 5 分				
3		通知调度将水、电、汽、风、燃料等开工介质引进装置，并要求相关单位确保开工介质的正常供给，联系化验、仪表、电气等单位配合开工	20	未及时将开工介质引进装置扣10 分				
				未要求相关单位确保开工介质的正常供给扣 5 分				
				未联系化验等配合开工扣 5 分				
4		进行吹扫、贯通、试压操作，临氢系统进行吹扫爆破，蒸汽管线进行打靶操作	10	未完成吹扫等操作扣 5 分				
				未进行临氢系统吹扫爆破扣 5 分				
5		分馏系统进行水冲洗、水联运操作，处理水联运中发现的问题	10	未进行水冲洗、水联运扣 5 分				
				未将发现的问题处理扣 5 分				
6		反应进料加热炉、分馏塔重沸炉进行烘炉操作，同时进行临氢系统的干燥	10	未完成反应进料加热炉的烘炉操作扣 5 分				
				未完成分馏塔重沸炉的烘炉操作扣 5 分				
7		准备好气密所需的工具，工艺流程经三级检查并确认无误，化工原材料、原料油等已准备好	10	未准备好气密所需的工具扣 5 分				
				未进行三级检查扣 5 分				
8		安排岗位人员学习开工方案，并组织进岗考试	10	未安排岗位人员进行开工方案的学习扣 5 分				
				未安排进岗考试扣 5 分				
9	使用工具	正确使用工具	2	工具使用不正确扣 2 分				
		正确维护工具	3	工具乱摆乱放扣 3 分				
10	安全及其他	按国家法规或企业规定		违规一次总分扣 5 分；严重违规停止操作			—	
		在规定时间内完成操作		每超时 1min 总分扣 5 分，超时 3min 停止操作			—	
合　计			100					

否定项说明：若出现准备工作不充分影响开车等情况，该题为零分。

试题4：试车方案的编制(现场模拟)

(考核时间：25min)

序号	考核内容	考核要点	配分	评分标准	检测结果	扣分	得分	备注
1	准备工作	穿戴劳保用品	3	未穿戴整齐扣3分				
		工具、用具准备	2	工具选择不正确扣2分				
2	操作程序	编写装置全面大检查方案	5	未编写装置全面大检查方案扣5分				
3		编写单机试运；装置引水、氮、汽、风等介质的操作；蒸汽管线的打靶方案	15	未编写单机试运方案扣5分				
				未编写装置引水、氮等介质的操作方案扣5分				
				未编写装置管线的打靶操作方案扣5分				
4		编写装置的吹扫、试压、贯通方案；临氢系统的吹扫、爆破方案	10	未编写装置的吹扫、试压、贯通方案扣5分				
				未编写临氢系统的吹扫、爆破方案扣5分				
5		编写装置的水冲洗、水联运；加热炉的烘炉方案	10	未编写装置的水冲洗、水联运方案扣5分				
				未编写加热炉的烘炉方案扣5分				
6		编写催化剂的装填、干燥、预硫化方案	20	未编写催化剂的装填方案扣5分				
				未编写催化剂的干燥方案扣5分				
				未编写催化剂的预硫化方案扣10分				
7		编写分馏系统的冷油循环、热油循环方案	10	未编写分馏系统的冷油循环方案扣5分				
				未编写分馏系统的热油循环方案扣5分				
8		编写循环氢脱硫塔的投用方案	10	未编写循环氢脱硫塔的投用方案扣10分				
9		编写进料投产及调整操作方案	5	未编写进料投产及调整操作方案扣5分				
10		编写安全环保规定	5	未编写安全环保规定扣5分				
11	使用工具	正确使用工具	2	工具使用不正确扣2分				
		正确维护工具	3	工具乱摆乱放扣3分				
12	安全及其他	按国家法规或企业规定		违规一次总分扣5分；严重违规停止操作			—	
		在规定时间内完成操作		每超时1min总分扣5分，超时3min停止操作			—	
合计			100					

否定项说明：若出现试车方案次序颠倒等情况，该题为零分。

试题5：烘炉方案的编制（现场模拟）

（考核时间：30min）

序号	考核内容	考核要点	配分	评分标准	检测结果	扣分	得分	备注
1	准备工作	穿戴劳保用品	3	未穿戴整齐扣3分				
		工具、用具准备	2	工具选择不正确扣2分				
2	操作程序	烘炉前的准备	40	未编制烘炉应具备的条件扣10分				
				未编制瓦斯、蒸汽的投用方案扣10分				
				未编制烘炉前的准备工作方案扣10分				
				未编制烘炉流程扣10分				
3		编制烘炉方案	50	未编制烘炉步骤扣10分				
				未编制烘炉注意事项扣10分				
				未编制烘炉后的检查扣10分				
				未编制烘炉曲线扣20分				
4	使用工具	正确使用工具	2	工具使用不正确扣2分				
		正确维护工具	3	工具乱摆乱放扣3分				
5	安全及其他	按国家法规或企业规定		违规一次总分扣5分；严重违规停止操作			—	
		在规定时间内完成操作		每超时1min总分扣5分，超时3min停止操作			—	
合　计			100					

试题6：装置开工方案的编制（现场模拟）

（考核时间：30min）

序号	考核内容	考核要点	配分	评分标准	检测结果	扣分	得分	备注
1	准备工作	穿戴劳保用品	3	未穿戴整齐扣3分				
		工具、用具准备	2	工具选择不正确扣2分				
2	操作程序	编写开工前的准备与检查，编写公用工程的投用方案	15	未编写开工前的准备扣5分				
				未编写开工前的检查扣5分				
				未编写公用工程的投用方案扣5分				
3		编写反应系统的开工方案	35	未编写催化剂的装填内容扣10分				
				未编写临氢系统的气密内容扣10分				
				未编写催化剂的干燥内容扣5分				
				未编写催化剂的预硫化内容扣10分				

续表

序号	考核内容	考核要点	配分	评分标准	检测结果	扣分	得分	备注
4		编写分馏系统的开工方案	20	未编写系统的冷油循环内容扣5分				
				未编写系统循环降温的内容扣5分				
				未编写系统热油循环的内容扣5分				
				未编写切换原料油的内容扣5分				
5		编写开工时的注意事项	10	未编写停工时的注意事项扣10分				
6		编写开工时的安全环保健康内容	10	未编写停工时的安全环保健康内容扣10分				
7	使用工具	正确使用工具	2	工具使用不正确扣2分				
		正确维护工具	3	工具乱摆乱放扣3分				
8	安全及其他	按国家法规或企业规定		违规一次总分扣5分；严重违规停止操作			—	
		在规定时间内完成操作		每超时1min总分扣5分，超时3min停止操作			—	
合计			100					

否定项说明：若出现方案缺少某一块内容等情况，该题为零分。

试题7：装置停工方案的编制(现场模拟)

(考核时间：30min)

序号	考核内容	考核要点	配分	评分标准	检测结果	扣分	得分	备注
1	准备工作	穿戴劳保用品	3	未穿戴整齐扣3分				
		工具、用具准备	2	工具选择不正确扣2分				
2	操作程序	编写停工前的准备与检查	10	未编写停工前的准备扣5分				
				未编写停工前的检查扣5分				
3		编写反应系统的停工方案	40	未编写反应系统的降温降量的内容扣5分				
				未编写切断进料循环带油的内容扣5分				
				未编写进料泵出口管线赶油的内容扣5分				
				未编写热氢带油的内容扣5分				
				未编写恒温解氢、降温的内容扣5分				
				未编写系统降压的内容扣5分				
				未编写系统氮气置换的内容扣5分				
				未编写催化剂卸剂或撇头或隔离方案扣5分				

续表

序号	考核内容	考核要点	配分	评分标准	检测结果	扣分	得分	备注
4		编写分馏系统的停工方案	20	未编写系统降负荷的内容扣5分				
				未编写系统循环降温的内容扣5分				
				未编写低压分离器、分馏系统退油的内容扣5分				
				未编写低压系统蒸汽吹扫的内容扣5分				
5		编写脱硫系统停工方案	5	未编写脱硫系统停工方案扣5分				
6		编写停工盲板表	5	未编写停工盲板表扣5分				
7		编写停工时的注意事项	5	未编写停工时的注意事项扣5分				
8		编写停工时的安全环保健康内容	5	未编写停工时的安全环保健康内容扣5分				
9	使用工具	正确使用工具	2	工具使用不正确扣2分				
		正确维护工具	3	工具乱摆乱放扣3分				
10	安全及其他	按国家法规或企业规定		违规一次总分扣5分；严重违规停止操作			—	
		在规定时间内完成操作		每超时1min总分扣5分，超时3min停止操作			—	
合　计			100					

否定项说明：若出现方案缺少某一块内容等情况，该题为零分。

试题8：硫化氢泄漏演习的组织(现场模拟)

(考核时间：30min)

序号	考核内容	考核要点	配分	评分标准	检测结果	扣分	得分	备注
1	准备工作	穿戴劳保用品	3	未穿戴整齐扣3分				
		工具、用具准备	2	工具选择不正确扣2分				
2	操作程序	演习前的准备	25	预案未准备好扣10分				
				未组织演习人员学习预案扣5分				
				空气呼吸器等未准备好扣10分				
3		演习时的组织	55	未将泄漏设备切出扣10分				
				未与气防单位联系扣10分				
				对中毒人员未进行现场救护或方法不当扣10分				
				未设置警戒区域扣5分				
				救护人员救人时未戴空气呼吸器或使用不当扣10分				
				未汇报调度扣5分				
				未安排人员在路口为救护车带路扣5分				

续表

序号	考核内容	考核要点	配分	评分标准	检测结果	扣分	得分	备注
4		演习后的总结	10	未对演习情况进行讲评扣5分				
				未对演习预案进行完善扣5分				
5	使用工具	正确使用工具	2	工具使用不正确扣2分				
		正确维护工具	3	工具乱摆乱放扣3分				
6	安全及其他	按国家法规或企业规定		违规一次总分扣5分；严重违规停止操作			—	
		在规定时间内完成操作		每超时1min总分扣5分，超时3min停止操作			—	
合　计			100					

否定项说明：若出现演习组织混乱、演习未达到目的等情况，该题为零分。

试题9：循环氢脱硫塔的停运操作(现场模拟)

(考核时间：30min)

序号	考核内容	考核要点	配分	评分标准	检测结果	扣分	得分	备注
1	准备工作	穿戴劳保用品	3	未穿戴整齐扣3分				
		工具、用具准备	2	工具选择不正确扣2分				
2	操作程序	根据循环氢流量的降低相应减少胺液流量	15	未及时调整胺液流量扣15分				
3		反应部分切断进料时，循环氢改走脱硫塔跨线(或停运贫溶剂泵)	45	未及时打开跨线阀扣10分(无此项操作不扣分)				
				开关阀速度过快引起压缩机工况波动扣10分(无此项操作不扣分)				
				开关阀不同步扣15分(无此项操作不扣分)				
				未关闭塔顶阀扣10分(无此项操作不扣分)				
				如直接停运贫溶剂泵，未按操作规程停运扣25分，未及时关闭泵出口阀扣20分				
4		胺液继续循环，半小时后将液控阀和流控阀改手动控制，停贫胺液进料泵，塔底液控阀、贫胺液进料控制阀关闭，上下游截止阀关闭	30	未及时将控制阀改手动控制扣10分				
				未及时停运贫胺液泵扣10分				
				未将控制阀上下游截止阀关闭扣10分				

续表

序号	考核内容	考核要点	配分	评分标准	检测结果	扣分	得分	备注
5	使用工具	正确使用工具	2	工具使用不正确扣2分				
		正确维护工具	3	工具乱摆乱放扣3分				
6	安全及其他	按国家法规或企业规定		违规一次总分扣5分；严重违规停止操作			—	
		在规定时间内完成操作		每超时1min总分扣5分，超时3min停止操作			—	
合计			100					

否定项说明：若出现脱硫塔停运切出时发生冲塔等情况，该题为零分。

试题10：催化剂卸剂的操作(现场模拟)

（考核时间：30min）

序号	考核内容	考核要点	配分	评分标准	检测结果	扣分	得分	备注
1	准备工作	穿戴劳保用品	3	未穿戴整齐扣3分				
		工具、用具准备	2	工具选择不正确扣2分				
2	操作程序	反应器置换合格后，确认反应器与其他系统隔离，充氮气保持系统微正压	10	反应器未置换合格扣5分				
				未确认系统已隔离扣5分				
3		拆除反应器顶部大盖，确保反应器顶部人孔处有氮气流动	5	反应器顶部人孔处未有氮气流动扣5分				
4		检查反应器达到可进人条件，签发器内作业许可证	10	未签发器内作业许可证扣10分				
5		打开反应器头盖，卸剂人员进入反应器内拆除分配器和积垢篮，检查反应器表层催化剂床层情况，用真空泵将顶部瓷球卸出，并对催化剂进行撇头处理，拆除的内构件立即进行中和清洗	15	未检查催化剂床层情况扣5分				
				未对表层催化剂进行撇头处理扣5分				
				未将内构件进行中和清洗扣5分				
6		确认催化剂床层疏松没有结块现象，没有催化剂团块，撇头结束	10	未对催化剂床层撇头结束进行确认扣10分				
7		在催化剂卸料口加装插板阀，用帆布袋固定在卸料口上，开始卸剂	10	未加装插板阀扣10分				
8		控制好卸剂时的速度，避免下料太多导致瓷球和催化剂分离不清	5	未控制好卸剂时的速度扣5分				

续表

序号	考核内容	考核要点	配分	评分标准	检测结果	扣分	得分	备注
9		卸下的催化剂装入桶内，并在装满催化剂后上面洒干冰密封，并立即盖上盖子，拉至仓库	15	未在桶内洒上干冰扣5分				
				未将催化剂拉至仓库扣5分				
				未对催化剂称重记录扣5分(如无此项不扣分)				
10		催化剂卸完后，反应器内经充分置换并化验分析检测氧含量、硫化氢合格后，方可进器内检查	10	未联系化验进行分析扣5分				
				未签作业票进入器内检查扣5分				
11	使用工具	正确使用工具	2	工具使用不正确扣2分				
		正确维护工具	3	工具乱摆乱放扣3分				
12	安全及其他	按国家法规或企业规定		违规一次总分扣5分；严重违规停止操作			—	
		在规定时间内完成操作		每超时1min总分扣5分，超时3min停止操作			—	
合计			100					

否定项说明：若出现卸剂时催化剂发生硫化亚铁自燃等情况，该题为零分。

试题11：装置停工的环保控制(现场模拟)

(考核时间：30min)

序号	考核内容	考核要点	配分	评分标准	检测结果	扣分	得分	备注
1	准备工作	穿戴劳保用品	3	未穿戴整齐扣3分				
		工具、用具准备	2	工具选择不正确扣2分				
2	操作程序	做好清污分流，检查清污分流设施投用情况，不得将污水排入雨水系统	10	未检查清污分流设施投用情况扣10分				
3		不得将采样油品、机泵润滑油乱排乱放	5	油品、润滑油乱排乱放扣5分				
4		各油罐、分液罐脱液要做好危害确认，现场要有人监护，不得将油排入含油污水系统	10	未进行危害确认扣5分				
				未进行现场监护扣5分				
5		严禁跑油、冒罐等污染事故的发生	10	发生跑油、冒罐扣10分				
6		不得向大气排放有毒有害气体	10	随意排放有毒有害气体扣10分				
7		管线、设备吹扫前应把存油放净，并加强污油的回收	10	未回收污油扣5分				
				未放净管线设备内存油扣5分				

续表

序号	考核内容	考核要点	配分	评分标准	检测结果	扣分	得分	备注
8		气体管线先要进行密闭吹扫	5	未进行密闭吹扫扣5分				
9		做好废渣处理，对废催化剂、废溶剂等要进行综合利用和无害化处理	10	未做好废渣处理扣10分				
10		清罐时罐底污泥不得冲入下水道，应袋装或集中堆放进行处理	10	罐底污泥冲入下水道扣10分				
11		大修时工业垃圾要集中堆放处理，不得和生活垃圾混放	5	垃圾混放扣5分				
12		按规定认真学习与环保知识有关资料，做到有很强的环保意识	5	未学习环保知识扣5分				
13	使用工具	正确使用工具	2	工具使用不正确扣2分				
		正确维护工具	3	工具乱摆乱放扣3分				
14	安全及其他	按国家法规或企业规定		违规一次总分扣5分；严重违规停止操作			—	
		在规定时间内完成操作		每超时1min总分扣5分，超时3min停止操作			—	
合　计			100					

否定项说明：若出现环境污染事故等情况，该题为零分。

试题12：新氢压缩机的正常切换操作（现场模拟）

（考核时间：30min）

序号	考核内容	考核要点	配分	评分标准	检测结果	扣分	得分	备注
1	准备工作	穿戴劳保用品	3	未穿戴整齐扣3分				
		工具、用具准备	2	工具选择不正确扣2分				
2	操作程序	联系调度及有关人员做好备机的启动准备工作	25	未将切机工作通知调度扣5分				
				设备技术员未到位扣5分				
				未进行盘车操作扣5分				
				未开启注油器扣5分				
				未通知机电仪到现场扣5分				
				未对机体进行置换扣5分				
3		按正常开机步骤空负荷启动备机	15	带负荷启动扣10分				
				未按正常开机步骤启动扣5分				
4		备机启动后，各级出口压力打手动	5	未将各级出口压力打手动扣5分				

续表

序号	考核内容	考核要点	配分	评分标准	检测结果	扣分	得分	备注
5		加载负荷，待出口压力上升至运行机压力后，运行机同步卸载，备用机同步加载	15	加卸载负荷不同步扣10分				
				备机出口压力未升至运行机出口压力即安排运行机卸载扣5分				
6		将机组进出压力控制选择开关投至新运行机组	5	未将选择开关进行切换扣5分				
7		检查新启动机组运行正常后，按正常步骤停原运行机	15	未对新启动机组进行检查扣10分				
				未按正常步骤停机扣5分				
8		待新运行机组各级出口压力、温度正常后，压力控制系统投用	10	压力控制系统未投用扣10分				
9	使用工具	正确使用工具	2	工具使用不正确扣2分				
		正确维护工具	3	工具乱摆乱放扣3分				
10	安全及其他	按国家法规或企业规定		违规一次总分扣5分；严重违规停止操作			—	
		在规定时间内完成操作		每超时1min总分扣5分，超时3min停止操作			—	
合　计			100					

否定项说明：若出现切机时引起反应系统压力大幅波动等情况，该题为零分。

试题13：循环氢压缩机润滑油系统准备操作(现场模拟)

(考核时间：30min)

序号	考核内容	考核要点	配分	评分标准	检测结果	扣分	得分	备注
1	准备工作	穿戴劳保用品	3	未穿戴整齐扣3分				
		工具、用具准备	2	工具选择不正确扣2分				
2	操作程序	清洗润滑油泵入口过滤器、双联过滤器，安装到位	5	未清洗过滤器扣5分				
3		油箱加入指定润滑油，液位达到规定要求	5	未加入指定润滑油扣5分				
4		用油箱电加热器控制油温在30℃左右	5	未控制好油温扣5分				
5		打开润滑油泵出入口阀，关闭高位油箱的三阀组中的截止阀，关闭润滑油及调节油蓄能器充油阀	5	未打开润滑油泵出入口阀门扣5分				
6		检查蓄能器皮囊压力，若达不到规定压力，则使用充压装置充压	5	蓄能器压力未达到规定压力扣5分				

续表

序号	考核内容	考核要点	配分	评分标准	检测结果	扣分	得分	备注
7		打开调节油调节阀前后截止阀，关闭旁通阀，调节阀投手动，并使控制阀全开	5	未投用调节油控制阀扣5分				
8		打开润滑油调节阀前后截止阀，关闭旁通阀，调节阀投手动，并使控制阀全开	5	未投用润滑油控制阀扣5分				
9		油泵盘车确认其灵活无卡涩，确定其中一台为主泵，并启动	5	未进行油泵盘车扣5分				
10		打开二组油冷器循环水进出口阀门	5	油冷器未投用循环水扣5分				
11		打开二组油冷器间充油连通阀，待回油视镜见油后关闭，投用一个油冷器	5	未投用油冷器扣5分				
12		投用润滑油、调节油过滤器	5	未投用调节油、润滑油过滤器扣5分				
13		稍开去高位油箱的截止阀，溢流管线上的回油视镜有油通过为止，然后迅速关闭截止阀	5	未确保高位油箱满扣5分				
14		打开蓄能器充油	5	蓄能器未充油扣5分				
15		检查整个油路温度，停油箱电加热器，启用油冷器，控制好油温	5	未控制好油温扣5分				
16		检查各油压是否在合适的范围之内	5	未检查油压是否在合适的范围之内扣5分				
17		检查机组各轴承进油压力是否在合适的范围之内	5	未检查各轴承进油压力扣5分				
18		检查各轴承回油是否正常，检查过滤器压差	5	未检查各轴承回油是否正常扣2分				
				未检查过滤器压差扣3分				
19		机组跑油，定时联系化验，直至油质合格	5	未联系化验定时进行油质化验扣5分				
20	使用工具	正确使用工具	2	工具使用不正确扣2分				
		正确维护工具	3	工具乱摆乱放扣3分				
21	安全及其他	按国家法规或企业规定		违规一次总分扣5分；严重违规停止操作			—	
		在规定时间内完成操作		每超时1min总分扣5分，超时3min停止操作			—	
合计			100					

否定项说明：若出现由于准备工作不到位影响压缩机开机等情况，该题为零分。

试题14：循环氢压缩机的开车操作(现场模拟)

(考核时间：30min)

序号	考核内容	考核要点	配分	评分标准	检测结果	扣分	得分	备注
1	准备工作	穿戴劳保用品	3	未穿戴整齐扣3分				
		工具、用具准备	2	工具选择不正确扣2分				
2	操作程序	确认汽轮机蒸汽入口温度在控制指标以上	5	未确认汽轮机蒸汽入口温度扣5分				
3		联系机电仪到现场，通知调度、技术员、岗位人员准备开机	10	未联系机电仪到现场扣5分				
				未通知相关人员准备开机扣5分				
4		关闭速关阀换向阀，切断速关油路，建立启动油，建立开关油	5	操作不正确扣5分				
5		待启动油压稳定，压力大于规定压力后，打开速关油换向阀，建立速关油	10	操作不正确扣5分				
				未及时打开速关油换向阀扣5分				
6		待速关油压大于指定压力时，关闭启动油换向阀，启动油压回零，速关阀逐渐至全开	10	操作不正确扣5分				
				未及时打开启动油换向阀扣5分				
7		按RUN键，505调速器自动升至暖机转速，全面检查机组各部件运行情况及参数，并做好记录	10	未及时启动机组扣5分				
				未对机组进行全面检查扣5分				
8		透平运转情况正常后，关闭主蒸汽管道和透平本体上各排凝阀	5	未及时关闭各排凝阀扣5分				
9		提转速并检查透平运行情况，并做好记录	5	未检查透平运行情况扣5分				
10		继续提转速至工艺所要求的转速，全面检查机组	5	未对机组进行全面检查扣5分				
11		在机组启动过程中，投用汽轮机的凝汽系统	5	未及时投用凝汽系统扣5分(如为透平式，背压蒸汽未放空直接并管网扣5分)				
12		待机组运行正常后，将抽汽器切换至主抽汽器	5	未及时切换至主抽汽器扣5分				
13		联系化验分析凝结水，合格后停止放空，凝结水送系统，热井液位投自动	5	未联系化验分析凝结水扣5分(如为透平式未及时将放空蒸汽并入蒸汽系统扣5分)				
14		压缩机开机正常后将一次气封气切换至循环氢，切换时要缓慢平稳，先开循环氢入口阀，再关新氢阀	10	未及时切换气封气扣5分				
				切换阀门开关顺序有误扣5分				

续表

序号	考核内容	考核要点	配分	评分标准	检测结果	扣分	得分	备注
15	使用工具	正确使用工具	2	工具使用不正确扣2分				
		正确维护工具	3	工具乱摆乱放扣3分				
16	安全及其他	按国家法规或企业规定		违规一次总分扣5分；严重违规停止操作				—
		在规定时间内完成操作		每超时1min总分扣5分，超时3min停止操作				—
		合　计	100					

否定项说明：若出现循环氢压缩机开不起来等情况，该题为零分。

试题15：循环氢压缩机润滑油泵备泵自启后的操作（现场模拟）

（考核时间：30min）

序号	考核内容	考核要点	配分	评分标准	检测结果	扣分	得分	备注
1	准备工作	穿戴劳保用品	3	未穿戴整齐扣3分				
		工具、用具准备	2	工具选择不正确扣2分				
2	操作程序	立即到现场检查情况	10	未立即到现场检查情况扣10分				
3		把润滑油压控阀改手动控制，并开大至比原先一台泵运行时的阀位再略大一点的阀位上；把高压油控制阀改手动控制，并关小至比原先一台泵运行时的阀位再略小一点的阀位上	30	未把润滑油压控阀改手动控制扣10分				
				未把高压油压控阀改手动控制扣10分				
				未按规定调节阀位开度扣10分				
4		确定自启动的原因	10	不能确定自启动原因扣10分				
5		若运行泵无问题，停备用泵	10	未及时停备用泵扣10分				
6		若有问题，停原运行泵交检修	10	未做好泵的检修准备工作扣10分				
7		切换完毕，检查润滑油系统有无泄漏点	10	未检查泄漏点扣10分				
8		调节润滑油及高压油压至正常值，控制阀改自动控制	10	未将控制阀改自动控制扣10分				
9	使用工具	正确使用工具	2	工具使用不正确扣2分				
		正确维护工具	3	工具乱摆乱放扣3分				
10	安全及其他	按国家法规或企业规定		违规一次总分扣5分；严重违规停止操作				—
		在规定时间内完成操作		每超时1min总分扣5分，超时3min停止操作				—
		合　计	100					

否定项说明：若出现处理时导致循环氢压缩机停车等情况，该题为零分。

试题16：循环氢压缩机的正常维护操作(现场模拟)

(考核时间：30min)

序号	考核内容	考核要点	配分	评分标准	检测结果	扣分	得分	备注
1	准备工作	穿戴劳保用品	3	未穿戴整齐扣3分				
		工具、用具准备	2	工具选择不正确扣2分				
2	操作程序	认真执行岗位责任制，遵守操作规程和机组的各工艺、操作指标，并做好记录，搞好机组的设备规格化	15	未认真执行岗位责任制扣5分				
				不遵守操作规程扣5分				
				未做好机组的设备规格化扣5分				
3		在机组运行中要注意和听测机体各部，如发现异常要找出异常原因并排除	10	未注意和听测机体各部扣5分				
				发现异常不会分析原因并排除扣5分				
4		检查氮气缓冲罐、气封气封液罐等的液位，严格控制在规定的范围内	10	未检查罐的液位扣5分				
				液位超出规定的范围扣5分				
5		检查热井、集液箱液位，若有异常及时联系仪表等相关单位检查、消除	10	未检查热井、集液箱液位扣5分				
				未消除异常问题扣5分				
6		检查润滑油箱液位，低点脱水一次，检查化验油质，若有问题立即更换	15	未检查润滑油箱液位扣5分				
				未进行低点脱水扣5分				
				未联系化验分析油质扣5分				
7		检查干气密封系统一次密封气与二次平衡腔的压差、一次泄漏放火炬气的流量、压力，二次密封气进气流量、隔离氮气的压力等	15	未检查压差扣5分				
				未检查泄漏气参数扣5分				
				未检查二次密封气的参数扣5分				
8		做好泵、冷油器、过滤器等的定期切换，检查各辅泵的备用状态，盘车180°	15	未做好定期切换工作扣5分				
				未检查辅泵的备用状态扣5分				
				未进行盘车操作扣5分				
9	使用工具	正确使用工具	2	工具使用不正确扣2分				
		正确维护工具	3	工具乱摆乱放扣3分				
10	安全及其他	按国家法规或企业规定		违规一次总分扣5分；严重违规停止操作			—	
		在规定时间内完成操作		每超时1min总分扣5分，超时3min停止操作			—	
合计			100					

否定项说明：若出现影响循环氢压缩机的正常运行等情况，该题为零分。

试题17：溶剂再生塔冲塔事故判断(现场模拟)

(考核时间：30min)

序号	考核内容	考核要点	配分	评分标准	检测结果	扣分	得分	备注
1	准备工作	穿戴劳保用品	3	未穿戴整齐扣3分				
		工具、用具准备	2	工具选择不正确扣2分				
2	操作程序	溶剂再生塔塔顶回流罐液面和压力突然上升	10	不能从再生塔塔顶回流罐液面和压力突然上升现象判断扣10分				
3		酸性气出装置流量突然增大	10	不能从酸性气出装置流量判断扣10分				
4		塔压上升，塔底液面下降，塔底液控阀阀位开度逐渐关小	20	不能从塔底液控阀阀位开度判断扣20分				
5		塔顶温度逐渐上升，空冷冷后温度上升	10	不能从塔顶温度、冷后温度上升现象判断扣10分				
6		降低塔底重沸器的加热蒸汽量	10	未降低塔底重沸器的加热蒸汽量扣10分				
7		控制好塔的液面和压力	10	未控制好塔的液面和压力扣10分				
8		减少进塔的富胺液量	10	未减少进塔的富胺液量扣10分				
9		启动备用回流泵，调整液面罐液面至正常	10	未加大回流扣10分				
10	使用工具	正确使用工具	2	工具使用不正确扣2分				
		正确维护工具	3	工具乱摆乱放扣3分				
11	安全及其他	按国家法规或企业规定		违规一次总分扣5分；严重违规停止操作			—	
		在规定时间内完成操作		每超时1min总分扣5分，超时3min停止操作			—	
合　计			100					

否定项说明：若出现冲塔引起酸性气大量带液等情况，该题为零分。

试题18：装置发生重大火灾的事故处理(现场模拟)

(考核时间：30min)

序号	考核内容	考核要点	配分	评分标准	检测结果	扣分	得分	备注
1	准备工作	穿戴劳保用品	3	未穿戴整齐扣3分				
		工具、用具准备	2	工具选择不正确扣2分				
2	操作程序	立即向调度汇报及消防队报警，同时通知领导，并按预案进行紧急初步抢救，控制事故状况，防止事故扩大	20	未将情况向调度和车间领导汇报扣5分				
				未及时报火警扣5分				
				未说明着火地点、介质扣5分				
				未进行紧急初步抢救扣5分				

续表

序号	考核内容	考核要点	配分	评分标准	检测结果	扣分	得分	备注
3		要求内操熄加热炉主火嘴和长明灯，并用蒸汽掩护	15	未立即熄灭加热炉扣10分				
				未对炉膛进行蒸汽掩护扣5分				
4		停加氢进料泵、新氢机、循环机，干气、低分气改至低瓦，循环氢改走脱硫塔跨线或停循环氢脱硫	25	未安排停进料泵扣5分				
				未安排停新氢机扣5分				
				未安排停循环机扣5分				
				未安排干气、低分气改至低瓦扣5分				
				循环氢未安排走跨线扣5分(或未及时停运贫溶剂泵扣5分)				
5		启动紧急泄压系统，向火炬紧急放空	5	未启动紧急泄压系统扣5分				
6		临氢系统放空至0.2MPa时，用氮气赶油，并置换	5	未进行氮气置换扣5分				
7		各容器、塔存油转出装置	5	未将容器、塔内存油转出装置扣5分				
8		停吹汽，停注水	10	未停汽提塔汽提蒸汽扣5分				
				未停反应注水扣5分				
9		协助消防队灭火	5	未协助消防队灭火扣5分				
10	使用工具	正确使用工具	2	工具使用不正确扣2分				
		正确维护工具	3	工具乱摆乱放扣3分				
11	安全及其他	按国家法规或企业规定		违规一次总分扣5分；严重违规停止操作				—
		在规定时间内完成操作		每超时1min总分扣5分，超时3min停止操作				—
合计			100					

否定项说明：若出现处置不当，火灾事故扩大等情况，该题为零分。

试题19：装置停电事故处理(现场模拟)

(考核时间：30min)

序号	考核内容	考核要点	配分	评分标准	检测结果	扣分	得分	备注
1	准备工作	穿戴劳保用品	3	未穿戴整齐扣3分				
		工具、用具准备	2	工具选择不正确扣2分				
2	操作程序	根据现场情况能判断装置是瞬间停电还是长时间停电，决定处理的方案，并及时将情况告知调度和领导	10	装置停电情况判断错误扣5分				
				未将停电情况告知调度扣5分				

续表

序号	考核内容	考核要点	配分	评分标准	检测结果	扣分	得分	备注
3		要求外操有专人对循环氢压缩机进行盘车；打开排废氢的阀门，保持催化剂床层有气体流动	10	未安排专人对循环氢压缩机进行盘车扣5分				
				未打开排废氢阀扣5分				
4		要求内操将自控改为手动控制，外操现场关炉子主火嘴、长明灯的阀门，关现场各泵的出口阀	15	未要求将自控改手控扣5分				
				未安排外操关炉子的各路阀门扣5分				
				未安排关停运泵的出口阀扣5分				
5		要求内操与外操加强联系，控制好高分、低分、塔、罐的液面	15	未控制好高分的液面导致窜压扣5分				
				未控制好低分的液面导致液面压空扣5分				
				塔、罐的液面波动很大扣5分				
6		要求外操有专人负责高分现场的液面、界面，及时进行内外液面校对	10	未安排专人盯看高分的现场液面、界面扣5分				
				未进行液面的内外校对扣5分				
7		停脱硫化氢汽提塔的汽提蒸汽，改就地放空	10	未安排停脱硫化氢汽提塔的汽提蒸汽扣5分				
				未将汽提蒸汽改就地放空扣5分				
8		关精制柴油、汽油出装置阀门，改走不合格线出装置	10	未将精制柴油改不合格线扣5分				
				未将汽油改不合格线扣5分				
9		将脱前低分气、干气改走火炬	5	未将脱前气体改走火炬扣5分				
10		联系调度，了解停电原因，根据停电时间长短决定采取停工措施还是等待来电	5	未联系调度了解停电原因扣5分				
11	使用工具	正确使用工具	2	工具使用不正确扣2分				
		正确维护工具	3	工具乱摆乱放扣3分				
12	安全及其他	按国家法规或企业规定		违规一次总分扣5分；严重违规停止操作			—	
		在规定时间内完成操作		每超时1min总分扣5分，超时3min停止操作			—	
合　计			100					

否定项说明：若出现在处理时导致事故扩大等情况，该题为零分。

试题20：装置紧急停工事故的处理(现场模拟)

(考核时间：30min)

序号	考核内容	考核要点	配分	评分标准	检测结果	扣分	得分	备注
1	准备工作	穿戴劳保用品	3	未穿戴整齐扣3分				
		工具、用具准备	2	工具选择不正确扣2分				
2	操作程序	立即向调度汇报装置紧急停工的原因，如需报火警则向消防队报警，同时通知车间领导，并按预案进行事故处理，防止事故扩大	15	未将情况向调度汇报扣5分				
				未及时报火警扣5分				
				未通知车间领导扣5分				
3		如需启动紧急泄压系统，则紧急启动向火炬紧急放空，启动前告知调度	10	未启动紧急泄压系统扣5分				
				未告知调度扣5分				
4		要求内操熄加热炉主火嘴和长明灯，并要求外操关闭现场手阀	15	未立即熄灭加热炉扣10分				
				未关闭现场手阀扣5分				
5		停加氢进料泵、新氢机、循环机，干气、低分气改至低瓦，循环氢改走脱硫塔跨线	25	未安排停进料泵扣5分				
				未安排停新氢机扣5分				
				未安排停循环机扣5分				
				未安排干气、低分气改至低瓦扣5分				
				循环氢未安排走跨线扣5分(或未及时停运贫溶剂泵扣5分)				
6		根据情况确定临氢系统放空至0.2MPa时，用氮气赶油，并置换	5	未进行氮气置换扣5分				
7		分馏系统改内部循环，停汽提蒸汽，停注水	15	未改分馏循环扣5分				
				未停汽提蒸汽扣5分				
				未停注水扣5分				
8		控制好高分、低分、塔、罐的液面，防止高压窜低压	5	液面波动大扣5分				
9	使用工具	正确使用工具	2	工具使用不正确扣2分				
		正确维护工具	3	工具乱摆乱放扣3分				
10	安全及其他	按国家法规或企业规定		违规一次总分扣5分；严重违规停止操作			—	
		在规定时间内完成操作		每超时1min总分扣5分，超时3min停止操作			—	
合计			100					

否定项说明：若出现高压窜低压、事故扩大等情况，该题为零分。

试题21：根据简单施工图开料(现场模拟)

(考核时间：25min)

序号	考核内容	考核要点	配分	评分标准	检测结果	扣分	得分	备注
1	准备工作	穿戴劳保用品	3	未穿戴整齐扣3分				
		工具、用具准备	2	工具选择不正确扣2分				
2	操作程序	用料材质选用正确	30	不正确扣30分				
3		螺栓、螺母选用正确	15	不正确扣15分				
4		阀门、垫片、法兰选用正确，压力等级正确	15	不正确扣15分				
5		弯头，大小头选用正确	10	不正确扣10分				
6		保温材料、防腐材料选用正确	10	不正确扣10分				
7		所有管线管径、长度正确	10	不正确扣10分				
8	使用工具	正确使用工具	2	工具使用不正确扣2分				
		正确维护工具	3	工具乱摆乱放扣3分				
9	安全及其他	按国家法规或企业规定		违规一次总分扣5分；严重违规停止操作			—	
		在规定时间内完成操作		每超时1min总分扣5分，超时3min停止操作			—	
合计			100					